PROCEEDINGS OF THE 5TH CHINA LIQUEFIED NATURAL GAS CONFERENCE

第五届中国液化天然气大会论文集

中国石油学会石油储运专业委员会 编
Petroleum Storage & Transportation Committee of Chinese Petroleum Society

中国石化出版社

图书在版编目(CIP)数据

第五届中国液化天然气大会论文集 / 中国石油学会石油储运专业委员会编. — 北京 : 中国石化出版社, 2023. 7
ISBN 978-7-5114-7029-4

Ⅰ. ①第… Ⅱ. ①中… Ⅲ. ①液化天然气-学术会议-文集 Ⅳ. ①TE626. 7-53

中国国家版本馆 CIP 数据核字(2023)第 108947 号

中国石化出版社出版发行
地址:北京市东城区安定门外大街 58 号
邮编:100011 电话:(010)57512500
发行部电话:(010)57512575
http://www. sinopec-press. com
E-mail:press@ sinopec. com
北京科信印刷有限公司印刷
全国各地新华书店经销
*
880×1230 毫米 16 开本 23 印张 677 千字
2023 年 7 月第 1 版　2023 年 7 月第 1 次印刷
定价:280. 00 元

《第五届中国液化天然气大会论文集》

编 委 会

《Proceedings of the 5th China Liquefied Natural Gas Conference》

Editorial Board

序

当前，世界百年未有之大变局进入加速演变期，国际环境日趋错综复杂。能源安全是关系国家经济社会发展的全局性、战略性问题，对国家繁荣发展、人民生活改善、社会长治久安至关重要。习近平总书记着眼新时代的发展要求，创造性地提出“四个革命、一个合作”能源安全新战略，为新时代中国能源发展指明了方向，开辟了中国特色能源发展新道路。

在“双碳”战略背景下，天然气不仅是化石能源向清洁能源过渡的重要桥梁，更是支撑可再生能源大规模发展的基础保障，在能源结构中扮演着越来越重要的角色。LNG 作为天然气产业的重要组成部分，全球 LNG 贸易比重不断提升已成为近年来全球天然气贸易的一大趋势，毋庸置疑，全面发展 LNG 产业是天然气高效利用的重要途径。根据 BP 能源统计年鉴，过去 10 年间，全球 LNG 贸易保持了 5.3%的年均增长率，2022 年 LNG 在全球天然气贸易中的占比达到 51%，已成为与管道气同等重要的跨区域贸易方式。LNG 产业链资金密集、技术复杂、环节众多，本次大会旨在为 LNG 产业从业者搭建交流合作平台，推动各环节设备、材料、工艺的技术创新及最新成果的推广应用，利用科技赋能打造新时期的 LNG 能源产业链。

本次大会得到中国石油、中国石化、中国海油、国家管网等单位的有力指导和大力支持，并向相关企业、科研院所、高等院校征集学术论文 180 余篇，经专家评审，中文核心期刊《油气储运》择优收录 5 篇，论文集择优收录 43 篇，论文内容整体上反映了国内 LNG 储运相关技术的最新科学研究与工程应用成果，具有一定的学术价值和借鉴意义。

黄维和

中国工程院院士

Prologue

Global changes of a magnitude not seen in a century have entered a period of accelerated evolution, and the international environment is becoming increasingly complex. Energy security is an overall and strategic issue related to the economic and social development of China and is crucial to the prosperity and development of the country, the improvement of people's lives, and the long-term prosperity and stability of society. Focusing on the development requirements of the new era, President Xi Jinping creatively put forward the new energy security strategy of "four revolutions, one cooperation" (promoting the energy consumption revolution, energy supply revolution, energy technology revolution, energy system revolution, and strengthening international cooperation in an all-round way), which provided an orientation for China's energy development in the new era and opened up a new path for energy development with Chinese characteristics.

In the context of the "dual carbon" strategy, natural gas is not only an important bridge for the transition from fossil energy to clean energy, but also the basic guarantee to support the large-scale development of renewable energy, playing an increasingly important role in the energy structure. As a big part of the natural gas industry, LNG has seen a rising proportion in global natural gas trade, which has become a major trend in past years. Without any doubt, developing LNG industry in an all-round way would be an important means of making efficient use of natural gas. According to BP Statistical Review of World Energy, global LNG trade has maintained an average annual growth rate of 5.3% over the past decade, and accounted for 51% of global natural gas trade in 2022, becoming a cross-regional trade mode as important as pipeline gas. The LNG industry chain is capital-intensive, technically complex and has many links. The conference aims to build an exchange and cooperation platform for LNG industry practitioners, promote technological innovation in equipment, materials and processes in all links and application of the latest achievements, and make use of science and technology to create a LNG energy industry chain in the new era.

The conference has received strong guidance and support fromCNPC, Sinopec, CNOOC, PipeChina and other organizations, and more than 180 academic papers from relevant enterprises, research institutes, colleges and universities have been collected, among which 5 are included in the Chinese core journal Oil & Gas Storage and Transportation, and 43 are included in this proceedings after expert review. The contents of these papers reflect the latest research and engineering application results of China's LNG storage and transportation technology, and have certain academic value and reference significance.

Academician of Chinese Academy of Engineering

前　言

随着全球LNG市场环境的日趋复杂，贸易格局深度调整，LNG的重要性更加凸显。LNG产业的健康发展对于优化我国能源结构、保障能源供应安全具有重要意义。在广大LNG科技工作者与建设者的不懈努力下，我国LNG产业链已经基本形成。不仅在沿海建设了众多规模庞大的LNG接收站，在内陆也建成了一批LNG工厂，其为我国LNG产业从工艺技术到关键设备的全面国产化提供了舞台，实现了我国在LNG领域关键核心技术的全面自主可控，走出了一条符合我国国情的LNG产业创新发展之路。

为了全面总结我国在LNG领域取得的科技创新和工程应用成果，系统分析当前LNG行业高质量发展面临的形势和挑战，探索LNG行业未来发展趋势，创新LNG产业运营模式，进一步提升LNG行业技术创新能力和运营管理水平，加强与国际同行的交流与合作，2023年7月3日至5日，中国石油学会石油储运专业委员会、国家能源液化天然气技术研发中心、中国天然气销售分公司、中国石油化工股份有限公司天然气分公司、中海石油气电集团有限责任公司、中海油能源发展股份有限公司、国家石油天然气管网集团有限公司液化天然气接收站管理分公司在北京市联合主办第五届中国液化天然气大会。本次大会以“百年未有之大变局，能源革命之大挑战，LNG发展之大战略”为主题，旨在凝聚业界智慧、研判发展前景、互通技术进步、引领行业发展。

本次大会得到了LNG行业各相关单位及广大科技工作者的大力支持，踊跃投稿，但受版面所限，论文集仅收录43篇优秀论文，其研究内容涉及LNG行业各环节，其中不乏热点、难点技术问题的深入研究与探讨，具有一定的学术水平和参考价值。

在此，向对本次大会论文征集工作给予热情支持和帮助的各单位及各位作者致以崇高的敬意和衷心的感谢！

本书编委会

2023年7月

Preface

With the increasing complexity of global LNG market environment and deep adjustment of global trade pattern, the importance of LNG has become more prominent than ever. The healthy development of LNG industry is of great significance for optimizing China's energy structure and ensuring its energy supply security. Under the persistent efforts of scientific and technological workers, China's LNG industry chain has been basically established. Many large-scale LNG terminals have been built along the coast, and a number of LNG plants have been erected inland, providing a stage for the comprehensive localization of China's LNG industry from processes, technologies to key equipment. China has achieved complete independence in key core technologies in the field of LNG, and has embarked on a road of innovation and development of LNG industry in line with its own national conditions.

In order to comprehensively summarize China's achievements of scientific and technological innovation and engineering application in the field of LNG, systematically analyze the current situation and challenges facing the high-quality development of LNG industry in the country, and explore the future development trend, the 5th China Liquefied Natural Gas Conference is scheduled to be held from July 3 to 5 in Beijing. As a platform for exchanges on innovating the operation mode of LNG industry, further enhancing the technological innovation capability and operation & management level of LNG industry, and strengthening exchanges and cooperation with international counterparts, the conference is jointly hosted by major players and organizations in China's oil and gas industry. They include: the Petroleum Storage & Transportation Committee of Chinese Petroleum Society, the National Energy R&D Center of LNG Technology, PetroChina Natural Gas Marketing Company, PetroChina Natural Gas Company, CNOOC Gas & Power Group Co., Ltd., CNOOC Energy Development Co., Ltd., and PipeChina LNG Terminal Management Company. Themed with "strategies for LNG development in China amid major challenges of energy revolution and global changes of a magnitude not seen in a century", the conference aims at bringing together wisdom, studying the development prospects, exchanging on technological progress, and leading the development of the LNG industry.

The conference has received strong support from relevant companies, organizations and scientific and technological workers in China's LNG industry. They have contributed many academic papers, 43 of which are selected into the proceedings of the conference. Covering topical issues and technical challenges in each sector of the LNG industry, the proceedings have some academic reference value.

Thank you!

Editorial Board
July 2023

目　录
Catalogue

第一篇　综　　述
Part 1　Overview

天然气液化工艺的现状、进展和挑战 ………… 郝天舒　刘恩斌　罗倩云　鲁绪栋　李　茜(3)
Status, Progress, and Challenges of Natural Gas Liquefaction Processes
…………………………………… Hao Tianshu　Liu Enbin　Luo Qianyun　Lu Xudong　Li Xi (3)
浸没燃烧式气化器关键技术及发展方向
……………………………………… 揭　涛　张世程　邬文燕　沈红霞　杨冰冰　苏　毅(17)
Key Technologies and Development Direction of Submerged Combustion Vaporizer
……………… Jie Tao　Zhang Shicheng　Wu Wenyan　Shen hongxia　Yang bingbing　Su Yi (17)
陆上和海上天然气液化工艺的设计和优化综述 …………………… 邢依蒙　刘景俊　杨书忠(25)
Design and optimization of onshore and offshore natural gas liquefaction processes
………………………………………………………… Xing Yimeng　Liu Jingjun　Yang Shuzhong (25)
液化天然气产业工艺技术专利现状及展望 …… 张　迪　李　光　赵菁雯　赵　钦　孙胜利(34)
Current Situation and Prospect of Process Technology Patents in the Liquefied Natural Gas Industry
…………………………………… Zhang Di　Li Guang　Zhao Jingwen　Zhao Qin　Sun Shengli (34)

第二篇　LNG 接收站运行技术
Part 2　LNG receiving terminal operation technology

LNG 全容罐内罐在珍珠岩外压作用下的罐体稳定性分析
…………………………………………………… 彭常飞　杜亮坡　马　强　傅伟庆　李　阳(49)
The stability analysis of the LNG inner tank under the external pressure of perlite
………………………… Peng Changfei　Du Liangpo　Ma Qiang　Fu Weiqing　Li Yang (49)
20 万立方米 LNG 储罐冷却技术研究 ……………………………… 巩志超　熊华彬　庄　芳(57)
Research on the technology of cooling down the 200000 cubic meters LNG tank
…………………………………………………… Gong Zhichao　Xiong Huabin　Zhuang Fang (57)

$20\times10^4m^3$LNG 储罐基础电伴热系统的应用 …………………………… 刘　萍　李志龙　陈　磊(63)
Application of self-regulating electric heat tracing in 200000 cubic meters LNG tank
…………………………………………………………………………… Liu Ping　Li Zhilong　Chen Lei (63)
基于冷能利用技术和气体水合物技术耦合的 LNG 罐箱 BOG 回收工艺
…………………………………………………… 郑　志　王树立　姚　景　徐　惠　黄婧妍(69)
Research on BOG recovery process of LNG tank containers coupling cold energy utilization technology and gas hydrate technology …………… Zheng Zhi　Wang Shuli　Yao Jing　Xu Hui　Huang Jingyan (69)
基于智能运营平台的双泊位千万吨级 LNG 接收站生产运行实践 …………… 刘景俊　郑清鑫(79)
Production and OperationPractice of Double Berth Ten-million Tonnage Level LNG Terminal based on Intelligent Operation Platform　………………………………………… Liu Jingjun　Zheng Qingxin (79)
天然气液化厂在管网调峰中的有效应用及效益 ………………………… 吴　江　孙　强(88)
Effective Application and Benefit of Natural Gas Liquefaction Plant in Peak shaving of Pipeline Network
……………………………………………………………………………… Wu Jiang　Sun Qiang (88)
LNG 低温管道绝热材料热固耦合分析研究 ……………… 康永田　凌爱军　李　森　祝传钰(95)
Research on thermal-structure coupling analysis of LNG cryogenic pipeline
………………………………………………… Kang Yongtian　Ling Aijun　Li Sen　Zhu Chuanyu (95)
液化天然气接收站失效数据对比分析研究
…………………………… 张　强　杨玉锋　刘明辉　汪　珉　刘海龙　韩晓明　肖军诗(103)
ComparativeAnalysis and Research on LNG Terminal Incidents
……………………………………… Zhang Qiang　Yang Yufeng　Liu Minghui　Wang Min
Liu Hailong　Han Xiaoming　Xiao Junshi (103)
LNG 接收站 BOG 混合处理工艺优化 ………… 彭　超　王鸿达　刘攀攀　侯旭光　王宏帅(111)
Optimization of BOG mixing treatment process in LNG terminal
………………… Peng Chao　Wang Hongda　Liu Panpan　Hou Xuguang　Wang Hongshuai (111)
LNG 接收站高压外输系统节能降耗方案研究 …………… 刘　俊　韩　强　张双泉　李广鑫(119)
Research on Energy Conservation and Consumption Reduction Schemes for High Pressure output System of LNG Terminal　………………………… Liu Jun　Han Qiang　Zhang Shuangquan　Li Guangxin (119)
基于外部数据循环的二三维数据校验方法研究 ………………………………… 李　娜　林　畅(126)
Research on Verification Methods for 2D and 3D Data Based on External Data Looping
………………………………………………………………………………………… Li Na　Lin Chang (126)
热值计量在液化天然气接收站的应用 …………………… 王一童　孔令广　杨　潇　姜英宇(135)
Application of calorific value measurement in liquefied natural gas receiving terminal
……………………………… Wang Yitong　Kong Lingguang　Yang Xiao　Jiang Yingyu (135)
液化天然气接收站完整性管理标准体系研究 ………………… 杨玉锋　张　强　刘明辉(141)

Research on the Integrity Management Standard System for Liquefied Natural Gas Receiving Stations
········· Yang Yufeng　Zhang Qiang　Liu Minghui (141)
液化天然气(LNG)管线弯头穿孔失效分析研究 ········· 孙　博　张云卫　李　振(149)
Analysis and Research on Piercing Failure of Elbows in Liquefied Natural Gas(LNG)Pipelines
········· Sun Bo　Zhang Yunwei　Li Zhen (149)
浸没燃烧式气化器紧急停车水浴池剩余气化能力研究
········· 姜英宇　张　奕　魏　茁　艾绍平　李　宇　姜哲宇(162)
Study on residual gasification capacity of emergency stop water bath of submerged combustion gasifier
········· Jiang Yingyu　Zhang Yi　Wei Zhuo　Ai Shaoping　Li Yu　Jiang Zheyu (162)
浸没燃烧式气化器(SCV)国产化应用研究 ········· 刘庆胜(172)
Research on Domestic Application of Immersion Combustion Vaporizer(SCV) ······ Liu Qingsheng (172)
浸没燃烧式气化器低氮排放措施 ········· 陈金梅　赖　勤　陈　帅　杨　潇(181)
Low nitrogen oxides emission measures for submerged combustion vaporizer
········· Chen Jinmei　Lai Qin　Chen Shuai　Yang Xiao (181)
液化天然气气化器选型研究 ········· 李文忠　林　畅　佟跃胜　安小霞　杨　娜(188)
Study on Selection of LNG Vaporizer
········· Li Wenzhong　Lin Chang　Tong Yuesheng　An Xiaoxia　Yang Na (188)
卸料臂 QCDC 液压分配器特性研究和应用优化
········· 陈　猛　刘龙海　雷凡帅　郝　飞　杨林春　郭海涛　边海军　梅伟伟　周思思(197)
Characteristicresearch and application optimization of the QCDC hydraulic distributor of LNG loading arm
········· Chen Meng　Liu Longhai　Lei Fanshuai　Hao Fei　Yang Linchun
Guo Haitao　Bian Haijun　Mei Weiwei　Zhou Sisi (197)
LNG 卸料臂液压缸维修技术 ········· 刘龙海(203)
Maintenance Technology of LNG Unloading Arm Hydraulic Cylinder ········· Liu Longhai (203)
LNG 接收站运行中绝缘接头更换应急处置实践与创新
········· 陆文龙　苑伟民　王　伟　李　振　袁　继　张书豪　鲁　特(209)
Practice and Innovation of Emergency Response for Insulation Joint Replacement in LNG Terminal Operation
········· Lu Wenlong　Yuan Weimin　Wang Wei　Li Zhen　Yuan Ji　Zhang Shuhao　Lu Te (209)
LNG 接收站关键设备高压泵的自主性检修 ········· 梅伟伟(216)
The Autonomous Maintenance of LNG Receiving Station Import Equipment High Pressure Pump
········· Mei Weiwei (216)
Shafer 气液联动阀执行机构运行故障现象解析 ········· 冯招招(226)
Analysis of the operating failure of Shafer gas-liquid linkage valve actuator ········· Feng Zhaozhao (226)
LNG 高压泵振动异常分析及解决措施 ········· 刘龙海　杨林春　雷凡帅　陈　猛　郝　飞(234)

Vibration analysis and solution of LNG high-pressure pump
…………………………… Liu Longhai Yang Linchun Lei Fanshuai Chen Meng Hao Fei (234)
LNG 低压泵安装开启底阀技术
………………… 雷凡帅 杨林春 陈 猛 刘龙海 边海军 郭海涛 郝 飞 姜钧宇(242)
The technology of open the suction valve during the installation of LNG in-tank pumps
…………………………………… Lei Fanshuai Yang Linchun Chen Meng Liu Longhai
Bian Haijun Guo Haitao Hao Fei Jiang Junyu (242)
LNG 接收站动火作业管控系统 ……………………………………………………… 周美波(248)
Control System of the LNG Terminal Hot Work ……………………………………… Zhou Meibo (248)
天然气提氦及联产工艺技术研究 ……………………… 吴佳伟 徐晓梦 段其照 苗 洁(255)
Research on Helium Extraction and Co-production Technology from Natural Gas
……………………………………………… Wu Jiawei Xu Xiaomeng Duan Qizhao Miao Jie (255)
深水天然气生产平台绝热系统应用与分析 …… 李祥民 崔峰瑞 辛培刚 许 东 齐国庆(262)
Application and Analysis of Deep Sea Natural Gas Platform Insulation System
…………………………… Li Xiangmin Cui Fengrui Xin Peigang Xu Dong Qi Guoqing (262)
"第三方准入"在中石油 LNG 接收站的应用 ………………………………………… 姜 勇(269)
Third-party Access to LNG Terminals of PetroChina …………………………… Jiang Yong (269)
标准的数字化检索体系在 LNG 接收站建设、运营管理中构建的研究 ……… 周 炜 邓 冬(276)
Research on the Construction of a Standard Digital Retrieval System in the Construction and Operation Management of LNG Receiving Stations ………………………………… Zhou Wei Deng Dong (276)

第三篇 LNG 船建造技术

Part 3 LNG ship construction technology

LNG 加注船与码头泊位兼容性研究 ………………………………………………… 冯志明(283)
Compatibility Study between LNG Bunkering Vessels and Terminals ……………… Feng Zhiming (283)
某大型 LNG 加注船氮气系统多元化技术研究 ……………………… 关海波 于 朋 刘 琳(288)
Multifunction study of N_2 generation plant for large LBV ……… Guan Haibo Yu Peng Liu Lin (288)
基于负反馈机制的冷舱辅助决策算法 ……………………………… 何 弦 叶冬青 吴 军(296)
An Algorithm of Tank Cooling Down Decision Support Based on Degenerative Feedback
……………………………………………………………………… He Xuan Ye Dongqing Wu Jun (296)
薄膜型 LNG 船用深冷装置运行效能分析 ………………… 邱 斌 杨 轶 武晓磊 邵孟飞(306)
Operational Efficiency Analysis of Sub-cooling System in Membrane LNG Carrier
…………………………………………………… Qiu Bin Yang Yi Wu Xiaolei Shao Mengfei (306)
薄膜型 LNG 船液货舱冷却工艺研究 ………………………………… 李红波 叶冬青 崔 貌(311)

The Cooling Down Research for Membrane LNG Carrier Cargo Tank
…… Li Hongbo　Ye Dongqing　Cui Mao (311)
LNG 船液货舱惰化过程仿真研究及优化 …… 罗文华　张　浩　郭　晋　董建平(318)
Simulation research and optimization of LNG carrier ship cargo tankinerting
…… Luo Wenhua　Zhang Hao　Guo Jin　Dong Jianping (318)
LNG 船主机 ICER 系统设计研究 …… 陈育喜　周青锋　孙书霄　李　珂(326)
Design and Research of iCER System of Main Engine for LNG Ship
…… Chen Yuxi　Zhou Qingfeng　Sun Shuxiao　Li Ke (326)
FLNG 海水提升系统设计和布置研究 …… 井雷雷　薛昌奇　白海泉(335)
Study of the FLNG Seawater Lifting System Design and Arrangement
…… Jing Leilei　Xue Changqi　Bai Haiquan (335)
燃气双壁管的自主研发设计与应用——依托大型 LNG 船推动双壁管设计的实践化与标准化
…… 窦　旭　范中彪　施　政(341)
Independently Researched and Developed Design and Application of Gas Double Wall Pipes——Promoting the Practice and Standardization of Double Wall Pipe Design Based on Large LNG Ships
…… Dou Xu　Fan Zhongbiao　Shi Zheng (341)

第一篇 综述

液化天然气对于保障国家能源安全、促进能源转型和实现碳达峰碳中和目标具有重要的战略意义，也是推进国家能源发展和建设现代化经济体系的重要举措之一。我国液化天然气工业起步晚、发展快，天然气液化、液化天然气接收站等工艺技术和关键设备制造技术创新成果突出，但也面临着大型天然气液化工艺技术、核心装备设计建造技术的创新发展等诸多难题与挑战。本篇《综述》对国内外天然气液化工艺的现状和发展进行了系统总结梳理，对下一步我国液化天然气产业的发展具有实践指导作用。

Overview

Part 1

Liquefied natural gas ("LNG") has important strategic significance in ensuring the national energy security, promoting the energy transformation, and achieving the "carbon peaking and carbon neutrality" goals, and is also one of the important measures for promoting the national energy development and building a modernized economic system. China's LNG industry started late, nevertheless develop rapidly, and has made outstanding innovative achievements in technologies related to natural gas liquefaction, LNG terminals and key equipment manufacturing. However, it also faces many difficulties and challenges such as the innovative development of large-scale natural gas liquefaction technologies and core equipment design & construction technologies. This Chapter Overview systematically summarizes and sorts out the current status and development of natural gas liquefaction technology both domestically and internationally, providing the practical guidance for the subsequent development of China's LNG industry.

天然气液化工艺的现状、进展和挑战

郝天舒[1]　刘恩斌[1]　罗倩云[2]　鲁绪栋[1]　李　茜[1]

（1. 西南石油大学石油与天然气工程学院；2. 中国石油西南油气田分公司安全环保与技术监督研究院）

摘　要　随着能源危机的加剧，液化天然气(LNG)作为一种灵活可靠的天然气储运技术，已经成为能源领域的热门研究方向。天然气制冷和液化的平均成本占LNG供应链的42%，因此液化工艺的发展对LNG产业有着重要影响。本文介绍了近几年天然气液化工艺设计与优化的研究现状，并从产能、能耗、经济性、安全性和适应性等方面分析比较了各种液化工艺的优缺点。此外，还详细介绍了加压液化技术(PLNG)的工艺流程及其应用前景，并与常规液化工艺进行了对比分析。目前，陆地液化工艺的主要发展方向是提高效率来增加产能，并通过装置的撬装化来加强小气田的开发；对于FLNG来说，研究流程更为紧凑的液化工艺和性质更为安全的制冷剂则可以更有力地促进海上油气的开发。

关键词　天然气；LNG；液化工艺；制冷；PLNG

Status, Progress, and Challenges of Natural Gas Liquefaction Processes

Hao Tianshu [1]　Liu Enbin[1]　Luo Qianyun[2]　Lu Xudong[1]　Li Xi[1]

(1. SouthWest Petroleum University Petroleum Engineering School; 2. Safety, Environment & Technology Supervision Research Institute, PetroChina Southwest Oil & Gasfield Company;)

Abstract　With the intensification of the energy crisis, liquefied natural gas (LNG), as a flexible and reliable natural gas storage and transportation technology, has become a hot research direction in the energy field. The average cost of natural gas refrigeration and liquefaction accounts for 42% of the LNG supply chain, so the development of liquefaction processes has an important impact on the LNG industry. This article introduces the research status of natural gas liquefaction process design and optimization in recent years, and analyzes and compares the advantages and disadvantages of various liquefaction processes from aspects of production capacity, energy consumption, economy, safety, and adaptability. In addition, the process flow and application prospects of pressurized liquefaction technology (PLNG) were introduced in detail, and compared with conventional liquefaction processes. At present, the main development direction of land liquefaction technology is to increase productivity by improving efficiency, and strengthen the development of small gas fields through skidding of devices; For FLNG, researching more compact liquefaction processes and safer refrigerants can more effectively promote the development of offshore oil and gas

Keywords　natural gas; LNG; liquefaction process; refrigeration; PLNG

截至 2022 年，世界能源消费的三大支柱依然是煤炭、石油和天然气。根据 2022 年《BP 世界能源统计年鉴》统计，2021 年，世界一次能源消费总量为 20185.9 百万吨标准煤当量，其中的煤炭、石油和天然气所占的比重分别为 26.8%，30.9%和 24.3%。与石油和煤炭相比，天然气作为一种清洁能源，消耗单位能源的碳排放减少约 29%~44%。由图 1 可知，天然气在一次能源消耗所占的比例在逐步上升。国家统计局数据显示，2021 年，我国天然气产量达到 2075.8 亿立方米，同比增长 7.8%。近十年来，我国天然气工业正在高速发展，随着油气成藏理论的完善以及非常规油气勘探开采技术的进步，在未来很长一段时期内，我国天然气工业仍将保持快速发展的势态。

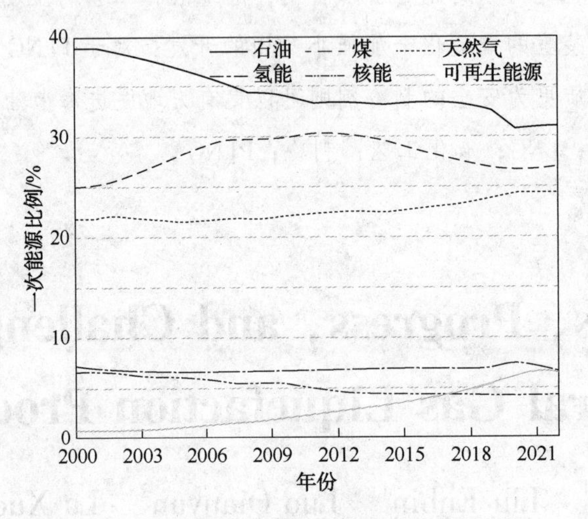

图 1　过去 20 年全球一次能源比例变化趋势

通常情况下，天然气的运输方式有管道输送和 LNG 运输两种方式。管道输送易于控制，适合连续作业，输送损耗小，安全性高。而部分地区的天然气管道建设存在巨大困难，利用 LNG 对天然气进行储存和运输已成为解决全球天然气储运复杂问题的通用途径。根据 IGU 在 2022 年发布的《全球液化天然气报告》，2021 年全球 LNG 贸易量增至 3.72 亿吨，同比增长 4.5%。根据壳牌 2021 年发布的《液化天然气(LNG)展望报告》，到 2040 年全球 LNG 需求将达到 7 亿吨。由于液化天然气行业的迅速发展和不容乐观的环境问题可能导致该行业的竞争进一步加剧。为了应对 LNG 行业内的激烈竞争，LNG 供应链的各个环节都需要进行优化，力求降低运营成本来提高盈利。

图 2 说明了 LNG 供应链和各个环节的平均成本分布。其中，液化天然气供应链总成本的 42%与制冷和液化环节有关。在一个大气压下将天然气冷凝到-163℃才能将其液化，其低温特性使得天然气的液化是一个高能耗过程。主要是因为低温液化过程涉及较多的制冷设备和多级制冷流程。因此，针对 LNG 产业节能降耗大多数研究集中在降低天然气液化阶段的能耗和 LNG 冷能回收利用。根据现有制冷循环和装置的类型，常规的液化工艺可分为三大类：级联式液化工艺、混合制冷剂液

化工艺和膨胀机液化工艺。

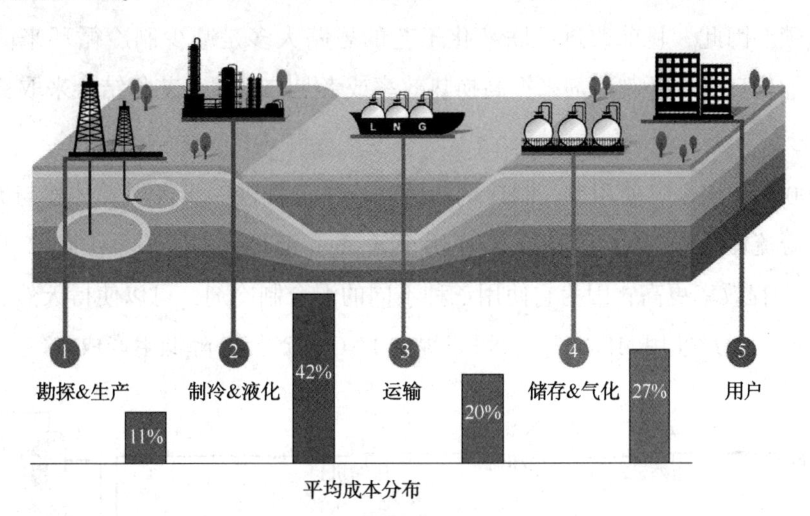

图 2 LNG 产业链与各环节的平均成本分布

本文将系统性地介绍天然气液化工艺的主要种类和最新进展，分析液化工艺的设计和优化面临的挑战以及未来的研究方向。第二节对常规的液化工艺进行综述并介绍其最新进展。第三节介绍了非常规液化工艺的最新发展和应用前景。第四节总结了天然气液化技术的应用现状和对未来的研究展望。第五节为本文的结论。本文旨在促进 LNG 液化技术的进一步优化和研究，从而促进 LNG 行业的发展，为早日实现“双碳目标”助力。

1 常规天然气液化工艺及其进展

1.1 级联液化工艺

级联液化工艺在 20 世纪 60 年代就已经十分成熟，由于其能耗低，循环操作稳定，在当时广泛被采用。其原理是利用沸点较高的制冷剂的蒸发吸热使得较低沸点的物质发生冷凝降温，并将这个过程组成多个制冷循环，其工艺流程如图 3 所示。早期的级联式液化工艺主要由三级独立的制冷循环组成：丙烷浅冷循环，乙烯中冷循环和甲烷深冷循环。与此同时，天然气在流经各级换热器的过程中逐渐被冷却液化并储存在 LNG 储罐中。

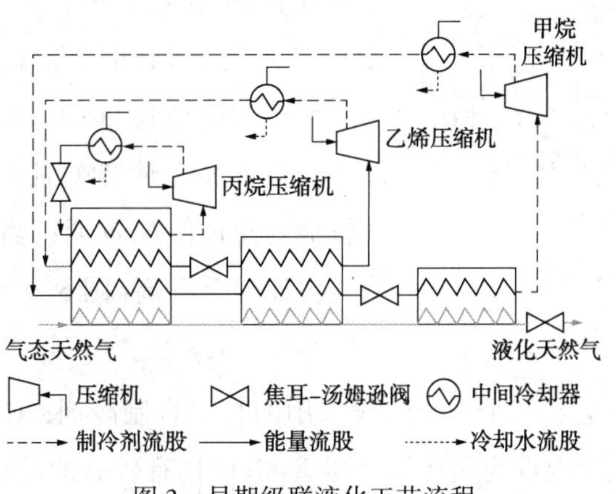

图 3 早期级联液化工艺流程

级联液化工艺流程相对稳定，三个循环之间的相互影响较小。三级制冷循环的缺点同样十分明显，过多的循环增加了工艺流程的复杂性，导致初始设备投资过高；由于设备较多，设备的维护保养也变的十分繁琐。因此，目前改进级联液化工艺的思路大多是减少制冷循环来简化整个工艺系统、选用性能更加优良的循环制冷剂来提高换热效率或者是与其他工艺相结合来取长补短。

1.1.1 MFC 工艺

自20世纪90年代以来，使用单一制冷剂的级联液化过程进一步发展。林德与挪威国家石油公司合作开发了混合流体级联(MFC)工艺，并应用于Snohvit液化天然气项目。MFC工艺流程见图4，MFC比普通级联过程效率更高，因为它使用三种不同的混合制冷剂，可以使得天然气和制冷剂的冷却曲线匹配性更好。通过使用MFC工艺，可以提高LNG的产能并降低生产成本。

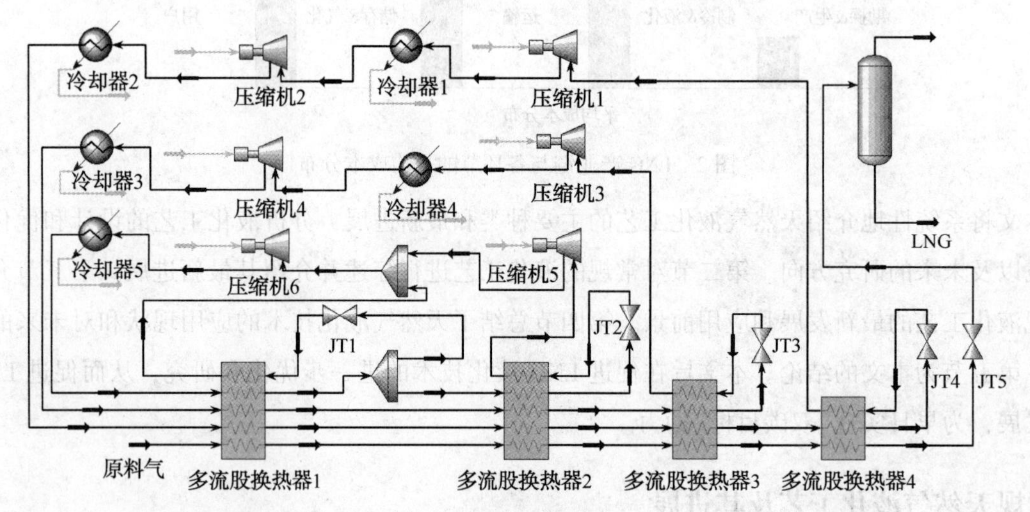

图4 MFC工艺流程图

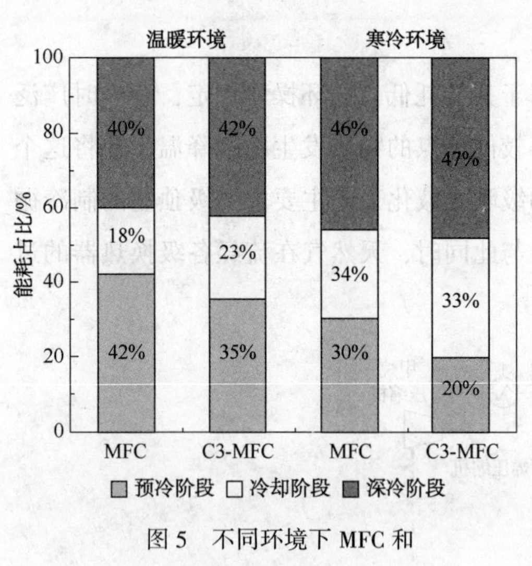

图5 不同环境下MFC和C3-MFC各阶段能耗占比

然而，MFC过程具有许多设计变量，混合制冷剂组成在每个制冷循环中不同，以便在每个温度范围内有效地提供冷能。MFC包含两个预冷循环、一个中冷循环和一个深冷循环。预冷循环作为工艺的第一阶段，不仅用于冷却天然气，而且用于冷却后续循环的制冷剂。Vatani等人对多种制冷循环进行了能量和㶲分析。能量分析的结果表明，由于制冷循环的数量优势，MFC工艺具有低的能量消耗(0.2545kWh/kg LNG)，预冷循环的能效比(COP)也明显优于其他循环。除此之外，环境温度对MFC能耗同样有很大影响，环境温度较低时总体能耗较低；当环境温度升高，预冷循环能耗占比显著升高(图5)。

1.1.2 MFC 工艺制冷剂改良

在制冷剂方面，MFC工艺在三个制冷阶段采用的是混合制冷剂，C3-MFC作为MFC工艺的一种改进，其在预冷阶段采用纯丙烷为制冷剂。尽管MFC具有较高的功耗，但它仍然是寒冷气候下的首选。在较温暖的气候中，更推荐使用C3-MFC，主要原因是该工艺中预冷循环的功率贡献较小(图5)。传统的级联液化工艺以纯烃或者烃类混合物为制冷剂，因为烃类具有足够的冷却能力。然而，由于烃类通常都具有易燃性，安全隐患较高，而陆地上的液化天然气工厂具有足够的空间，可以采取相应的措施保证设备和人员安全。由于 FLNG 空间较小，对于 FLNG 来说采用易燃易爆物质作为制冷剂是极其危险的，在大多数情况 FLNG 都要求尽可能减少可燃物库存。随着对液化工艺的安全性要求的不断提高，对含有不可燃物质的制冷剂液化过程的研究越来越多。比较通用的办法是是将氮与烃制冷剂或不可燃氧化物结合。

1.1.3 其他进展

MFC 工艺具有大规模生产 LNG 的潜力，但也消耗大量能源。常规 MFC 工艺制冷循环一般采用压缩式制冷循环(CRC)，压缩式制冷循环(CRC)需要额外消耗能量利用压缩机给制冷剂增压。而吸收式制冷循环(ARC)则是一种利用废热产生冷量的有效途径，将级联制冷循环中的预冷循环替换为 CRC 可以有效的利用废热，减少能量浪费。吸收式制冷最常见的制冷剂对是水-溴化锂(通常用于 0℃以上的制冷)和氨水(通常用于 0℃以下的制冷)。此外，ARC 基本不产生的噪声，没有大型旋转设备，相较于 CRC，它们的维护成本低得多。液化天然气工业可以采用 CRC 与 ARC 结合来降低 LNG 生产成本，在许多案例中已经得到了验证。

1.2 膨胀机液化工艺

自 20 世纪 80 年代以来，基于膨胀机的天然气液化技术引起了人们的极大兴趣，当时该技术被提倡用于巴布亚新几内亚海上天然气田。膨胀机液化天然气工艺是借助高压制冷剂利用透平膨胀机进行逆布雷顿循环制冷，从而达到实现气体的降温。膨胀机液化工艺通常采用的制冷剂为 N_2，有时会采用 CO_2 进行预冷。膨胀机液化工艺可以避免采用烃类制冷剂、流程简单和结构紧凑的优点。因此，该工艺一般用于 FLNG 和中小型液化天然气工厂等对占地面积要求较高的场合。在基于膨胀机的制冷技术，由于制冷剂不发生相变，因此该工艺设备数量少；但是其主要缺点是比功率较高(液化 1 单位的天然气所需的压缩功)。

1.2.1 N_2液化工艺

如图 6 所示，单 N_2膨胀机是基于膨胀机的液化工艺中最简单的配置，只有一个制冷剂回路辅助天然气液化。单 N_2膨胀机工艺的显著缺点是在制冷剂和进料天然气之间引入了大的温差(天然气和制冷剂冷却曲线的不匹配)，会产生过高的压缩能耗而导致过高的比功率。同时，膨胀机长期处于高压、高入口温度的状态工作，这对现有设备的设计及制造能力提出了严峻的考验。这些缺点导致了单 N_2膨胀机工艺已经被淘汰。

N_2作为膨胀机液化工艺中最为经典的制冷剂已经沿用多年，目前对于纯 N_2液化工艺的主要改进是增加 N_2膨胀机。为了解决上述问题，多 N_2膨胀机液化工艺应运而生。在双 N_2膨胀机过程中，分别在低压和高压下分离 N_2，制冷剂的膨胀分在两个不同的压力水平下进行，如图 7 所示。引入第二台膨胀机有助于氮气的分离，并且仅使所需部分膨胀到最低压力，从而节省压缩能量。两个膨胀机将天然气的液化过程中的制冷负荷分为浅冷负荷和深冷负荷，在较小的热交换器中实现更接近的温度，有效避免了单 N_2膨胀机液化工艺中制冷剂和天然气之间温差过大的问题。在双 N_2膨胀机液化工艺的基础上，Kim 等人引入中间膨胀段，将制冷剂的膨胀过程分为浅冷膨胀、中冷膨胀和深冷膨胀三个循环，根据各膨胀段的温度和压力不同。与双膨胀循环相比，引入中间膨胀机，可以提高液化效率并且可以降低能耗。经过模拟，在相同条件下，三 N_2膨胀机液化工艺可提高产率 5%，而总资本支出仅增加1.4%。

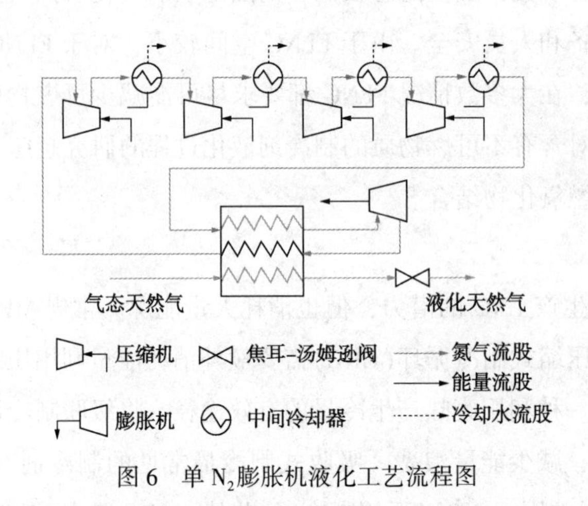

图6 单N_2膨胀机液化工艺流程图

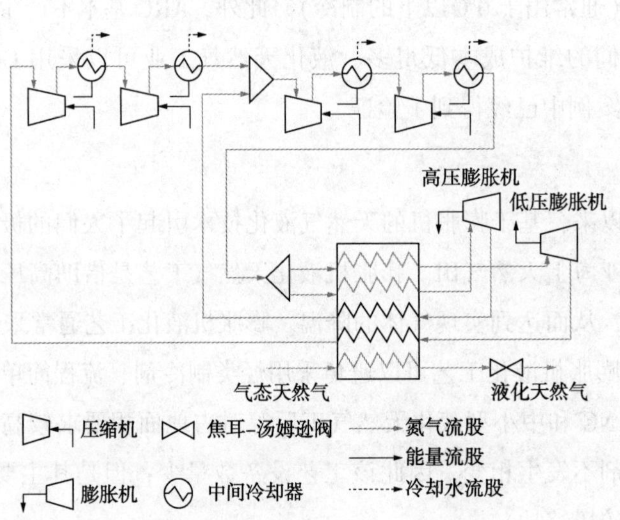

图7 双N_2膨胀机液化工艺流程

1.2.2 带预冷的N_2液化工艺

在对单N_2膨胀机液化工艺的改进中，额外添加一个预冷循环可以有效降低N_2制冷剂和天然气(被预冷)的温度。在带预冷的N_2液化工艺中，预冷循环采用的最多的制冷剂是CO_2。在N_2-CO_2单膨胀机过程中，使用两个独立的制冷剂回路，CO_2用于预冷，N_2用于冷却，如图8所示。尽管该工艺也是单N_2膨胀机，但是额外添加CO_2预冷循环将比压缩功率需求降低了33%(N_2-CO_2单膨胀机为0.4945kWh/kg-LNG，N_2单膨胀机为0.743kWh/kg-LNG)。在CO_2预冷单氮膨胀液化工艺的基础上，采用CO_2膨胀机替代常规预冷循环中的焦耳汤姆逊(JT)阀，得到CO_2预冷膨胀与单氮膨胀相结合的优化工艺，在原料气温度和初压相近的条件下，优化工艺的换热器冷负荷曲线和热负荷曲线更接近，能耗更低。除了CO_2作为预冷制冷剂被广泛使用外，氨、丙烯等多种制冷剂也适用于天然气液化的预冷循环。氨吸收式制冷是一种蒸气制冷过程，它使用泵代替传统的压缩机，从而大大降低了压缩功。尽管氨吸收预冷循环需要额外的㶲供给，但有预冷工艺的㶲效率仍高于无预冷工艺，不仅能耗降低26~35%，生产成本降低13~17%。沈玉英等人分析了一种采用丙烷预冷的氮气膨胀制冷循环，充分发挥了丙烷作为制冷剂的优势，利用分级制冷的优势，降低了系统的不可逆程度，减少了能耗。但是，采用带预冷的N_2液化工艺的缺点也很明显，额外增加一个预冷循环带来的是设备数量和占地面积的增加，尤其对于 FLNG 而言，这一缺点更难以接受。

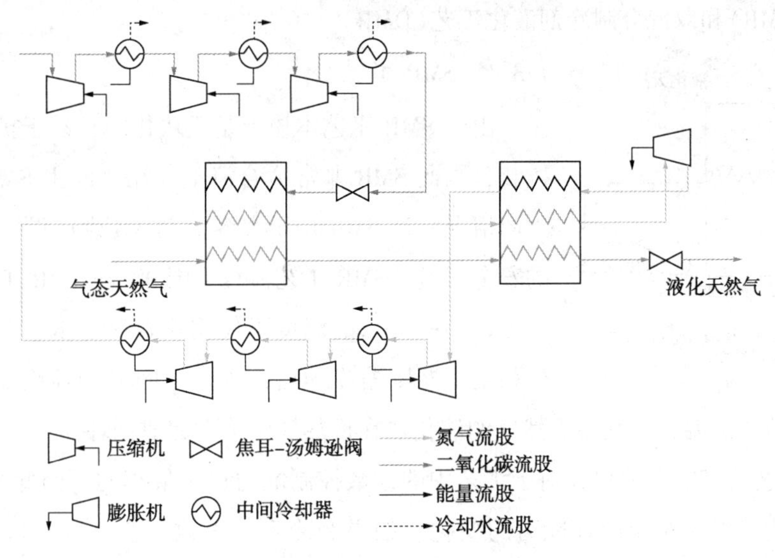

图 8 采用 CO_2 预冷的 N_2膨胀机液化工艺流程图

1.2.3 制冷剂掺混 N_2液化工艺

N_2是膨胀液化过程中的主要制冷剂，沸点较低，更容易满足低温传热的要求。但由于氮气膨胀后的温度较低，容易带来预冷和冷却热交换中的损失。采用沸点较高、比热较大的制冷剂参与 LNG 工艺，可以有效降低传热温差，降低液化过程的能耗。沸点较高的甲烷有利于以较低的能耗满足液化率的要求，同时发挥甲烷较高的比制冷效应和 N_2较低的膨胀率容易冷却的优势。甲烷-氮气双膨胀液化流程的基本结构与氮气双膨胀液化流程相似。但在热膨胀区，甲烷比氮气具有更好的换热能力，可以满足较低流量的天然气预冷和冷却过程的需要，有效提高循环效率。王科等人设计了一种小型天然气 N_2-CH_4膨胀制冷液化工艺，采用 CH_4与 N_2的混合气体作为制冷剂，当 N_2占比为 60%时达到了最高液化率 93.82%。

在膨胀液化过程中使用 N_2-C_3H_8混合制冷剂代替氮气也可产生节能效果。与甲烷相比，丙烷沸点更高，更适合高温段的换热需求。由于丙烷的临界温度和临界压力高于氮气，混合制冷剂在整个液化过程中呈现气液两相。为了处理两相 N_2-C_3H_8混合制冷剂，需要使用两相膨胀机代替常规的焦耳汤姆逊阀。在其它制冷剂的膨胀液化过程中，采用沸点较高的制冷剂部分或全部替代氮气，不仅缩小了膨胀机液化工艺与混合制冷剂液化工艺的能耗差距，还保持了占地面积小和安全性高的优点。

1.3 混合制冷剂液化工艺

混合制冷剂液化工艺是现代天然气液化工艺中应用最多的工艺。这种工艺采用多组分混合制冷剂(Mix-Refrigerant)代替多种纯组分制冷剂，具有单元设备少、工艺简单、投资低等优点。在混合制冷剂液化工艺的运行过程中，除工艺本身的结构和流程外，原料气的组成及来气条件等关键参数都要考虑。混合制冷剂循环的参数和混合制冷剂的组成也对过程性能影响很大，目前对于 MR 工艺的改进主要是新型混合制冷剂液化流程的设计和优化，希望以此提高流程性能，降低能耗。根据混合制冷剂的分类，混合制冷剂液化工艺可分为单混合制冷剂液化工艺（SMR）、丙烷预冷混合制冷剂液化工艺(C3-MR)和双混合制冷剂液化工艺(DMR)。

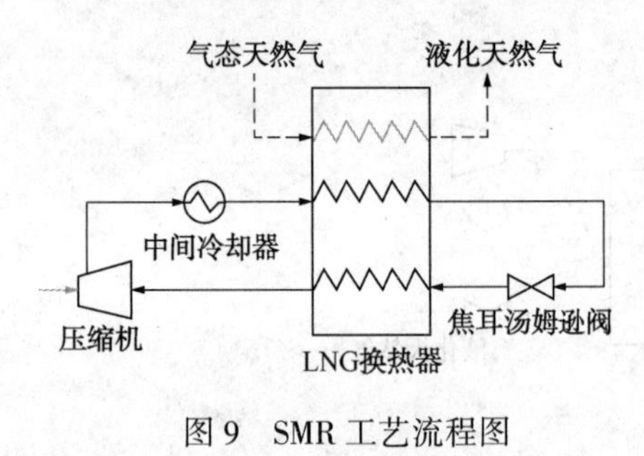

图9 SMR工艺流程图

1.3.1 SMR工艺

由于SMR工艺本质上是模块化的，易于扩展，有利于设备撬装，因此SMR非常适合海上应用。海上SMR更适合于单组生产情况，当SMR用于大容量FLNG生产设施时，应进行额外的安全考量。SMR工艺流程见图9。在SMR工艺中，液化天然气是在约-160℃的温度下使用混合制冷剂获得的。MR经压缩机和空冷器压缩冷却后，进入中间冷却器降温。然后，MR通过焦耳汤姆逊阀节流降温，再利用天然气的液化热在换热器中蒸发完成循环。

由于SMR工艺所需设备简单，对于工艺中的参数控制能力也是最小的。因此，进料气的组成、压力和流速的变化将引起系统冷却能力的变化。如果制冷系统参数不变，制冷量与实际需求不匹配，制冷量过大时系统运行不经济，制冷量不足时LNG过冷度降低，LNG容易发生部分气化。HUSNIL等人开发了一种新的液化技术，即MSMR工艺。在保持SMR机组简单紧凑特点的同时，将混合制冷剂分为重烃和轻烃，在循环中分别进行压缩和再混合。这使得该方法即使在偏离设计的操作条件下或在存在干扰的情况下也能够保持MSMR方法的最优性，即工艺参数的稳定性保持在一定范围内。此外，在该过程中经常使用的焦耳汤姆逊(JT)膨胀阀也是能量消耗的原因，JT阀的膨胀过程本质上是一个等焓过程，因此具有膨胀效率低的内在局限性。因此，采用膨胀机取代JT阀，可以确保该工艺在所需能耗和㶲效率方面有更好的表现。

1.3.2 C3-MR工艺

在C3-MR工艺中建立两个独立制冷剂循环，丙烷循环用于预冷天然气和部分液化MR，MR循环用于天然气的液化。C3-MR工艺的优势主要是其使MR沸腾曲线与进料气体冷凝曲线匹配的相当好，因此冷凝效率很高。C3-MR工艺综合了级联液化工艺和MR工艺的优点，是目前混合制冷剂液化工艺中最常用的一种。虽然C3-MR工艺的基本电耗较SMR工艺有较大幅度降低，但是C3-MR工艺的电耗仍然是MFC工艺的1.15倍，能耗仍然偏高，表明C3-MR工艺仍有较大的优化空间。夏丹等人对C3-MR工艺进行建模优化，在保证LNG产能和产品质量不变的情况下，优化后所需的制冷剂流量降低12.1%，LNG比功耗降低22.9%。虽然C3-MR工艺的制冷效率普遍较高，但在寒冷地区其性能下降明显，与MFC工艺和C3-MFC工艺之间的差距增大(见图10)。

然而，对于FLNG来说，大量液体丙烷的储存给FLNG的占地和安全带来了很大的隐患，因此C3-MR工艺的变得不那么具有优势。尹全森等人对FLNG的晃动对丙烷预冷系统的影响进行了研究，发现在FLNG上使用提高丙烷分离器的液位高度可以降低晃动时液位波动对换热器的影响。即便如此，FLNG的晃动对于丙烷的储存来说依然是一个潜在的威胁，需要更高结构强度的储罐来应对晃动压力，会增加额外的成本。

1.3.3 DMR工艺

基于双混合制冷剂(DMR)的天然气液化技术主要是为解决C3-MR工艺中丙烷压缩机瓶颈而开发的。与C3-MR类似，DMR也包括两个封闭的制冷剂循环。这两种循环的主要区别在于，前一种循环使用单一组分制冷剂(通常为丙烷)作为预冷阶段的冷却源，而后一种循环使用制冷剂混合物(主要由乙烷和丙烷组成)进行冷却。研究表明，采用乙烷和丙烷预冷的混合制冷剂液化流程，其预冷效率比采用丙烷预冷的流程高 20%，且投资和运行费用相对较低。DMR 工艺高效的原因之一是它最大限度地利用了驱动机功率，并使压缩机在较宽的温度范围内保持在高效点运行。除此之外，双 MR 回路的使用还有助于在寒冷气候下增加 LNG 的生产效率。

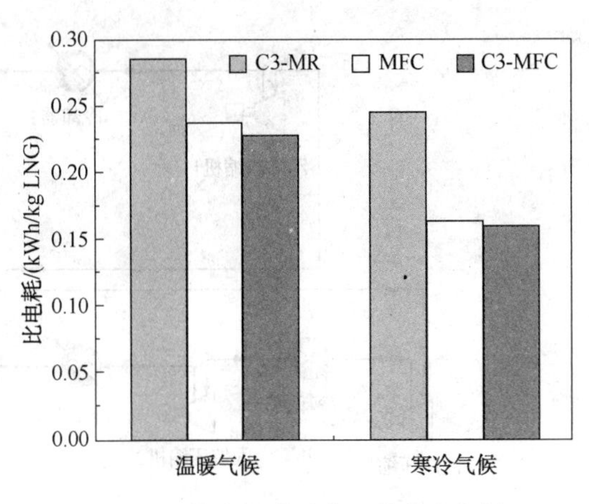

图 10 不同气候下各液化工艺的比电耗

常学煜等人提出了一种可提高效率及海上适应性的浮式双混合制冷剂天然气液化工艺，该工艺可适应于复杂的海况并进行大规模的天然气液化处理。在安全性方面，在高生产率条件下，DMR 工艺比 SMR 和 C3-MR 工艺更安全。虽然 C3-MR 工艺在整个液化工艺中占主导地位，但 C3-MR 工艺需要大量的丙烷，可能会增加储存空间并引起安全问题，因此在海上液化装置中很少使用。而 DMR 工艺以其处理量大、流程简单、能耗低、液化率高、海上适应性强等优点在大型 FLNG 装置中得到广泛应用。研究表明，分离器和换热器在晃荡条件下均会使 DMR 液化能力有所下降，但下降程度不足 2%，说明 DMR 具有较好的海上适应性。

2 非常规天然气液化工艺介绍

加压液化天然气(PLNG)技术是相对于传统液化技术而提出的概念，是指将天然气冷却到中间温度进行液化，使用比常规液化更高的压力，提高 LNG 的储存温度，并在整个 LNG 运输链中保持较高的压力。当原料气中 CO_2 含量大于溶解度时，就会出现 CO_2 固化问题，引起严重的堵塞。而 PLNG 工艺大大提高了 CO_2 在 LNG 中的溶解度(CO_2 在 LNG 中的溶解度在常压下小于 100 ppm，在 PLNG 条件下可增加到 3%~6%)，可以有效地缓解这一现象。当原料气中 CO_2 含量不高时，CO_2 溶解度的增加使得可以去除在 LNG 工艺中占据大面积的 CO_2 预处理设备，可以非常有效地缓解海上生产设施面积不足的问题。

级联 PLNG 和 SMR PLNG 是常见的两种 PLNG 工艺，其工艺流程图见 11 和图 12。PLNG 工艺可以在没有 CO_2 预处理设施的情况下直接液化 CO_2 含量低于 0.5%的原料气。在图 11 中，级联 PLNG 工艺被分为三部分：原料气(已经经过预处理)冷却、乙烯低温制冷循环和丙烷高温制冷循环。原料气先进入换热器 1 进行初步冷却降温，再进入换热器 2 进行二次冷却，最后通过节流阀 JT2 膨胀降温，经分离器分离为气相和液相，液相为为 PLNG 产品。在图 12 中，整个 SMR PLNG 流程被分为两部分：原料气冷却和 MR 制冷循环。原料气先后通过换热器 1 和换热器 2 降温冷却、节流阀 JT3 膨胀降温，最后通过分离器 2 分离成气相和液相，液相为 PLNG 产品。

研究表明，PLNG 工艺比传统 LNG 工艺更节能、更节省空间。通过比较发现，采用 PLNG 的级联液化工艺、SMR 液化工艺和单膨胀机液化工艺的单位能耗分别比常规工艺低 46%、50%和 63%。3 种 PLNG 工艺的占地面积分别比常规工艺小 42%、25%和 4%。较高的液化温度降低了液化过程的能耗，与常规流程相比，PLNG 工艺的能效比提高了 17%，㶲效率提高了 38%。当原料气来气压力

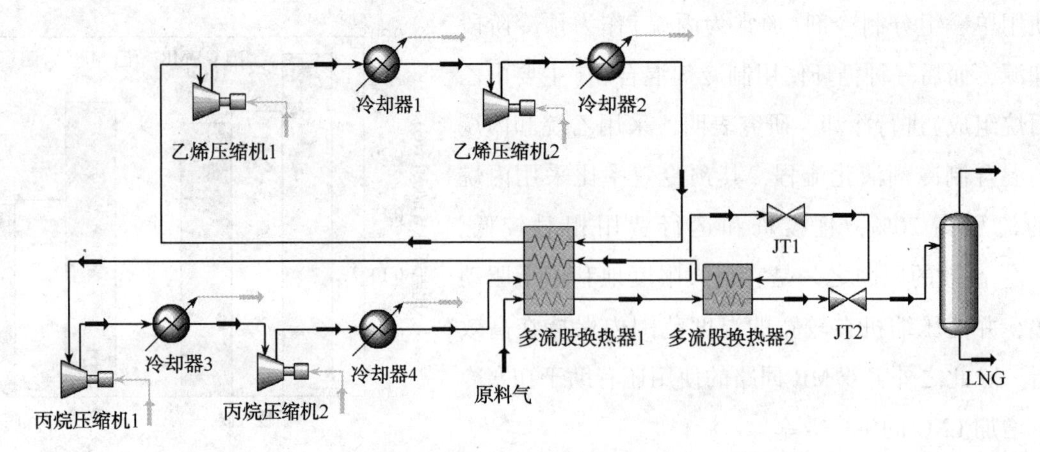

图 11 级联 PLNG 工艺流程图

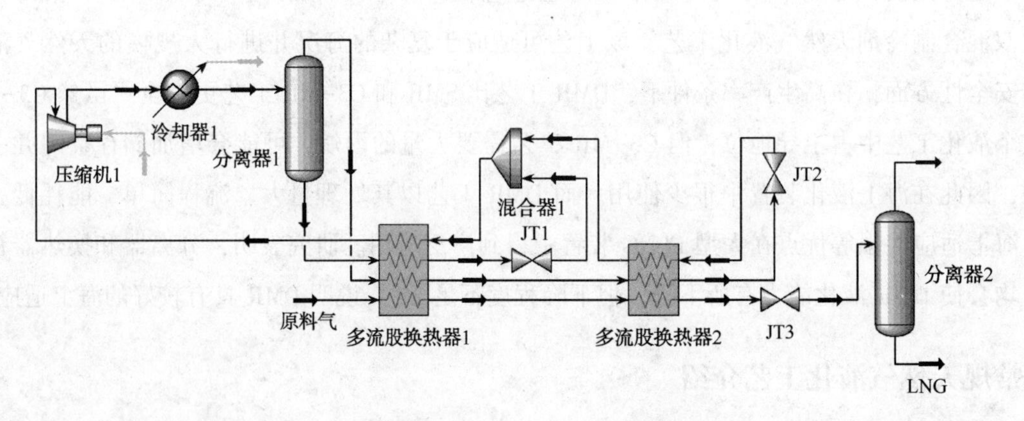

图 12 SMR PLNG 工艺流程图

足够时，采用 PLNG 工艺时则无需利用压缩机增压，合理地利用已有压力㶲可以减少能力消耗。He 等人设计并提出了一种小型管道天然气液化新工艺。该工艺可以利用管道的压力㶲，在不消耗任何能量的情况下液化一部分天然气。该工艺最大液化率为 12.61%，最大㶲利用率为 0.1961。

此外，PLNG 也有一些不足之处。PLNG 供应链降低了生产(液化)和再气化成本，同时相对普通 LNG 增加了储存和运输成本，主要是由于 PLNG 需要重型密封系统来运载，这导致高制造成本和低空间利用效率。PLNG 运输船比传统运输船重约 40%~60%，体积比传统运输船多 40%，虽然在储存和运输环节有一些成本增加，但考虑到液化和再气化环节的成本大幅降低，PLNG 能够实现相对于常规 LNG 的总体成本竞争力。PLNG 技术在天然气的净化和液化方面显示出技术和经济优势，尤其是占地面积小这优势得到了海上生产设施的青睐。通过合理的 PLNG 工艺设计并降低 PLNG 带来的负面影响，降低生产运输成本，可以增加 PLNG 在 LNG 行业里的竞争力，充分发挥 PLNG 技术的优势，扩大应用范围。

3 现状与展望

3.1 现状分析

基本负荷型天然气液化装置多建在气源附近，生产规模巨大，需要为众多偏远用户提供大规模供气。该类型装置采用的液化工艺主要是 C3-MR、纯制冷剂级联技术和双混合制冷剂(DMR)技术。调峰型天然气液化装置，用于调峰或季节性燃料供应。它们通常远离气源，位于大城市附近。调峰型天然气液化装置采用膨胀机液化工艺最多，其次是混合制冷剂液化工艺，采用级联液化工艺最少。小型撬装式天然气液化装置十分灵活，可快速转移，大多采用混合制冷剂液化工艺和氮气膨胀液化工艺。

FLNG 的快速发展为海上油气开发提供了更多的可能性。海上液化天然气生产需要面对的环境比陆上液化天然气生产更加恶劣，FLNG 需要面临空间极其有限、操作环境复杂、气源成分差异巨大等问题。这些问题的存在使得 FLNG 与陆上装置的对于工艺选择的着重点不同。对于陆地上液化天然气工艺选择时，循环效率是一个决定性因素；但在 FLNG 中，循环效率的重要性降低。海上液化工艺要求极高的安全性和可靠性，更强调设备间的紧凑性。混合制冷剂液化工艺或膨胀机液化工艺是 FLNG 最有利的工艺选择。

3.2 未来展望

考虑到 LNG 行业的发展趋势和液化工艺的发展水平，未来液化工艺发展的潜在方向可能包括：

1. 通过对整个液化过程中设备能量损失的分析，以及对液化工艺的改进和参数的调整，现有液化工艺的性能可以得到进一步提升。

2. 在保证高循环效率的前提下，简化工艺、减小设备尺寸，实现橇装式工艺设置对于各个层级的液化天然气装置均具有较大意义。

3. 海上作业环境和空间的特殊性为海上液化过程的研究提供了新的方向。例如，晃动的影响风浪和海流对 FLNG 液化过程的影响以及不同液化工艺和制冷剂组分对安全性的影响还有待进一步研究。

4. 海上天然气液化装置利用 PLNG 工艺来取消 CO_2 预处理装置的思路可以应用到脱水和脱硫等环节，进一步发展 PLNG 工艺可以推动海上天然气的开发。

5. 目前对于 LNG 生产过程中评价指标的制定研究较少，在研究天然气液化过程时，应根据 LNG 生产环境对液化工艺各项性能要求的轻重缓急，建立适合实际情况的评价体系，该场景后续液化工艺的优化和比较也应在该评价体系中进行。

6. 在对天然气液化工艺进行参数优化时，应利用多种算法进行协同优化或者通过定制优化算法以满足不同液化技术和场景的需求。

4 结论

天然气液化技术作为 LNG 产业链重要的一环，天然气供应商的业务盈利能力和用户的使用成本与液化技术水平密切相关。对于陆地油气开发而言，目前的重中之重是增加陆上液化天然气生产能力，实现液化装置的撬装化和一体化，利用小型液化装置的灵活性来加强分散小气田的开发。而对于 FLNG 来说，安全和稳定性是第一位的，研究流程更为紧凑的液化工艺和性质更为安全的制冷剂可以更有力地促进海上油气的进一步开发。本文从常规和非常规两个方面详细介绍和分析了天然气液化工艺设计和优化的进展。为相关研究人员了解目前常用的天然气液化技术提供参考，并指出了天然气液化技术的面临的主要问题和未来的发展方向。对于未来天然气液化工艺的研究，除了考虑效率外，还需要进一步了解现场实际情况，综合考虑操作环境、安全性、占地面积和工艺特性等因素，以获得与实际工程更接近的设计和优化结果。由于液化与运输环节的重要性，天然气液化技术的进一步发展必然会增强 LNG 的竞争力，促进 LNG 行业的蓬勃发展。

参 考 文 献

[1] BP. BP statistical review of world energy 2022[R]. London：BP，2022：10.

[2] LIU E B，LU X D，WANG D C. A Systematic Review of Carbon Capture，Utilization and Storage：Status，Progress and Challenges[J]. Energies，2023，16(6)，2865；DOI：10. 3390/en16062865

[3] 中能传媒研究院. 中国能源大数据报告(2022)[R]. 北京：中能传媒研究院，2022：46

[4] 戴金星，倪云燕，董大忠，洪峰，张延玲，康楚娟. 近 10 年中国天然气工业快速发展[J]. 天然气地球科学，2022，33(12)：1907-1910. DOI：10. 11764/j. issn. 1672-1926. 2022. 11. 009.

[5] IGU. World LNG Report 2022[R]. Vevey：IGU，2022：14.

[6] Shell. LNG Outlook 2022[R]：Hague ：Shell，2022：12

[7] LEE I，PARK J，MOON I. Key issues and challenges on the liquefied natural gas value chain：a review from the process systems engineering point of view[J]. Industrial & Engineering Chemistry Research，2017，57(17)：5805-5818. DOI：10. 1021/acs. iecr. 7b03899

[8] LEE I，MOON I. Strategies for process and size selection of natural gas liquefaction processes：specific profit portfolio approach by economic based optimization[J]. Industrial & Engineering Chemistry Research，2017，57(17)：5845-5857. DOI：10. 1021/acs. iecr. 7b03327

[9] 潘振，吴京京，陈铁男，赵诗扬. 基于 LNG 冷能利用的多联产系统模拟与性能优化[J]. 油气储运，2022，41(7)：810-818. DOI：10. 6047/j. issn. 1000-8241. 2022. 07. 008.

[10] 李俊，陈煜. LNG 冷能回收及梯级利用研究进展[J]. 制冷学报，2022，43(2)：1-12. DOI：10. 3969/j. issn. 0253-4339. 2022. 02. 001.

[11] 李超. 天然气液化工艺技术的发展路径研究[J]. 江苏科技信息，2022，39(9)：40-43. DOI：10. 3969/j. issn. 1004-7530. 2022. 09. 011.

[12] 黄俊之. 试析天然气液化工艺的对比及应用[J]. 企业技术开发(学术版)，2017，36(12)：46-47. DOI：10. 14165/j. cnki. hunansci. 2017. 12. 015.

[13] LIM W，CHOI K，MOON I. Current status and perspectives of liquefied natural gas (LNG) plant design[J]. Industrial & engineering chemistry research，2013，52(9)：3065-3088. DOI：10. 1021/ie302877g

[14] VATANI A，MEHRPOOYA M，PALIZDAR A. Energy andexergy analyses of five conventional liquefied natural gas processes[J]. International journal of energy research，2014，38(14)：1843-1863. DOI：10. 1002/er. 3193

[15] CASTILLO L，DAHOUK MM，DI SCIPIO S，DORAO C A. Conceptual analysis of the precooling stage for LNG processes[J]. Energy conversion and management，2013，66：41-47. DOI：10. 1016/j. enconman. 2012. 09. 021

[16] CHANG H M，CHUNG M J，LEE S，CHOE K H. An efficient multi-stage Brayton-JT cycle for liquefaction of natural gas[J]. Cryogenics，2011，51(6)：278-286. DOI：10. 1016/j. cryogenics. 2010. 10. 006

[17] YOON J I，CHOI W J，LEE S，CHOE K，SHIM GJ. Efficiency of cascade refrigeration cycle using C3H8，N2O，and N2[J]. Heat transfer engineering，2013，34(11-12)：959-965. DOI：10. 1080/01457632. 2012. 753575

[18] RODGERS P，MORTAZAVI A，EVELOY V，AL-HASHIMI，S，HWANG，Y. Enhancement of LNG plant propane cycle through waste heat powered absorption cooling[J]. Applied thermal engineering，2012，48：41-53. DOI：10. 1016/j. applthermaleng. 2012. 04. 031

[19] MEHRPOOYA M，OMIDI M，VATANI A. Novel mixed fluid cascade natural gas liquefaction process configuration

using absorption refrigerationsystem[J]. Applied Thermal Engineering, 2016, 98: 591-604. DOI: 10. 1016/j. applthermaleng. 2015. 12. 032

[20] FINN A J. Are floating LNG facilities viable options? [J]. Hydrocarbon Processing, 2009, 88(7): 31-31.

[21] 喻西崇，谢彬，李玉星，刘淼儿，李焱，王清. 南海深水气田开发 FLNG 液化工艺的优化[J]. 油气储运，2018，37(2)：228-235. DOI：10. 6047/j. issn. 1000-8241. 2018. 02. 017

[22] CHANG H M, LIM H S, CHOE K H. Thermodynamic design of natural gas liquefaction cycles for offshoreapplication [J]. Cryogenics, 2014, 63: 114-121. DOI: 10. 1016/j. cryogenics. 2014. 03. 007

[23] 孙守军，孙恒，何明，陈诚. 带膨胀机液化流程优化及膨胀机关键运行参数研究分析[J]. 低温与超导，2016，44(10)：15-19. DOI：10. 16711/j. 1001-7100. 2016. 10. 003.

[24] KHAN M S, LEE S, GETU M, LEE M. Knowledge inspired investigation of selected parameters on energy consumption in nitrogen single and dual expander processes of natural gas liquefaction[J]. Journal of Natural Gas Science and Engineering, 2015, 23: 324-337. DOI: 10. 1016/j. jngse. 2015. 02. 008

[25] KIM M, MIHAEYE K, MIN J, LEE D, PARK H, LEE J, et al. Optimization of nitrogen liquefaction cycle for small/medium scale FLNG[C]. Houston: Offshore Technology Conference, 2017. DOI: 10. 4043/27737-MS

[26] KHAN M S, LEE S, HASAN M, LEE M. Process knowledge based opportunistic optimization of the N2-CO2 expander cycle for the economic development of stranded offshore fields[J]. Journal of Natural Gas Science and Engineering, 2014, 18: 263-273. DOI: 10. 1016/j. jngse. 2014. 03. 004

[27] OKAFOR E, OJO S. Comparative analyses of an optimized dual expansion, natural gas liquefaction process[C]. Lagos: SPE Nigeria Annual International Conference and Exhibition, 2016. DOI: 10. 2118/184257-MS

[28] ZHANG J R, MEERMAN H, BENDERS R, FAAJJ A. Technical and economic optimization of expander-based small-scale natural gas liquefaction processes with absorption precooling cycle[J]. Energy, 2020, 191: 116592. DOI: 10. 1016/j. energy. 2019. 116592

[29] 沈玉英，李健，林日亿，喻西崇. FLNG 系统液化过程模拟及火用效率分析[J]. 曲阜师范大学学报(自然科学版)，2016(1)：84-91. DOI：10. 3969/j. issn. 1001-5337. 2016. 1. 084.

[30] DING H, SUN H, HE M. Optimisation of expansion liquefaction processes using mixed refrigerant N2-CH4[J]. Applied Thermal Engineering, 2016, 93: 1053-1060. DOI: 10. 1016/j. applthermaleng. 2015. 10. 004

[31] 王科，蒲黎明，韩淑怡，肖俊，高鑫，冼祥发等. 小型天然气 N2-CH4 膨胀制冷液化工艺优化研究[J]. 天然气化工，2014(1)：27-31. DOI：10. 3969/j. issn. 1001-9219. 2014. 01. 006.

[32] YOU W, CHAE M, PARK J, LIM Y. Potential explosion risk comparison between SMR and DMR liquefaction processes at conceptual design stage of FLNG[J]. Journal of Ocean Engineering and Technology, 2018, 32(2): 95-105. DOI: 10. 26748/KSOE. 2018. 4. 32. 2. 095

[33] KHAN M S, LEE S, RANGAIAH G P, LEE M. Knowledge based decision making method for the selection of mixed refrigerant systems for energy efficient LNG processes[J]. Applied energy, 2013, 111: 1018-1031. DOI: 10. 1016/j. apenergy. 2013. 06. 010

[34] HUSNIL Y A, YEO G C, LEE M. Plant-wide control for the economic operation of modified single mixed refrigerant process for an offshore natural gas liquefactionplant[J]. Chemical Engineering Research and Design, 2014, 92(4): 679-691. DOI: 10. 1016/j. cherd. 2013. 11. 009

[35] QYYUM M A, LONG N V D, MINH L Q, LEE M. Design optimization of single mixed refrigerant LNG process using a hybrid modified coordinate descent algorithm[J]. Cryogenics, 2018, 89: 131-140. DOI: 10. 1016/j. cryogenics.

2017. 12. 005

[36] 夏丹，郑云萍，李剑峰，任建勋. 丙烷预冷混合制冷剂液化流程用能优化方案[J]. 油气储运，2015，34(3)：267-270，274. DOI：0. 6047/j. issn. 1000-8241. 2015. 03. 009

[37] 尹全森，刘淼儿，李恩道，郇晓亮，张树勋. 丙烷预冷系统对 FLNG 晃动条件的适应性实验研究[J]. 中国海上油气，2017，29(4)：164-168. DOI：10. 11935/j. issn. 1673-1506. 2017. 04. 022.

[38] KHAN M S，KARIMI I A，LEE M. Evolution and optimization of the dual mixed refrigerant process of natural gasliquefaction[J]. Applied Thermal Engineering，2016，96：320-329. DOI：10. 1016/j. applthermaleng. 2015. 11. 092

[39] 常学煜，朱建鲁，李玉星，陈杰，曾伟平. 可提高效率及海上适应性的浮式双混合制冷剂天然气液化工艺[J]. 天然气工业，2017，37(5)：88-96. DOI：10. 3787/j. issn. 1000-0976. 2017. 05. 012.

[40] 孙崇正，陈杰，李玉星，曾伟平，朱建鲁，潘红宇. 双混合制冷剂液化工艺应用于海上 FLNG 的适应性模拟分析[J]. 中国海上油气，2017，29(1)：142-149. DOI：10. 11935/j. issn. 1673-1506. 2017. 01. 021.

[41] Xu J，Lin W，Chen X，ZHANG H. Review of Unconventional Natural Gas Liquefaction Processes[J]. Frontiers in Energy Research，2022：837. DOI：10. 3389/fenrg. 2022. 915893

[42] XIONG X，LIN W，GU A. Design and optimization of offshore natural gas liquefaction processes adopting PLNG (pressurized liquefied natural gas) technology[J]. Journal of Natural Gas Science and Engineering，2016，30：379-387. DOI：10. 1016/j. jngse. 2016. 02. 046

[43] LIN W，XIONG X，GU A. Optimization and thermodynamic analysis of a cascade PLNG (pressurized liquefied natural gas) process with CO2 cryogenic removal[J]. Energy，2018，161：870-877. DOI：10. 1016/j. energy. 2018. 07. 051

[44] He T B，Ju Y L. A novel process for small-scale pipeline natural gas liquefaction[J]. Applied Energy，2014，115：17-24. DOI：10. 1016/j. apenergy. 2013. 11. 016

[45] EISBRENNER K，LEE J H，CHOI D K. Stranded gas field development with cluster LNG technology[C]. Houston：Offshore Technology Conference，2013. DOI：10. 4043/24205-MS

[46] LEE S，SEO Y，LEE J，CHANG DJ. Economic evaluation of pressurized LNG supply chain[J]. Journal of Natural Gas Science and Engineering，2016，33：405-418. DOI：10. 1016/j. jngse. 2016. 05. 039

[47] GAO L，WANG J X，BINAMA M，LI Q，CAI W H. The design and optimization of natural gas liquefaction processes：a review[J]. Energies，2022，15(21)：7895. DOI：10. 3390/en15217895

浸没燃烧式气化器关键技术及发展方向

揭　涛[1,2]　张世程[1]　邬文燕[1]　沈红霞[1]　杨冰冰[1]　苏　毅[1]

（1. 中国船舶集团有限公司第七一一研究所；2. 上海交通大学，热能工程研究所）

摘　要　天然气能源作为一种清洁优质的能源，在我国能源结构中占比逐渐增大。为满足天然气日益增长的需求，我国规划了一批沿海 LNG 接收站。气化器是接收站关键工艺设备，LNG 接收站使用的气化器一般分为开架式气化器（ORV），中间介质式气化器（IFV）和浸没燃烧式气化器（SCV）。目前国内关于浸没燃烧器气化器的研究还比较匮乏，且大部分资料还集中在生产运行经验总结上。本文重点介绍了浸没燃烧式气化器的结构特点和关键技术难点，并提出了下一步的技术发展方向，为浸没燃烧式气化器的自主国产化开发提供一定的参考。

关键词　浸没燃烧；换热管束；气化器；SCV；LNG 接收站

Key Technologies and Development Direction of Submerged Combustion Vaporizer

Jie Tao[1,2]　Zhang Shicheng[1]　Wu Wenyan[1]
Shen Hongxia[1]　Yang Bingbing[1]　Su Yi[1]

（1. Shanghai Marine Diesel Engine Research Institute;
2. Institute of Thermal Energy Engineering, Shanghai Jiaotong University）

Abstract　As a clean and high-quality energy source, the proportion of natural gas energy in China's energy structure is gradually increasing; To meet the growing demand for natural gas, China has planned and built a number of coastal LNG receiving stations. Vaporizer s are key process equipment in LNG receiving stations. Vaporizers used in LNG receiving stations are generally divided into Open Rack Vaporizer（ORV）, Intermediate Fluid Vaporizer（IFV）, and Submerged Combustion Vaporizer（SCV）. At present, there is a relatively lack of research on Submerged Combustion Vaporizer in China, and most of the information is still focused on the summary of production and operation experience. This article focuses on the structural characteristics and key technical difficulties of Submerged Combustion Vaporizer, and proposes the development direction of Submerged Combustion Vaporizer, providing a certain reference for the independent domestic development of Submerged Combustion Vaporizer.

Keywords Submerged Combustion; Heat exchange tube; Vaporizer; SCV; LNG receiving station

1 前言

我国的能源资源储量可大体总结为“富煤、贫油、少气”，该能源分布特点导致我国能源使用长期依赖于煤炭，根据国家统计局统计，在2011—2019年期间，煤炭能源占我国工业能源比例为60%。众所周知，煤炭的利用过程会产生大量污染物及飞灰颗粒的排放，煤炭的大量应用导致了我国的环保压力日趋增大，我国能源利用的油气化转型成为了必然之路。

天然气(NG)的主要成分为甲烷，其作为一种优质的一次能源，相比于石油和煤炭，其具有清洁便利、预处理工艺简单等优点，越来越受到能源大国的青睐。在温度低于-162摄氏度下，天然气变成液态，一般称之为液化天然气(LNG)，天然气液化后，体积缩小为原体积的1/600，非常便于储存和运输。

随着天然气能源在我国的能源结构占比的逐渐加大，我国规划了一批LNG接收终端，截止到2022年12月，随着启动四期LNG接收站、盐城滨海LNG接收站、漳州LNG接州长的新建，全国LNG接收能力新增800万吨/年，达到11210万吨/年，大量接收站的新建带来了相关LNG设备产业的蓬勃发展，吸引了较多低温设备制造商的参与。LNG接收站的主要功能是在沿海港口处接收船运LNG，将之储存、气化，并输送至城市管网门站，故在LNG接收站内，各类型LNG气化器是工厂较为关键的设备。根据结构形式和热源的不同，LNG气化器一般分为开架式气化器(Open Rack Vaporizers，ORV或超级ORV)、中间介质式气化器(Intermediate Fluid Vaporizer，IFV)和浸没燃烧式气化器(SCV)三种，其中，开架式气化器和中间传热介质的气化器主要特点简述如下，

(1) 开架式气化器(ORV)

开架式气化器(ORV)是利用海水为热源，海水自上而下喷淋多组LNG换热管束表面，使管内LNG进行气化的一种气化设备。开架式气化器可以在0~100%负荷范围内安全稳定运行，且可以根据下游用气量的需求调整LNG气化负荷。但是，由于采用海水直接进行热交换，不可避免会对换热管束带来较大的腐蚀，开架式气化器(ORV)的换热管采用铝合金为材质，主要防护措施是在其表面制备铝及其合金保护层作为牺牲阳极材料，来保护基体铝合金管，当防腐涂层损坏到一定程度时，需要重新对ORV进行防腐施工处理。开架式气化器(ORV)在LNG接收站里经常被用作基础气化负荷的换热设备，但当海水温度较低或者换热管结冰等情况下，其气化能力会明显减弱。

(2) 中间介质式气化器(IFV)

中间介质式气化器(IFV)是以丙烷或醇类(甲醇或乙二醇)水溶液作为中间介质，利用海水、热水、空气作为热源，中间介质吸热后再加热并气化换热管束内的LNG。中间介质式气化器(IFV)因其综合成本低、对水质要求低、不易结垢、换热效率高等优点，常用于接收站冷能发电系统、LNG

浮式储存及再气化装置(LNG-FSRU)等特殊场景。

与前两种LNG气化换热器不同的是，浸没燃烧式气化器采用一定比例的天然气燃烧作为热源，通过水浴将热量传至LNG，进而将LNG气化为NG。相比于前两种设备，浸没燃烧式气化器结构紧凑，不受外界气温影响，且具有可紧急启动、响应及时的优点，在较多的LNG接收站和城市门站得到较为广泛的应用。本文重点就浸没燃烧式气化器的应用状况和关键技术进行分析，探讨该类设备的技术难点和应用前景。

2 浸没燃烧式气化设备概况及应用现状

2.1 设备概况

浸没燃烧式气化器外形如图1所示，主要由浸没式燃烧器、换热管束、烟气分配器、围堰、水浴室和烟囱等关键组件构成。其中，浸没燃烧器和换热管束为浸没燃烧式气化器的核心设备，重点介绍如下，

(1) 浸没式燃烧器

浸没式燃烧器是浸没燃烧式气化器的核心设备之一，主要包括上部蜗壳、中部锥形燃烧室、下部蜗壳。浸没式燃烧器剖面示意图如图2所示，燃烧所需的空气分成两路，一次空气从燃烧器下部进入，与下部的主燃料气形成可燃混合物，二次空气从顶部蜗壳进入，提供未完全燃烧混合物燃烧所需的剩余空气，并向下压低主火焰，冷却顶部蜗壳，保护上部蜗壳盖板的点火装置和火检装置。顶部蜗壳盖板上布置两路燃料气，一路用作一级引燃(点火枪)，一路用作二级引燃(长明灯)，盖板上布置的点火器点燃一级引燃后，一级引燃点燃二级引燃，二级引燃点燃下部主火焰。主火焰的检测通过盖板上的紫外线火焰检测器监控，当火焰熄灭时，触发连锁顺控关闭燃烧系统。燃烧器的双旋流结构保证了燃烧的稳定性，中间锥形燃烧室设置了冷水夹套用来降低燃烧室的温度。

图1 浸没燃烧式气化器外形图

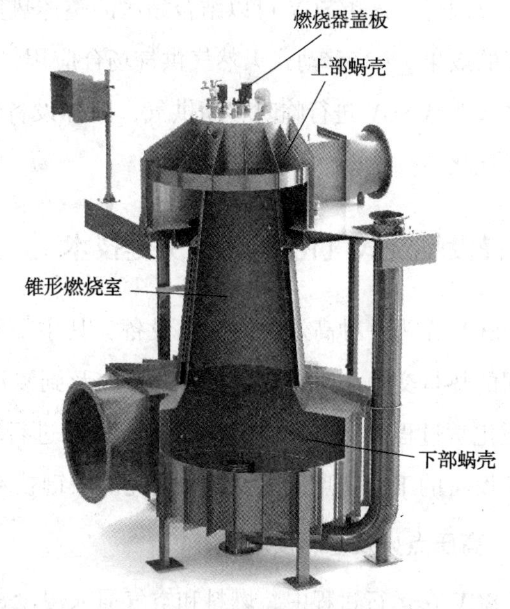

图2 浸没式燃烧器外形图

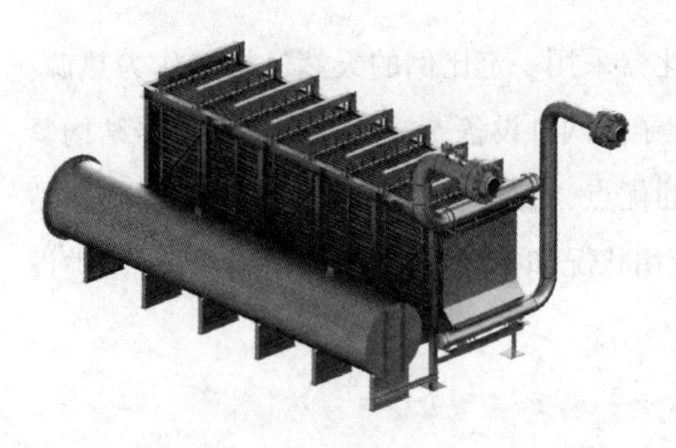

图3　换热管束图

(2) LNG换热管束

换热管束是浸没燃烧式气化器的另一核心设备，主要包括进出集管，换热管束以及相应温度测点。换热管束整理放置在水浴池内，在换热管束外，浸没燃烧产生的高温烟气通过烟气分配器喷入换热管束下部冷水中，和水浴池的水发生强烈的传质传热，在这个过程中，高温烟气温度逐渐降低，水浴池的冷水温度逐渐升高，并加热换热管束；在换热管束内，LNG经换热管束进口进入到换热管内，经过复杂的换热过程和相变过程，吸收热量气化成NG，并通过出口管进入下游管网。

除去核心设备组件外，浸没燃烧式气化器作为成套设备，相关的控制系统也是必不可少的，主要包括浸没式燃烧控制系统、水浴池循环水系统、PH-NaOH酸碱控制系统、LNG负荷反馈系统以及雾化水控制系统等。这些控制系统的合理设计对浸没燃烧式气化器的正常稳定运行具有重要作用。

2.2　应用现状

浸没燃烧式气化器具有结构紧凑、启动快、调节范围广(10%~110%)的特点，相比于其他类型气化器，该设备虽然会消耗一定的天然气量，但其气化能力不依赖环境温度和海水温度，且不会对周围水源排放热污染，优势明显。其应用主要有以下方向，(1)大型LNG接收站调峰应用，在我国长江以北的大型LNG接受站内，在冬季，由于气温以及下游用户使用量增大的影响，ORV和IFV存在气化能力不足的情况，一般设置SCV进行应急调峰手段。(2)城市天然气门站调峰应用，在城市天然气门站，由于受限于占地且下游用户用量波动较大，可配置不同吨位的浸没燃烧式气化器进行应急调峰，该类SCV可以结合站区的整体热负荷规划，引进其他装置的废热回收利用，达到省气节能的效果。(3)移动式天然气供气场合应用，在一些终端用户需要临时使用天然气场合，可采用车载或船载SCV进行临时移动供气，同样设备体积下，移动式SCV的供气能力远远超过常规的空温式气化器。

3　浸没燃烧式气化器SCV关键技术

SCV作为一种高效换热气化设备，其主要利用水浴作为中间媒介来实现高温烟气和低温LNG之间的热量交换。该设备的技术开发涉及到浸没式燃烧和LNG低温介质跨临界吸热相变等复杂的物理化学过程，研究人员需要对相关技术进行深入研究，才能完全掌握该设备的生产技术。根据SCV设备的工艺特点，主要需要攻克的关键技术如下，

3.1　高压点火及稳燃技术

SCV在运行过程中，燃料和空气通入浸没式燃烧器进行燃烧反应，燃烧室设置在水浴池内，排出的烟气从烟气分配管喷出，和水浴池的液态水进行传热传质，由于水压的存在，燃烧室内介质压力达到近20kpa，较高的燃烧室压力对浸没式燃烧器的点火特性以及火焰稳燃特性提出了新的要求。

梅丽等人通过改进燃料气喷嘴、增加顶盖护板减少旋流风对点火火焰的扰动以及优化点火控制压力等手段来提高点火成功率。同时也提出了主燃烧火焰不稳定会导致顶部盖板超温、设备跳车等影响设备正常运行的问题发生。；刘世俊等人通过高速旋流稳焰法，促进燃气空气混合，来提高火焰的稳定性。总体来说，目前学者针对浸没燃烧技术的研究还较少，尚待深入开展相关的研究。

3.2 烟气分布及高效管束传热技术

浸没燃烧器产生的高温烟气，通过烟气分布器进入水浴池的底部，烟气和冷水进行复杂的传质传热，加热换热管束内的 LNG，该过程涉及较为复杂得高温烟气传热传质和 LNG 跨临界相变，良好得烟气分配设计和换热管束布置可以提高换热器的换热效率和结构稳定性，进而提高 SCV 的整机热效率和使用寿命。王斯民等人对浸没燃烧式气化器的烟气分布器进行数值模拟计算，并提出了改进型的变支管的烟气分布器结构，优化后的烟气分布器各支管质量流量标准差平均降低 10.56%，压降平均降低 6.17%；王焱庆建立了可视化实验系统，观察到由于烟气在分布器支管内的不均匀分布，导致气体在水浴中出现了流动死区，在管束外甚至出现了结冰现象，影响了换热器的换热效率。针对 LNG 在换热管内受热产生的跨临界相变过程，也有大量学者进行了相关的研究。董文平和粘权鑫等研究了换热管内跨临界 LNG 流动和传热规律，提出 LNG 传热特性的关联式，可为掌握 SCV 设计方法和高效运行技术提供参考；齐超等采用简化思路，将 SCV 换热管简化为一维模型进行传热计算，并分析了水浴温度和传热系数的影响规律。也有部分学者，如 YAMAMOTO 和 PANDEY 等研究了超临界 CO_2 在换热管内的流动和传热特性，可为 LNG 换热管的特性研究提供参考。总体而言，烟气分布及换热管束的设计对浸没燃烧式气化器的性能和使用有重要的影响，还需要进一步进行深入研究。

3.3 整机控制技术

除了稳定可靠的浸没式燃烧器，以及高效的换热管管束之外，SCV 的稳定运行离不开一套合理的控制系统。SCV 出口的 NG 温度是 SCV 运行的关键控制条件，它的稳定与否关系到 SCV 的整机性能以及外输系统的稳定，同时，稳定的水浴温度对 SCV 的安全平稳运行至关重要，杨朋飞等提出了以天然气(NG)出口温度为主被控量，水浴温度为副被控量，在主控回路和副控回路引入 Smith 预估补偿的控制思路，仿真结果和实际运行吻合较好。朱晓东等也证明了基于 Smith 预估在滞后系统控制的可行性。石东东研究了现有 SCV 采用水浴温度为控制对象的控制逻辑弊端，提出以 NG 输出温度作为主的串级闭环控制理念，如图 4 所示，该控制方案具有响应速度快、适应能力强，以及对 NG 输出温度控制精度高等优点。总而言之，SCV 设备的整机控制系统对 SCV 设备的安全稳定运行具有重要意义，研究人员应重点关注。

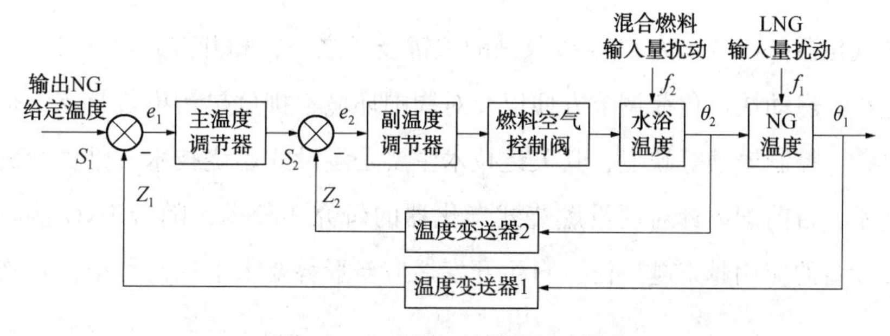

图 4 SCV 温度反馈逻辑示意图

4 浸没燃烧式气化技术发展方向

随着国内新建接收站的日益增多，相关SCV的应用也随之越来越普及，打破国外SCV产品的垄断，自主国产化开发也越发重要。在新时期"双碳"能源政策背景下，对SCV设备的相关性能也提出了更高的要求，主要集中在综合能源利用、低污染排放以及智能控制方面。

4.1 综合能源利用

SCV设备在运行中，对热源的品味要求较低，LNG接收站站区甚至整个工业园区的各类废热资源均可进行综合利用，鲁君瑞通过某接收站的废热利用浸没燃烧式气化器方案，详细分析了废热利用的SCV设备经济性以及节能减排效果，效益显著。在我国能源行业"双碳"指标的背景下，能源的综合利用是SCV设备的重要发展方向。

4.2 低污染排放

对于LNG接收站来说，站区整个工艺设备均以LNG气化为主要目标，主体的反应流程均为物理变化，不产生污染物排放。但是，SCV设备发生燃烧化学反应，会产生含有SO_x，NO_x等污染物的燃烧烟气排入大气，随着我国环保政策的要求日益严格，对于SCV设备，低污染物排放也是重要的发展方向。由于SCV的燃料天然气基本经过脱硫处理，故主要针对SCV设备进行低氮氧化物排放处理。于海英等对比了SCV排放烟气脱销处理三种工艺的经济性对比，提供了SCV设备低氮氧化物排放的方案参考。DAVID H也总结了北美某LNG接收站的SCV设备进行SCR脱硝运行的实际操作经验。但是，对于SCV的未来发展而言，在燃烧过程中采用分级燃烧等手段降低氮氧化物的产生是解决问题的根本办法，通过合理的燃烧组织方法，可以使SCV的氮氧化物排放低于30mg/Nm^3，满足超低氮排放要求。

4.3 智能控制

SCV设备既有复杂的浸没燃烧控制系统(BMS)，又有较为关键的天然气(NG)出口温度反馈控制系统以及水浴酸碱控制系统、雾化水冷却控制系统、氮氧化物控制系统等多个辅助控制系统，如果再引入新的废热能源，还需在确保整机性能要求下，做好废热能源和燃烧系统的负荷调节，各个系统之间环环相扣，且多个调节变量影响参数时效性程度不一，开发新型的多变量SCV控制技术成为较为迫切的需求。

5 结论

浸没燃烧式气化器(SCV)作为LNG接收站的关键设备之一，和开架式气化器、中介介质气化器相比，具有占地小、启动快、负荷调节方便以及对周围环境不排放热污染等特点，但也有损耗天然气、结构系统复杂、控制繁琐等缺点，其关键技术主要是浸没式燃烧技术、烟气分配和高效换热技术和整机控制技术，目前国内针对浸没燃烧式气化器的研究还较少，随着LNG接收站在我国的大批量建设，该类设备的应用越来越广泛，自主开发适应新形势要求下的高性能浸没燃烧式气化器也势在必行。

参 考 文 献

[1] 李洪兵，张吉军，中国能源消费结构及天然气需求预测[J]，生态经济，2021，37(8)：73-75.

[2] 高芸，蒋雪梅，赵国洪，吴雨舟，曾卓. 2020 年中国天然气发展述评及 2021 年展望[J]. 天然气技术与经济，2021，15(1)：1-11. DOI：10. 3969/j. issn. 2095-1132. 2021. 01. 001.

[3] 罗大清，马莉，孔欣怡，王丹旭，刘潇潇，曹勇，2022 年天然气市场回顾与 2023 年展望[J]，当代石油石化，2023，31(2)：3-4.

[4] 杨莉娜，韩景宽，王念榕，何军，中国 LNG 接收站的发展形势[J]. 油气储运，2016，35(11)：1148-1153. DOI：10. 6047/j. issn. 1000-8241. 2016. 11. 002.

[5] 马文婷，陈彦泽，刘梦溪，刘德宇，方舟，国内液化天然气接收站海水气化器的比较与选择[J]，石油化工设备，2014，43(4)：94-96. DOI：10. 3969/j. issn. 1000-7466. 2014. 04. 022

[6] 刘景俊，张大伟，王剑琨，李淑一，马杨，开架式气化器换热管腐蚀影响因素分析[J]，材料开发与应用，2022(6)：57-59. DOI：10. 19515/j. cnki. 1003-1545. 2022. 03. 001

[7] 段天应，景宝全，王延枝，王乃友，郭洪涛，沈涛等，开架式气化器防腐施工安全技术分析[J]，化工管理，2022(09)：126-127. DOI：10. 19900/j. cnki. ISSN1008-4800. 2022. 25. 034

[8] 刘军，章润远，上海 LNG 接收站冷能利用中间介质气化器研究[J]，上海节能，2019(08)：692-695. DOI：10. 13770/j. cnki. issn2095-705x. 2019. 08. 010

[9] 李冉，王武昌，朱建鲁，李玉星，张连伟，叶勇等，LNG-FSRU 中间介质再气化工艺优选[J]，油气储运，2018，37(6)：702-704. DOI：10. 6047/j. issn. 1000-8241. 2018. 06. 017.

[10] 康凤立，孙海峰，熊亚选，邓展飞，刘蓉，浸没燃烧式 LNG 气化器水浴气化传热计算[J]，油气储运，2016，35(4)：406-408. DOI：10. 6047/j. issn. 1000-8241. 2016. 04. 011

[11] ROSETTA M J，PRICE B C，HIMMELBERGER L. Optimize energy consumption for LNG vaporization：gas processing developments[J]. Hydrocarbon Processing，2006，85(1)：57-64.

[12] 韩昌亮，浸没燃烧式气化器流体流动与传热特性研究[D]，大连理工大学，2017：3-4.

[13] 梅丽，魏玉迎，陈辉，国内首台浸没燃烧式气化器 SCV 燃烧器结构分析[J]，天然气技术与经济，2017(1)：10-12

[14] 刘世俊，郭超，雷江震，吉天晓，杨贤潮，浸没燃烧式 LNG 气化器燃烧器的研究[J]，城市燃气，2016(5)：10-12. DOI：10. 3969/j. issn. 1671-5152. 2016. 05. 002

[15] 王斯民，段旭东，林伟翔，彭小成，文键，浸没燃烧式气化器烟气分布器多目标性能优化[J]，化学工程，2021，49(5)：66-68. DOI：10. 3969/j. issn. 1005-9954. 2021. 05. 013

[16] 王焱庆，浸没燃烧式汽化器流动传热特性实验研究与数值模拟[D]，大连理工大学，2017：29-35.

[17] 董文平，任婧杰，韩昌亮，杜丹，毕明树，浸没燃烧式气化器换热管内跨临界液化天然气的传热特性[J]，化工进展，2017，36(12)：4378-4384.

[18] 粘权鑫，郭少龙，方文振，陶文铨，液化天然气浸没燃烧式气化器数值模拟方法研究[J]，西安交通大学学报，2016，50(1)：68-71. DOI：10. 7652/xjtuxb201601011

[19] 齐超，王博杰，易冲冲，匡以武，王文，许佳伟等. 浸没燃烧式气化器的运行特性及优化[J]，化工学报，2015，66(S2)：198-205.

[20] YAMAMOTO S，URUSAWA T，MATSUZAWA R. Numerical simulation of supercritical carbon dioxide flows across critical point[J]. International Journal of Heat and Mass Transfer，2011，54(4)：774-782.

[21] PANDEY S, LAURIEN E, CHU X. A modified convective heat transfer model for heated pipe flow of supercritical carbon dioxide[J]. International Journal of Thermal Sciences, 2017, 117: 227-238.

[22] 杨朋飞，刘逸飞，张典，LNG浸没燃烧式气化器温度控制系统研究[J]. 石油与天然气化工，2018，47(6)：34-37. DOI：10. 3969/j. issn. 1007-3426. 2018. 06. 007.

[23] 朱晓东，王军，万红，基于smith预估的纯滞后系统的控制[J]，郑州大学学报(工学版)，2004，25(1)：77-81.

[24] 石东东，浸没燃烧式气化器工艺及控制技术[J]，石油与化工设备，2020，23(11)：10-13

[25] 鲁君瑞，液化天然气浸没燃烧气化器的设计优化，中国石油与化工标准与质量，2018，18：167-168

[26] 于海英，张涛，吴经天，赵颖，殷丽秋，徐涛，浸没燃烧式气化器(SCV)烟气脱硝工程技术方案研究，石化技术，2023(1)：127-129

[27] DAVID H. Operating experiences with an integrated selective catalytic reduction system(SCR) operating with submerged combustion vaporizers(SCV) at a North American base load LNG vaporization facility[C]. Houston: 2005 AIChE Spring National Meeting-Conference Proceedings, 2005: 1975-1983.

陆上和海上天然气液化工艺的设计和优化综述

邢依蒙　刘景俊　杨书忠

（中石化天津液化天然气有限责任公司）

摘　要　液化天然气(LNG)因其二氧化碳排放量低、能量密度高、运输方便等优点，已成为世界能源市场上增长最快的化石燃料。然而，天然气液化是能源最密集的工业过程之一。因此，设计新的液化工艺并对现有工艺进行优化以降低能源消耗是非常重要的。在本文中，我们对陆上和海上天然气液化工艺的设计和优化的最新进展进行了综述，并提出了天然气液化工艺设计和优化的可能潜在发展方向。

关键词　天然气；液化工艺；FLNG 工艺；PLNG 工艺

Design and optimization of onshore and offshore natural gas liquefaction processes

Xing Yimeng　Liu Jingjun　Yang Shuzhong

(SINOPEC TIANJIN LIQUEFIED NATURAL GAS CO., LTD)

Abstract　Liquefied natural gas (LNG) has become the fastest-growing fossil fuel in the world energy market due to its low carbon dioxide emissions, high energy density, and convenient transportation. However, natural gas liquefaction is one of the most energy intensive industrial processes. Therefore, designing new liquefaction processes and optimizing existing processes to reduce energy consumption is very important. In this article, we provide a review of the latest developments in the design and optimization of onshore and offshore natural gas liquefaction processes, and propose potential development directions for the design and optimization of natural gas liquefaction processes.

Keywords　natural gas; liquefaction process; FLNG process; PLNG process

由于工业持续发展和生活水平提高等诸多因素，能源需求正在显著增加。据估计，到 2040 年，全球能源消耗将增加约三分之一，化石燃料是主要的能源来源。然而，这类燃料的燃烧会产生大量的温室气体(GHG)排放，尤其是大量的二氧化碳(CO_2)排放。与石油和煤炭相比，天然气(NG)每

单位能源的 CO_2 排放量减少了约 29%~44%。此外，天然气通常被认为是未来可再生能源的桥梁燃料，主要是因为其较低的空气污染物排放，它被认为是最清洁的化石燃料之一，并已成为一种有吸引力的能源。因此，近年来 NG 对世界一次能源总需求的贡献显著增加，提供了世界能源的近 24%。

一般来说，天然气从生产现场输送到消费者的选择主要包括管道或液化天然气(LNG)。管道运输易于控制，适合连续作业，运输损失小，安全性高。然而，长距离的管道运输往往要经过许多地区，面对各种地质环境和障碍，管道存在施工复杂、施工和维护成本随着运输距离的增加而增加、灵活性不足等缺点。考虑到管道建设的巨大困难，LNG 已成为解决全球 NG 储运各种复杂问题的通用方法，与此同时液化天然气也是更为清洁的天然气形式，因为液化前可以去除二氧化碳和其他杂质。另一方面，为了满足日益增长的天然气需求，海洋中丰富的天然气资源加快了其开发利用的步伐。考虑到恶劣的海上条件和空间限制，以及将天然气从海上提取平台运输到陆上液化厂的高成本，LNG 浮式生产储卸(LNG-FPSO 或 FLNG)可能是最佳的解决方案，它集成了天然气生产、储存和卸载功能单元。根据壳牌公司 2023 年《液化天然气(LNG)展望报告》，到 2040 年，全球液化天然气需求将达到 7 亿吨以上。与此同时，以液化天然气为燃料的出货量也在增加，液化天然气生产的全球扩张和日益增长的环境问题，可能会使该行业处于前所未有的竞争阶段。为了高效运营，LNG 行业需要在供应链的各个环节进行创新，以达到节能和盈利的目的。作为供应链中主要的高耗能和高成本环节，NG 液化也是低温天然气工业中最重要的热力学过程之一。不同的液化工艺需要不同的工艺设备、操作方法。许多学者回顾了各种 NG 液化技术的基本理论和工作原理，结合不同的制冷循环特点，开发了多种 NG 液化工艺。

天然气液化装置按生产方式可分为陆上生产和海上生产。由于操作环境、生产能力和操作方法的巨大差异，不同的生产方法和应用对液化过程有不同的要求。20 世纪 60 年代初，天然气液化装置的建设主要采用当时较为成熟的级联液化工艺。在 20 世纪 70 年代，它转向了一种大大简化的混合制冷剂液化工艺。20 世纪 80 年代以后，新建和扩建的基载 NG 液化机组主要采用 APCI 提出的丙烷预冷混合制冷剂液化工艺，逐渐形成了以级联液化过程、混合制冷剂液化过程和膨胀机液化过程为主的三类传统液化方式。近些年来出现的调峰式液化装置、小型 NG 液化装置、海上浮式液化天然气(FLNG)生产储存、卸载装置等，都在不断挑战着 NG 液化工艺的设计和优化。本文中我们希望对已有的液化工艺情况进行总结对比，并对近年来新的工艺进行展望。

1 陆上天然气传统液化工艺分析

1.1 陆上级联液化工艺

级联液化工艺是天然气液化工艺中较早的一种。级联液化工艺早在 20 世纪 60 年代就已达到成熟的技术标准，并在天然气液化领域得到广泛应用。世界上第一个商业液化天然气工厂于 1964 年在阿尔及利亚的 ARZEW 建成，该 LNG 工厂采用了德西尼布/液化空气公司开发的级联天然气液化工艺。典型的级联液化过程液化过程包括三个独立的纯制冷循环，如图 1 所示。

三个独立的制冷循环采用三种不同沸点的制冷剂，提供不同温度范围的制冷能力。在级联式液化过程中，典型的制冷剂是丙烷、乙烯和甲烷。在丙烷制冷循环中，通过多级压缩系统将丙烷加

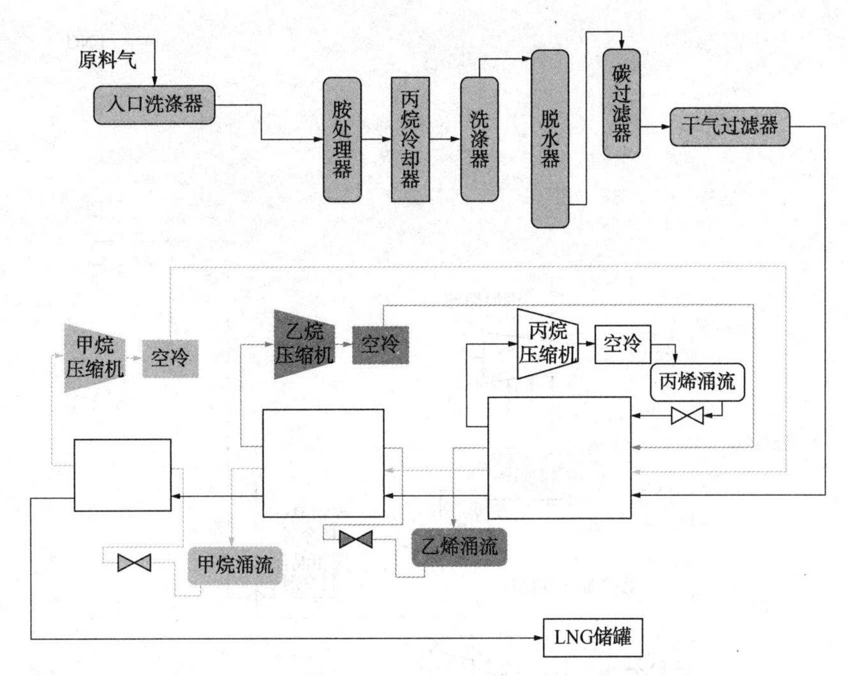

图 1　典型级联液化天然气工艺流程图

压，再通过空气/水冷却器进行冷却，通过降低冷凝丙烷在节流阀中的压力来产生制冷能力。然后低温丙烷被用来冷却天然气和其他两种制冷剂到大约-30℃。其他两级冷却原理与丙烷循环类似，在乙烯制冷循环中，预冷乙烯将天然气和甲烷冷却到-90℃。在甲烷制冷循环中，甲烷用于在-160℃液化天然气。级联液化工艺热效率在三种液化工艺中最高，然而，传统的级联液化工艺一般为三级制冷循环，增加了工艺结构的复杂性。它不仅在初期需要高成本的设备投资，而且还需要更繁琐的维护研究。因此，许多学者选择通过减少制冷循环的一个阶段，更换循环制冷剂，或将级联液化工艺与其他工艺集成来降低成本。

1.2　陆上混合制冷剂液化过程

为了减少级联液化过程中的设备数量，混合制冷剂液化工艺应运而生。混合制冷剂(MR)液化过程使用碳氢化合物和氮的混合物(包括甲烷、乙烷、丙烷、一丁烷、正丁烷、一戊烷、正戊烷、乙烯和氮)对天然气流进行持续冷却。在多流换热器中，可以改变混合制冷剂的搭配，尽量减小冷复合曲线与热复合曲线之间的间隙。因此，混合制冷剂液化过程的能耗显著降低。最著名的混合制冷剂液化工艺是由空气产品和化学品公司开发的 APCI C3MR 过程。APCI C3MR 液化工艺自开发以来，一直占据陆上 LNG 装置市场的主导地位。C3MR 的基本原理如图 2 所示。C3MR 液化过程包括两个制冷循环，第一个是三级丙烷预冷制冷循环，另一个是混合制冷剂制冷循环。丙烷预冷制冷循环将天然气和混合制冷剂冷却至-30℃。然后混合制冷剂制冷循环将天然气和自身在多流热交换器中冷却到大约-160℃。丙烷预冷循环的存在，可以消除换热器热端温差大的问题。混合制冷剂液化工艺广泛应用于陆上小型 LNG 厂、中型 LNG 厂、调峰 LNG 厂和大型 LNG 厂。因此，许多研究者致力于优化商用混合制冷剂液化工艺。混合制冷剂液化过程可分为三种典型类型，即单混合制冷剂液化过程、双混合制冷剂液化过程和预冷混合制冷剂液化过程。在本节中，我们将分三个部分介绍陆上混合制冷剂液化工艺的最新研究进展。

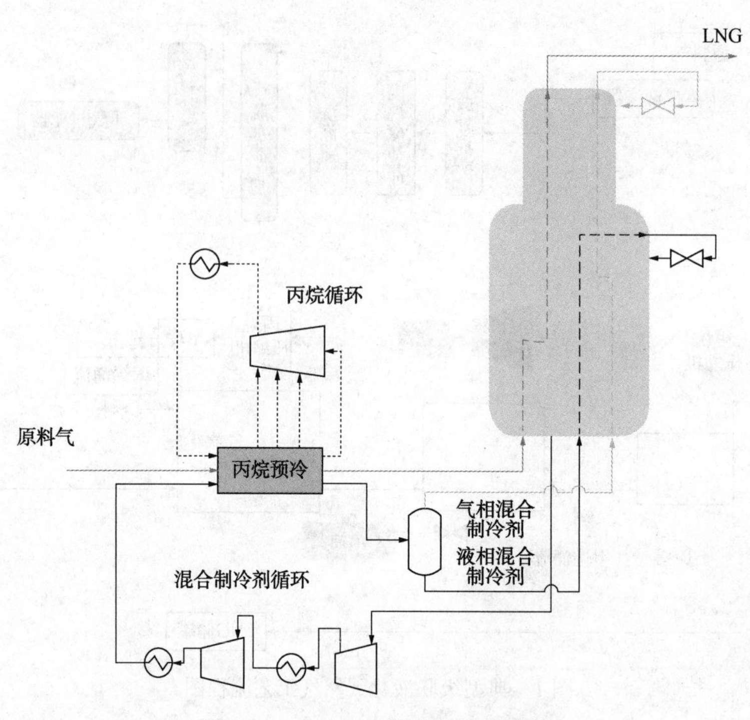

图 2 APCI C3MR 液化过程示意图

1.2.1 单级混合制冷液化过程

单级混合制冷液化工艺(SMR)成本低，操作简单，仅需要一台压缩设备，适用于中小型 LNG 工厂。典型的单一混合制冷剂液化工艺过程为：混合制冷剂经两级压缩机加压后进入汽液分离器，蒸汽相制冷剂随后在压缩机中被压缩，液相制冷剂被泵到相同的压力后与气相制冷剂混合在一起，在水冷器中冷却。加压后的混合制冷剂在多流热交换器中冷却至约-160℃，然后在膨胀阀中通过降压以产生制冷能力。冷态混合制冷剂既用于冷却天然气，也用于冷却热态混合制冷剂。单级混合制冷液化工艺结构紧凑，工艺设备少，可有效降低初始投资。北京博莱克威奇公司在该工艺的基础上，对 FLNG 装置的设备布局采用模块化设计，并针对海上作业环境对一些关键设备进行了改进，研制出了世界上第一台基于该工艺的 FLNG 装置，即 EXMAR FLNG。但由于单级混合制冷液化工艺必须在一个循环中处理所有液化工作，考虑到结构和工艺，可能会给 FLNG 带来一些安全等方面的问题。同时随着生产速度的提高，小容量单级混合制冷液化工艺有时已不能满足生产工艺的要求。为了提高产量，一些研究试图采用多组并行布置小容量模块的工艺结构，但是机组数量的增加会增加潜在的泄漏风险。

目前应用最广泛的单级混合制冷液化工艺是由 BLACK 和 VEATCH PRITCHARD 开发的 PRICO 工艺，液化 1 公斤天然气需要约 1188kJ 的能量。许多学者继续提出流程改进，以提高液化天然气过程的能源效率。与 DMR 和 C3MR 相比，在相同气源、液化能力、储存形式、压缩机效率和冷箱热损失条件下，SMR 的功耗最大，换热效率最低。在 SMR 工艺中，主要的能量需求部分是压缩机的轴功，主要取决于换热器中冷热流体的温差，即降低低温段的换热温差是工艺优化的关键部分。

液化线的效率通常占液化天然气工厂运营成本的一半左右，效率的提升将提高该工艺的全球竞争力，并带来显著的成本和能源效益。因此，如何以压缩机功耗为目标函数，提高 SMR 传热效率，优化 SMR 工艺，是今后研究的重点。

1.2.2 双混合制冷剂液化工艺

尽管C3MR工艺已被广泛应用于天然气液化行业，但是由于制冷剂的物理特性，丙烷预冷循环只能冷却到-35℃左右。为了克服这一缺点，可以将丙烷预冷循环改为混合制冷剂预冷循环，从而产生了双混合制冷剂液化过程(DMR)，这一改动有效提高了液化工艺对环境的适应性。如今，该工艺是最受欢迎的天然气液化技术之一。双混合制冷剂液化工艺是利用两个独立的混合制冷剂循环来液化天然气。第一次混合制冷剂循环采用较重的混合制冷剂(乙烷、丙烷、一丁烷、正丁烷等)预冷天然气和较轻的混合制冷剂，再利用较轻的混合制冷剂(甲烷、乙烷、丙烷和氮气等)用于液化和过冷天然气。与C3MR类似，DMR也包括两个封闭的制冷剂循环。二者的主要区别在于，C3MR使用单组分制冷剂(丙烷)作为预冷阶段的冷却源，而DMR则使用制冷剂混合物(主要由乙烷和丙烷组成)进行系统冷却。由于预冷循环的存在，双混合制冷剂液化过程比单混合制冷剂液化过程具有更高的热力学效率。虽然C3MR工艺在整个天然气液化行业中占主导地位，但C3MR工艺需要大量丙烷，可能会增加储存空间，造成安全问题，因此在海上液化装置中很少使用。DMR工艺具有产能大、工艺简单、能耗低、液化速率高、海上适应性强等优点，在大型FLNG装置中得到广泛应用。近年来，DMR工艺的最新设计更注重工艺安全性和效率。尤其在高生产率条件下，DMR流程比SMR和C3MR流程更安全。DMR工艺作为最节能的液化工艺之一，也具有较高的传热效率。更值得研究的是其复杂的过程所导致的较高费用问题。研究表明，在利润最大化的优化过程中，液化速率和BOG生产之间存在平衡关系。当DMR工艺的液化速率降低到71.4%，不仅可以节省设备成本，还可以减少对压缩能力的需求。此外，近年来，更少热量交换、预冷中的三级节流和BOG可用冷却能力的直接使用是DMR工艺设计的主要方向。

1.2.3 预冷混合制冷剂液化过程

根据制冷的基本原理，有预冷的制冷循环比没有预冷的更加高效。当进料气流量增加时，混合制冷剂的单循环需要提供更多的冷却能力，也就是说混合制冷剂流量将显著增加，这将对压缩机功率提出更高的要求，而采用额外的预冷却循环可以解决这一问题。因此，采用丙烷制冷的混合制冷剂液化工艺预冷混合制冷剂液化工艺在陆上LNG装置中得到了广泛应用。预冷混合制冷剂液化过程的能源效率对陆上LNG装置的运行成本有很大影响。丙烷预冷混合制冷剂液化工艺(C3MR)是目前最成熟的预冷混合制冷剂液化工艺。因此，许多研究者致力于丙烷预冷混合制冷剂液化工艺(C3MR)的设计与优化。

在这个过程中，原料气被送往气体脱硫器以去除一些杂质。随后原料气通过预冷器和冷箱冷却到-30℃左右。此过程中的冷凝液被送往分馏装置进行分馏，剩余气体被送入低温塔进行液化并冷却至-160℃以下。最后，使用膨胀阀将LNG压力降至大气压力。此过程使用的混合制冷剂组分因其他条件而异，但通常包括包括氮气、甲烷、乙烷和丙烷。

丙烷预冷混合制冷剂液化工艺结合了级联液化工艺和混合制冷剂液化的优点。由于丙烷预冷与原料气的冷凝曲线相匹配，因此该工艺拥有更高的制冷效率。C3MR工艺适应性强，但工艺流程复杂，设备多，操作和控制较为困难。尽管与SMR工艺相比，C3MR工艺的基本功耗已大幅降低，但根据文献报道，C3MR工艺仍比级联液化工艺能耗高约1.15倍。这就需要优化C3MR工艺以节省能源并降低液化工厂的运营成本。目前研究的提高液化天然气工厂的能源效率方法包括提高压缩机和驱动器的效率以及利用废热等。

1.2.4 LNG与NGL采收联产一体化工艺

一般来说，当天然气被开采出时，气体和液体会同时出现。气体为天然气，液体为凝析油(NGL)。凝析油，主要成分是轻质烃，在石油化工行业具有较高的价值，凝析油的回收不仅可以控制天然气中碳氢化合物的露点，达到商业天然气的质量指标，还可以使用回收的轻烃作为燃料和化工原料，带来更大的经济效益和社会效益。传统的NGL回收工艺是利用独立的制冷循环和热交换器将其分离为液化工艺的前置物和净化工艺的后置物。这种隔离开的工艺设计将导致LNG与NGL无法同时利用能源，导致生产过程的碎片化和重复，造成产物的大量损失和高能耗。将液化天然气工艺与液化天然气回收相结合，通常会比单一的独立设施产生更高工作效率，而且由于这两种工艺都属于低温工艺，制冷系统可以在两者之间共享，这消除了对大量工艺设备的需求，能够显著降低初始投资和运营成本。此外，设备集成不仅提高了效率，而且使液化装置更加紧凑，更适合FLNG应用，为成功开发海上NG提供了有利条件。

1.3 陆上膨胀制冷液化工艺

以膨胀机为基础的天然气液化过程是一种逆布雷顿制冷循环，如图3所示。它通常利用涡轮膨胀器制冷来液化天然气，可采用氮气或NG等制冷剂作为膨胀介质。膨胀液化工艺具有工艺简单、启停方便、结构紧凑等优点，但是能耗较高，多用于中小型LNG厂。20世纪80年代以来，随着FLNG、撬式液化装置等不断发展，膨胀液化工艺越来越受到人们的重视。在典型的膨胀液化过程中，氮气首先由两级压缩机加压，然后由水冷器冷却。随后，高压氮气进入多流热交换器，将其温度降低至-60℃左右甚至更低，然后在膨胀器中降低其压力，以产生制冷作用，冷却天然气和自身。由于工艺配置简单，启停速度快，膨胀制冷液化工艺被认为是适合中小型LNG厂的液化工艺。

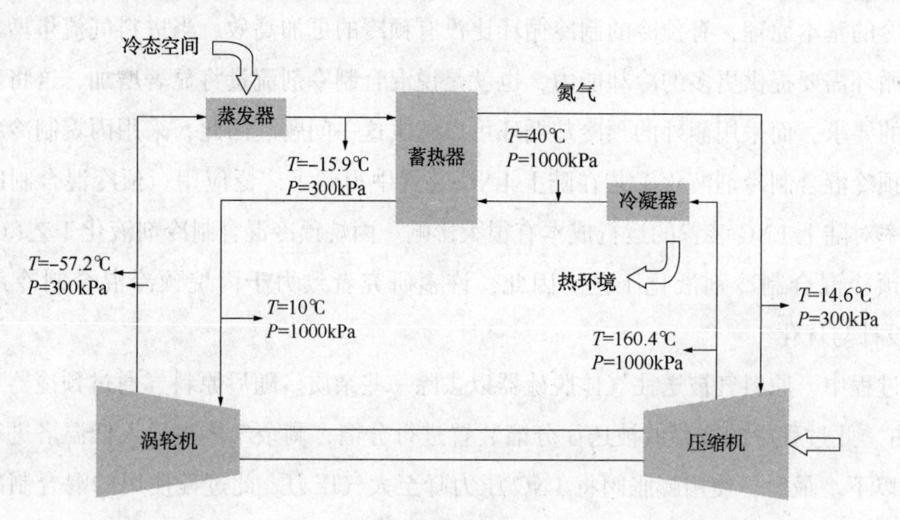

图3 反向布雷顿制冷循环示意图

2 海上天然气液化过程

随着天然气需求的不断增长，越来越多的研究人员开始关注海上天然气资源。利用这些海上天然气资源的最佳方法之一是浮式液化天然气生产、储存和卸载(LNG-FPOS或FLNG)工艺。典型的

LNG-FPOS 布局如图 4 所示。海上作业的特殊环境对液化工艺提出了特殊的要求，一是要工艺简单，设备紧凑，占地面积小，满足海上安装需求，二是对不同气源适应性强，热效率高，三是要安全可靠，即不受船舶移动影响性能，四要能在恶劣天气情况下快速停止，转移到另一个生产地点后快速启动，同时功耗相对较低。这些特征为 FLNG 提供了与陆上装置不同的工艺选择要求。在选择陆上机组时，循环效率是一个重要的决定因素，但在海上浮式机组中，这已被降低为次要因素，而更要求安全性和可靠性，更强调紧凑性和设备轻量化等因素。目前，大多数学者认为混合制冷剂液化工艺或氮气膨胀液化工艺是 FLNG 最有利的工艺选择。同时，PLNG 工艺在能耗、工艺结构、占地面积、设备数量、配套设施等方面也具有突出的优势。

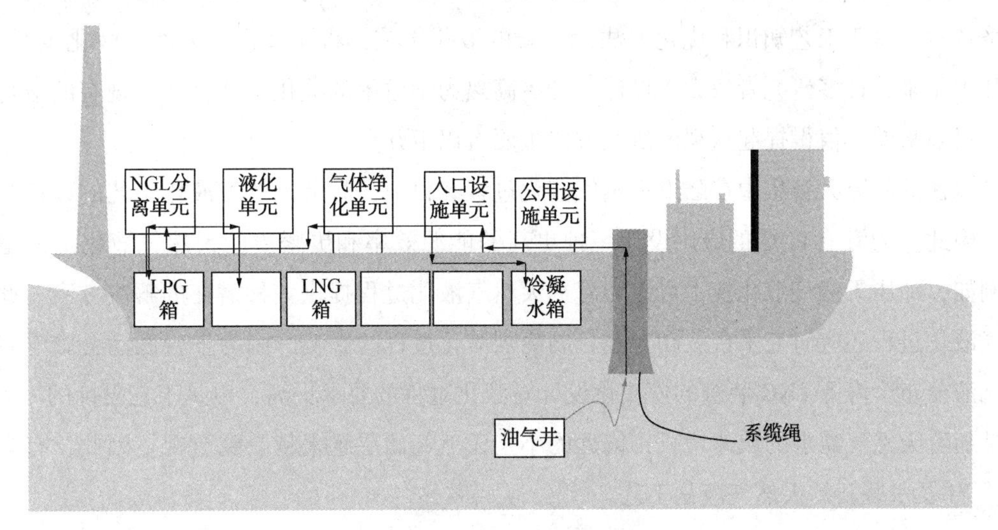

图 4　典型 LNG-FPOS 布局

2.1　海上混合制冷剂液化工艺

壳牌公司拥有的澳大利亚 PRELUDE FLNG 是世界上最大的 FLNG，该 FLNG 已完成建设，并于 2018 年投产，2019 年交付第一船 LNG 产品。PRELUDE FLNG 采用壳牌公司设计的双混合制冷剂液化工艺。年产能为 360 万吨 LNG、130 万吨 NGL 和 40 万吨 LPG。

2.2　基于海上膨胀机的液化过程

由于膨胀机液化工艺简单、对平台波动不敏感，许多研究人员认为它是 FLNG 的最佳工艺。以膨胀机为基础的液化过程能耗虽高于混合制冷剂液化过程，但越来越受到学术界和工业界的重视。

2.3　加压液化天然气

加压液化天然气(PLNG)技术是相对于传统液化技术提出的一个概念。它是指使用比正常液化过程更高的压力来提高液化天然气的储存温度，并在整个液化天然气运输链中保持更高温度的工艺手段。常规液化天然气工艺将冷却至约 111K 的 NG 转化为液化天然气产品，在约 0.1MPa 的压力下进行储存。PLNG 工艺则可在 1.0~7.6MPa 压力下获得相应温度约为 150~211K 的 LNG 产品，比常规 LNG 产品高 39~100K 左右。

加压液化天然气技术也是海上液化天然气生产的一个极佳选择。在常规液化过程中，为了防止天然气中的 CO_2 在低温下形成固体导致装置堵塞，必须严格从原料气中去除 CO_2，使 LNG 中的 CO_2 浓度保持在 50PPM 以下。而温度的升高使 CO_2 在 LNG 中的溶解度显著增加，有助于降低原料气中

CO_2 浓度的要求，从而消除了传统液化工艺所需的辅助设备，如 CO_2 去除设备和重烃洗涤塔，从而简化了生产过程并降低了能源消耗。

PLNG 技术在天然气的净化和液化方面显示出技术和经济优势，但它增加了储存和运输的经济负担。通过合理的 PLNG 工艺设计和优化生产成本和运输成本，可以降低总体项目成本，充分发挥 PLNG 技术的优势，扩大应用范围。

3 结论

天然气液化过程是能源最密集的工业过程之一。一小步的提高效率，降低能耗，就可以带来巨大的经济效益。基于工艺知识和优化方法设计新的液化工艺，将显著提高天然气液化工艺的性能。因此，几十年来，许多研究者致力于设计一种更高热力学效率的液化工艺，并对现有的液化工艺进行优化，目前来看，值得提起重视的研究方向主要有以下几点。

一是以往的研究大多集中在陆上天然气液化过程。目前，海上天然气液化工艺的设计和优化研究较少。因此，为海上 LNG 的应用设计一种更高的能源效率和更紧凑的天然气液化工艺是必不可少的。例如，加压天然气液化技术可能为海上天然气液化过程提供一种潜在的解决方案。此外，海上天然气液化过程还应研究平台波动对混合制冷剂液化过程的影响，因为平台波动会影响多流换热器中的汽液分布。海上 LNG 装置的模块化设计对液化过程的要求更高，也是工艺设计的一大挑战。

二是随着天然气需求的快速增长，偏远的小型天然气储层越来越受到重视。因此，有必要为小型 LNG 厂开发一些新的天然气液化工艺。

三是小型 LNG 装置应体积紧凑，对天然气成分变化不敏感并且容易启动和关停。因此，我们需要从能源消耗和设备角度对小型天然气液化过程进行研究。此外，开发一些独特的低温热交换器对于建立可移动的小型液化天然气工厂至关重要。

参 考 文 献

[1] BP. BP statistical review of world energy 2019[R]. London: BP, 2019: 41.

[2] Lim, W.; Choi, K.; Moon, I. Current Status and Perspectives of Liquefied Natural Gas (LNG) Plant Design. Ind. Eng. Chem. Res. 2013, 52, 3065-3088.

[3] Liang, F. -Y.; Ryvak, M.; Sayeed, S.; Zhao, N. The role of natural gas as a primary fuel in the near future, including comparisons of acquisition, transmission and waste handling costs of as with competitive alternatives. Chem. Central J. 2012, 6, S4.

[4] Nawaz, A.; Qyyum, M. A.; Qadeer, K.; Khan, M. S.; Ahmad, A.; Lee, S.; Lee, M. Optimization of mixed fluid cascade LNG process using a multivariate Coggins step-up approach: Overall compression power reduction and exergy loss analysis. Int. J. Refrig. 2019, 104, 189-200.

[5] Arrhenius, K.; Karlsson, A.; Hakonen, A.; Ohlson, L.; Yaghooby, H.; Büker, O. Variations of fuel composition during storage at Liquefied Natural Gas refuelling stations. J. Nat. Gas Sci. Eng. 2018, 49, 317-323.

[6] Won, W.; Lee, S. K.; Choi, K.; Kwon, Y. Current trends for the floating liquefied natural gas (FLNG) technologies. Korean J. Chem. Eng. 2014, 31, 732-743.

[7] Kumar, S., Kwon, H. -T., Choi, K. -H., Lim, W., Cho, J. H., Tak, K., et al., 2011. LNG: an eco-

friendly cryogenic fuel for sustainable development. Appl. Energy 88, 4264-4273.

[8] Wang, M.; Khalilpour, R.; Abbas, A. Thermodynamic and economic optimization of LNG mixed refrigerant processes. Energy Convers. Manag. 2014, 88, 947-961.

[9] Shell. Shell LNG Outlook 2023. Shell plc, 2023: 28.

[10] Wu, D. A Preliminary Study on Liquefaction Technology and Storage and Transportation Safety of Natural Gas. Mod. Chem. Res. 2018, 75-76.

[11] Zhang, Y.; Gai, J.; Jiang, H.; Liu, X.; Amp, B. Application of PRICO © liquefaction technology in offshore floating devices. Nat. Gas Ind. 2018, 38, 115-120.

[12] Katebah, M. A.; Hussein, M. M.; Shazed, A.; Bouabidi, Z.; Al-musleh, E. I. Rigorous simulation, energy and environmental analysis of an actual baseload LNG supply chain. Comput. Chem. Eng. 2020, 141, 106993.

[13] You, W.; Chae, M.; Park, J.; Lim, Y. Potential Explosion Risk Comparison between SMR and DMR Liquefaction Processes at Conceptual Design Stage of FLNG. J. Ocean. Eng. 2018, 32, 95-105.

[14] Lee, I.; Moon, I. Economic Optimization of Dual Mixed Refrigerant Liquefied Natural Gas Plant Considering Natural Gas Extraction Rate. Ind. Eng. Chem. Res. 2017, 56, 2804-2814.

[15] Chen, G. Development of Natural Gas Liquefaction Process and its Available Energy Analysis. Nat. Gas Oil 2013, 31, 27-32+5.

[16] Ait - Ali, M. A. Optimal Mixed Refrigerant Liquefaction of Natural Gas; Stanford University: Stanford, CA, USA, 1979.

[17] Xichong, Y. U.; Xie, B.; Yuxing, L. I.; Liu, M.; Yan, L. I.; Wang, Q.; Zhu, X.; Zhu, J. Optimization of FLNG liquefaction process used for the development of deepwater gas field in the South China Sea. Subsea Pipeline Shipp. 2018, 37, 228-235.

[18] Hui, P. U.; Chen, J. Study on Comparative Selection of LNG-FPSO Liquefaction Process Schemes. Refrig. Technol. 2011, 31, 31-34.

[19] He T, Karimi I A, Ju Y. Review on the design and optimization of natural gas liquefaction processes for onshore and offshore applications[J]. Chemical Engineering Research and Design, 2018, 132: 89-114.

[20] Bowen, R. R.; Gentry, M. C.; Nelson, E. D.; Papka, S. D.; Leger, A. T. Pressurized liquefied natural gas (PLNG): A new gas transportation technology. Proc. GasTech. 2005.

[21] Lee, S. H.; Seo, Y. K.; Chang, D. J. Techno-economic Analysis of Acid Gas Removal and Liquefaction for Pressurized LNG. IOP Conf. Ser. Mater. Sci. Eng. 2018, 358, 012066.

[22] 李玉星，朱建鲁，王武昌. FLNG 液化工艺的关键技术[J]. 油运，2017，36(2)：121-131. [doi：10. 6047/j. issn. 1000-8241. 2017. 02. 001]

液化天然气产业工艺技术专利现状及展望

张 迪 李 光 赵菁雯 赵 钦 孙胜利

（中石化中原石油工程设计有限公司）

摘 要 随着我国“碳中和与碳达峰”双碳目标的提出和实施路径的确定，液化天然气在能源领域充当着十分重要的作用。经过近几十年的发展，中国相继建成很多座天然气深度处理液化装置，基本上掌握了天然气深度处理的相关工艺技术、液化工艺技术和接收站工艺技术，具有了一定的自主设计建造能力，且大部分设备实现了国产化。但在天然气深度净化和深冷分离等深度处理技术上仍与国外先进水平有一定差距，目前仍处于“国外引进+消化吸收”阶段，自主知识产权的工艺包相对而言少。本文通过研究全球 LNG 产业专利技术申请状态，分析目前全球天然气技术发展情况如何和下一步技术攻关方向建议。

关键词 天然气；液化天然气；液化天然气工厂；专利分析；壹专利

Current Situation and Prospect of Process Technology Patents in the Liquefied Natural Gas Industry

Zhang Di Li Guang Zhao Jingwen Zhao Qin Sun Shengli

(Sinopec Zhongyuan Petroleum Engineering Design Co., Ltd., Natural Gas Technology Center)

Abstract With the proposal of the goal of “carbon neutrality and carbon peaking” and the determination of the implementation path, LNG plays an important role in the energy field. After decades of development, China has successively built many natural gas liquefaction plants, and has basically mastered the relevant process technology of natural gas deep treatment, liquefaction process technology, and receiving station process technology. It has a certain degree of independent design and construction ability, and most of the equipment has been domestically produced. However, there is a certain gap compared to foreign countries in advanced treatment technologies such as deep purification and cryogenic separation of natural gas. At present, it is still in the stage of “importing and digesting from abroad”, and there are relatively few process packages with independent intellectual property rights. This article analyzes the current development of global natural gas technology and proposes the next direction for technological research by studying the status of patent technology applications in the global LNG industry.

Keywords natural gas; liquified natural gas; liquefied natural gas factory; patent analysis; patyee

天然气利用具有显著的清洁、高效特性，洁能源可减少煤气和石油的用量，有助于减少二氧化硫、粉尘、二氧化碳排和氮氧化合物的排放。由于其对环境的影响低于其他化石燃料，预计从2008年到2035年，其消费量将以每年1.4~1.6%的平均速度增长。随着我国"3060"双碳目标的发布以及实施方法的确定，说明天然气在能源转型中的发挥着越来越重要的作用。

液化天然气(LNG)是天然气经过净化处理后，天然气经过液化过程在大气压下冷却至-161℃，过冷后液化体积减少600倍。自上世纪六十年代在阿尔及利亚建成投产第一座大型LNG装置以来，液化天然气工业作为一种全球性的产业历经半个多世纪的发展，使得世界范围内天然气液化技术已经成熟。经过近几十年的发展，中国相继建成多座天然气深度处理装置、中小型液化工厂和LNG接收站，基本掌握了天然气深度处理工艺技术、液化工艺技术和接收站工艺技术，具有了一定的自主设计建造能力，且大部分设备实现了国产化。但在天然气深度净化和深冷分离等深度处理技术、特大型天然气液化工厂设计施工技术、装置集成技术上仍与国外先进水平有一定差距，目前仍处于"国外引进+消化吸收"阶段，具有自主知识产权的工艺包相对而言少。本文通过研究全球LNG产业专利技术申请状态，分析目前全球技术发展情况，总结出下一步技术攻关方向的建议。

1 天然气液化工艺技术及工厂发展现状

1.1 天然气液化工艺技术发展现状

从天然气到液化天然气，主要涉及天然气深度净化和天然气液化技术，需要经历原料气预处理、脱硫、脱碳、脱水、脱烃、硫磺回收、尾气处理、酸气汽提、凝析油稳定、天然气压缩液化、产品储存运输等工序。其中天然气液化技术是核心与关键。通常天然气压的液化工艺需要一种或多种制冷剂，同时需要一个复杂的制冷系统。当前典型的天然液化气工艺有经典级联流程、康菲优化级联流程、单混合制冷剂流程(SMR)、丙烷预冷混合制冷剂流程(C_3MR)、双混合制冷剂流程(DMR)、C_3MR+N_2膨胀流程(AP-X)、混合制冷剂级联流程(MFC)、并联混合制冷剂流程(PMR)、单级氮气膨胀流程、双级氮气膨胀流程、氮气-甲烷膨胀流程、带预冷双级氮气膨胀流程。目前，世界上普遍采用的天然气液化工艺主要有三大类：级联式天然气液化流程(Cascade)、混合制冷剂液化流程(Mixed Refrigerant)和膨胀型液化流程(Expansion)。天然气净化技术主要涉及除氮的技术和提氦技术。

天然气液化技术一直以来主要以欧、美为代表的科研人员在这个领域取得技术的进步与突破，对于行业的发展处于引领地位，同时在重要的关键工艺技术和设备制造处于垄断地位。此外，其他的国家也在积极研发天然气液化技术，争取形成具有独立研发、设计、制造能力的LNG产业链。

国家统计局公布数据显示，2022年国内天然气产量2178亿立方米，进口天然气1531亿立方米，受国际LNG现货价格过高影响，LNG进口890亿立方米。出口天然气59亿立方米。2022新建启东四期LNG接收站、浙江嘉兴应急调峰储运站、盐城滨海LNG接收站、漳州LNG接收站，全国

LNG 接收能力新增 800 万吨/年，达 11210 万吨/年。液化天然气作为优质的一次性清洁能源发挥着重要的作用。

1.2 天然气液化工厂发展现状

1917 年在美国西弗吉尼亚建成了第一座液化天然气实验工厂。1941 年在俄亥俄克利夫兰建成第一座商业化工厂。1972 年美国 APCI 公司创新研发出丙烷预冷混合制冷工艺，此工艺结合级联式制冷循环和混合制冷剂循环优点。至今丙烷预冷混合制冷工艺在天然气液化技术中具有十分重要的地位。近些年来，各大公司也相继开发出适用于大型液化天然气厂的液化技术。

因为我国天然气资源和用处的限制，天然气液化工艺发展较晚。国内目前没有建成投产的大型天然气液化工厂。但随着我国天然气液化技术的市场推广和技术人员的深入研究，目前中小型天然气液化技术发展及项目建设非常迅速。日处理规模 50 万方以下的液化工厂各方面已经实现了完全国产化，目前科研技术人员正在全力推动中型、大型液化工厂技术的发展。按照装置能力对典型液化工艺进行划分，如表 1 所示。

表 1 主要天然气液化技术与产能关系

装置类型	装置能力	采用的液化工艺技术
小型	10 万吨//年以下	膨胀机液化(Expander) 单循环混合冷剂液化(SMR)
中型	10~100 万吨//年	单/双循环混合冷剂液化(SMR/DMR) 阶式液化(Cascade) 膨胀机液化(Expander)
大型	100~400 万吨//年	丙烷预冷+混合冷剂液化(C3+MRC) 双循环混合冷剂液化(DMR) 改进型阶式液化(Optimized Cascade)
	350~600 万吨//年	丙烷预冷+混合冷剂液化(C3+MRC) 双循环混合冷剂液化(DMR) 多循环混合冷剂阶式液化(MFC) 改进型阶式液化(Optimized Cascade)
	550~1000 万吨//年	丙烷预冷+混合冷剂+膨胀机液化(AP-X) 改进型阶式液化(Optimized Cascade)

我国的液化天然气装置从小型开始研究。目前，已建的液化天然气工厂液化技术主要来源于美国 B&V 和 APCI 公司等公司。经过不断的吸收和研发，目前国内拥有液化天然气技术的公司有 CPE 西南公司、成都深冷、寰球公司、中科院理化所、川空等。现在国内已投产的天然气液化装置使用的技术主要是以单循环混合冷剂制冷为主，目前已经投产运行的产能最大的 LNG 装置为湖北黄冈 $500\times10^4 Nm^3/d$ 的级联式液化工艺项目，技术来源于中石油工程建设有限公司西南分公司。

中国的 LNG 工厂数量随着天然气市场的增长而剧增。未来我国 LNG 液化工厂朝着大型化和小型化两个方面发展。大型化是考虑增加产能来降低能耗，小型化是通过降低投资增加效率。到 2021 年，已建的 LNG 工厂数量将达到 293 座，日处理总能力达到 14213 万立方米，液态 LNG 储存的总能力达到305.6147万立方米。同时，另有194座以上的LNG工厂处于未建成状态，在全部投产的条件下，这部分工厂在中期可望新增日处理总能力21874万立方米，新增液态LNG储存的总能力279.841万立方米。国内部分LNG装置应用情况见表2。

表2 国内部分LNG装置应用情况

名称	投产年	液化工艺	产能，$\times10^4 Nm^3/d$	技术来源
河南中绿能源	2001	级联式	30	法国索菲公司
新疆广汇	2002	SMR	150	德国Linder公司
内蒙古乌审旗	2008	SMR(PRICO)	100	美国B&V公司
珠海气电广东	2008	SMR(PRICO)	60	美国B&V公司
四川达州	2009	SMR(PRICO)	100	美国B&V公司
甘肃兰州	2010	SMR(PRICO)	30	美国B&V公司
宁夏哈纳斯	2012	SMR(APCI)	150	美国APCI公司
新疆吉木乃	2012	SMR	150	德国Linder公司
华油安塞	2012	DMR	200	中石油寰球公司
四川广安	2012	SMR(PRICO)	100	美国B&V公司
湖北黄冈	2014	级联式	500	中石油工程建设有限公司

2 天然气液化工艺技术专利分析

全球天然气液化工艺于2003—2011年进入成长期，此间大量不同液化工艺的液化天然气工厂建立。近十年，天然气液化工艺技术发展的较为成熟，创新活力下降，不再有重大技术创新突破。中国天然气液化工艺自2010年进入成长期，目前仍保持较大的申年度请人数量及年度申请量上升速度。

世界上80%以上的LNG由美国AP公司的天然气液化技术生产的，AP公司的C3MR技术被称为LNG的工业标准。目前，美国和加拿大的多套中小型LNG调峰装置均使用了BV公司的天然气液化技术，国内已建和在建的多套中小型天然气液化装置采用了BV公司的技术。

我国天然气液化技术主要集中在膨胀制冷、SMR和DMR上；在国外液化天然气技术研发开展较早相对成熟、专利保护的范围也较为广。因此，留给国内研发突破的空间非常有限。海外天然气液化专利技术统计，见表3。

表3 主要天然气液化专利技术统计(海外)

液化技术		英文缩写	专利商或专有技术提供商
级联式流程	级联式流程	Cascade	Conocophilips
混合制冷剂液化流程	单循环混合制冷剂液化流程	SMR	BV/AP/Linde/Chart/LNGL
	双循环混合制冷剂液化流程	DMR	Shell/AP/LNGL/SALOF
		Liquefin	Axens/IFP
	丙烷预冷混合制冷剂液化流程	C3-MR	AP/Shell
	混合制冷剂级联流程	MFC/C3MFC	Linde
	丙烷预冷+混合制冷剂+氮气过冷流程	AP-X	AP
膨胀型液化流程	膨胀液化流程	Expander	Kryopack/MiniLNG/Kanfa Aragon

2.1 数据来源和方法

专利数据来源于壹专利(Patyee)专利检索数据库，数据涵盖159个国家的1.65亿多条专利数据，数据全面且检索结果精准。检索2003至2022年期间与天然气液化工艺相关的专利进行分析。具体检索要素见表4。

表4 天然气液化工艺技术检索要素

类别	检索要素	中文关键词	英文关键词
技术检索要素	预冷	预冷	Precooling、“pre-cooling”、Precool
	液化	液化、制冷	Liquefaction、liquef、refrigerat、Liquat
	过冷	过冷	Subcooling、subcooled、supercooling、“super-cooling”、supercool
	压缩机	增压机、压缩机	Turbocharg、supercharg、pressurization、boosting、compressor
	天然气	甲烷、天然气、煤层气	CH_4、Methane、LNG、“liquefied natural gas”、“natural gas”
	制冷剂	制冷剂、冷剂、冷冻液、冷却剂	Refrigerant、refrigerants、Coolant
	制冷	制冷	Refrigeration、refrigerating、refrigerator、refrigerate
	换热器		heat exchangers、“Heat exchanger”
	混合		Mixed、mixture、mixing
	多相分离器		“multiple phase separators”
	再液化	再液化、再冷凝	Reliquefaction、recondensation
	氦		Helium、He
	氮	氮	nitrogen、phosphorus、nitrate、ammonium
	工艺	方法、工艺、混合制冷剂冷却系统	method、methods、process、processes、or “refrigeration cycle”、“refrigeration system”、“refrigerant system”、“refrigerant cooling system”
	级联式(天然气液化工艺)	级联、复迭、阶式、串级	(Cascade 2n lique)、(cascade 3n refrigeration)
	闭式混合制冷剂液化工艺	单混合制冷剂、单一混合制冷剂、双重混合制冷剂、丙烷预冷混合制冷剂、双混合制冷剂、并联混合制冷剂、闭式混合制冷剂	SMR、“single mixed refrigerant”、“PRICO process”、C_3MR、“propane precooled mixed refrigerant”、DMR、“Dual Mixed refrigerant” or “Liquefin process”、“Integral Incorporated Cascade”、AP-XTM、AP-X、“C3MR+N2”、PMR、“parallel mixed refrigerant”、“Closed Mixed Refrigerant”、MRC
	开式级联混合制冷剂液化工艺	开式混合制冷、闪蒸、冷量、冷能、开式	“Open Mixed Refrigerant”、BOG、“cold energy”、“cooling energy”、“cool energy”、“cryogenic energy”、“open cycle”、“open-loop”
	单混合制冷	单混合制冷剂、单混合冷剂、单一混合制冷剂、单一混合冷剂、单级混合冷剂、单级混合制冷剂	SMR、“single mixed refrigerant”、“PRICO process”、“Single stage mixed refrigerant”

续表

类别	检索要素	中文关键词	英文关键词
技术检索要素	丙烷预冷混合制冷剂工艺	丙烷预冷混合制冷	C_3MR or "propane precooled mixed refrigerant" or "propane precooled phase separator"、"C_3 precooled single N_2"
	双混合制冷剂工艺	双混合制冷	DMR or "Dual Mixed refrigerant"、"mixed refrigerant precooled phase separator"
	C3MR+N2 膨胀工艺		AP-XTM or AP-X or "C_3MR+N_2"
	混合制冷剂级联工艺	混合制冷剂级联	MFC or "mixed fluid cascade"
	并联混合制冷	并联混合制冷	PMR or "parallel mixed refrigerant"
	天然气膨胀液化工艺	膨胀	expander or expansion or expand
	节流阀	节流阀	"throttle valve"
	氮-甲烷膨胀液化工艺	(氮 W 甲烷)	"Nitrogen methane"
	单级氮气膨胀流程	单级氮气膨胀	"single nitrogen expander"、"Single expander"
	双级氮气膨胀流程	双级氮气膨胀	"Double expander"、"Double Nitrogen Expander"
	氮气-甲烷膨胀流程		"Dual independent expander"
噪音检索要素	冷能	冷量、冷能	"cold energy"、"cooling energy"、"cool energy"、"cryogenic energy"
	汽化	气化、汽化	vaporization、vapourization、Gasification、evaporation、boiloff、pervaporation、Gasify
	净化去除(油)	净化、纯化、分离、除、去、预处理	Removal、recovery、separation、removing、removed、separation、clean、remove、rejection、separating、recovering、adsorbent、recovered
	净化去除(酸)	脱、去、回收、收集、吸附、分离、纯化、净化、清除、去除、化学除	Deacidif、desulfurization、desulphurization、desulfuration、desulfurizing、Removal、recovery、decarbonation、Dehydrogen、separation、removing、removed、separation、clean、remove、rejection、separating、recovering、adsorb *、recovered
	润滑油	油、润滑油	Oil、"compressor oil"、"lubricating oil"、lubricant、lubrication
	CO_2 和 H_2S	酸性污染物、二氧化碳、硫化氢、CO、H2S、HS、酸性气体、硫、CO_2	acid、sulfide、CO_2、H_2S、CO、H_2S、HS、"carbon dioxide"、sulfur、CO_2、carbondioxide
	水	水	HO、H_2O、water
	有机硫	有机硫、硫有机	"organic sulfur"、"sulfur organic"、"organic sulphur"、"sulfur organic"、"organic sulfide"、"Organo-sulfur compounds"
	重烃	重烃、重芳烃、重质烃、重质芳烃	"heavy aromatics"、"heavy hydrocarbon"、"heavy aromatic hydrocarbon"、"Heavyweight aromatic hydrocarbon"、"heavy hydrocarbons"

2.2 全球专利创新趋势及申请专利技术分布

2003 年至 2022 年全球天然气液化工艺技术专利申请总量为 6031 件，其中发明专利为 5859 件，发明专利授权量为 3305 件，发明专利授权率为 56.40%，发明专利有效量为 1985 件，发明专利授权有效率为 40.78%。中国申请专利总量为 753 件，其中发明申请量为 589 件，发明授权量为 303 件，发明授权率 71.62%。如表 5 所示。

表 5 天然气液化工艺技术专利数据

范围	申请总量	发明申请量	发明授权量	发明专利有效量	发明授权率	发明授权有效率
全球	6031	5859	3305	1985	56.40%	40.78%
中国	753	589	303	338	51.44%	71.62%

分析近二十年天然气液化工艺全球及国内外发展趋势，如图 1 所示。天然气液化工艺技术没有明显的上涨趋势，全球范围内天然气液化工艺技术没有突破性的革新。2015—2018 年，专利有小幅的集中产出，这段时间的专利授权率也较高，主要由外国申请人贡献。

近十年越来越多液化工艺技术专利选择以实用新型类进行申请，与中国申请人的申请趋势相符。中国申请人申请专利起步较晚，专利质量较高自 2010 年才进入成长期，保持稳定的上升速率，2019 年达到峰值。石油石化公司作为天然气液化技术的优势企业，可加大对天然气液化工艺研发的投入，建立适合中国市场的天然气液化工艺技术组合，领军中国天然气液化工艺市场。

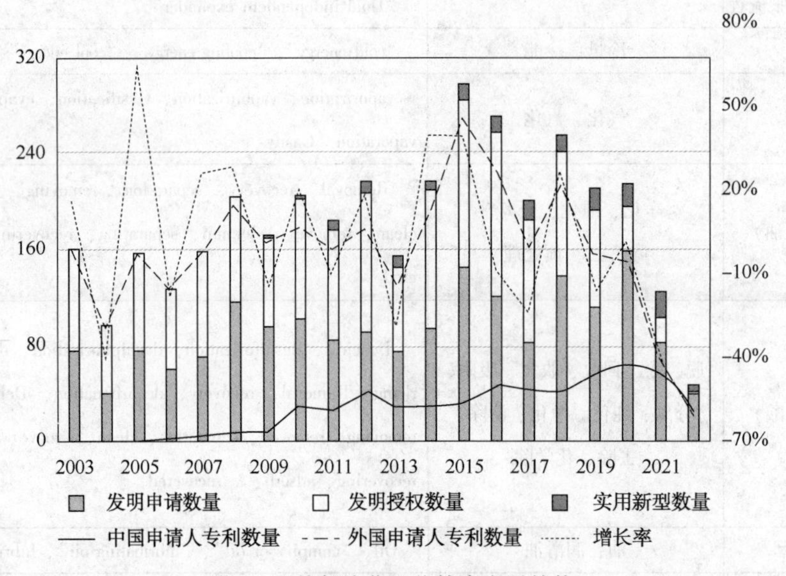

图 1 天然气液化工艺技术发展趋势

分析全球天然气液化工艺技术各细化分支专利构成情况，统计专利单位为件，布局国家多、拥有更多简单同族的专利会有更多的统计次数，如图 2 所示。全球专利公开数据显示在净化技术中，除氮的技术是提氦技术布局数量的三倍。液化技术中其他类占了七成以上。膨胀型流程是当前液化技术中布局最少的，其次是级联流程，混合制冷剂流程占液化工艺的两成。混合制冷剂流程中，单循环流程：三循环流程：双循环流程的比为 2：3：5。在所有混合制冷剂流程中，双混合制冷剂流程布局的数量是最多的，占四成左右，其次是单循环制冷流程，最少的是并联制冷剂流程。

通过对比分析得到，级联流程液化工艺、混合制冷流程和膨胀型工艺专利申请热度较为活跃。级联流程液化工艺在 2003—2008 年较为活跃，近年来已逐渐淘汰。混合制冷流程在 2011 年前最为活跃，近年来热度有一定的缩减，但依旧保持在较高的活跃度。膨胀型流程在 2008—2013 年和 2016—2018 年两个时间段有较高的活跃度。

统计中国公开的天然气液化工艺技术各细化分支专利，分析天然气液化工艺专利构成情况，如图3所示。与全球专利公开情况不同，中国公开的专利中，净化技术的构成高于液化技术；在净化技术中，提氦气的技术的占比更高；液化技术中，膨胀型流程的占比更高。中国公开的专利中，膨胀型流程天然气液化工艺以带预冷的双级氮气膨胀流程为主；混合制冷剂流程中以双循环流程为主。

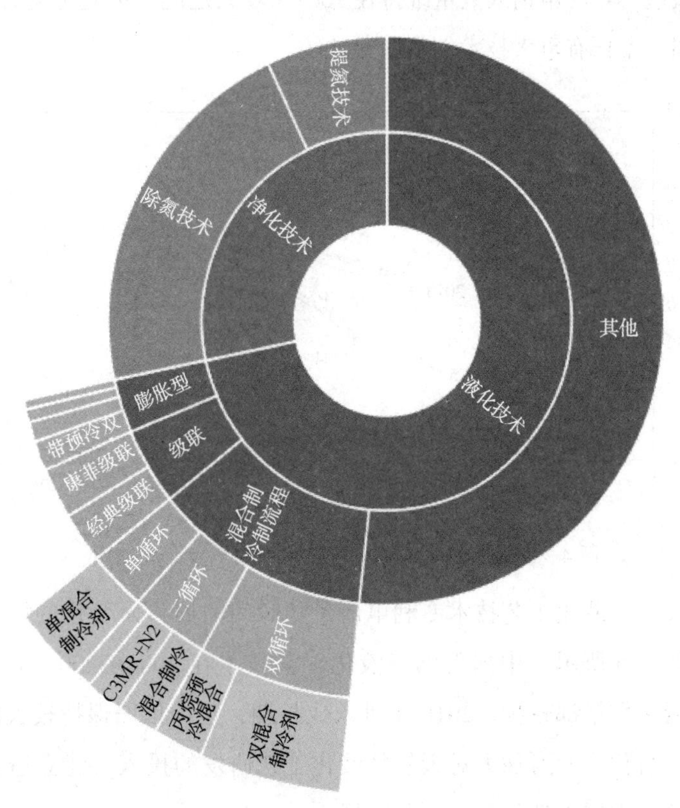

图2　全球天然气液化工艺技术专利构成情况

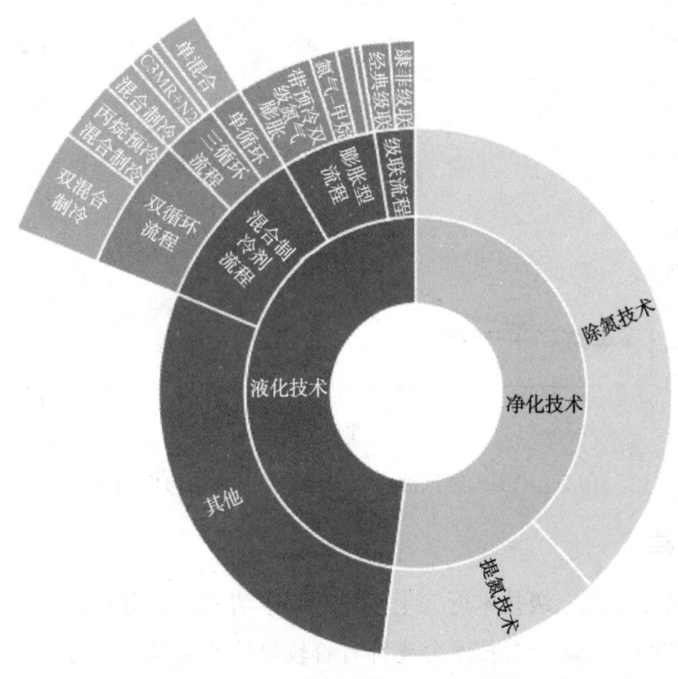

图3　中国天然气液化工艺技术专利构成情况

2.3 专利技术生命周期分析

统计全球天然气液化工艺技术专利申请量随时间的推移而变化的情况，分析天然气液化工艺技术生命周期，如图4所示。天然气液化工艺技术在2003—2011年进入成长期，专利的年度申请量和年度申请人数量急剧上升，这与液化天然气工厂的建立情况一致。近十年，液化天然气技术进入成熟期，专利年度申请量增长缓慢，年度申请人数量维持在100~150人之间。由此可见天然气液化工艺技术趋于成熟，创新活力减弱，不再有重大技术创新和突破。

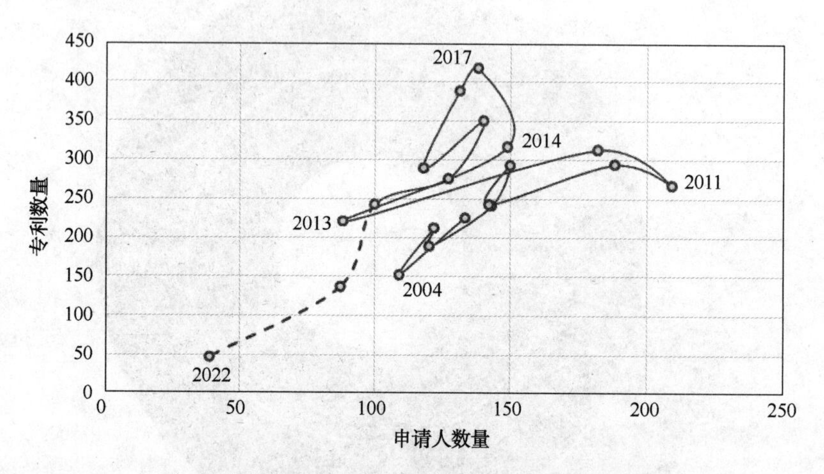

图4 全球天然气液化工艺技术专利全生命周期图

统计中国公开的天然气液化工艺技术专利申请量随时间的推移而变化的情况，分析天然气液化工艺技术生命周期，如图5所示。中国天然气液化工艺技术在2004—2009年处于萌芽期，专利的年度申请量和年度申请人数量都较少。2010年进入成长期，至今依旧保持较大的年度申请人数量及年度申请量上升速度。石化企业可加大对天然气液化工艺研发的投入，建立适合中国市场的天然气液化工艺技术组合，领军中国天然气液化工艺市场。

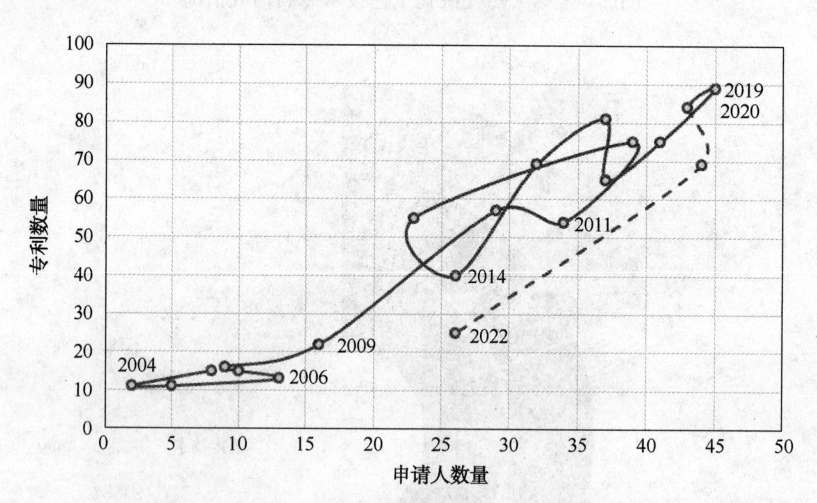

图5 中国天然气液化工艺技术专利全生命周期图

2.3 专利技术热点追踪

统计全球天然气液化工艺三级技术近二十年的专利申请文本，分析天然气液化工艺三级技术近二十年的技术热点，如图6所示。各技术分支都有着较早的研究基础，近二十年都陆续地有专利申请。除氮技术从2008年起专利保持在较高的年度申请量上，2015年达到峰值，近年来热度也没有下降。提氦技术在2015年得到快速发展，2020年达到最大年度申请量，是近五年的热点技术。级联流程液化工艺在2003—2008年较为活跃，近年来已逐渐淘汰。混合制冷流程在2011年前最为活跃，近年来热度有一定的缩减，但依旧保持在较高的活跃度。膨胀型流程在2008—2013年和2016—2018年两个时间段有较高的活跃度。其他天然气液化工艺的布局数量高，主要是由于归类范围广，包括了各种细化改进工艺。其他天然气液化工艺在2015—2018年专利产出有明显的上升趋势。

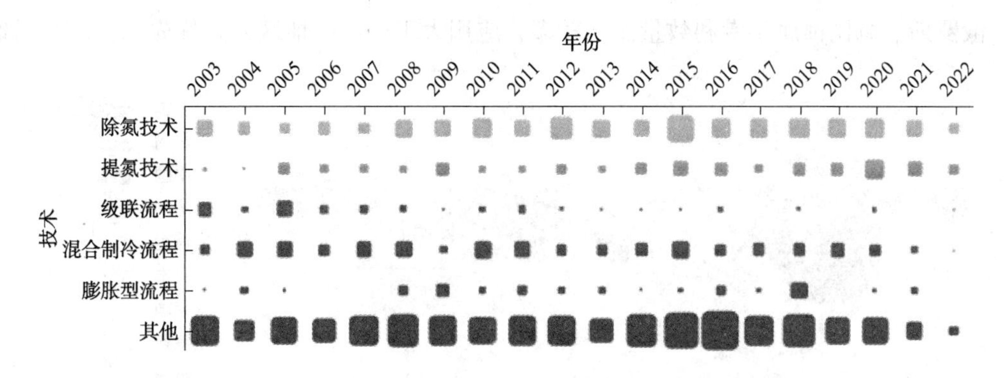

图6 全球天然气液化工艺近二十年技术热点追踪图

统计中国公开的天然气液化工艺三级技术近二十年的专利申请文本，分析天然气液化工艺三级技术近二十年的技术热点，如图7所示。在净化工艺上，中国公开的专利年度申请量是有明显的变化趋势的；除氮技术自2010年得到快速发展，在2019年达到峰值，是布局数量最多，布局活跃度最高的技术分支；提氦技术自2019年得到快速发展，2021年已公开的年度申请量甚至高于除氮技术。

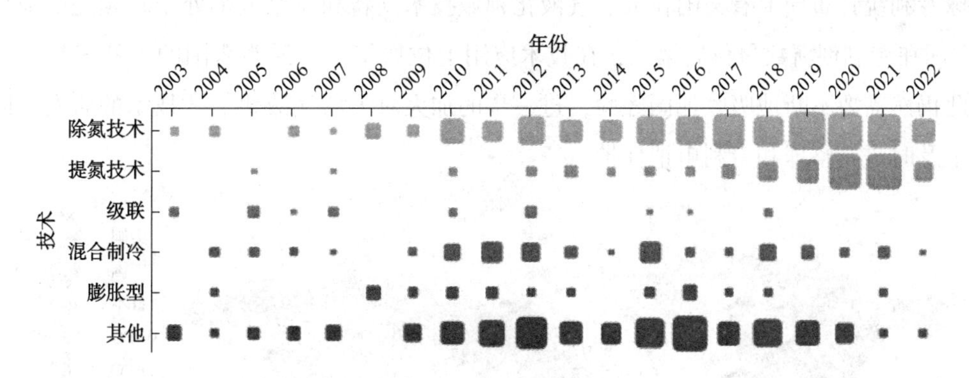

图7 中国天然气液化工艺近二十年三级技术热点追踪图

在液化工艺上，中国公开的专利中，其他天然气液化工艺公开最多，活跃度最高，其次是混合制冷剂流程液化工艺、膨胀型流程液化工艺、级联流程液化工艺。级联流程液化工艺活跃度明显下降，已成为冷门技术；混合制冷剂流程液化工艺自2010年起保持在较高的活跃度上，每年都有专利申请；膨胀型流程液化工艺主要在2008年~2018年间活跃，近五年申请活跃度明显下降；其他类型的天然气液化工艺活跃度高，2016年年度申请量达到峰值。

2.4 全球专利技术创新与应用分析

统计天然气液化工艺技术专利全球技术来源国/地区信息，梳理全球各国/地区的技术创新情况，如图3所示。美国以1822件专利申请量位居第一，远远领先其他国家。德国(539)、中国

(529)、法国(469)数量产出接近，分别排名第二、第三和第四。荷兰、日本、韩国、俄罗斯、英国、挪威、澳大利亚、加拿大、意大利也有一定专利产出。

统计天然气液化工艺技术专利全球技术应用国/地区/组织信息，梳理全球各国/地区/组织的技术创新情况，如图8所示。美国是最大的技术应用国，专利公开量达到869件；中国是第二大的技术应用国，专利公开量达723件；日本是第三大的技术应用国，专利公开量达到527件。结合专利来源国数据，美国、中国、日本既是技术输出大国，也是技术应用大国。中国、日本、澳大利亚、加拿大、俄罗斯、韩国都属于专利数量流入较多，应用大于产出的地区，是优先选择的布局地区。

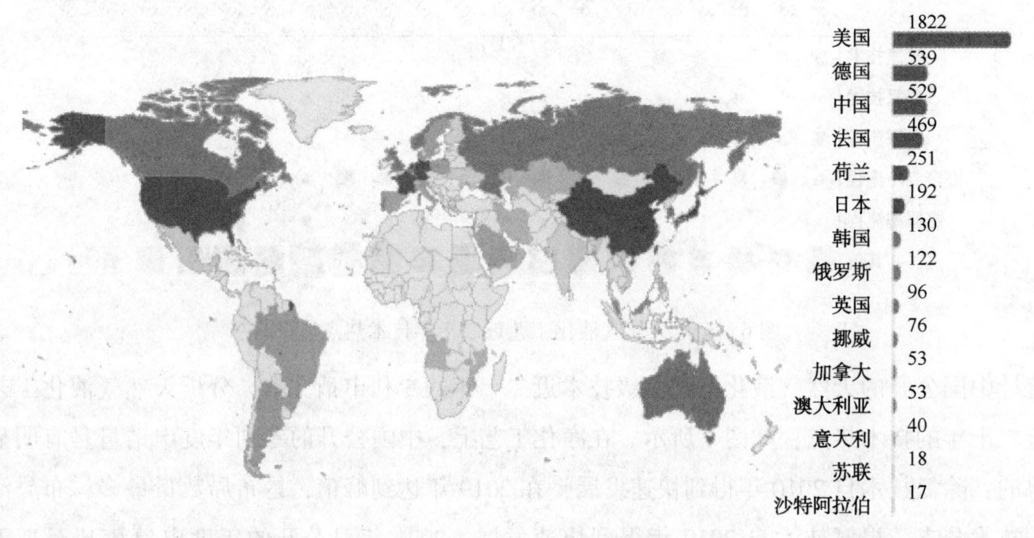

图8 专利技术创新来源国/地区/组织布局情况

从全球专利统计布局上看美国在天然气液化领域技术创新和应用上都处于较领先的地位，如图9所示。中国在专利创新数量位居第三，在技术应用上位居第二。说明我国的天然气技术应用空间较大，因此仍然需要不断地吸收他国经验，进一步的加大对天然气液化工艺技术的研发，同时要对现有的技术及时进行整理和专利申请保护。

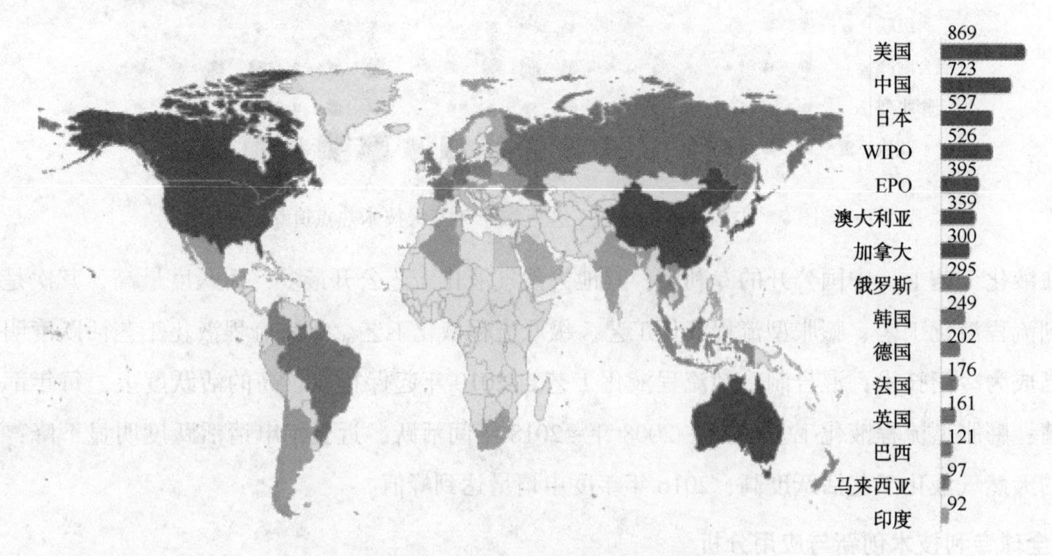

图9 专利应用国/地区/组织布局情况

3 天然气液化工艺技术发展建议

通过分析全球范围内的相关数据可得天然气液化工艺技术目前处于成熟期；中国范围内，天然气液化工艺技术目前处于成长期。国内市场有被海外企业影响威胁，中国技术却为能走出去。中国现在有迫切的自主创新需求，需要摆脱被外企控制市场的处境。中国石油石化企业应加大研发投入，给研发者以创新的土壤，研发出具有自主产权的核心技术。

（1）研发大规模生产 LNG 的技术。从目前的专利布局上看，中国液化工艺中的膨胀型流程构成高于全球，但膨胀型流程生产规模小，不属于主流工艺，由此可见中国对于大规模生产液化天然气的技术研发迫在眉睫。

（2）从全球的液化工艺的专利布局上分析，石油石化企业可以着重发展单混合制冷剂流程、双混合制冷剂流程、丙烷预冷混合制冷剂流程、混合制冷剂级联流程与其他类型的液化工艺，酌情发展 C_3MR+N_2 膨胀流程液化工艺，减少在康菲优化级联流程、并联混合制冷剂流程、带预冷双级氮气膨胀流程液化工艺上的研发投入。

（3）从专利技术生命周期分析，世界范围内天然气液化工艺技术趋于成熟，创新活力减弱。中国公开的天然气液化工艺技术研发 2010 年进入成长期，至今依旧保持较大的年度申请人数量及年度申请量上升速度。石化企业可加大对天然气液化工艺研发的投入。

（4）全球龙头企业都在除氮和提氦技术上积极布局，近五年保持着非常高的活跃度。其中，提氦技术是天然气液化工艺近五年申请热情上升最快的技术，目前处于技术的快速发展期。在净化工艺上，可以优先发展提氦技术，同时也可以在除氮的技术上投入一定研发。

（5）在 LNG 液化工厂建设规模上建议加大投入研发适用于超大型 LNG 液化工厂装置研发、小型撬装 LNG 装置和装式液化天然气汽车加注装置的工艺及配套设施。

参 考 文 献

[1] 姜海波，刘贵洲，蔡昊，任立新. 全球液化天然气行业发展理性调整[J]. 国际石油经济，2020，28(08)：66-70+93. DOI：10. 3969/j. issn. 1004-7298. 2020. 08. 010

[2] Lim W，Choi K，Moon I. Current Status and Perspectives of Liquefied Natural Gas(LNG) Plant Design[J]. Industrial & Engineering Chemistry Research，2013，52(9)：3065-3088. DOI：dx. doi. org/10. 1021/ie302877g.

[3] 王安印. 小型撬装式 LNG 液化装置工艺设计[D]. 西南石油大学，2014.

[4] Kumar S，Kwon H T，Choi K H，et al. LNG：An eco-friendly cryogenic fuel for sustainable development[J]. Applied Energy，2011，88(12)：4264-4273.

[5] N. G. KIRILLOV. Analysis of modern natural gas liquefaction technologies[J]. Chemical and petroleum engineering，2004，40(7/8)：401-406.

[6] 李超. 天然气液化工艺技术的发展路径研究[J]. 江苏科技信息，2022，39(09)：40-43. DOI：10. 3969/j. issn. 1004-7530. 2022. 09. 011

[7] 王冰. 我国天然气产业发展战略储备体系构建与 LNG 中继站建设[D]. 中国地质大学(北京)，2012.

[8] 李丽. 我国石化产业技术创新能力问题研究[J]. 石化技术，2021，28(11)：183-184. DOI：10. 3969/j. issn. 1006-0235. 2021. 11. 086.

[9] 王金磊. 液化天然气装置脱水工艺设计及分析[D]. 东北石油大学, 2015.

[10] Finn, A. J.; Johnson, G. L.; Tomlinson, T. R. Developments in natural gas liquefaction. Hydrocarb. Process. 1999, 78(4), 47-59.

[11] 王保庆. 天然气液化工艺技术比较分析[J]. 天然气工业, 2009, 29(1): 111-113. DOI: 10. 3787/j. issn. 1000-0976. 2009. 01. 032.

[12] 申涛, 闫晶. 天然气液化过程有效能评价分析[J]. 当代化工研究, 2022, No. 106(05): 6-8. DOI: 10. 3969/j. issn. 1672-8114. 2022. 05. 002

[13] 罗大清, 马莉, 孔欣怡, 王丹旭, 刘潇潇, 曹勇. 2022年天然气市场回顾与2023年展望[J]. 当代石油石化, 2023, 31(02): 1-7. DOI: 10. 3969/j. issn. 1009-6809. 2023. 02. 001

[14] 高子娟. 中国液化天然气进口影响因素分析[D]. 北京工商大学, 2019. DOI: 10. 26934/d. cnki. gbgsu. 2019. 000069.

[15] 侯君龙. 天然气液化工厂工艺技术及设备国产化概述[J]. 中国化工贸易, 2018, 10(32): 1-2, 4. DOI: 10. 3969/j. issn. 1674-5167. 2018. 32. 001.

[16] 张磊. 混合冷剂制冷天然气液化工艺技术研究[D]. 西南石油大学, 2018.

[17] 陆斌. 计量技术在石油石化企业中的应用[J]. 化工设计通讯, 2020, 46(08): 172+176. DOI: 10. 3969/j. issn. 1003-6490. 2020. 08. 112

[18] 程松民, 聂绪芬, 尹彬, 金明皇, 彭斌望, 罗斐. 昆仑能源黄冈LNG工厂工艺及运行分析[J]. 石油与天然气化工, 2016, 45(6): 38-42. DOI: 10. 3969/j. issn. 1007-3426. 2016. 06. 009.

[19] 陈绘如. 天然气液化技术及其应用分析[J]. 化工管理, 2016(26): 192. DOI: 10. 3969/j. issn. 1008-4800. 2016. 26. 160.

[20] 周利军. 天然气液化技术与应用[D]. 东北石油大学, 2016.

[21] 万红琼, 殷延端, 王伟丽, 何恩情. 合肥工业大学专利数据计量分析及启示[J]. 内蒙古科技与经济, 2022, No. 508(18): 25-28.

LNG接收站运行技术

第二篇

以网络化、智慧化为代表的高新技术与LNG接收站深度融合，正在推动LNG接收站建设和运行技术创新。随着我国LNG接收站建设项目的增多和站场规模的不断扩大，给接收站设计建设、安全高效运行和风险管控带来巨大的挑战。在LNG接收站建设和运营中亟需采用先进的技术和设备，提高接收站的运行效率和安全性。本篇《LNG接收站运行技术》系统地总结了我国在LNG接收站智慧化转型、冷能利用、完整性管理、储罐和气化器等关键设备研发等领域创新应用的研究成果，对我国LNG接收站建设和安全高效运行具有理论和实践指导作用。

LNG receiving terminal operation technology Part 2

The deep integration of high technologies featured by networking and intelligence with LNG terminals is promoting the technological innovation in construction and operation of LNG terminals. The increase in number of LNG terminal construction projects and the continuous expansion of terminal scale in China have brought enormous challenges to the design and construction, safe and efficient operation, and risk management of terminals. It is urgent to adopt the advanced technologies and equipment in the construction and operation of LNG terminals, so as to improve their operational efficiency and safety. This Chapter LNG Terminal Operation Technologies systematically summarizes the research results related to the innovative applications in the fields of intelligent transformation, cold energy utilization, integrity management, and research and development of key equipment such as storage tanks and gasifiers in LNG terminals in China, providing the theoretical and practical guidance for the construction and safe/efficient operation of LNG terminals in China.

LNG全容罐内罐在珍珠岩外压作用下的罐体稳定性分析

彭常飞　杜亮坡　马　强　傅伟庆　李　阳

（中国石油天然气管道工程有限公司）

摘　要　加强圈是大型LNG储罐内罐的重要组成部分，能有效提高LNG储罐内罐的抗失稳能力。本文针对LNG储罐在珍珠岩外压作用下的失稳问题，建立了内罐罐壁和加强圈的有限元分析模型，重点研究了加强圈数量和初始缺陷对于罐壁稳定性的影响，结果表明线性屈曲分析不能直接用于罐壁稳定性分析，需结合带初始缺陷的非线性分析结果进行内罐稳定性评定，才能得到贴合实际工程的临界外压。本文提出了利用罐体临界外压进行罐体稳定性评估方法，对于LNG储罐内罐加强圈设计有一定的指导意义。

关键词　LNG全容罐；内罐罐壁；稳定性；珍珠岩外压

The stability analysis of the LNG inner tank under the external pressure of perlite

Peng Changfei　Du Liangpo　Ma Qiang　Fu Weiqing　Li Yang

(China Petroleum Pipeline Engineering Corporation)

Abstract　The reinforcement ring is an important part of the inner tank of a large LNG tank, which can improve the anti-instability ability of the inner tank of the LNG tank effectively. This paper focus on the instability problem of inner shell under the perlite external pressure, a finite element analysis model of the inner tank wall and reinforcement ring is established, the influence of the number of reinforcement rings and initial defects on the stability of the tank wall is researched. The result shows that linear buckling analysis cannot be directly used for tank wall stability analysis, it is necessary to evaluate the nonlinear analysis stability of the inner tank with the initial defect, that the critical external pressure fit the actual project. This paper proposes a method for evaluating tank shell stability by using the critical external pressure, which has certain guiding significance for the design of the inner tank reinforcement ring in the LNG tank.

Keywords　LNG Tank; Inner Tank Shell; Stability; Perlite External Pressure

大型液化天然气(LNG)储罐是整个LNG接收站最核心的装备之一，随着LNG产业的快速发展，近年来朝大型化方向发展。近5年国内新建和扩建的LNG接收站项目，主力罐容为20万方及以上罐容，最大的为在建的27万方罐容的储罐。储罐直径会随着罐容的增大而变大，对于20万方LNG储罐，内罐直径超过了84m，而罐壁最薄厚度为10mm，相对于储罐直径而言非常小，因此对于这种直径大壁厚薄的LNG储罐内罐失稳问题应当引起设计者的关注。

LNG全容罐内罐罐壁主要由一圈圈罐壁板焊接而成，罐壁内侧焊接有加强圈，起到抵抗保冷环隙珍珠岩外压力的作用。LNG混凝土全容罐内外罐罐壁间隙保冷材料主要由弹性毡和珍珠岩组成，由于罐壁在珍珠岩注入、预冷、内罐进液、维修时，罐体存在不同程度的先收缩后膨胀，珍珠岩的沉降会导致珍珠对罐体的外压会越来越大。因此，罐壁内侧加强圈是为防止罐壁发生失稳，保证罐体稳定性而设置，特别是在维修工况下，罐体膨胀、内罐空罐、没有罐内静液压作用在罐壁内侧时，珍珠岩的外压力会达到最大值。

本文针对200，000m^{3}LNG混凝土全容罐的内罐结构进行研究，以ANSYS软件为数值模拟平台，建立精细化有限元网格，对在珍珠岩外压作用下罐体屈曲和稳定性进行研究。

1　内罐罐壁结构受力状况

LNG全容罐内外罐间环隙保冷由弹性毡和珍珠岩组成，由于储罐操作及运行状况不同，弹性毡和珍珠岩相互作用分成以下四种状况，如图1所示。从上到下，分别是弹性毡安装(未填充珍珠岩)、初始珍珠岩填充、储罐预冷、储罐维修工况下复热状况。弹性毡安装(未填充珍珠岩)为弹性毡不收缩状况，随着珍珠岩的填入，弹性毡进入到压缩状况。从收缩示意图中可看出，当储罐在维修工况下复热时，弹性毡达到最大收缩量，根据弹性毡厂家提供的压缩曲线，如图2所示，对应的压缩压力为内罐的最大外压。

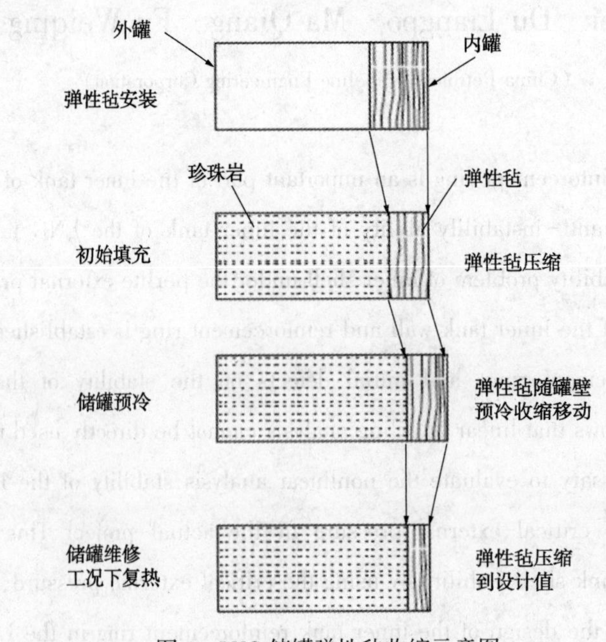

图1　LNG储罐弹性毡收缩示意图

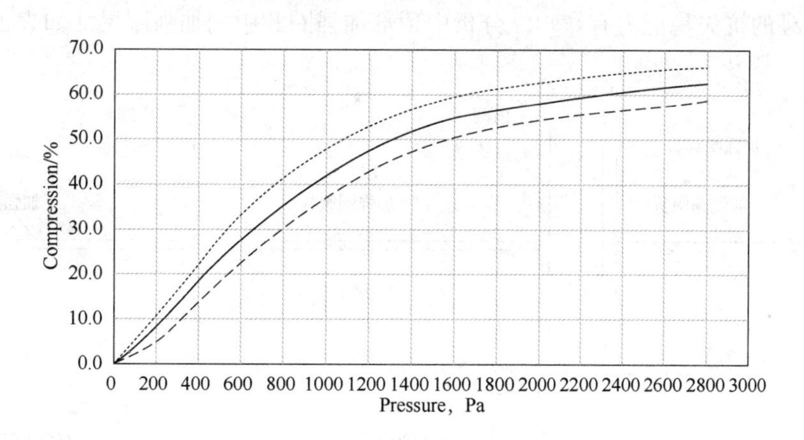

图 2　某家供货商的弹性毡压缩曲线

以 200000m^{3}LNG 混凝土全容罐为例，弹性毡厚度为 400mm，在储罐复热工况下，弹性毡压缩应力为 967Pa，实际内罐加强圈计算时，考虑一定设计余量，可按内罐外压 1000Pa 进行内罐加强圈的设计。

2　内罐罐壁结构简介及模型建立

本文建立近年来 LNG 接收站的主力罐型，200，000m^{3}LNG 混凝土全容罐的内罐模型，直径为 84. 2m，罐壁由 12 圈罐壁板组成，每一圈罐壁板板幅 3. 29m，罐壁总高度 39. 48m。内罐罐壁厚度从下到上依次是 34mm、31. 5mm、29mm、26mm、23mm、20mm、17mm、15mm、12mm、10mm、10mm、10mm，罐壁材料采用 06Ni9DR 钢板。

LNG 混凝土全容罐内罐有限元模型如图 3 所示，采用 SHELL181 单元模拟罐壁板，采用 BEAM188 单元模拟罐壁加强圈。建立模型时罐壁壳单元内表面对齐，加强圈梁单元节点偏移到梁单元腹板顶面，与罐壁壳单元内表面相接，从而使梁、壳单元共节点，以模拟加强圈和罐壁的焊接连接。罐壁及加强圈采用 06Ni9DR 低温钢板，材料特性参数取值为：弹性模量 2×10^5MPa，泊松比 0. 3，密度 7890kg/m^3；采用等向强化模型 MISO，材料本构关系为理想弹塑，屈服强度为 400MPa（取焊材强度）。

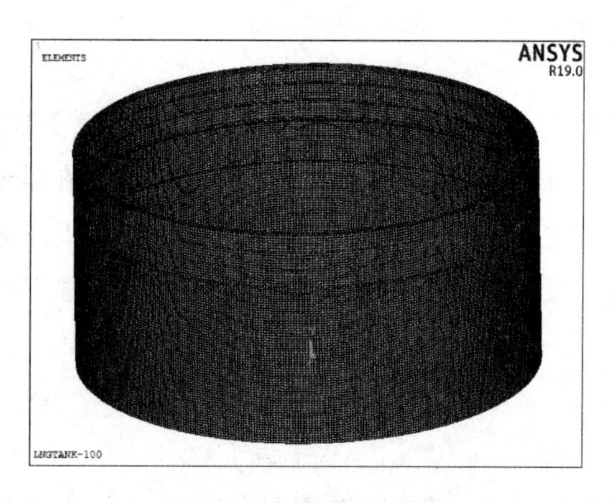

图 3　LNG 储罐内罐模型

内罐顶部加强圈常采用 T 型，中间加强圈常采用 L 型或 I 型，如图 4 所示，加强圈的数量和截面模量均会对内罐的抗失稳能力有影响。分析中顶部加强圈和中间加强圈尺寸如表 1 所示。

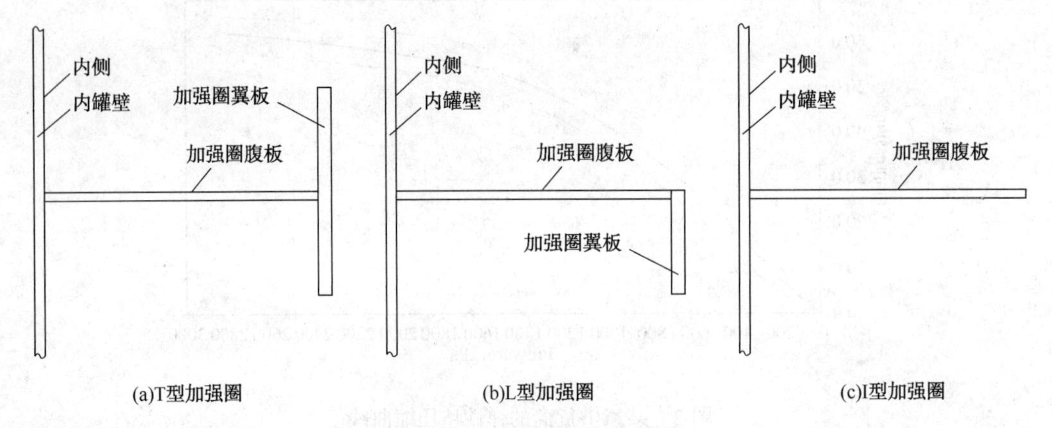

图 4 内罐加强圈的结构形式

表 1 加强圈尺寸(mm)

加强圈	型式	腹板宽度	腹板厚度	翼板宽度	翼板厚度
顶部加强圈	T 型	850	12	850	20
中间加强圈	I 型	300	15	—	

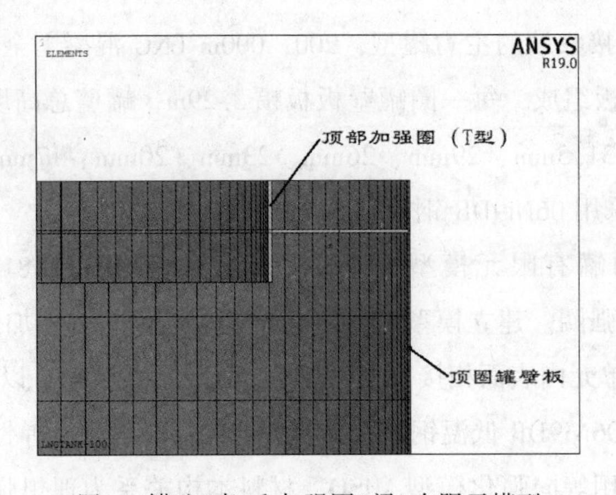

图 5 罐壁(壳)和加强圈(梁)有限元模型

3 内罐罐壁线性屈曲分析

当储罐内罐空罐时，为防止在珍珠岩外压作用下罐壁发生失稳变形，内罐内侧常设置加强圈，以提高储罐抗失稳能力。对于 LNG 储罐内罐这种敞口型的储罐，在罐壁顶部应设置顶部加强圈，同时也是作为罐壁连接吊顶的连接件。一定数量的中间加强圈也能提高罐体稳定性，在中间加强圈的间距设计当中，常采用罐壁反变形换算法确定不同壁厚下中间加强圈的间距。不同壁厚下罐壁的等效高度公式如下：

$$H_e = h\sqrt{\left(\frac{e_{\min}}{e}\right)^5}$$

式中：h 为每圈罐壁的高度，m；$e_{\min}$ 为最薄罐壁厚度，mm；e 为某圈罐壁板厚度，mm。

当通过计算内罐壁需要设置 i 道中间加强圈时，中间加强圈应分别设置在 $\frac{1}{i+1}\sum H_e$、$\frac{2}{i+1}\sum$

$H_e \cdots \dfrac{i}{i+1}\sum H_e$ 对应的实际罐壁高度上。

本文在保持罐壁中间加强圈用钢量相同的情况，分别建立了无中间加强圈、1 道中间加强圈到 6 道中间加强圈的模型，加强圈材料和内罐壁材料一致，也采用 06Ni9DR 钢板，并进行线性屈曲分析，其中特征值 1 阶分析结果如图 6 所示。

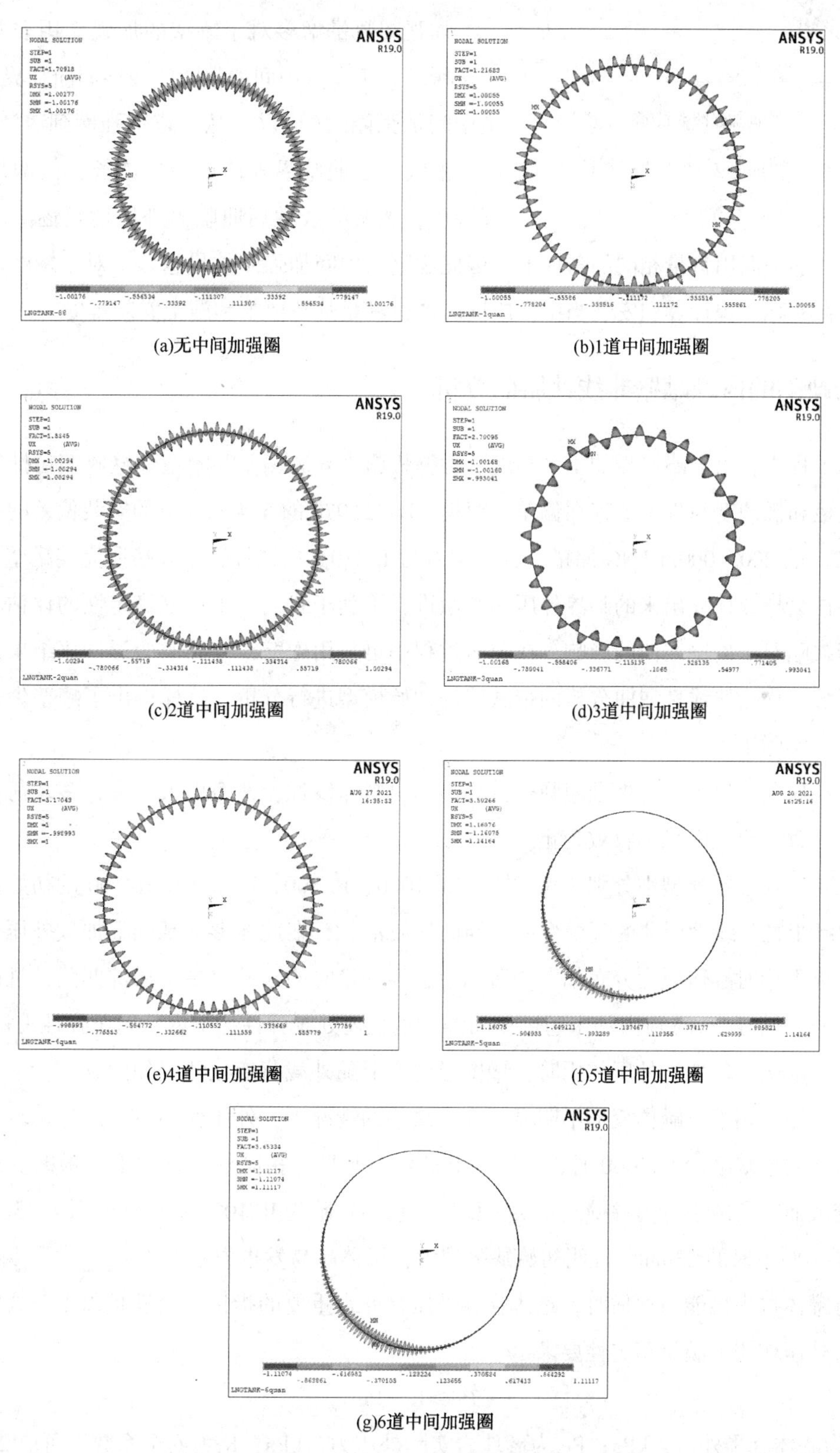

(a)无中间加强圈 (b)1道中间加强圈

(c)2道中间加强圈 (d)3道中间加强圈

(e)4道中间加强圈 (f)5道中间加强圈

(g)6道中间加强圈

图 6 不同加强圈数量下的罐壁线性屈曲分析结果

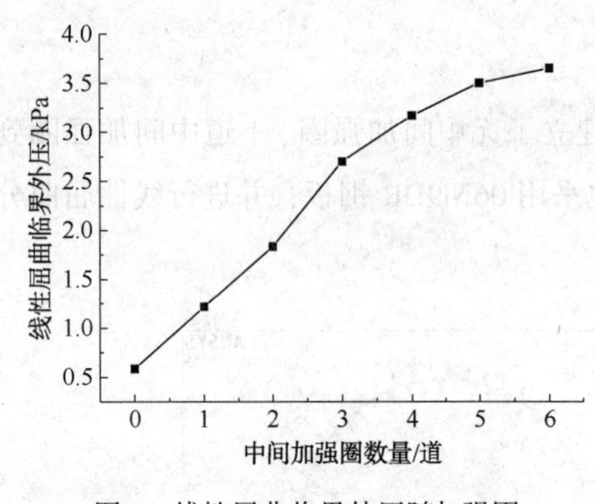

图 7 线性屈曲临界外压随加强圈数量变化情况

从以上不同加强圈数量下罐壁线性屈曲分析结果中可以看出，罐壁线性屈曲变形为沿着罐壁周向的波浪状，不同加强圈数量下罐壁线性屈曲变形发生的部位均不同。尤其在 5 道和 6 道加强圈的罐壁中，线性屈曲变形向局部发展。

加强圈数量增多对于罐壁的加强作用非常明显，如图 7 所示，不设置中间加强圈的线性屈曲临界外压不足 6 道中间加强圈时的 1/6。从 0 道加强圈到 3 道加强圈时，罐壁的线性屈曲临界外压成线性增长，但增加到 3 道加强圈后，罐壁的线性屈曲临界外压增长逐渐减缓。本文研究是建立在加强圈用钢量相同的条件下，因此罐壁的中间加强圈数量越多，对于罐壁的抗失稳能力就越强，在实际工程计算和安装当中，应同时考虑满足规范要求和施工安装难度。

4 带初始缺陷的内罐罐壁非线性屈曲分析

在实际工程中，由于罐壁板的不平整度、罐壁板施工安装偏差和罐壁焊缝收缩拉扯等因素作用下，内罐直径和椭圆度与理论值存在偏差。根据 GB/T26978 的 5.4.4.5 节的安装偏差的要求，对于直径为 84.2m 的 200，000m^3LNG 储罐，直径偏差为 1/280。内罐计算中如按照完美罐壁直径进行分析计算，往往会导致计算出来的临界外压非常激进，不利于我们对于罐壁稳定性的评估。因此，需要考虑初始缺陷对于罐壁屈曲的影响，在分析过程中可采用罐壁线性屈曲变形计算结果，再乘以一定的变形系数，作为非线性屈曲分析的带缺陷的初始模型进行分析，这样得出了罐壁失稳临界外压就非常接近于实际工程。

在非线性屈曲分析中，考虑理想弹塑性模型的材料非线性，并考虑大变形，多载荷步进行分线性屈曲分析，直至出现失稳不收敛为止。

本文在 4 道加强圈模型中分别考虑了罐壁 R/1000、R/500、R/300 和 R/100 的初始缺陷，其中 R 为储罐内罐半径。线性屈曲的罐壁变形沿周向呈波浪状，在此变形的基础上加载外压，进行非线性分析，临界失稳时罐体应力分布如图 8 所示，临界失稳时的罐壁出现了局部凹陷，且凹陷处沿环向均布。此时，储罐 Mises 应力均未超过 60MPa，钢板还处于弹性范围内，属于弹性失稳。

不同初始缺陷下珍珠岩外压作用时，罐壁径向变形随外载荷变化情况如图 9 所示。在无缺陷的情况下，在外压作用下，罐体变形不明显。在有缺陷的情况下，外压作用下，产生了较大的罐壁变形，特别是在初始缺陷为 R/1000 时，罐壁变形量最为明显。相同外压作用下，罐壁变形随着初始缺陷的的变大而有所减小，但罐壁刚发生失稳时，初始缺陷为 R/1000 下罐壁变形为 35mm，大于初始缺陷为 R/100 下时的 23mm，说明初始缺陷越大，罐体越易发生失稳。

在进行罐体抗失稳能力评估时，罐体临界外压是非常重要的指标。当满足以下公式时，认为罐体在珍珠岩外压作用下满足稳定性要求。

$$P_c \geq K \cdot P_e$$

式中，P_c 为罐体临界外压，kPa；Pe 为珍珠岩实际外压力，kPa；K 为安全系数，可取 2.0。

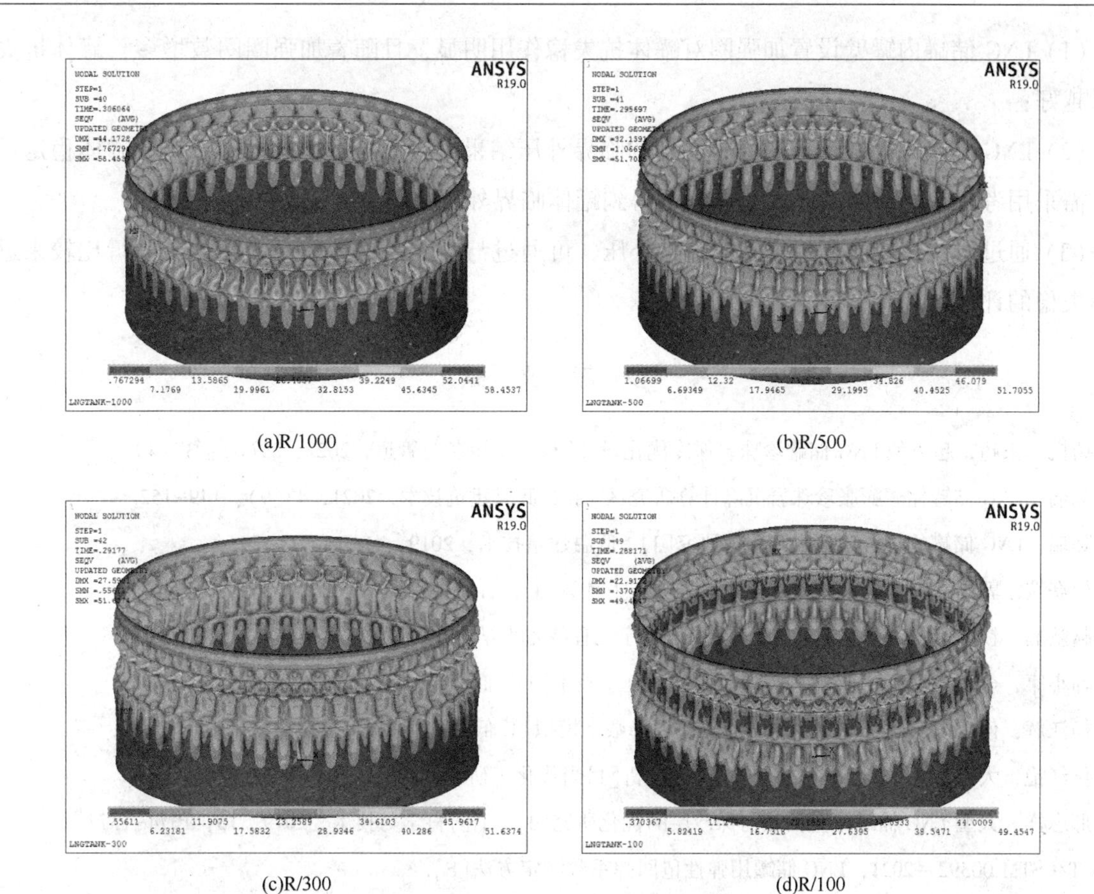

图 8　不同初始缺陷下线性屈曲分析下临界失稳状态

不同初始缺陷下罐体的临界外压如图 10 所示，随着初始缺陷的增大，罐体临界外压减少。非线性屈曲分析得到的临界外压均小于线性屈曲分析得到的临界压力(3.09kPa)，初始缺陷为 R/100 时，非线性分析得到的临界外压为线性屈曲分析时的 90%，说明线性屈曲分析结果偏冒进，不可直接用于罐体失稳的评定。

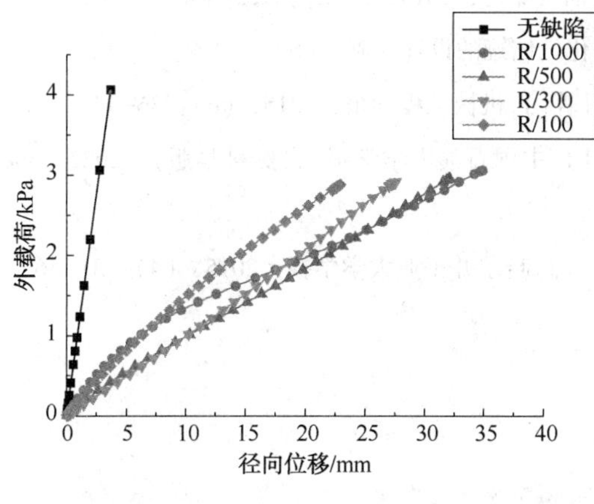

图 9　不同初始缺陷下罐壁载荷位移曲线

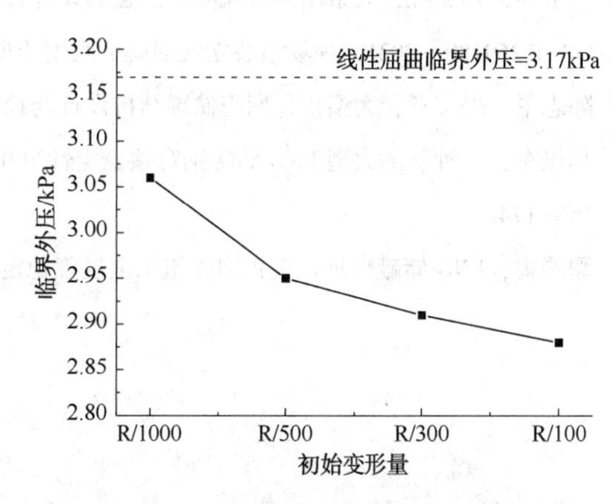

图 10　不同初始缺陷下的临界外压

5　结论

综合以上分析结果，可得出结论：

（1）LNG 储罐内罐壁设置加强圈对罐体抗失稳作用明显，且随着加强圈圈数增多，罐体抗失稳效果越好；

（2）LNG 储罐内罐线性屈曲分析得到的临界外压结果偏冒进，不能直接用于指导罐体稳定性分析，需采用考虑初始缺陷的线性屈曲分析得到罐体临界外压；

（3）通过非线性屈曲分析得到的临界外压，可通过与安全系乘珍珠岩实际外压进行比较来进行罐体失稳的评估。

参考文献

[1] 扬帆，张超，超大型 LNG 储罐珍珠岩保冷优化设计[J]化工设备与管道，2022，59(6)：37-40.

[2] 陈瑞，LNG 储罐储罐膨胀珍珠岩沉降计算研究区 [J]. 低温建筑技术，2021，43(9)：149-152.

[3] 陈瑞，LNG 储罐绝热层珍珠岩侧压力研究[J]. 低温建筑技术，2019，41(9)：77-79.

[4] 杜亮坡，郭磊，LNG 全容式储罐内珍珠岩侧压力计算[J]. 石油化工设备，2013，(6)：47-49.

[5] 赵慧磊，钱才富，大型储罐外压稳定性[J]辽宁工程技术大学学报，2009，28(z1)：280-282.

[6] 韩小康，全容式和 LNG 储罐内罐壁侧弹性毡施工技术[J]. 商品与质量，2021，10(8)：277-278.

[7] 杨江辉，何登滨，LNG 储罐珍珠岩绝热层沉降数字模拟[J]低温建筑技术，2016，38(7)：89-91.

[9] 付红艳，大型 LNG 储罐预冷过程影响因素分析[J]当代化工研究，2022，(24)：70-72.

[9] 邢志祥，大型 LNG 储罐罐壁漏热与保冷层的优化研究[J]. 消防科学与技术，2019，13：1374-1377.

[10] T/CSTM 00392—2021，LNG 储罐用弹性毡回弹系数测定方法[S].

[11] 蒋宾伟，LNG 储罐用 9%Ni 钢板国产化过程中的设计要点解析 [J]. 化工设备和管道，2021，58(6)：15-19.

[12] 陈永钢，LNG 储罐内罐 9%Ni 钢壁板立向焊缝自动焊工艺[J]. 油气储运，2022，41(4)：438-443.

[13] 白建斌，9Ni 钢及其焊材发展现状 [J]. 电焊机，2021，51(4)：57-61.

[14] 卜华全，9%Ni 钢用国产镍基焊丝的焊接试验研究[J]. 压力容器，2022，39(1)：19-26.

[15] 王庆江，LNG 储罐用 ENiCrMo-6 型焊条的国产化研制[J]电焊机，2023，53(1)：112-116.

[16] 张艳春，于国杰，LNG 大型储罐加强圈设计[J]. 工程与材料科学，2011，40(5)：433-436.

[17] 李玉坤，孙文红，大型储罐抗风圈与加强圈设计计算[J]油气储运，2013，32(2)：125-130.

[18] GB/T 269788—2021，现场组装立式圆筒平底钢质低温液化气储罐的设计与制造[S].

[19] 陈志平，冯文章，大型拱顶网壳储罐结构设计与稳定性计算[J]机械工程学报，2015，(6)：36-44.

[20] 程旭东，一种新的大型 LNG 储罐钢穹顶稳定性分析方法[J]中国石油大学学报(自然科学版)，2022，46(2)：168-174.

[21] 翟希梅，LNG 储罐穹顶带钢板网壳施工全过程稳定性分析[J]哈尔并工业大学学报，2015，(4)：31-36.

20万立方米LNG储罐冷却技术研究

巩志超　熊华彬　庄　芳

（中石油江苏液化天然气有限公司）

摘　要　针对国内首座20万立方米LNG储罐的试车过程，简单介绍了储罐冷却流程，通过分析储罐的冷却数据，总结该罐容储罐冷却过程BOG全部回收的控制方法。储罐冷却过程可分三个阶段控制：冷却前期，应重点关注压缩机入口温度，以不超过-110℃为宜；冷却中期，尽量在控制储罐压力平稳的情况下进行冷却，冷却速度宜控制在3℃/h以下；冷却后期，可适当提高冷却速度，控制在5℃/h以下，并利用罐压的富余量进行缓冲。

关键词　20万立方米；LNG储罐；冷却；BOG；回收

Research on the technology of cooling down the 200000 cubic meters LNG tank

Gong Zhichao　Xiong Huabin　Zhuang Fang

(PetroChina LNG Jiangsu Co. Ltd.)

Abstract　In view of the commissioning process of the first 200000 cubic meters LNG tank in China, the process of cooling down the LNG tank was briefly described. The data of cooling down the tank was analyzed, and the control method of recycling all BOG was summarized. The process of cooling down the LNG tank can be divided into three stages: In the early stage, attention should be paid to compressor inlet temperature, not to exceed-110℃. In the medium stage, the tank should be cooled down under stable pressure and the cooling rate should be controlled below 3℃/h. In the later stage, the cooling rate can be increased properly, not to exceed 5℃/h, and the surplus of tank pressure can act as a buffer.

Keywords　200000 cubic meters; LNG tank; cooling down; BOG; recycling

江苏LNG(Liquefied Natural Gas，液化天然气)接收站二期工程建成国内首座20万立方米的LNG储罐，其在设计和施工方面与16万立方米储罐有不少差异，其试运投产在某些细节上也存在一定的差别，通过总结第一座20万立方米储罐的投产经验，探索储罐冷却过程BOG(Boil Off Gas,

蒸发气)全部回收的控制方法，掌握该罐容储罐的冷却技术，希望为后期建设的同类型储罐提供借鉴。

1 储罐冷却过程

1.1 储罐置换

在储罐进行天然气置换氮气时，利用天然气密度比氮气小的特性，采取上进天然气下出氮气的方式形成活塞效应，直到所有氮气排放口甲烷体积含量达到5%置换结束。

此前，储罐投产时，置换氮气所需的天然气来自破真空管线的高压天然气，而此次储罐的置换，是通过连接在MV17和MV16之间的临时管线将BOG总管的BOG引入进料管线，通过顶部进料阀HCV01进入储罐置换氮气(如图1所示)。

直接采用低温气体进行储罐置换，由于BOG密度较大，与氮气密度差较小，置换过程要实现活塞效应，必须控制好进入储罐的BOG流量；但BOG系统压力低，进入储罐不容易造成大的扰动，此为有利条件。

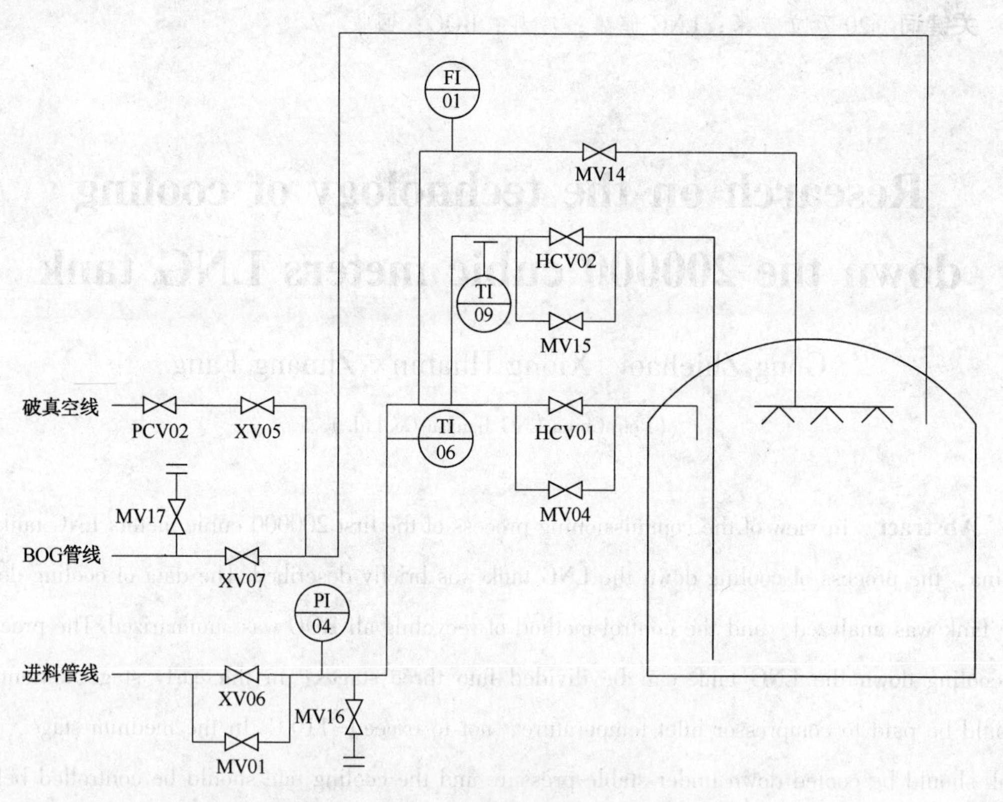

图1 储罐冷却流程

1.2 进料管线冷却及充液

储罐置换期间，BOG经进料管线进入储罐，同时对进料管线进行冷却。当氮气置换完成后，进料管线末端表面温度TI09已经降低到-100℃左右，打开XV06的旁通阀MV01，连续向进料管线引入LNG继续进行冷却。当立管顶部温度TI06达到-130℃时，关闭顶部进料阀HCV01，打开其旁通阀MV04及喷淋管线上的阀门。当TI09达到-150℃时，可认为进料管线充液完毕，关闭MV04及喷淋管线上的阀门。对进料管线充压，压力平衡后，打开XV06。

此前，储罐进料管线的冷却是通过在低压总管与进料管线之间安装临时气化器，将低压总管的LNG气化为低温BOG引入进料管线进行的。此次，直接采用BOG总管内的BOG同时对储罐进行置换和对进料管线进行冷却，不需要额外接入气化器，不仅冷却均匀而且缩短了储罐投产的时间。

1.3 储罐冷却

储罐的冷却是整个投产过程中最重要的环节。储罐冷却所需的LNG来自码头保冷循环，其他储罐的LNG经码头保冷循环从卸料总管返回后，一部分进入储罐的进料管线，通过喷淋环管冷却储罐。冷却过程中冷却速度应控制在5℃/h以内，罐底、罐壁任意相邻两温度计的温差应小于20℃，任意两点之间的温差小于50℃。当储罐底板所有温度达到-150℃时，标志储罐冷却完成。

1.4 储罐附属管线的冷却

储罐冷却完成后就可以对低压总管、低压泵出口管线及该储罐增加的装车管线进行冷却。冷却完成后调节保冷阀门开度使管线保持冷态。

1.5 储罐进液5m

储罐冷却完成后需要进液至5m，静置12h，观测储罐的状态。储罐进液流程可以选择码头保冷循环或倒罐流程；若是船期，采用卸料流程，可以节约时间，不占用站内的低压泵。

2 冷却数据分析

2.1 LNG用量及冷却速度

进入储罐的LNG释放冷量，除了抵消储罐漏热，主要用于冷却罐内气体和储罐结构(包括内罐、吊顶、保冷材料及其他附件)。储罐冷却过程中，LNG流量和冷却速度如图2所示：

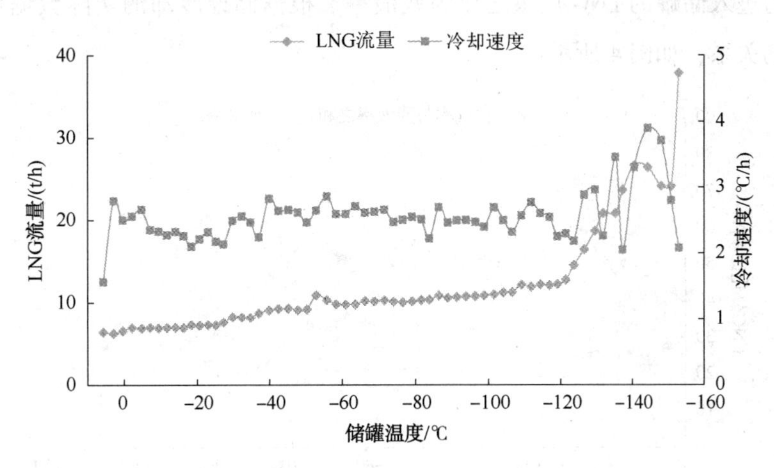

图2 LNG流量和冷却速度随储罐温度的变化

将储罐冷却过程分为三个阶段：储罐温度达到-60℃之前为冷却前期，储罐温度为-60～-120℃为冷却中期，储罐温度从-120℃直到冷却完成为冷却后期。由图2可以看出，冷却前期和中期，储罐冷却速度一直稳定在2～3℃/h，LNG流量平稳上升；冷却后期，LNG流量显著增加，冷却速度波动较大，但始终低于5℃/h。

LNG流量与冷却速度之比为单位温降所需LNG质量，如图3所示用多项式进行拟合可得单位温降所需LNG质量随储罐温度变化的经验公式。由此经验公式，可根据进入储罐的LNG流量计算冷却速度或计算预定速度下所需的 LNG 流量。

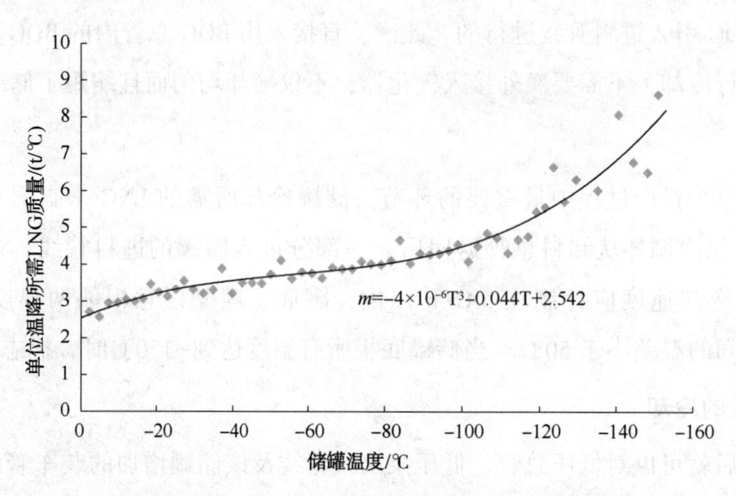

图 3 单位温降所需 LNG 质量随储罐温度变化的拟合曲线

2.2 LNG 的分化

进入储罐的 LNG 分化为三部分：压缩机处理掉的 BOG，因密度增大留存在储罐内的气体以及残留在储罐内的液体。预冷前期，储罐内的温度较高，进入储罐的 LNG 全部闪蒸形成 BOG，一部分随着储罐温度降低而密度增大留存在储罐内，剩下的 BOG 进入 BOG 系统，与其他储罐产生的 BOG 混合后进入压缩机。随着冷却的继续，储罐温度进一步降低，大约在储罐平均温度达到-100℃左右，进入储罐的 LNG 会有一部分以液态形式残留在储罐内，并且温度越低，残留的比例越大。

定义因密度增大而留存在储罐内的气体质量与进入储罐的 LNG 质量之比为存气率，残留在储罐内的液体质量与进入储罐的 LNG 质量之比为残液率。根据储罐冷却的实际数据可得到 LNG 分化比率与储罐温度的关系，如图 4 所示：

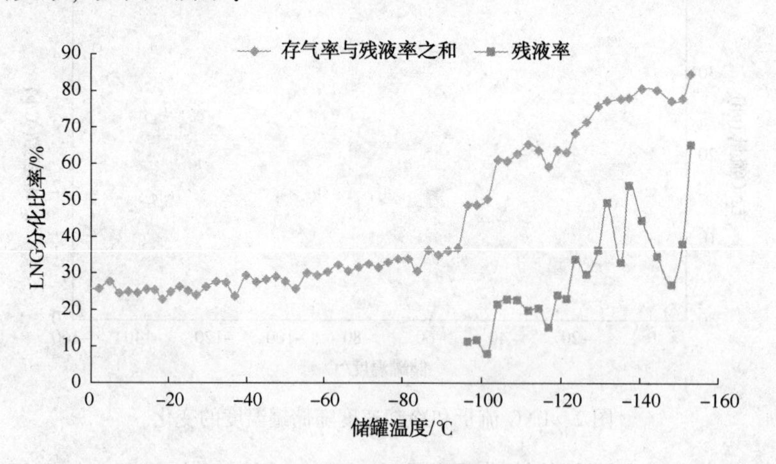

图 4 LNG 分化比率随储罐温度的变化

由图 4 可知，储罐冷却到后期，存气率与残液率之和可达 60% 以上，所以在冷却后期 LNG 需求量大幅增加，需要频繁调节进入储罐的 LNG 流量，导致后期冷却速度的大幅波动。

2.3 压缩机的处理能力

储罐冷却过程中，压缩机运行工况与设计工况偏离较大，其实际处理能力远小于额定值。此次储罐冷却，储罐压力(表压)一直维持在 10~12kPa 左右，远小于压缩机设计吸气压力(表压)18kPa；压缩机入口温度在储罐冷却前期高达-110℃以上，在冷却中后期虽持续下降但也远未达到其设计温度-156℃，压缩机实际处理能力只有额定值的 70%左右。储罐冷却时应考虑到压缩机处理能力的降低，以免产生的 BOG 超过压缩机的处理能力，造成储罐压力逐渐升高直至放空火炬。图 5 所示为储罐冷却过程中，储罐压力、压缩机入口温度及 BOG 处理量的变化趋势。

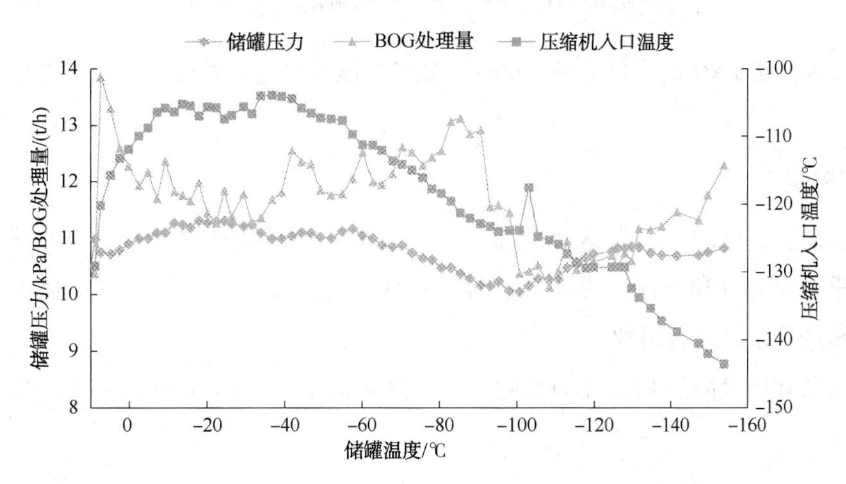

图 5　BOG 处理量与储罐压力和压缩机入口温度的关系

3　BOG 全部回收的控制方法

3.1　对外输量的要求

储罐冷却过程中要产生大量的 BOG，江苏 LNG 接收站配置三台 BOG 压缩机，三台压缩机的最大负荷为 24t/h，再者储罐冷却过程 BOG 温度较高，再冷凝器的液气比 R 较大，以 R=10 计算，接收站外输量应不小于 300t/h。

3.2　冷却前期控制

储罐冷却前期，由于产生的 BOG 温度较高，重点关注压缩机入口温度，以不超过-110℃为宜，防止因压缩机高温跳车造成储罐超压放空。以压缩机入口温度为-110℃计算，由公式(1)可得储罐冷却产生的 BOG 被压缩机处理掉的部分。容许进入储罐的 LNG 质量等于压缩机处理掉的 BOG 质量与因密度增大留存在储罐内的气体质量之和，即公式(2)。

$$M_{热}(T-T_{入})=M_{冷}(T_{入}-T_{冷}) \tag{1}$$

$$M_{LNG}=-\frac{PV}{R_g T^2}\frac{\mathrm{d}T}{\mathrm{d}t}+M_{热} \tag{2}$$

式中：$M_{热}$为储罐冷却增加的温度较高的 BOG 质量流量，t/h；T 为储罐温度(假定罐内气体温度与储罐温度相同)，K；$T_{入}$为压缩机入口温度，取值-110℃即 163.15K；$M_{冷}$、$T_{冷}$分别为其他储罐产生的温度较低的BOG质量流量和温度，t/h，K；P 为储罐绝对压力，kPa；V 为储罐公称容积，m^3；R_g 为天然气的气体常数，J/(kg · K)；t 为时间，h。

3.3　冷却中期控制

储罐冷却到中期，压缩机入口 BOG 温度达到-110℃且持续下降，压缩机运行平稳，此阶段尽量在控制储罐压力稳定的情况下进行冷却，即系统产生的 BOG 与压缩机的处理能力相当。尽量延长此阶段的冷却时间，使得储罐压力稳定的情况下，储罐的温度尽量降低。

冷却中期残留在储罐内的 LNG 较少，容许进入储罐的 LNG 质量主要取决于因密度增大而留存在储罐内的气体质量与压缩机处理能力。根据式(3)可计算在预定冷却速度下的容许 LNG 流量。

$$M_{LNG}=-\frac{PV}{R_g T^2}\frac{\mathrm{d}T}{\mathrm{d}t}+\Delta M_{BOG} \tag{3}$$

式中：M_{LNG}为进入储罐 LNG 的质量流量，t/h；ΔM_{BOG}为压缩机最大处理能力减其他储罐产生的 BOG 量，t/h。

3.4 冷却后期控制

冷却的最后阶段，所需 LNG 量大幅增加，产生的 BOG 有可能超过压缩机的处理能力，但 LNG 残液率和存气率升高为有利条件，两者之和高达 60%以上。此阶段应提高冷却速度，缩短冷却时间，并利用罐压的富余量进行缓冲。

冷却后期残留在储罐内的 LNG 不可忽略。容许进入储罐的 LNG 流量由下式计算，式中 φ 为残液率。

$$(1-\varphi)M_{LNG}=-\frac{PV}{R_g T^2}\frac{\mathrm{d}T}{\mathrm{d}t}+\Delta M_{BOG} \tag{4}$$

4 结论

20 万立方米 LNG 储罐冷却过程 BOG 全部回收的控制要点可总结为：

(1) 冷却前期，不应过分追求冷却速度，应以压缩机入口温度为主要控制因素，以不超过-110℃为宜，防止因压缩机高温跳车造成储罐超压放空；

(2) 冷却中期，尽量在控制储罐压力平稳的情况下进行冷却，并应充分考虑储罐压力和 BOG 温度对压缩机处理能力的影响，使系统产生的 BOG 与压缩机的处理能力相当，此阶段冷却速度宜控制在 3℃/h 以下；

(3) 冷却后期，因留存在储罐内的气体以及残留在储罐内的液体所占比例较大，可提高冷却速度，控制在 5℃/h 以下，并利用罐压的富余量进行缓冲。

参 考 文 献

[1] 赵秀娟. 江苏 LNG 接收站二期 LNG 储罐冷却实践[J]. 油气储运，2014，33(zl)：6-9.

[2] EN14620-5—2006，工作温度 0 到-165℃的冷冻液化气体储存用现制立式圆筒平底钢罐的设计与制造——第 5 部分：试验、干燥、吹洗和冷却[S].

[3] 曹学文，徐艳华，彭文山. 大型 LNG 储罐预冷模型及预冷参数计算[J]. 低温技术，2015，43(11)：16-22.

[4] 饶兴东，李均凤，曹耀中. LNG 接收站往复式压缩机流量偏低的解决措施[J]. 油气储运，2012，31(zl)：23-25.

[5] 朱斌斌. $16\times10^4\mathrm{m}^3$LNG 储罐预冷 BOG 全回收方法[J]. 油气储运，2014，33(zl)：14-17.

20×10^4 m^3 LNG 储罐基础电伴热系统的应用

刘　萍　李志龙　陈　磊

（中石油江苏液化天然气有限公司）

摘　要　LNG 储罐体积越大，储罐高度就越高，而高度的增加又引起了静压差的增大。为了不影响储罐进料，需要尽量降低储罐高度。江苏 LNG 接收站 $20\times10^4 m^3$LNG 储罐采用了低承台桩基，储罐承台直接与地基接触。为了减小低温 LNG 对地表系统的影响，在 $20\times10^4 m^3$LNG 储罐基础内设置了电伴热系统。介绍了江苏 LNG 接收站采用的自限温电伴热带的性能特点及其控制方式，并对实际应用中存在的问题进行分析，提出相应的解决措施。

关键词　LNG；储罐；电伴热；温度；控制

Application of self-regulating electric heat tracing in 200000 cubic meters LNG tank

Liu Ping　Li Zhilong　Chen Lei

（PetroChina LNG Jiangsu Co. Ltd）

Abstract　With the increase of LNG storage tank volume, tank height also increased accordingly, the increase of height caused the increase of the static differential pressure. In order not to affect the tank feeding, need to try to reduce the height of tank. Jiang Su LNG receiving termial 20×10^4 m^3 LNG tank used the low bearing platform pile foundation, tank cap direct contact with the foundation. In order to reduce low temperature LNG's influence on the surface of the earth system, set up electric heat tracing system in 20 x 10^4 m^3LNG tank. Introduce the characteristics and control mode of self-regulating electric heat tracing in Jiang Su LNG receiving terminal, analyze the problem in practical application, put forward measures to solve the problem.

Keywords　LNG; tank; electric heat tracing; temperature; control

随着 LNG 接收站的蓬勃发展，大型 LNG 储罐的建造技术日趋成熟和完善，且国内诸多接收站均趋向于建造体积更大的储罐，以提高自身的储存和转运能力。

江苏 LNG 现有 LNG 储罐 4 座，其中 3 座为 $16\times10^4 m^3$，一座为 $20\times10^4 m^3$。$20\times10^4 m^3$ LNG 储罐

采用了低承台桩基，由于储罐承台直接与地基接触，为防止低温液体的冷量对地基产生影响，设置电伴热系统。

1 $16\times10^4m^3$LNG 储罐与 $20\times10^4m^3$LNG 储罐的区别

江苏 LNG 接收站 $16\times10^4m^3$LNG 储罐采用高承台桩基，此桩基采用三岔双向挤扩灌注桩，桩径 1.4m，桩长 60m，共 360 根桩，露出地面 1.7~2m；$20\times10^4m^3$LNG 储罐采用低承台桩基，桩基仍为三岔双向挤扩灌注桩，桩直径 1.4m，整个储罐坐落在地基上，桩没有露出地面。

$16\times10^4m^3$LNG 储罐总高 49.925m，外罐内径为 82m，罐容体积为 $17.37\times10^4m^3$，有效工作容积 $16\times10^4m^3$；$20\times10^4m^3$LNG 储罐总高 56.26m，外罐内径为 86.4m，罐容体积为 $21.49\times10^4m^3$，有效工作容积 $20\times10^4m^3$。

$20\times10^4m^3$LNG 储罐较 $16\times10^4m^3$LNG 储罐高度高出 6.335m，则进料管线静压差增加 0.028MPa。如果 $20\times10^4m^3$LNG 储罐也采用高承台桩基，则罐高又会增加 1.7~2m，导致高程引起的静压差增加 0.036MPa~0.037MPa，且因江苏 LNG 接收站卸船管线较长，磨阻损失较大，若与其他三座储罐同时进料，卸料管线内的 LNG 很难进入到 $20\times10^4m^3$LNG 储罐内，因此 $20\times10^4m^3$LNG 储罐采用了低承台桩基，尽可能的降低储罐高度。

2 $20\times10^4m^3$LNG 储罐基础设置电伴热系统的必要性

$16\times10^4m^3$LNG 储罐采用高承台桩基，承台位于桩基上，空气可在桩柱之间的空气内流通，补偿储罐内低温液体的低温对地基的影响。

$20\times10^4m^3$LNG 储罐采用低承台桩基，储罐承台直接与地基接触，储罐内为-162℃的低温 LNG。低温 LNG 储罐罐底的冷量进入基础，会导致土壤出现严寒和冰冻现象，可能发生龟裂，使 LNG 储罐底座变形甚至给基础造成严重的结构性损坏。为防止低温冷量破坏地表系统，需将储罐基础温度维持在 3~5℃范围内，因此需要在储罐基础内设置均匀分布的电伴热系统，以便让热量能够高效地从底部向上流动。这样一来，就形成了一道屏障，使得罐体底部及其下面的地面不会结冰，避免了低温储罐对地基的影响。

3 自限温电伴热带的简单介绍

3.1 自限温电伴热带的性能

自限温电伴热带是新一代唯一带状恒温电加热器。其发热原件的电阻率具有很高的正温度系数“PTC”(Postive Temperature Coefficent)且相互并联。电伴热带接通电源后电流由一根线芯经过导电的 PTC 材料到另一线芯而形成回路。电能使导电材料升温，其电阻随即增加，当芯带温度升至某值之后，电阻大到几乎阻断电流的程度，其温度不再升高，与此同时电伴热带向温度较低的被加热体系传热。电伴热带的功率主要受控于传热过程，随被加热体系的温度自动调节输出功率。

电伴热带由纳米导电碳粒和两根平行母线外加绝缘层构成，由于这种平行结构，所有自限温电伴热带均可以在现场被切割成任何长度，并允许多次交叉重叠而无高温过热点及烧毁之虑，采用两通或三通接线盒连接。

在每根电伴热带内，母线之间的电路数随温度的影响而变化，当电伴热带周围的温度变冷时导电塑料产生微分子的收缩而使碳粒连接形成电路，电流经过这些电路，使伴热带发热。当温度升高时，导电塑料产生微分子的膨胀，碳粒渐渐分开，引起电路终端，电阻上升，电伴热带会自动功率输出。当温度变冷时，塑料又恢复到微分子收缩状态，碳粒相应连接起来，形成电路，电伴热带发热功率又自动上升。

3.2 自限温电伴热带的分类

电伴热带按加热功率输出分为低中高三类，加热功率小于 35W/m 的为低功率加热电缆；加热功率大于 35W/m 而小于 70W/m 的为中功率加热电缆；而加热功率大于 70W/m 的为高功率电缆。江苏 LNG 接收站 $20\times10^4m^3$LNG 储罐采用的伴热带型号为 MSB30 型低功率电缆，加热功率为 33.5W/m。

4 $20\times10^4m^3$LNG 储罐电伴热系统控制过程

4.1 电伴热系统的组成

江苏 LNG 接收站 $20\times10^4m^3$LNG 储罐的电伴热系统分为储罐基础直线段部分和储罐基础环形部分。本次设计电伴热系统考虑 50%故障率，设计了两个 100%的冗余系统。每个系统加热回路分六组，第七组专用于罐边缘加热。因此当任意支路电伴热带完全故障的情况下，其两侧的两根电伴热带仍能保持设计温度。每个加热组通过独立的温度系统控制该组伴热回路的通断，温度信号由测温元件 PT100 来采集温度信号，并转换为电信号，通过接触器的闭合与断开，实现伴热回路通断状态的控制。当测量温度低于设定值时，启动伴热回路，当测量温度高于设定值时，停止伴热回路。通过温度调节系统使罐底基础温度保持在 5℃，并且在所有温度点达到 7℃时切断整个伴热系统。

4.2 电伴热带及温度传感器的安装

电伴热带及温度传感器 PT100 均采用穿预埋保护管的形式敷设于 LNG 储罐基础内。保护管为 DN32 镀锌钢管，埋设于 LNG 储罐钢筋层的底面，分为两层布置。所有钢管预埋之前均需预穿钢丝，以便后期牵引伴热带及温度传感器进行穿管；温度传感器的预埋管需在钢管预穿两根牵引钢丝以便在两端分别牵引温度传感器至预定位置。罐壁环形部分的温度传感器位置全部为深入保护管 25m。

4.3 电伴热系统的控制过程

江苏 LNG 接收站 $20\times10^4m^3$LNG 储罐电伴热系统共设置 14 个电伴热配电箱，140 个电伴热电源接线盒 01~140(图 1)。每个电伴热配电箱向储罐基础内交替安装的伴热带供电，各组均匀布置于储罐基础。

直线段部分共有 112 个电伴热回路，环形部分有 16 个电伴热回路。储罐基础直线段部分有 12 个温度传感器，环形部分有 16 个温度传感器(图 1)。直线段部分温度传感器 A/B/G/H 分别控制 10 路均匀布置于 LNG 储罐基础内的电伴热回路(图 2)；直线段部分温度传感器 C/D/E/F/I/J/K/L 分别控制 9 路均匀布置于 LNG 储罐基础内的电伴热回路(图 3)；环形部分每一个温度传感器控制一路电伴热回路(图 4)。

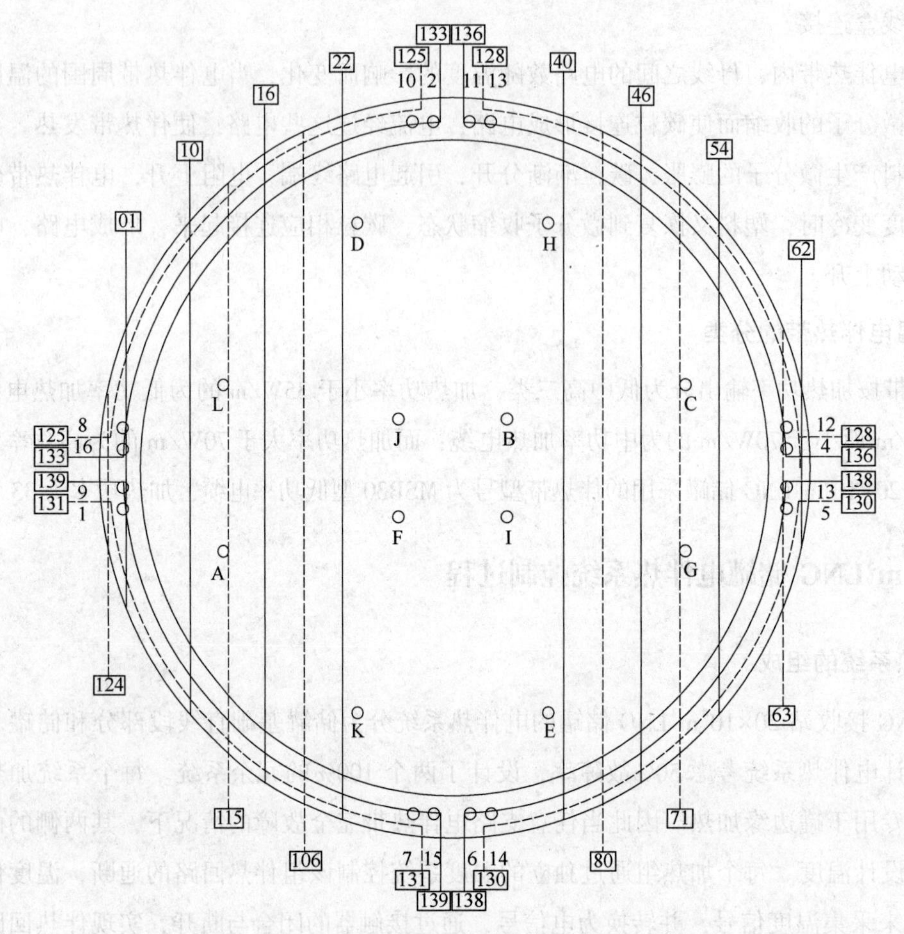

图 1 温度传感器及部分电伴热电源接线盒布置图

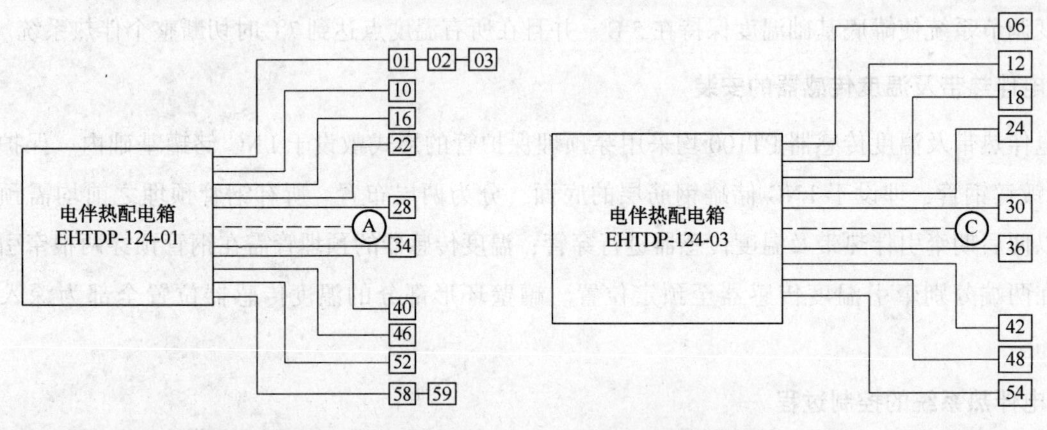

图 2 温度传感器 A 控制的 10 路电伴热　　　　图 3 温度传感器 C 控制的 9 路电伴热

温度传感器 A~F 控制的直线段 56 路电伴热回路及温度传感器 1~8 控制的环形 8 路电伴热回路处于备用状态；温度传感器 G~L 控制的直线段 56 路电伴热回路及温度传感器 9~16 控制的环形 8 路电伴热回路处于投用状态。

4.4 电伴热系统的温度设定值

对于冗余伴热系统第一套，直线段[A 组]在温度低于 6℃时开始加热并保持加热直到温度升高到 7℃。直线段[B 组]在温度低于 5.7℃时开始加热并保持加热直到温度升高到 7℃。直线段[C 组]

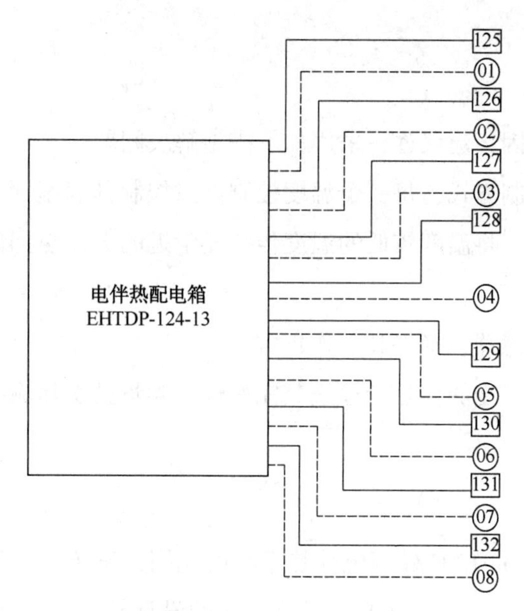

图4　温度传感器01~08控制的8路电伴热

在温度低于5.5℃时开始加热并保持加热直到温度升高到7℃。直线段[D组]在温度低于5.4℃时开始加热并保持加热直到温度升高到7℃。直线段[E组]在温度低于5.2℃时开始加热并保持加热直到温度升高到7℃。直线段[F组]在温度低于5.0℃时开始加热并保持加热直到温度升

高到7℃。

第二套伴热系统开始加热及停止加热的温度设定值分别为[G组]6℃/7℃、[H组]5.7℃/7℃、[I组]5.4℃/7℃、[J组]5.4℃/7℃、[K组]5.2℃/7℃、[L组]5.0℃/7℃。在环形部分温度传感器温度低于6℃时，其控制的电伴热回路开始加热并保持加热直到温度升高至7℃。

5　$20\times10^4m^3$LNG储罐电伴热系统的应用

5.1　电伴热系统运行中存在的问题

江苏LNG接收站$20\times10^4m^3$LNG储罐电伴热运行已有将近一年的时间，从温度传感器通讯至DCS系统的数据显示，部分电伴热回路一直处于加热状态，但是温度没有增加的趋势；且部分温度已经低于0℃。如果长期处于低温状态下，可能导致周围土壤出现严寒或者冰冻现象，使LNG储罐底座变形甚至给基础造成严重的结构性损坏。

5.2　原因分析

部分电伴热回路一直处于运行状态但温度不变，可能的原因如下：

（1）该部分电伴热回路温度探头附近加热功率不足。部分温度探头安装位置靠近正在运行的电伴热带，导致其测量温度较高，进而停止其所控制的电伴热带。但由于电伴热带均匀分布在罐底基础内，受控停止的电伴热带无法为其附近正在运行且温度较低的温度传感器提供足够的加热功率，从而出现部分电伴热回路持续加热，但温度却基本不变的情况。

（2）电伴热带故障或者实际功率不足。

（3）储罐底部保冷不均匀，导致某个区域漏冷量较大。

（4）温度传感器故障。

5.3 解决措施

针对以上可能的分析原因，建议逐一采用如下措施解决问题：

（1）更改电伴热系统控制方式，每一个温度控制器只控制其温度探头附近的电伴热带；也可以将温度控制器置为手动状态，将温度较低的温度传感器附近的电伴热回路手动打开，待温度达到设定值时将其手动停止。

（2）检查、校准温度传感器，确保其工作正常。

（3）对持续加热但温度不变的伴热带检查其完好性，测量其实际输出功率是否满足设计要求。

6 结束语

江苏 LNG 接收站 $20\times10^4m^3$LNG 储罐电伴热系统的应用，避免了低温储罐对地基的影响，保证了其储罐建造结构的安全性。同时，由于电伴热系统的设计和采用，降低了江苏 LNG 接收站 $20\times10^4m^3$LNG 储罐的高度，避免了多个储罐同时进料时的卸料速率差别过大问题。

参 考 文 献

[1] 杨莉娜，韩景宽，等. 中国 LNG 接收站的发展形势. 油气储运；2016(11)：1148-1153.

[2] 丁乙，刘骁，等. $20\times10^4m^3$LNG 储罐的设计与建造. 油气储运：2014(10)：1122-1125.

[3] 郭揆常. 液化天然气应用与安全. 北京：中国石化出版社，2007：1-10.

[4] 宗希媛，孙仕欣，等. 自限温电伴热带应用中常见问题分析. 低温建筑技术；2017，39(1)：126-128.

[5] 龚廷志，许宁，等. 关于 PT100 温度传感器允差测量的探讨. 计量与测试技术；2016，1：56-57.

基于冷能利用技术和气体水合物技术耦合的 LNG 罐箱 BOG 回收工艺

郑 志[1,2] 王树立[1,3] 姚 景[3] 徐 惠[3] 黄婧妍[3]

（1. 泉州职业技术大学福建省清洁能源应用技术协同创新中心；
2. 福建省福投新能源投资股份公司；3. 泉州职业技术大学能源学院）

摘 要 “双碳”目标愿景下，天然气系统甲烷排放日益受到关注。针对罐箱储运液化天然气(LNG)，阐释了 LNG 蒸发气(BOG)放散排放及其常规处理措施，分析了 LNG 及其蒸发气的低温及冷量㶲特性、气体水合物的理化及储气特性，研究了 LNG 及其蒸发气冷能可用性和水合物储运 BOG 可及性，提出了耦合冷能利用技术和气体水合物技术用以回收 LNG 罐箱 BOG 的工艺路线。研究表明：将 LNG 罐箱超压泄放 BOG 自身所蕴含的高品位(低温位)冷能应用于 BOG 自身与水和添加剂等所形成气体水合物的生成和固态储运等环节，可实现 LNG 罐箱 BOG 的“零排放”及其冷能的梯级利用，有益于节能减污降碳和降本提质增效。研究结果可为低温液体罐箱及运输车蒸发气的回收利用提供借鉴参考。(图 5，参 25)

关键词 LNG 罐箱；BOG 回收；冷能利用；气体水合物；技术耦合

Research on BOG recovery process of LNG tank containers coupling cold energy utilization technology and gas hydrate technology

Zheng Zhi[1,2] Wang Shuli[1,3] Yao Jing[3] Xu Hui[3] Huang Jingyan[3]

(1. Collaborative Innovation Centre of Applicative Technology of Clean Energy Resources in Fujian Province, Quanzhou Vocational and Technical University; 2. New Energy Investment Corp. of Fujian Investment & Development Group; 3. School of Energy, Quanzhou Vocational and Technical University)

Abstract With carbon peaking & carbon neutrality goal and vision, the methane(CH_4) fugitive emissions from natural gas systems are receiving increasing attention. For the storage & transportation of liquefied natural gas(LNG) tank containers, the fugitive boil-off gas(BOG) emission and corresponding conventional treatment measures are explained respectively. The cryogenic property and cold heat exergy characteristics of LNG and its BOG are analyzed, as well as the physical & chemical properties and gas storage characteristics of gas hydrate. Based on the availability of cold energy of LNG and its BOG, as well as the accessibility of natural gas hydrate storage & transportation technology, an innovative BOG recovery process of LNG tank containers coupling cold energy utilization technology and gas hydrate technology is designed. The research shows that the high-grade cold energy contained in the over-pressure relief BOG of LNG tank containers can be applied to the generation and the storage & transportation of solid gas hydrate formed by BOG itself with water and additives, so as to realize the zero emission of BOG and the cascade utilization of BOG cold energy. It is beneficial to energy saving, pollution reduction and carbon emission reduction, as well as cost reduction, quality improvement and efficiency increase. The research conclusion can provide valuable reference for BOG recovery and utilization with regard to tank containers for cryogenic liquid as well as cryogenic liquid road tankers. (5 Figures, 25 References).

Keywords LNG tank containers; BOG recovery; cold energy utilization; gas hydrate; technology coupling

近年来，我国天然气储量产量实现了快速增长，而全国天然气消费的增长势头则更为迅猛，由于目前陆上管道气进口规模有限，数量短期内或难有大幅提升，天然气消费规模的稳步扩大将更多依靠国内增储上产和海上进口液化天然气(LNG)来保障实现。与传统 LNG 运输储存模式以及大型远洋 LNG 运输船、LNG 接收站投资规模、进入门槛等相比，罐式集装箱(罐箱)储运 LNG 作为一种新业态新模式，具有“宜储宜运、宜水宜陆、灵活性强、建设周期短”，辐射范围广、无海陆运输限制、可配送至管道气未通达偏远地区、实现“一罐到底”和“门到门”运输，无需租用或新建专用 LNG 运输船和(或)LNG 接收站、有望在一定程度上打破 LNG 贸易壁垒、促进市场主体多元化和进口渠道多元化，可以取代传统的 LNG 槽车、大型固定式储罐和终端用户现场日用罐等优点特点，将在健全多元化海外资源供应体系、国内南北区域互供互济、保障天然气安全稳定供应、构建多层次储气调峰系统等领域贡献积极力量。

一般情况下，LNG 在罐箱运输和储存等过程中会受热传导、热对流、热辐射和冲击、振动，以及环境和温度变化等因素影响而蒸发为气体即蒸发气(BOG)，进而导致罐箱内部气相压力上升，当超过限值时，为保证运输、储存和配送安全，多采用放散方式即通过安全泄放装置将 BOG 直接排放到大气环境之中，以降低罐箱压力。此种处理方式不仅会造成能源资源的浪费，而且会加剧环境污染和温室效应，也会增加气体排放过程的危险性。为此，有必要对 LNG 罐箱放散排放的 BOG 进行回收和利用。本文在分析 LNG 及其蒸发气低温特性、LNG 罐箱 BOG 超压泄放、BOG 处理常规措施，以及 LNG 冷能利用技术和水合物储运天然气技术特点的基础上，探索冷能利用技术与气体水合物技术的耦合集成，开展 LNG 罐箱 BOG 回收利用的工艺创新研究，以期协同推进节能减污降碳，助力绿色低碳循环经济发展。

1 LNG罐箱BOG排放与处理

1.1 LNG罐箱BOG排放

LNG罐箱系由真空绝热罐体、框架结构、管路、安全附件和操作箱等组成。LNG作为一种可沸腾液体储存于罐箱内，在货物运输组织等过程中不可避免存在罐体内部液体晃荡、LNG分层和翻滚、环境和工况变化，甚至罐体真空度下降等情形而引起LNG的蒸发。过多的蒸发气体会使LNG罐箱内的压力上升，当罐体内压力超过安全保护装置的动作压力时，BOG将发生泄放，泄放量可按下列经验公式进行计算：

$$W_s = \frac{2.61(650-t)\lambda A_r^{\ 0.82}}{\delta q} \tag{1}$$

式中：W_s为LNG罐箱BOG泄放量，kg/h；q为泄放压力下液化天然气的气化潜热，kJ/kg；λ为常温下绝热材料的导热系数，kJ/(m·h·℃)；δ为保温层厚度，m；t为泄放压力下液化天然气的饱和温度,℃；A_r为内容器的受热面积，m^2。

1.2 LNG蒸发气体处理

LNG蒸发气的主要成分为甲烷。目前，对于LNG蒸发气的处理，除了并网消纳、火炬燃烧和放空排放之外，主要包括BOG直接压缩、BOG再冷凝液化、BOG间接热交换再液化、蓄冷式再液化等方式，进而衍生出脉管制冷机回收、氮膨胀制冷回收、液氮回收、喷射液化回收、混合冷剂液化回收、直接压缩与再液化结合回收等工艺，多见于液化天然气站场，各有优缺点、应用条件和适用场景。

针对LNG罐箱BOG超压泄放所造成的能源资源浪费，以及伴随产生的环境污染和安全隐患等问题，张小雪等提出了一种应用制冷机液化回收LNG蒸发气的设计思路，郑志等提出了一种应用液氮回收LNG蒸发气的技术路线。相关研究丰富了前述LNG蒸发气处理方式的应用场景，拓宽了罐箱BOG回收的技术思路，但在致力实现BOG物料回收之余，未给予LNG罐箱BOG冷能的回收利用以相应的关注和重视。

2 LNG罐箱BOG回收新工艺

2.1 技术储备

2.1.1 LNG冷能利用技术

2.1.1.1 技术特征

LNG是以甲烷为主要成分的烃类混合物，其中含有少量的、通常存在于天然气中的乙烷、丙烷、丁烷、氮等其他组分。LNG以-162℃的低温储存于罐箱内，任何传入罐箱的热量都会导致部分液体蒸发为气体。LNG及其蒸发气与外界环境存在着温度差和压力差，从初态(T, p)达到与环境的平衡态(T_0, p_0)时，其冷量㶲$e_x(T, p)$可分为系统压力p下由热不平衡引起的低温㶲$e_{x,th}$，以及环境温度T下由力不平衡引起的压力㶲$e_{x,p}$，即

$$e_x(T, p) = e_{x,th} + e_{x,p} \tag{2}$$

其中，

$$e_{x,th}=e_x(T,\ p)-e_x(T_0,\ p) \tag{3}$$

$$e_{x,p}=e_x(T_0,\ p)-e_x(T_0,\ p_0) \tag{4}$$

式中：$e_x(T,\ p)$、$e_{x,th}$和$e_{x,p}$依次为工质的冷量㶲、低温㶲和压力㶲，kJ/kg；T和T_0分别为工质在初态和平衡态时的温度，K；p和p_0分别为工质在初态和平衡态时的压力，MPa。

以某种典型LNG混合物为例，当压力不变时，LNG低温㶲、压力㶲及总冷量㶲均随环境温度升高而增大(图1)；当环境温度不变，LNG系统压力增大时，其压力㶲随之增大，低温㶲随之降低，LNG总冷量㶲随压力升高而逐步降低并趋于平缓(图2)。

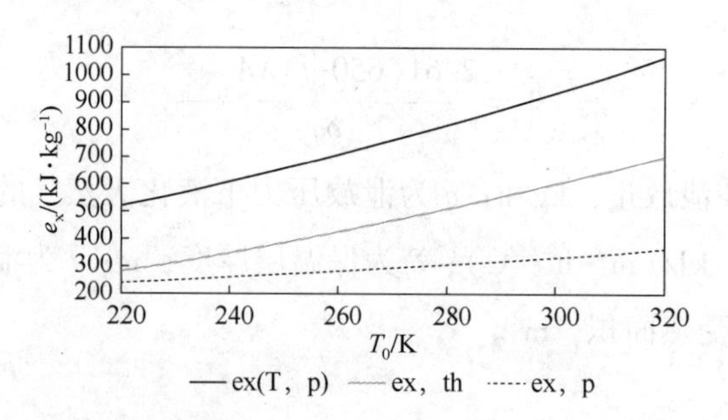

图1　LNG㶲随环境温度的变化(p=1.013MPa)

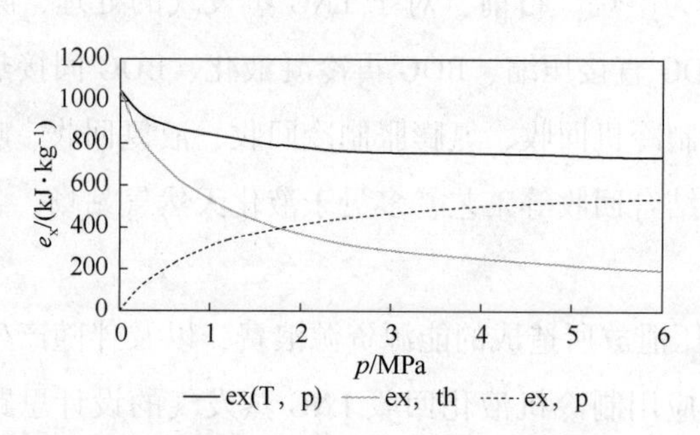

图2　LNG㶲随系统压力的变化(T_0=283K)

根据LNG冷量㶲的分析，低温㶲系在越远离环境温度时㶲值越大，鉴此应在尽可能低的温度下利用LNG冷能，方能充分利用其低温㶲。此外，要根据“温度对口、梯级利用”的冷能综合利用原则，优化实现冷能在供需两端和品质数量上的较好匹配，避免不必要的低温高用，切实提高系统㶲效率。

2.1.1.2　应用前景

LNG汽化时，其汽化潜热和气态天然气从储存温度复热到环境温度的显热都将释放出来，放出的冷量约830~860kJ/kg，其中LNG汽化潜热约508kJ/kg、BOG显热约322~352kJ/kg。随着LNG贸易量的快速增加，LNG及其蒸发气冷能的数量越来越大，对其的利用也越发迫切。通过特定的工艺技术回收利用LNG及其蒸发气所蕴含冷量，不仅可以有效地降低能源供给，减少机械制冷所需电能消耗，而且相较于常规能源，在开发使用LNG及其蒸发气冷能的过程中，几乎没有任何污染物排放，是一种绿色清洁能源，具有可观的社会经济效益和生态环境效益。

2.1.2　气体水合物技术

2.1.2.1　技术特征

气体水合物是水与CH_4、C_2H_6、CO_2、H_2S等小分子气体在特定温度和压力条件下形成的非化学计量性笼状晶体物质，目前已发现的水合物晶体结构有三种，习惯上称为I型、II型和H型结构。形成水合物的水分子被称为主体，形成水合物的其他组分被称为客体。主体水分子通过氢键相连形成一些多面体笼孔，尺寸合适的客体分子可填充在这些笼孔中，使其具有热力学稳定性。不同结构的水合物具有不同类型和配比的笼子。空的水合物晶体就像一个高效的分子水平的气体储存器，$1m^3$ 气体水合物可储存 160~$180m^3$ 气体。

气体水合物的生成是一个多元、多相复杂体系内客体分子和水分子相互作用的动力学过程，通常包括成核和生长两个阶段。其中，水合物成核系指在被水合物生成气过饱和的溶液中形成一种达到临界尺寸的、稳定的晶核的过程，而水合物生长系指稳定晶核形成之后水合物颗粒长大的过程。若将气体水合物的生成看成是一个拟化学反应，其过程可表示为：

$$M(g)+n_wH_2O(l)\rightarrow M\cdot nwH_2O(s) \tag{5}$$

式中：M(g)为气体分子，n_w为水合数，即水合物结构中水分子数和气体分子数之比，由于水合物的非化学计量性，它通常不是一个常数，这是和一般化学反应的本质区别。

气体水合物生成曲线暨温度压力关系如图3所示。在热刺激、减压、外场作用或其他条件下，气体水合物可发生分解，产生气体和液态水(或冰)，系水合物生成过程的逆过程。水合物分解过程涉及气、液、固等相态，是一种比熔化和升华过程更为复杂的现象。

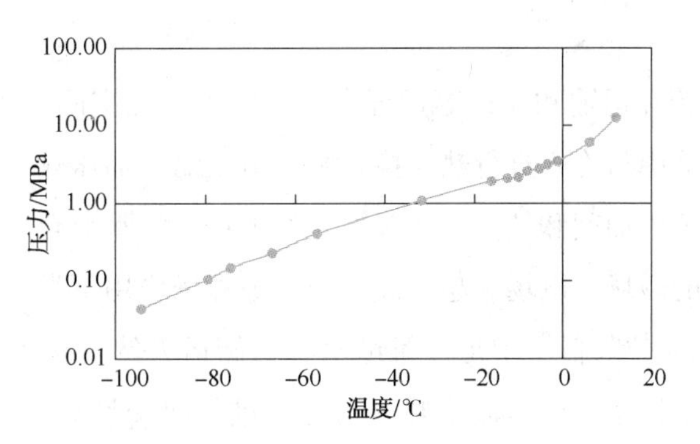

图3 水合物生成温度压力关系图

2.1.2.2 应用前景

水合物技术具有巨大的储气能力、相对“温和”的储气条件、固态运输经济便利、处理过程简单灵活等特征特点，在天然气储存运输、气体回收利用等领域展示了广阔的应用前景。水合物法储运气体技术的核心思想系将气体转化为固体水合物，并借助其较好的储气能力，以达到储存、运输等目的。天然气水合物可以在特定的温压条件下制备生成，碳2+等组份的存在对于水合物生成的相平衡条件改善具有积极作用；将其冷冻到-15~5℃时即可常压保存；当其分解时需要吸收较大的热量，加之水合物热导率小，通常状况下不可能在瞬间释放出大量的气体而造成爆炸等安全风险隐患。此外，天然气水合物以水为介质，生产工艺简单，对天然气成分没有特殊要求，$1m^3$ 天然气水合物可储存常压下 $176m^3$ 左右的天然气，且所储存的气体将在水合物分解之后全部释放出来，具有很大的经济价值。

2.2 工艺创新

2.2.1 技术路线

LNG冷量㶲构成中，其低温㶲与压力㶲相对值是变化的。LNG冷量㶲的应用要根据LNG的具体用途，结合特定的工艺流程以有效利用 LNG 冷能。LNG 罐箱安全阀的开启压力为设计压力的 1.05 倍~1.1 倍，LNG 气化压力较低(0.5~1.0MPa)，其压力㶲小、低温㶲大，可以充分利用其低温㶲。

气体水合物的生成是一个气—液—固三相的多相反应过程，亦是一个包含传热、传质以及生成水合物反应机理的复杂反应过程，影响反应的条件很多也很复杂。影响因素除了压力、温度和机械扰动等之外，由于水合物生成是一放热反应，反应生成热需及时移走，因此反应过程中反应生成热的移走速度也不容忽视。

鉴于 LNG 罐箱超压泄放的 BOG 自身具有高品位(低温位，-151.3℃)、可回收利用的冷能，气体水合物的生成是一放热反应、所产生热量需由制冷介质及时导走，气体水合物优选低温常压储运方式且低温环境可利用 BOG 冷能得以实现并维持等技术条件，提出了一种耦合冷能利用技术和气体水合物技术的 LNG 罐箱 BOG 回收工艺技术路线：将 LNG 罐箱超压泄放 BOG 所蕴含冷能应用于 BOG 自身与水和添加剂等所形成气体水合物的生成和固态储运等环节，旨在实现 LNG 罐箱 BOG 的“零排放”及其冷能的梯级利用。技术耦合与集成过程中，利用回收 LNG 及其蒸发气冷能的低温换热装置及冷媒循环系统来代替气体水合物生产储运设备中的制冷及蓄冷机组，既可简化优化 LNG 罐箱 BOG 回收工艺流程，又可丰富 LNG 及其蒸发气冷能的利用方式，亦可降低气体水合物单位产品的制冷电耗，有益于提高能源资源的节约集约高效利用水平。

2.2.2 工艺流程

如图 4 所示，LNG 罐箱在运输和储存等过程中，罐箱内气相空间中 BOG 超压，通过安全阀泄放，经阻火器在低温换热器中与冷媒进行热交换，之后由压缩机加压输送，与储存于添加剂储罐中的表面活性剂、纳米颗粒等添加剂和低温液体泵输送的水箱中的水混合所形成的溶液，一同进入水合物反应器，在反应器内的磁场、电场、超声波、微波等外场作用下发生水合反应，促进水合物高效生成。若出现 BOG 冷能品位降低、不足以维继水合物储运天然气技术条件等情形时，可将 LNG 罐箱中适量液相通过柱塞泵输送、经低温换热器与冷媒进行热交换后，与前述 BOG 一同进入水合物反应器。水合反应所生成水合物浆液经浆体泵送入三相分离器进行气液固的三相分离，得到的产物固态气体水合物通过第一输送泵进入水合物储罐，三相分离器中未反应的 BOG 经第一单向阀返回水合物反应器重新循环利用。三相分离器中未反应的掺剂水溶液经第二单向阀、水箱、低温液体泵返回水合物反应器重新循环利用。LNG 罐箱运抵终端用户准备卸液时，将水合物储罐内的固态气体水合物通过第二输送泵送入水合物分解装置，分解产生的气体经第三单向阀回流至 LNG 罐箱气相空间，以增大气相压力，驱使 LNG 向罐箱外流动。水合物分解装置分解产生的掺剂水溶液经第四单向阀返回水箱重新循环利用。

LNG 罐箱 BOG 回收工艺系统所涉及冷媒的流向如图 5 所示：冷媒在低温换热器中与进入低温换热器的 BOG 进行热交换，从而使冷媒降温，通过冷媒泵将冷媒依次输送至水合物反应器、水合物储罐、压缩机和水箱，以吸收水合物反应器中所进行水合反应放出的热量、维持水合物储罐中水合物储存环境及其状态、提供压缩机冷却系统所需冷量、预冷水箱中的掺剂水溶液，实施梯级利用，之后经冷媒储罐回到低温换热器中复冷。在冷量有富余的情况下，可将冷媒的流向依次延伸至浆体泵、第一输送泵、第二输送泵、低温液体泵中的至少一个，之后经冷媒储罐回到低温换热器中复冷。如此循环。

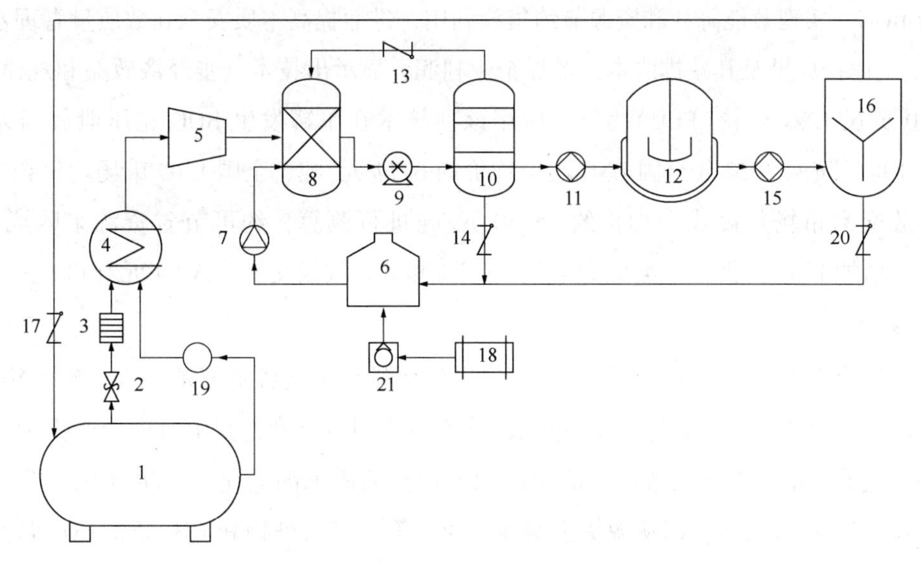

图 4　LNG 罐箱 BOG 回收工艺流程图

1—LNG 罐箱；2—安全阀；3—阻火器；4—低温换热器；5—压缩机；6—水箱；7—低温液体泵；8—水合物反应器；9—浆液泵；10—三相分离器；11—第一输送泵；12—水合物储罐；13—第一单向阀；14—第二单向阀；15—第二输送泵；16—水合物分解装置；17—第三单向阀；18—添加剂储罐；19—柱塞泵；20—第四单向阀；21—添加剂输送泵

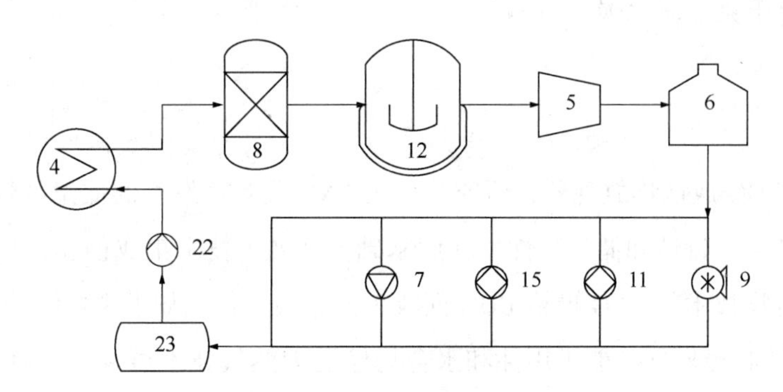

图 5　冷媒循环示意图

4—低温换热器；5—压缩机；6—水箱；7—低温液体泵；8—水合物反应器；9—浆液泵；11—第一输送泵；12—水合物储罐；15—第二输送泵；22—冷媒泵；23—冷媒储罐

2.3　效益分析

LNG 及其蒸发气的主要成分为 CH_4，其全球增温潜势是 CO_2 的 25 倍左右。近年来，油气开采和储运等环节的 CH_4 排放量呈现持续增长态势，与此同时石油天然气是挥发性有机物(VOCs)的主要来源。实施冷能利用技术和气体水合物技术的耦合集成并将其应用于 LNG 罐箱 BOG 的回收利用，为 LNG 蒸发气的处理提供了一种零碳技术解决方案，对于统筹推进大气污染控制和温室气体减排协同治理、保障经济社会和天然气行业高质量发展，以及碳达峰碳中和目标实现等皆具有重要意义。

2.3.1　经济效益

推广应用 LNG 罐箱 BOG 回收利用耦合技术在推动减污降碳协同增效之余，可以回收 LNG 罐箱放散排放的BOG，实现节能降耗和资源节约集约利用，进而提高本质安全和数质量管理水平，降低污染物/温室气体排放量及其减排成本，增加企业利润，显示出技术进步经济效益和规模经济效益。以前述某40英尺LNG罐箱(FEU)为例，应用该项技术在单罐发生BOG超压泄放当天所回收的67.83千克BOG，按照2022年全国LNG出厂均价约6777元/吨、全国LNG市场均价约7338元/吨和全国碳排放交易市场年度成交均价约55.30元/吨进行测算，约可节省资源采购成本460元/(FEU·天)，增加LNG销售收入498元/(FEU·天)和碳排放权交易收入94元/(FEU·天)。

2.3.2 社会效益

社会效益评价主要包括大气污染物排放、温室气体排放和能源资源消耗等。污染物/温室气体的排放量可以通过活动水平数据与产排污系数/排放因子相乘得到，其中污染物产排污系数和温室气体排放因子随着技术和工艺的改进、能源结构的调整或需求的变化而产生变化。推广应用LNG罐箱BOG回收利用耦合技术可以从源头上减少VOCs等大气污染物和CH_4等非CO_2温室气体的排放，起到强化源头治理、深化污染防治、减少安全隐患、提增社会效益等作用。以某40英尺LNG罐箱为例，应用该项技术在单罐发生BOG超压泄放当天可回收67.83千克BOG，折合节能降耗119.19千克标准煤；相较于直接排空，可减少大气污染物排放约合4.22千克非甲烷总烃、减少非CO_2温室气体排放折合1695.70千克二氧化碳当量；相较于火炬燃烧排放，可减少燃料燃烧排放大气污染物约合81.13千克二氧化碳。

3 结论

针对LNG罐箱BOG放散排放现象，研究分析了LNG及其蒸发气的低温特性和冷量㶲特性，以及气体水合物的物理化学特性和储气特性，在此基础上开展了技术集成创新，提出了一种耦合冷能利用技术和气体水合物技术的LNG罐箱BOG回收工艺路线，得到如下主要结论：

(1) 基于LNG及其蒸发气冷能可用性和水合物储运天然气技术可及性，将LNG罐箱超压泄放BOG所蕴含的高品位(低温位)冷能应用于BOG自身与水和添加剂等所形成气体水合物的生成和固态储运等环节，可实现LNG罐箱BOG的物料回收及其冷能的回收与综合利用。

(2) 新工艺利用回收LNG及其蒸发气冷能的低温换热装置及冷媒循环系统替代用以回收罐箱BOG的气体水合物生产储运设备中的制冷及蓄冷机组，实现冷能梯级利用的同时，可简化罐箱BOG回收工艺流程，优化气体水合物生成及储存条件，降低气体水合物单位产品制冷电耗。

(3) 新工艺从源头上减少了大气污染物和非CO_2温室气体的排放，提升了能源资源的节约集约利用水平，具有节能减污降碳、降本提质增效等生态环境效益和规模经济效益。

(4) 研究结果为低温液体罐式集装箱、低温液体运输车的蒸发气回收及储运提供了一种新的工艺思路，具有推广应用前景。

参考文献

[1] 周守为，朱军龙，单彤文，付强，张丹，王建萍. 中国天然气及LNG产业的发展现状及展望[J]. 中国海上油气，2022，34(1)：1-8. DOI：10.11935/j.issn.1673-1506.2022.01.001.

[2] 梁严，周淑慧，王占黎，黄晓光. LNG罐式集装箱发展现状及前景[J]. 国际石油经济，2019，27(6)：65-74.

DOI：10. 3969/j. issn. 1004-7298. 2019. 06. 009.

[3] 高振，常心洁，赵思思，刘淼儿. 液化天然气罐箱门到门供应和液态分销经济性分析[J]. 国际石油经济，2022，30(5)：66-73. DOI：10. 3969/j. issn. 1004-7298. 2022. 05. 010.

[4] 于鹏，程康，岳前进. LNG 罐式集装箱船运过程中动态蒸发原型试验方法[J]. 油气储运，2022，41(4)：431-437. DOI：10. 6047/j. issn. 1000-8241. 2022. 04. 010.

[5] QU Y F，NOBA I，XU X C，PRIVAT R，JAUBERT J N. A thermal and thermodynamic code for the computation of boil-off gas - industrial applications of LNG carrier [J]. Cryogenics，2019，99：105 - 113. DOI：10. 1016/j. cryogenics. 2018. 09. 002.

[6] MITCHELL A L，TKACIK D S，ROSCIOLI J R，HERNDON S C，YACOVITCH T I，MARTINEZ D M，et al. Measurements of methane emissions from natural gas gathering facilities and processing plants：measurement results[J]. Environmental Science & Technology，2015，49(5)：3219-3227. DOI：10. 1021/es5052809.

[7] 孙永彪，张春香，解东来，那媛媛，张鑫. 天然气系统甲烷排放测量与估算研究现状[J]. 油气田地面工程，2020，39(10)：30-37. DOI：10. 3969/j. issn. 1006-6896. 2020. 10. 007.

[8] KURLE Y M，WANG S J，XU Q. Dynamic simulation of LNG loading，BOG generation，and BOG recovery at LNG exporting terminals [J]. Computers & Chemical Engineering，2017，97，47 - 58. DOI：10. 1016/j. compchemeng. 2016. 11. 006.

[9] 贺军，朱英波，王伟，庄晓东. 新型多式联运液化天然气罐式集装箱设计[J]. 集装箱化，2021，32(11)：20-24. DOI：10. 13340/j. cont. 2021. 11. 007.

[10] 何晓聪，何荣. 船用 LNG 储罐的液体晃荡数值分析[J]. 船海工程，2016，45(3)：12-17. DOI：10. 3963/j. issn. 1671-7953. 2016. 03. 003.

[11] 全国锅炉压力容器标准化技术委员会. 液化天然气罐式集装箱：JB/T 4780—2002 [S]. 昆明：云南科技出版社，2002.

[12] 戴政，肖荣鸽，马钢，曹沙沙，祝月. LNG 站 BOG 回收技术研究进展[J]. 油气储运，2019，38(12)：1321-1329. DOI：10. 6047/j. issn. 1000-8241. 2019. 12. 001.

[13] 张小雪，唐晓伟，汪洋，王海卫，张健. 一种零放散 LNG 罐箱的设计研究[J]. 煤气与热力，2020，40(4)：10-14，45. DOI：10. 13608/j. cnki. 1000-4416. 2020. 04. 012.

[14] 郑志，吕艳丽. 一种 LNG 罐式集装箱 BOG 回收系统：CN110715166B[P]. 2021-07-13.

[15] 顾安忠，鲁雪生，石玉美，林文胜，高婷. 液化天然气技术[M]. 第 2 版. 北京：机械工业出版社，2015.

[16] 郭揆常. 液化天然气(LNG)工艺与工程[M]. 北京：中国石化出版社，2014.

[17] 吴小华，蔡磊，李庭宇，杨绪飞，宇波. LNG 冷能利用技术的最新进展[J]. 油气储运，2017，36(6)：624-635. DOI：10. 6047/j. issn. 1000-8241. 2017. 06. 004.

[18] 邓冬，陈江平，张胜昌，肖国平. LNG 重卡冷能被汽车空调系统使用试验研究[J]. 制冷与空调，2016，16(5)：87-91. DOI：10. 3969/j. issn. 1009-8402. 2016. 05. 020.

[19] SLOAN E D，KOH C A. Clathrate hydrates of natural gases[M]. 3rd Edition. Taylor&Francis Group：Boca Raton，London. New York：CRC Press，2007.

[20] 郑志，王树立. 水合物法净化酸性天然气的工艺探讨[J]. 天然气化工—C1 化学与化工，2011，36(2)：60-63，69. DOI：10. 3969/j. issn. 1001-9219. 2011. 02. 016.

[21] 陈光进，孙长宇，马庆兰. 气体水合物科学与技术[M]. 第 2 版. 北京：化学工业出版社，2020.

[22] 樊栓狮. 天然气水合物储存与运输技术[M]. 北京：化学工业出版社，2006.

[23] 郑志，王树立，陈思伟，宋琦，谢磊．天然气管网压力能用于 NGH 储气调峰的设想[J]．油气储运，2009，28(10)：47-51．DOI：10．6047/j．issn．1000-8241．2009．10．013．

[24] 陈春赐，吕永龙，贺桂珍．中国油气系统甲烷逸散排放估算[J]．环境科学，2022，43(11)：4905-4913．DOI：10．13227/j．hjkx．202204176．

[25] 高庆先，高文欧，马占云，唐甲洁，付加锋，李迎新，等．大气污染物与温室气体减排协同效应评估方法及应用[J]．气候变化研究进展，2021，17(3)：268-278．DOI：10．12006/j．issn．1673-1719．2020．206．

基于智能运营平台的双泊位千万吨级 LNG 接收站生产运行实践

刘景俊　郑清鑫

（中石化天津液化天然气有限责任公司）

摘　要　随着“双碳”目标的提出，天然气在能源供应中的地位愈发重要，LNG 接收站作为天然气供应的重要组成部分，近年呈规模扩大化、布局加速化的快速发展态势。越来越多接收站规模超千万吨级，单泊位通过能力不能满足千万吨周转需求，规模扩大化和双泊位在未来几年将成为国内 LNG 接收站发展趋势。中石化天津 LNG 接收站作为国内首个双泊位运行的千万吨级 LNG 接收站，借助智能运行平台将双泊位优势充分发挥、制定生产措施将难点转化为管理经验，开展了一系列的生产管理实践，积累了一定的经验，为国内改扩建、新建 LNG 接收站的规模扩大化、智能化建设提供借鉴。

关键词　双泊位；千万吨级；LNG 接收站；智能运营平台；生产管理实践

Production and OperationPractice of Double Berth Ten-million Tonnage Level LNG Terminal based on Intelligent Operation Platform

Liu Jingjun　Zheng Qingxin

（Sinopec Tianjin Liquefied Natural Gas Co.， Ltd）

Abstract　Natural gas plays an increasingly important role in energy supply with the proposal of “double carbon” goal. LNG Terminal， as an important part of natural gas supply， has been expanding in scale in recent years， rapid development of layout acceleration. More and more LNG Terminal have a scale of more than 10 million tons， and the passing capacity of single berth cannot meet the turnover demand of 10 million tons. The scale expansion and double berth will become the development trend of domestic LNG receiving stations in the next few years. SINOPEC TIANJIN LNG Terminal， as the first Ten-million Tonnage Level LNG Terminal with double berth operation in China, takes full play of the advantages of double berth with the help of intelligent operation platform and formulates production measures to transform the difficulties into management experience, A series of production management practices have been carried out and certain experience has been accumulated, providing reference for the scale expansion and intelligent construction of domestic reconstruction and expansion and new LNG Terminal.

Keywords Double Berth; Ten - million Tonnage Level; LNG Terminal; Intelligent Operation Platform; Production and Operation Practice

1 引言

目前国内 LNG 接收站一般建设一座接卸 8~26.6 万方 LNG 船舶的 LNG 码头(能接卸 15~18 万方主力船型)，配备 3~4 台 16 万立方米 LNG 储罐及配套工艺处理设施，接收站规模核定为 600 万吨/年左右，目前在运行的 LNG 接收站有 24 座，同时新建扩建接收站 15 个、已核准 8 个，其中多数接收站的建设目标为 1000 万吨级。同时，单个常规型泊位的接卸能力在 600~700 万吨左右，不能满足接收站规模扩大化的需求。LNG 接收站建设千万吨级、双泊位将成为常态。另外，近年随着国家数字化、智慧化发展的纵深推进，智能化、智慧化接收站概念也不断被提出，大部分接收站都在进行相应的探索，相关进展各不相同。

中国石化天然气分公司在接收站建设方面具有一定的前瞻性，将中石化天津 LNG 接收站打造成为国内(不含台湾)首个双泊位运行千万吨级 LNG 接收站，中石化天津 LNG 接收站敢为人先，在双泊位、大规模运行、智能化建设方面做了一系列的实践，在双泊位优势充分发挥、克服运行难点、利用智能化平台解决生产组织问题、提升生产运行水平等方面积累一定的经验。本文将详细介绍中石化天津 LNG 接收站如何利用智能化运营平台发挥双泊位优势、克服实际运行困难，并在运行实践的基础上提出 LNG 接收站发展建议。

2 双泊位千万吨级 LNG 接收站概况

本文以中石化天津 LNG 接收站为例，分析双泊位、千万吨级 LNG 接收站生产运行管理，首先介绍双泊位千万吨级 LNG 接收站基本情况。

2.1 双泊位千万吨级接收站定义

接收站规模是指接收站接卸能力、储存能力、外输能力的最小值，目前国内 LNG 接收站一般设计为 600 万吨/年，配套一座接卸 LNG 泊位，一座 LNG 泊位根据码头结构型式、港口交通流量、码头接卸设施等因素综合核算接卸能力在 600~700 万吨/年。随着天然气行业发展，LNG 接收站规模不断扩大，通过新建 LNG 储罐、增加气化外输能力，将储存能力和外输能力提升至 1000 万吨以上，同时一座 LNG 泊位的接卸能力不再满足 1000 万吨需求，因此需要建设第二泊位，提升接卸能力，使接收站规模真正达到千万吨级，因此形成双泊位千万吨级 LNG 接收站。

2.2 中石化天津 LNG 接收站概况

中石化天津 LNG 接收站(以下简称“天津 LNG”)分三期建设，一期工程主要包括 1 座 3~26.6

万立方米 LNG 码头、4 座 16 万立方米 LNG 储罐、配套气化外输设施及槽车装运设施，于 2018 年 2 月建成投产，接收站年周转能力为 600 万吨。二期工程主要包括 1 座 3~26.6 万方 LNG 码头、5 座 22 万方 LNG 储罐及工艺配套设施，2 号泊位已于 2021 年 12 月 29 日建成投产，实现双泊位常态化接卸，码头接卸能力提升至 1165 万吨/年；5~6 号储罐及工艺配套设施已于 2022 年 11 月投产完成，接收站整体周转能力提升至 1080 万吨/年，跨入千万吨级 LNG 接收站行列。

天津 LNG 双泊位设置双卸料系统、双保冷循环，在无卸料、单船卸料、双船卸料等不同工况下可实现相互隔离、相互连通，无卸料工况下，双泊位卸料系统相互隔离、各自进行保冷循环；单船卸料工况下，卸料系统连通、保冷循环系统隔离，实现向所有储罐卸料；双船卸料工况下，卸料系统与保冷循环系统均相互隔离，1 号泊位向一期储罐卸料、2 号泊位向二期储罐卸料，相互不影响。

2.3 中石化天津 LNG 接收站智能运营平台

天津 LNG 接收站智能运营平台基于全场统一生产数据采集网，打破各业务系统数据壁垒，构建了生产数据集中展示和监测预警系统，以生产数据集中管控为主线，通过可视化、动态化处理，实现生产数据、设备数据、视频数据的集中统一管理；生产数据多维度融合应用；生产态势的实时感知、集中预警和信息联动；同时作为信息化应用的数据源和集成平台，支撑各类业务应用和数据共享的统一管理，支持同步至上级数据中心(调控中心)，支持中石化统一身份登陆和权限管理，提升生产管理水平；支持多终端应用，如：大屏端、PC 端和移动端；满足不同场景和业务视角的数据展示，实现异常预警、报警的推送和提醒。其整体架构如图 1 所示。

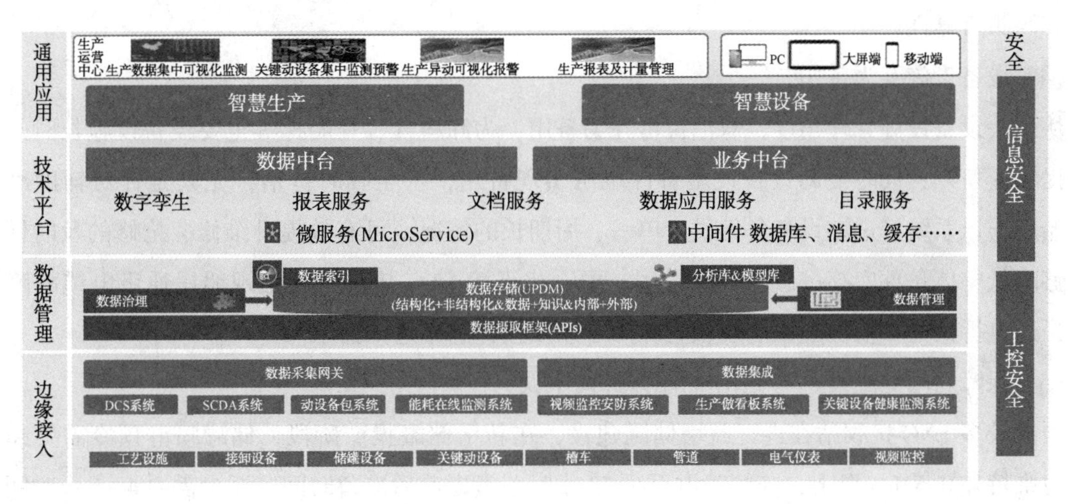

图 1 天津 LNG 接收站智能运营平台整体架构

3 双泊位运行优势及难点分析

双泊位对于 LNG 接收站生产运行具有一定的优势，同时增加了运行难度，结合中石化天津 LNG 接收站具体生产运行实践，对双泊位运行优势及难点及总结，重点分析如何发挥优势、克服难点，使双泊位真正展现效能。

3.1 双泊位运行优势

根据接收站设计情况及具体生产实践，双泊位运行优势可总结如下：

(1) 提升接卸能力

双泊位对接卸能力的提升不仅表现在实际接卸能力由600万吨/年提升至1000万吨/年以上，更重要的是在应急接卸调峰方面的作用，当出现LNG船舶航程延误、港区交通管制、恶劣天气等情况时，船舶可能出现港外积压，接收站出现低液位风险；接收站具备靠泊条件时，可实现双泊位双船同时接卸，在紧急补充罐存、保证天然气稳定供应的同时，可避免现货船舶滞期、减少经济损失，避免长协船舶影响下一装货港装载计划、降低国际贸易损失。中石化天津LNG接收站多次因天气影响采取双船在港措施，有效保证了天然气及时供应、避免了船舶滞期损失。

(2) 减少港区交通限制

LNG接收站所在港区多为较为繁忙的港区，船舶流量大、交通组织复杂，LNG船舶为危险品船舶，当其进出港时，需设置移动安全区、占用航道，对港区交通有较大的影响。虽然LNG船舶具有一定的进出港优先权，但一定程度上受港区交通限制。双泊位运行情况下，进出港窗口期选择空间增大，能够减少港区交通的限制。中石化天津LNG接收站多次出现一条船舶在港时港区无法提供第二条船舶上午进出港窗口期，利用下午窗口期使第二条船舶进港靠泊第二泊位。

(3) 接卸操作弹性大

双泊位为LNG船舶安全接卸提供更大的操作弹性，在靠离泊安全方面，可根据不同风向选择不同走向的泊位、减少风对船舶操纵和泊稳的影响；在工艺操作方面，可根据一二期储罐液位、密度、压力情况灵活选择接卸进罐策略，减少不同组分LNG混装风险和储罐压力控制风险；在应急处置方面，在单泊位接卸设备设施作业过程突发失效情况，可实现移泊作业，提升接卸及时性、安全性和码头可靠性。

(4) 设备设施互为备用

从码头设备设施管理角度，双泊位可互为备用，为卸料臂、登船梯等重要设备设施长时间维护保养提供窗口期；同时接卸设备设施备件也可实现备用，甚至临时拆借，尤其是针对辅助靠泊系统、船岸通讯系统等进口设备备件供应单一、周期长的情况，可有效提升维修、抢修的及时性，同时能够降低整体备件库存、减少资源占用。中石化天津LNG接收站曾出现船岸通讯电缆故障影响接船，通过拆借另一泊位通讯电缆及时保障了船舶接卸船岸通讯需求。

(5) 保障新增储罐投产与LNG船舶接卸两不误

国内较多LNG接收站在进行新增储罐建设，在新增储罐投产阶段，储罐喷淋预冷需要卸料系统压力维持在0.5Mpa以上，连续喷淋至少72小时，考虑前后准备时间，至少需要4~5天时间，期间单泊位不能进行LNG船舶接卸；同时，较多LNG储罐投产在冬季保供期间进行，喷淋期间不能接船在一定程度上影响天然气稳定供应。双泊位情况下，可利用一个泊位的接船系统及保冷循环系统进行喷淋作业，另一个泊位正常卸料，中石化天津LNG接收站在新增5、6号罐投产过程进行了相关实践，有效保证了接船、投产两不误，尤其是5号罐投产期间连续接卸3船，保证了华北地区冬季天然气高量需求的稳定供应。

(6) 为设备设施国产化推进提供便利

在新增泊位建设过程中，可根据原泊位使用情况，在一定程度上尝试设备设施的国产化以及进口设备备品备件的国产化。天津LNG在2号泊位进行了大口径卸料臂国产化应用，为国内首次，其应用效果良好；同时以此为突破口，开展进口卸料臂旋转接头密封、液压油管、液压油缸等关键备品备件国产化，降低采购成本的同时，有效保障了原进口卸料臂维修、抢修的及时性。

3.2 双泊位运行难点及解决措施

双泊位运行在存在上述优势的同时也增加了接收站运行困难，天津 LNG 针对双泊位运行难点采取一些列运行措施，积累了双泊位运行经验。

（1）增加港区交通组织难度，降低港区船舶通过能力

LNG 船舶对于港区通过能力影响较大，LNG 泊位的增加势必影响港区整体交通组织，降低港区整体的通过能力，从而限制 LNG 船舶的正常进出港，使双泊位不能正常发挥接卸效能。

天津 LNG 不仅存在自身双泊位交通组织问题，还存在相邻其他 LNG 接收站泊位的影响，面对"1 港 2 站 3LNG 泊位"的复杂港区交通局面，天津 LNG 从外部和内部两个层面进行解决，外部层面，联合港区海事部门、船舶调度部门及其他接收站，开展港区交通组织优化研究，对三个泊位 LNG 船舶进出港、靠离泊全过程进行建模，并基于所建立的仿真模型，进行仿真模拟，分析 LNG 码头通过能力和航道饱和度，提出减小 LNG 船舶进出港影响的可行性措施，进行混合交通组织优化。内部层面，在港区交通组织优化研究的基础上，进行泊位联合运营调度组织模式研究，采用资料分析、仿真模拟及专家咨询等研究手段，应用船舶操纵模拟器和 ARENA 仿真软件对双泊位船舶航行规则与联合调度组织研究，建立双泊位船舶交通调度系统，提供双泊位船舶靠离泊组织解决方案。双泊位船舶交通调度系统架构如图 2 所示。

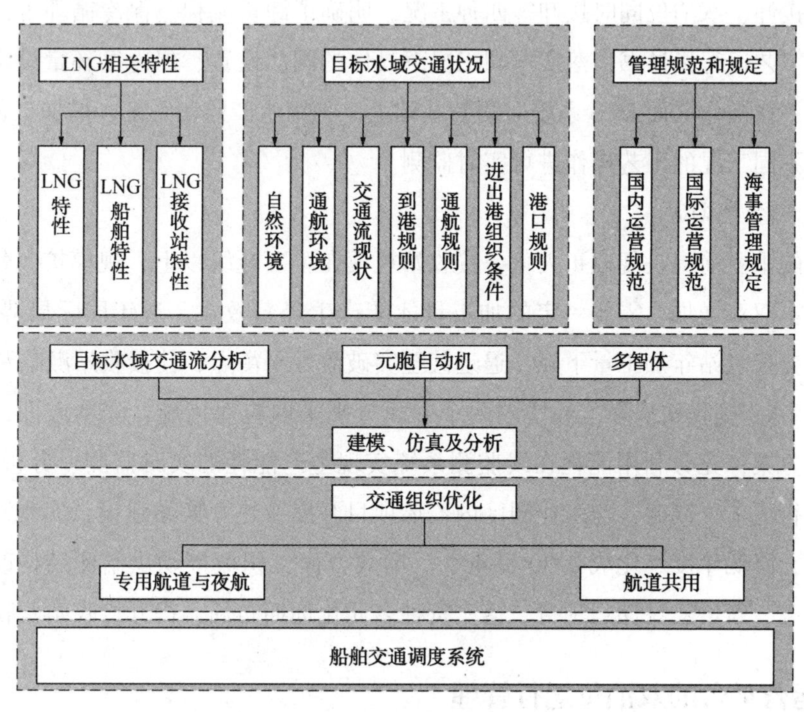

图 2　船舶交通调度系统

（2）LNG 船舶接卸作业安全风险提升

双泊位增加了 LNG 船舶靠离泊相互影响、双船同时作业等具体作业环节的安全风险，对于应急处置提出了更高的要求。对此，天津 LNG 从作业过程管控和应急处置两个方面形成双泊位作业安全手册，作业过程管控方面，首先明确双泊位靠离泊原则，从生产组织上提供安全保障；同时，

落实靠离泊过程、同时卸货相关具体安全管控措施，编制安全作业方案；应急处置方面，根据自然事件、接收站事件等具体工况，确定应急离泊原则、工作机制、执行程序，同时从应急锚地选择、拖轮配备等方面落实应急处置保障。

（3）增加生产调控难度

双泊位及接收站规模扩大化给以库存维持最优水平为核心的生产平衡带来困难，降低上游贸易进口组织、下游销售及中间存储环节的总体 LNG 储运成本成为生产调控的重点工作之一。对此，天津 LNG 将库存管理与控制理论、运筹学理论与接收站实际运营相结合，研究制定了 LNG 接收站库存年度、季度、月度三级动态管理基本策略，建立了 LNG 接收站库存三级动态管理模型，编写动态库存管理系统软件，对上游订货计划、库存水平及生产外输计划进行动态优化管理，实现总体成本最优。月度库存优化结果如图 3 所示。

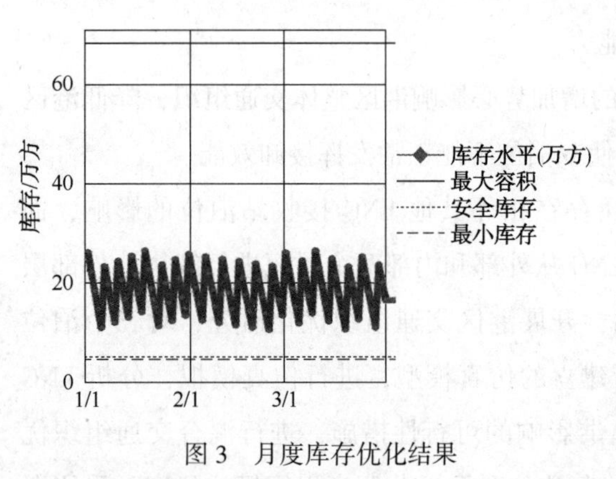

图 3　月度库存优化结果

（4）提升工艺复杂性

双泊位采取双接卸系统、双保冷循环系统，增加了不同工况下的工艺切换、日常的工艺监控、现场工艺操作等方面的工艺复杂性，对工艺操作提出了更高的要求。天津 LNG 针对无卸船工况保冷循环、单泊位接卸、双泊位同时接卸等四种工况，明确了卸货流程、保冷循环工艺等工艺操作原则，形成双泊位工艺运行指导书，落实不同工况下具体的阀门设置、保冷循环量设定、进罐计划等操作细节；同时，在操作层面 DCS 系统监测的基础上，利用生产监测系统，增加工程师和调度员两级生产监测，对不同工况的工艺操作进行实时监测。

（5）提高生产经营风险

双泊位运行的重要前提是规模扩大化、接收站规模在千万吨级以上，规模扩大化导致接收站固定成本和变动成本双双增加，需要一定的加工量才能产生经营效益。近年国际局势对 LNG 市场产生较大影响，部分接收站年加工量下降，逼近甚至突破盈亏平衡点，使接收站濒临亏损。

对此，天津 LNG 接收站从降本和增效两个方面分别采取应对措施，降本方面，编制以工艺优化为核心的降本方案，充分利用能耗在线监测系统实现生产能耗的实时监测、分析、预警、优化，从而降低生产运行成本；同时，与工业园区内乙烯项目开展冷热互换站建设，实现冷能利用的同时降低气化燃料气，降低年度气化成本 30%-40%。增效方面，积极推动供给侧结构改革，提供窗口期第三方开放服务，新增乙烷储运项目、落实货种多元化远期布局，提升接收站营收能力。

4　基于智能运营平台的双泊位运行管理

为系统地解决以上分析的问题，在总结、提炼、分析的基础上，借助智能运营平台这一系统工具解决生产组织中的关键问题，使用智能化手段，强化生产组织、提升生产经营水平。

4.1　双泊位运行关键点

通过以上对双泊位运行优势及难点的分析，可总结出双泊位千万吨级 LNG 接收站生产运行的关键点，只有采取有效的生产组织措施，做好关键点的生产组织，才能做好双泊位真正作用、提升生产经营管理水平。

（1）港区船舶交通组织：通过有效的交通组织手段，解决双泊位带来的港区通过能力降低，才能使双泊位发挥接卸效能。

（2）生产调控、工艺组织：强化生产组织，解决生产调控难度和工作操作复杂性问题，保证双泊位运行平稳有序。

（3）设备设施管理：明确双泊位互为备用原则，制定设备设施维修计划，建立备品备件管理系统，实现双泊位备品备件互为备用，推进备品备件国产化替代。

（4）生产经营管理：以降本增效应对规模扩大化带来的生产经营风险，由生产运行提升至生产经营层面，借助智能管理手段、供给侧改革方法，从工艺优化、能耗监测分析、冷能利用、货种多元化等方面提升经营创效能力。

4.2 智能运营平台搭载

在原有智能运营平台基础上，将以上四个关键点的解决方案在智能运营平台进行有效搭载，创建船舶交通组织及应急管理、双泊位运行监控、码头设备完整性管理、生产经营分析四个模块，借助智能化手段提升双泊位运行体系效率。

（1）船舶交通组织及应急管理模块

船舶交通组织及应急管理模块由船舶交通组织、双泊位接卸安全管控、应急管理三部分组成，船舶交通组织部分将船舶交通调度系统接入智能运营平台，输入船舶计划及船舶信息后，对船舶计划进行分析优化；双泊位接卸安全管控部分将双泊位安全接卸方案、指导手册进行上传，可实时查看，同时针对每航次接卸作业，要求业务部门上传该航次安全作业方案，方案审批后方可开展作业；应急管理部分加载应急预案及应急处置程序，可实时查看，同时要求每航次的船舶信息、拖轮信息、人员联系方式等应急保障信息作为作业审批前置条件，更新完成后方可通过作业审批。

（2）双泊位运行监控模块

双泊位运行监控主要依托于生产运行监测平台，包括运行监测功能和方案查询功能。运行监测功能主要为工程师、调度员对双泊位的工艺运行情况进行实时监测，与中控室DCS监测共同组成三级运行监测。同时，在双泊位运行模块加载工艺方案查询专栏，可实时查询工艺运行方案、现场作业指导书、不同工况阀门设置要求及卸料进罐要求，便于与实际工艺运行状态进行对比。

（3）码头设备完整性管理模块

在智能运营平台设备管理模块下加载码头设备完整性管理模块，包括设备状态总览、设备监测功能、备件管理功能。设备状态总览能够清晰反应所有设备实时状态；设备监测功能实现对双泊位设备设施运行状态实时监控，同时接入设备在线监测系统，对设备运行数据进行实时监测、分析、预警，提升设备管理水平；备件管理功能主要是将备件库存管理系统接入智能运营平台，能够实现双泊位设备备件库存统计、使用周期分析、更换预警、缺货警报、到货进程等功能，可有效提升备件管理可靠性，为双泊位备件互用创造条件。

（4）生产经营模块

依托能耗在线监测系统，对全场生产能耗情况进行实时监测、分析、预警、优化，生产管理人员根据系统监测结果，及时查找能耗偏差原因，从设备、计量、工艺运行等角度及时调整生产运行，从而降低生产运行成本；同时引入月度经营分析功能，对加工量、能耗、成本、人工能耗等经营数据进行统计分析，为经营策略制定提供借鉴。

5 相关建议

在以上对双泊位运行分析的基础上，结合天津 LNG 接收站的具体生产实际，为改扩建、新建双泊位的 LNG 接收站提出以下建议：

（1）新建项目统筹考虑第二泊位预留问题，若新建项目总体设计规模在 1000 万吨/年以上，建议从港区功能规划、卸料系统预留、二期储罐与第二泊位同步性等方面统筹考虑未来扩能问题，避免出现新增泊位建好后新增卸料及存储设施建设滞后、不能真正实现双泊位同时接卸的情况。

（2）多元化业务布局，新增或改扩建项目在建设第二泊位时从供给侧改革的角度统筹考虑货种多元化问题，如预留乙烷等其他货种接卸功能；同时提前统筹保税罐建设、LNG 船舶加注、箱罐、冷能利用等多元化业务，为可能出现的接收站加工负荷率整体下降情况提前布局。

（3）设备设施国产化、标准化，新增或改扩建项目提前考虑关键设备设施的国产化和标准化问题，不但能够降低项目投资，还能够在生产运行过程中提升国产化备品备件水平，降低运维成本的同时提高设备维修、抢修的及时性，更大程度地保障设备安全平稳运行。

（4）提升智能化运行水平，在设计建设阶段统筹考虑智能化运行，提前布局智能化基础设施建设，能够更大程度发挥智能化管理效能，提升接收站整体运行水平。

6 结束语

通过以上分析，双泊位千万吨级 LNG 接收站在双泊位生产运行方面的优势、难点及关键点较为清晰，中石化天津 LNG 接收站在双泊位运行方面积累了一定的经验，从实际生产管理的角度为后续接收站双泊位建设和运行提出了建议；同时，在借助智能运营平台系统解决生产组织问题方面的探索，在智慧化接收站建设迈出坚实的一步。中石化天津 LNG 接收站智能运营平台建设处于初步阶段，用其解决生产组织问题的相关生产实践存在一定的局限性，通过 LNG 行业的不断努力，在不久的将来，智慧化双泊位千万吨级 LNG 接收站将会大量呈现。

参 考 文 献

[1] 程民贵. 中国液化天然气接收站发展趋势思考[J]. 国际石油经济，2022，30(05)：60-65.

[2] 陈刚. 天津 LNG 接收站[J]. 产业创新研究，2023，No. 105(04)：200.

[3] 陈营，郭振国，于淑云. LNG 接收站双码头卸料工况的水击分析[J]. 天然气与石油，2023，41(01)：15-21.

[4] 高功应，马田丰，李蓉，尼松涛. 基于智能运营平台的核心网数字化运营实践与思考[J]. 邮电设计技术，2022，No. 551(01)：12-18.

[5] 甘浩亮. 港口水域 LNG 船舶交通组织优化研究[D]. 武汉理工大学，2012.

[6] 付俊涛. LNG 储罐贫富液混装过程的动态研究[J]. 油气田地面工程，2019，38(10)：98-104.

[7] 李宵. 靠泊辅助系统无线信号升级改造的若干经验[J]. 仪器仪表标准化与计量，2022，No. 226(04)：24-26.

[8] 金光. LNG 接收站储罐预冷工艺的优化[J]. 化工技术与开发, 2023, 52(Z1): 81-84+57.

[9] 徐静静, 杜光, 胡超. LNG 接收站关键设备及材料应用现状和国产化分析[J]. 石油和化工设备, 2020, 23(10): 25-27.

[10] 赵笑阳. LNG 船舶进出港对航道通航效率影响研究[D]. 大连理工大学, 2019. DOI: 10. 26991/d. cnki. gdllu. 2019. 002240.

[11] 邵莹莹. LNG 接收站库存控制和配送优化研究[D]. 中国石油大学(北京), 2019. DOI: 10. 27643/d. cnki. gsybu. 2019. 001620.

[12] 母宝颖. 考虑天然气需求波动的 LNG 码头与接收站规模研究[D]. 大连理工大学, 2019. DOI: 10. 26991/d. cnki. gdllu. 2019. 000797.

[13] 张斌, 郑中义, 冯宝明. 复杂水域船舶交通组织研究综述[J]. 科学技术与工程, 2022, 22(27): 11774-11782.

[14] 彭柱, 吕肖. LNG 接收站设备自主维修保障体系的建立与应用[J]. 设备管理与维修, 2022, No. 529(20): 1-3. DOI: 10. 16621/j. cnki. issn1001-0599. 2022. 10D. 01.

[15] 吴炜煌. 港口水域 LNG 船舶航行安全领域及交通组织研究[D]. 武汉理工大学, 2019. DOI: 10. 27381/d. cnki. gwlgu. 2019. 001656.

[16] 张蒙丽. LNG 接收站操作运行过程模拟分析[D]. 中国石油大学(北京), 2020. DOI: 10. 27643/d. cnki. gsybu. 2020. 001610.

[17] 杨春慧, 侯振宇. 大型 LNG 接收站泵群状态监测系统的建立[J]. 化工自动化及仪表, 2017, 44(07): 679-681+713.

[18] 欧二胜. 基于公共建筑分项计量能耗监测系统模块功能的优化措施[J]. 上海节能, 2023, No. 410(02): 201-206. DOI: 10. 13770/j. cnki. issn2095-705x. 2023. 02. 013.

[19] 文习之, 许文平. 第二梯队 LNG 接收站项目建设与发展[J]. 油气与新能源, 2022, 34(02): 29-37.

[20] 李俊杰. “双碳”目标背景下国内进口 LNG 产业发展思考[J]. 中国海上油气, 2022, 34(02): 208-214.

天然气液化厂在管网调峰中的有效应用及效益

吴　江　孙　强

（中海油辽宁天然气有限责任公司）

摘　要　随着供应形式的多样性，以天然气为代表的新型能源地位显著提升。为了保证天然气在管网外输中的有效性及科学性，及时合理地进行资源调配显得尤为重要。由于天然气在供应上以气态及液态两种方式存在，其中生产液态的天然气工厂不仅能为用货单位提供液态服务，还可以通过气化的方式承担下游用户在天然气网管中的调峰工作。基于此，本文结合项目研究的基本状况，进行归纳总计分析，结果表明天然气液化厂在管网调峰中不仅有助于企业经济健康发展，还在社会生态效益上起到一定的促进作用。

关键词　液化天然气；管网；调峰；应用；效益

Effective Application and Benefit of Natural Gas Liquefaction Plant in Peak shaving of Pipeline Network

Wu Jiang　Sun Qiang

(CNOOC Liaoning Natural Gas Co., Ltd.)

Abstract　With the diversity of supply forms, the status of new energy represented by natural gas has been significantly improved. In order to ensure the effectiveness and scientificity of natural gas transmission in the pipeline network, timely and reasonable resource allocation is particularly important. As natural gas is supplied in both gaseous and liquid forms, the natural gas plant producing liquid can not only provide liquid service for the consumer, but also undertake the peak shaving of downstream users in the natural gas network management through gasification. Based on this, combined with the basic situation of the project research, this paper conducts a summary analysis. The results show that the natural gas liquefaction plant not only contributes to the healthy development of the enterprise economy, but also plays a certain role in promoting social and ecological benefits in the peak shaving of the pipeline network.

Keywords Liquified Natural Gas; Pipe network; Peak shaving; Application; benefit

作为一种清洁的、安全的优质燃料，天然气的使用日益广泛。其中以液化天然气(Liquefied Natural Gas，以下简称 LNG)的应用最为明显。以我国为例，东部沿海地区建有大量的 LNG 接收站以液态或气态的形式提供天然气给工业单位和城乡居民使用；而相对较远的中西部地区，LNG 液化厂、LNG 气化站及 LNG 槽车储运等相关项目也普遍推广起来。由此可见，随着经济高速发展和 LNG 技术的日渐成熟，天然气在能源的安全稳定供应上将起到重要作用。然而，受城市燃气、工业单位生产经营状况、上游设备检维修及油气价格等主客观因素影响，天然气的供需上有峰谷差，用气存在难以均有的状况发生。因此，如何安全有效地协调处理天然气管网的生产运营和供应分配是十分重要的。笔者通过对某小型 LNG 液化工厂多年运营状况进行总结，结合其特点，着重探析其在管网调峰中的有效应用及社会经济效益。

1 研究对象概述

本文所研究的天然气液化厂坐落在东北某沿海城市能源化工区。来自渤海海域内开采出来的天然气通过海底管道输送到相邻的上游天然气处理厂处理后进入该工厂首站装置区。首站工艺流程大体分为两个部分：一部分是管输经过滤、调压和计量后，天然气分别进入近百公里长输管道和周边能源化工区直供干管按需求进行供气。另一部分是经计量后直接进入天然气液化厂进行液化。

天然气液化厂大体分为 6 个区域：首站装置区、净化预处理区、液化装置区、LNG 大罐储存区、气化系统区及 LNG 槽车装卸区。正常生产时，液化后的 LNG 通过 LNG 槽车装车作业的流程进行充装销售；当上游因故无法正常供气时，外购的 LNG 通过 LNG 卸车作业的流程送至 LNG 大罐内储存，再通过气化系统区的设备设施进行天然气管网应急保供(详细见图 1)。同时考虑到天然气管道实际运营为 24 小时不间断供气这一特殊情况，过滤、调压、计量等单元皆一备一用，以此满足设计要求或设备检修需求。

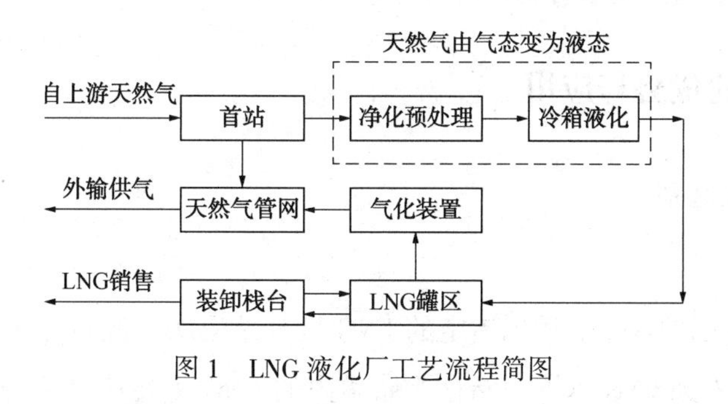

图 1 LNG 液化厂工艺流程简图

2 天然气调峰的方式与特点

2.1 气田式

气田调峰以上游(陆地或海上)气源为依托，通过配套的外输设施及调整气田的产量从而达到调峰的作用。相较于常规开发的气田，调峰气田可以利用现有的气田进行改造，避免大量成本支出。但受调峰性质的不稳定性，对设备运转及气田地质保护都有一定的影响。同时气田大都位置偏远，产量规模大，一旦进行检修，很难保证用气紧张、次数频发的调峰。

2.2 地下储气库式

天然气地下储气库大都位于用气客户中心区域，有着十分重要的战略储备价值和应急价值。按建设储气库的不同地质构造通常分为枯竭油气藏储气库、含水层储气库、盐穴储气库和废弃矿穴储气库等4类。地下储气库采用“平时储存，用时消耗”的模式，在天然气低峰时将“富余”气量储存起来以便不时之需；反之，在天然气高峰时将地下储气库的气体采出以用于管道以调峰。同时，地下储气库也可为气田提供必要的保供工作。

2.3 上游处理厂式

以笔者所研究的LNG工厂为例，隔壁便是上游天然气处理厂，可以短时间内通过协商的方式让对方根据自身需求增加或减少所需气量。然而，相较于前面提到的两种调峰方式，该方式受制约性大、作用有限，难以适应波动较大的调峰工作。

2.4 天然气发电式

所谓天然气发电调峰就是通过使用天然气代替传统的煤炭资源来发电以此调节电力系统的负荷。这种方式具有灵活性强、清洁环保的特点。从长远角度来说，有助于我国天然气和发电事业的实现协调发展，促进新型能源供应多样化。

2.5 液化天然气式

该方式通过将LNG储存在指定的低温容器内来解决天然气调峰的问题，具有储气效率高、调峰弹性强、运营安全可靠及受气源远近影响小等有利条件。其中LNG调峰主要分为LNG接收站和LNG液化厂两个方面调峰。

2.6 其他方面

除了上述5种较为普遍的调峰方式外，还有储气罐调峰、用气项目调峰、吸附天然气调峰、管束调峰及正在研究开发的天然气水合物调峰等。

3 液化天然气调峰的优势与应用

3.1 接收站与液化厂的区别

3.1.1 LNG接收站

外购的LNG通过专用的运输船送到指定的LNG接收站码头，经过船上输送泵、卸料臂及LNG管线等一系列流程后进入到LNG储罐内储存。储罐内的LNG主要通过两种模式进行外输：一种是LNG经过低压泵及高压泵增压后，再经气化器进行气化，最后以气态的形式经计量撬进入外输管网外输。另一种是通过低温泵直接以液态形式加注到LNG槽车内，利用公路交通送到客户手中。

LNG接收站调峰可以有效利用其储罐存储量大以便快速供应天然气短缺的特点，但局限性是前期投资多，LNG气化成本高，受供应资源影响大。

3.1.2 LNG液化厂

生产LNG的液化厂根据使用情况大体分为4种类型：基本负荷型、调峰型、接收终端型和卫星型(详细见表1)。其中调峰型LNG液化厂主要目的是用来调节下游用户高峰负荷，或在冬季保供期间提供燃料到天然气管网中。这种性质的工厂一般是非连续性，生产负荷波动较大，需要根据下游管网的情况来决定液化及储存LNG。

表1 不同类型的LNG液化厂比较

类型	基本负荷型	调峰型	接收终端型	卫星型
优点	液化能力强、储存能力大	工艺流程短、设备简单可靠，对能耗的要求低	气化、储存能力大，有码头及卸载设备	技术简单、流程短、设备少、投资小
缺点	技术复杂、流程长、设备多、投资大	液化能力较小、储存量有限	投资大、运行费用高	规模小、气化及存储能力弱，客户有限
用途	日、时调峰，应急，储备	日、时调峰，应急，储备	日、时调峰，应急，储备	储备，简单应急

3.2 LNG液化厂工艺流程

本文所研究的LNG液化厂为中小型调峰型工厂，采用混合制冷剂液化流程，拥有一套独立完整的液化天然气工艺设备及流程，其中包含1个4500Nm^{3}容积的LNG低温常压储罐和2个具备装卸LNG能力的槽车栈台。

LNG液化装置工艺系统包括天然气预处理、LNG液化装置和闪蒸气(BOG)压缩单元及装置内公用工程的系统。预处理系统由天然气脱酸单元、溶液再生单元、脱硫脱汞及脱水脱苯单元组成，目的是为了净化天然气以满足液化工艺要求；液化系统主要包括：天然气液化单元，制冷剂压缩单元，重烃分离单元，冷剂储存单元。净化后的天然气进入冷箱换热器中进行冷却降温并分离出重烃，二次冷却后温度将达到-155℃左右，最后通过J-T阀节流降压后进入LNG储罐。其中LNG储罐内所产生的BOG气体先是通过空温式气化器，使其达到符合要求的出口温度，然后通过BOG压缩机进行加压，最后通过首站装置区的外输管线送到直供干管供周边能源化工区企业使用。当下游管道用户需要调峰时，LNG液化厂可以根据天然气用量调节负荷，确保上下游管道压力及流量控制在有效地波动范围内。同时，储罐内的LNG可以通过外输低温泵将其送至气化系统区进行气化，最后进入天然气管网进行外输。

3.3 LNG液化厂调峰的优势与应用

3.3.1 具有较高的机动性

从技术角度来说，液化厂调峰主要以LNG为手段，其体积约为同量气态天然气体积的1/600，能极大地节省容器空间。另外，其单位容积则是远远大于地下储气库及地面高压储气球罐。

从建设角度来说，受地质条件小，选择性强。可以建设在用户负荷中心附近或者沿海码头，气化后的天然气通过管网便能直接使用。

3.3.2 实现气液两态相互调剂

由于LNG液化厂本身是依靠天然气气源而深加工，这就使得其在上游气源充沛时可以结合其自身状况选择是否液化、液化多少和液化时间。天然气调峰本身就是一项极为系统的工作，并非一种单一，甚至简单的方式就能立即解决存在的供气问题。LNG液化厂可以在淡季提高液化负荷，采用LNG外销的模式将多余的气体进行处理；而在管网供气不足时，把富余的液态气化反输送到管网中。

3.3.3 能够及时应对突发事件

笔者所研究的LNG液化厂曾出现过上游处理厂因故无法及时保障持续供气的状况。该LNG液化厂凭借着自身特点，果断采取"反输保供"的应急预案解决此类问题。通过设备停机，暂停天然气液化工艺流程，最大限度上避免资源的损耗。同时，利用现有的LNG储罐内的库存进行气化，使其将液态转为气态输送到管网中去。并根据LNG储罐液位、LNG气化率及下游天然气管道的使用情况，合理安排LNG槽车进行卸车作业，确保下游用户供气稳定。

3.3.4 促进天然气调峰的新发展

近年来，由于我国经济高速发展及人民群众的物质生活日益丰富，使得天然气在供应上不断增加。同时，冬季清洁供暖、天然气发电业务的不断拓展，在很大程度上都让天然气调峰工作受到前所未有的重视。专业化、系统化和科学化的天然气调峰已经是行业发展趋势，LNG液化厂不仅在管理及技术上具备这种优势，还在安全风险把控上有着丰富的经验。

4 LNG液化厂调峰的效益

4.1 经济效益

4.1.1 经营成本方面的优势

相较于其他类型的调峰方式，LNG工厂无论是在建设周期上，还是在投资规模上来讲都是十分划算的。同时，受LNG液化技术的日益成熟及进步，其液化和运输的成本也大幅下降。以我国为例，环渤海地区现在仍是国内最大的天然气消费区域，消费增长主要来自居民和工业用气推动，这使得本就地处于辽东湾的该LNG项目具有得天独厚的经济发展市场。

4.1.2 带动相关产业及就业

随着新能源的广泛推广，一定程度上激发了科技创新的强劲动力，从而推动了一些高新科技产业的发展和传统企业的升级改造。另外，LNG液化厂受地理因素影响较小，可以有针对性地建在工业园区内，这样不仅有助于周边企业解决能源供应上的问题，还可以通过自身的调峰和应急能力与用气企业建立良性的生产运营模式，从而协助企业扩大规模，进而带动当地的就业发展。

4.2 社会及生态效益

4.2.1 树立良好的企业形象和消费观念

众所周知，具备良好形象是企业的一种无形资产，能为其带来各种各样的社会效益。LNG液化厂无论是在节能减排、提高周边企业和居民环保理念意识及行为方面，还是在增加当地税收方面都承担着非常重要的社会责任。与此同时，通过调峰可以有效防止"气荒"、保障供气稳定。

4.2.2 践行绿色低碳战略

2020年9月，我国明确提出"双碳"目标(即碳达峰与碳中和)，其绿色、环保、低碳的生活方式十分符合LNG市场的发展前景。相较于石油产业、电力系统调峰、煤炭替代和撬动氢能产业发展等领域及其他能源方面，天然气将在中国能源转型中起关键支撑作用，而作为天然气的液态形式的 LNG 也将发挥巨大的作用。

4.3 生态环境的影响

LNG 液化厂属于环境保护类项目，是绿色项目，基本上不会对周边环境产生污染。该项目无论是在环境空气、地表水、固体废弃物等影响分析上，还是在运营过程中设备与工作人员产生的垃圾基础上都对环境影响效应不大。

5 结论

综上所述，天然气调峰尤其是 LNG 液化厂调峰是一种十分可取的调峰方案，无论是经济发展，还是在促进资源的合理利用及保护生态环境上都起到巨大的推进作用，并得到下列结论：

（1）LNG 液化厂的发展要因地制宜，采用灵活的方式为相关企业单位提供天然气调峰工作，根据不同的季节和时间采取适当的调峰方式。

（2）重视环境保护工作，正确认识和把握“双碳”目标，坚持稳中求进。

（3）生产运营应在确保安全生产的前提下，加大对科技创新、人才培养及提质增效方面的投入与培养，并以此为契机，优化提升 LNG 液化厂的调峰能力。

参 考 文 献

[1] 王震，孔盈皓，李伟．“碳中和”背景下中国天然气产业发展综述[J]．天然气工业，2021，41(8)：194-202.

[2] 王建良，李孥．中国东中西部地区天然气需求影响因素分析及未来走势预测[J]．天然气工业，2020，40(2)：149-158.

[3] 周淑慧，王军，梁严．碳中和背景下中国“十四五”天然气行业发展[J]．天然气工业，2021，41(2)：171-182.

[4] 黄维和，沈鑫，郝迎鹏．我国油气管网与能源互联网发展前景[J]．北京理工大学学报(社会科学版)，2019，21(1)：1-6.

[5] 苏怀，张劲军．天然气管网大数据分析方法及发展建议[J]．油气储运，2020，39(10)：1081-1095.

[6] 丁国生，丁一宸，李洋，唐立根，武志德，完颜祺琪，等．碳中和战略下的中国地下储气库发展前景[J]．油气储运，2022，41(1)：1-9.

[7] 杨春和，贺涛，王同涛．层状盐岩地层油气储库建造技术研发进展[J]．油气储运，2022，41(6)：614-624.

[8] 郑雅丽，完颜祺琪，邱小松，垢艳侠，冉莉娜，赖欣，等．盐穴地下储气库选址与评价新技术[J]．天然气工业，2019，39(6)：123-130.

[9] 罗金恒，李丽锋，王建军，赵新伟，王珂，李发根，等．气藏型储气库完整性技术研究进展[J]．石油管材与仪器，2019，5(2)：1-7.

[10] 谢旭光，孙楠．LNG 接收站温室气体排放核算方法[J]．油气储运，2023，42(03)：1-08.

[11] 陈蕊，朱博骐，段天宇．天然气发电在我国能源转型中的作用及发展建议[J]．天然气工业，2020，40(7)：120-128.

[12] 齐绩，吴小飞．液化天然气储存中的安全问题与应对措施[J]．油 气储运，2012，31(增刊1)：154-156.

[13] 张博，梁永图，李伟，等．基于用户多维价值的天然气资源配置优化[J]．油气储运，2023，42(01)：96-104.

[14] 牛月．我国天然气储气调峰体系发展现状及展望[J]．当代化工，2021，50(7)：1654-1657.

[15] 姜昌亮．石油天然气管网资产完整性管理思考与对策[J]．油气储运，2021，40(5)：481-491.

[16] 徐宁，张雪琴，张浩然，廖绮，唐明，梁永图. 天然气供应链整体优化[J]. 油气储运，2020，39(11)：1250-1261.

[17] 李政兵，梁永图，徐宁，廖绮，张浩然，阎凤元，等. 考虑市场竞争条件的管输天然气供应链优化[J]. 油气储运，2021，40(1)：113-120.

[18] 黄维和，王军，黄龑，梁严，郑龙烨. “碳中和”下我国油气行业转型对策研究[J]. 油气与新能源，2021，33(2)：1-5.

[19] 舒印彪，张丽英，张运洲，王耀华，鲁刚，元博，等. 我国电力碳达峰、碳中和路径研究[J]. 中国工程科学，2021，23(6)：1-14.

[20] 王于鹤，王娟，邓良辰. “双碳”目标下，能源行业数字化转型的思考与建议[J]. 中国能源，2021，43(10)：47-52.

LNG 低温管道绝热材料热固耦合分析研究

康永田　凌爱军　李　森　祝传钰

（中国船级社海洋工程技术中心）

摘　要　LNG 输送管道的保温绝热技术是影响 LNG 管道输送关键因素，这就要求绝热材料必须就有一定的强度和绝热能力要求。LNG 在输送过程中绝热需要考虑管道与保温层之间的导热、保温层与周围环境之间的对流传热和辐射等。本文通过构建 LNG 低温管道热固耦合分析模型，对多种绝热材料性能进行对比分析，获得 LNG 低温管道绝热材料和管道的力学性能。研究结果表明改性的聚氨酯泡沫材料具有较好的绝热性能，适用于长距离 LNG 低温管道的建造和使用。

关键词　LNG；低温管道；绝热材料；耦合分析

Research on thermal-structure coupling analysis of LNG cryogenic pipeline

Kang Yongtian　Ling Aijun　Li Sen　Zhu Chuanyu

(China Classification Society Offshore Engineering Technology Center)

Abstract　The thermal insulation technology of LNG transmission pipeline is a key factor affecting LNG pipeline transportation, which requires that the insulation material must have a certain strength and thermal insulation capacity requirements. In the process of LNG transportation, heat insulation needs to consider the heat conduction between the pipeline and the insulation layer, the convective heat transfer and radiation between the insulation layer and the surrounding environment. In this paper, constructed thermal-structure coupling analysis model of LNG cryogenic pipeline. Compared the properties of various thermal insulation materials and obtained the capacity of the thermal insulation materials and pipeline. The results show that the modified polyurethane foam material has good thermal insulation performance and suitable for the construction and use of long-distance LNG cryogenic pipelines.

Keywords　LNG; cryogenic pipeline; thermal insulation materials; coupling analysis

天然气是与石油、煤炭并列的世界三大支柱能源之一，2008 年美国实现页岩气的大规模量产，2017 年美国由天然气进口国变为净出口国。2016—2021 年间美国天然气出口平均增速达到了 23.29%。2022 年上半年美国的 LNG 出口量达到了 576 亿 m^3，占全球 LNG 出口份额的 21%，成为了世界上最大的 LNG 出口国[2]。我国 2022 年天然气消费增速为负，国内产气量平稳增长。2022 年国内天然气消费量达到了 2999 亿 m^3，同比下降 1.1%，国内天然气产量为 1785 亿 m^3，同比增长 6%。国产天然气与进口管道气为供气主力，合计占比 77%。国产天然气增量和进口管道气可补充 LNG 减少的缺口。2021 年中俄管道东线供气量为 100 亿 m^3，未来仍具有 280 亿 m^3 增长空间，随着 LNG 需求越来越高，逐渐成为能源产业重要组成部分。LNG 管道输送是解决天然气长距离输送核心技术。目前我国已经初步构建了西气东输、海气登陆的供气格局。LNG 输送管道要求在低温下进行运行，管道材料应具有低温韧性、耐腐蚀等特性，一般 LNG 管道是多层结构，分为非绝热管、普通绝热管道和真空绝热管，真空绝热管保温效果最好，但是工艺复杂、投资高，所以在 3km 以上的管道一般采用普通绝热管道。本文通过建立普通绝热管道热固耦合分析模型，研究低温管道热传导性能，并结合不同的绝热材料进行敏感性分析，通过力学分析模型确定最优的绝热材料，为低温管道绝热材料的工程应用提供依据。

1 热传导模型

针对长距离普通绝热管道，如图 1 所示，建立低温多层管道模型，管道由内层钢管、绝热层、外层保护层三层结构组成。

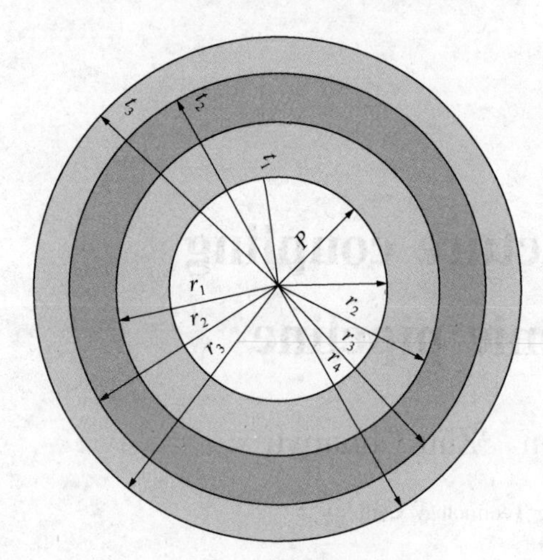

图 1 低温多层管道模型

如图 1 所示橙色为绝热层，内层金属合金钢，用于天然气的输送。采用单层圆管导热微分方程：

$$\frac{\mathrm{d}}{\mathrm{d}r}\left(r\frac{\mathrm{d}t}{\mathrm{d}r}\right)=0 \tag{1}$$

式中：r 为半径，t 为温度，对应的边界条件为 $r=r1$，$t=t1$；$r=r2$，$t=t2$；$r=r3$，$t=t3$。由此获得单层管道温度分布为：

$$t=t1+\frac{t2-t1}{\ln(r2/r1)}\ln(r/r1) \tag{2}$$

对式(2)进行求导获得热流密度为：

$$q=-\gamma\frac{\mathrm{d}t}{\mathrm{d}r}=\frac{\gamma}{r}\frac{t1-t2}{\ln(r2/r1)} \tag{3}$$

式中：q 为热流密度，γ 材料的热导率。由此获得管道壁面的热流量为：

$$\varphi=2\pi rlq=\frac{2\pi rl(t1-t2)}{\ln(r2/r1)} \tag{4}$$

式中：φ 为热流量，l 为单位长度。

多层管道为串联结构，应用串联叠加的原则，假设不同层壁间接触完好，三层管道的热流量为：

$$\varphi=\frac{2\pi rl(t1-t4)}{\ln(r2/r1)/\gamma1+\ln(r3/r2)/\gamma2+\ln(r4/r3)/\gamma3} \tag{5}$$

式中：$\gamma1$、$\gamma2$、$\gamma3$ 为管道不同层之间的热导率，计算时假设其为固定值。

根据 LNG 管道使用环境可以获得管道内部初始温度 $t1$，外壁温度 $t3$，由此获得多层管道的温度梯度变化：

$$t=t1-\frac{\varphi}{2\pi rl}\left[\frac{1}{\gamma1}\ln\frac{r2}{r1}+\frac{1}{\gamma2}\ln\frac{r3}{r2}+\frac{1}{\gamma3}\ln\frac{r4}{r3}\right] \tag{6}$$

管道由于温度变化产生的应力为：

$$\sigma_t=\alpha E\Delta t \tag{7}$$

式中：σ_t为温度变化产生的应力、E 为不同材料的弹性模量，Δt 为管道的温度变化。

根据 CCS《海底管道系统规范》，管道系统的任何部位的环向应力和等效应力应满足：

$$\sigma_h=(p_i-p_e)\frac{D-t_1}{2\,t_1}\leqslant f_h\cdot\sigma_s\cdot f_t \tag{8}$$

$$\sigma_{eq}=\sqrt{\sigma_l^2+\sigma_h^2-\sigma_l\cdot\sigma_h+3\tau^2}\leqslant f_{eq}\cdot\sigma_s\cdot f_t \tag{9}$$

式中：σ_h为环向应力，σ_l为纵向应力，τ 为由剪切力和扭转力矩引起的剪切应力，σ_{eq}为等效应力，f_h为环向应力设计系数，f_{eq}为等效应力设计系数。

2 模型计算

以某 LNG 低温输送管道为基础，管道结构和材料属性参数如表 1 和表 2：

表 1 低温管道结构参数

名称	数值	单位
管道外径	323.9	mm
内层管壁厚	15.9	mm
保温层	70	mm
外层保护管壁厚	10	mm
防腐层	3	mm

表 2 低温管道材料的物理属性参数

名称	9%镍钢	改性聚氨酯泡沫	碳钢
密度(kg/m^3)	7860	450	7890
杨氏模量(GPa)	186	0.8	210
屈服强度(MPa)	515	51	235
热膨胀系数(1/k)	$9.5*10^{-6}$	$6*10^{-6}$	$12*10^{-6}$
热传导率(W/(MK))	28.5	0.018	45
比热(kJ/(kg·℃)	0.44	2.3	0.46

由表1、表2建立低温管道结构模型，使用ABAQUS软件建模建立LNG低温管道模型，将表3的材料属性输入到模型进行热固耦合分析。只考虑绝热材料的热力学性能，假设外部环境温度为5℃，管道内部流体温度-192℃，管道压力1.92MPa，中间采用不可旋转边界条件，低温管道模型如图2：

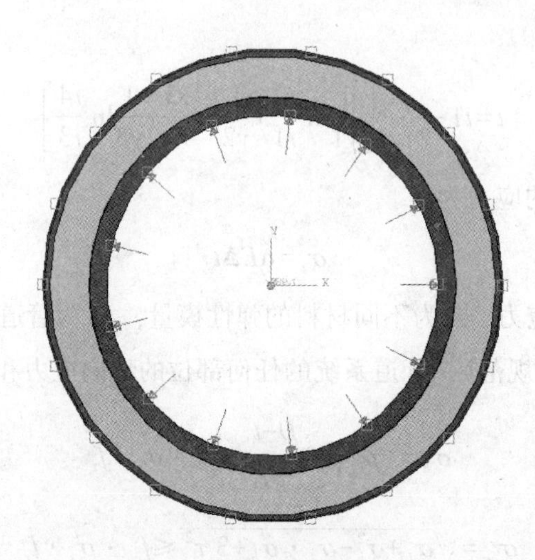

图2 低温管道模型边界条件

如图3所示，内层蓝色为钢管，灰色为绝热材料，两种管道之间采用绑定接触，采用温度和位移耦合网格，开展低温管道模型的瞬态分析，分析结果如下：

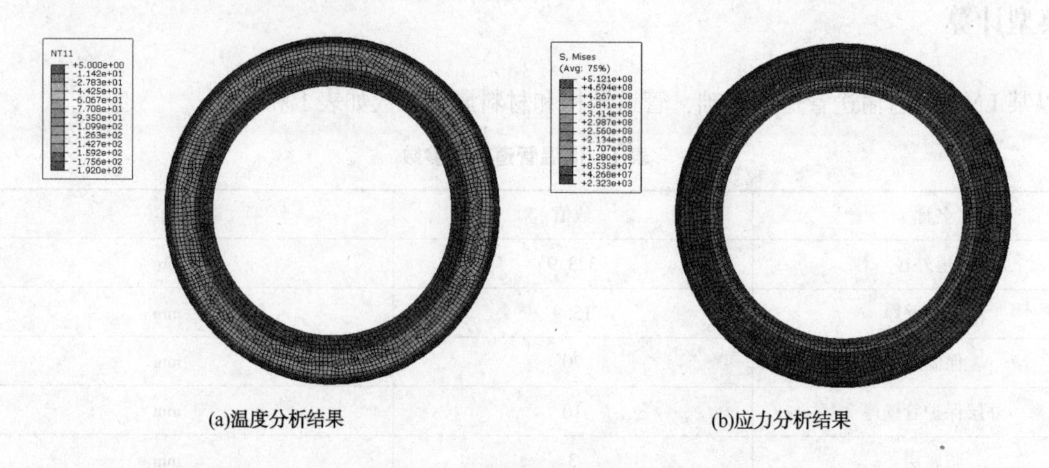

(a)温度分析结果　(b)应力分析结果

图3 热固耦合分析结果

由图3可以看出低温管道的温度由内之外进行传递，内层管道由于边界条件限制始终为-192℃，绝热层温度内层保持在-160℃左右，基本在天然气沸点左右，若要防止天然气汽化，需要进一步加厚绝热层，由此获得更好的绝热效果。在应力方面内容钢管承受了压力和温度变化产生的应力，最大应力为512MPa，小于材料的屈服强度。

3 敏感性分析

3.1 厚度敏感性

低温管保温性能与绝热材料的性能有一定的管道，所以本节通过热固耦合分析不同厚度的绝热材料对温度变化的影响，模型的边界条件如上节所述，绝热层厚度分别选取 70mm、75mm、80mm、85mm 四种厚度进行分析计算，计算结果如图 4 所示：

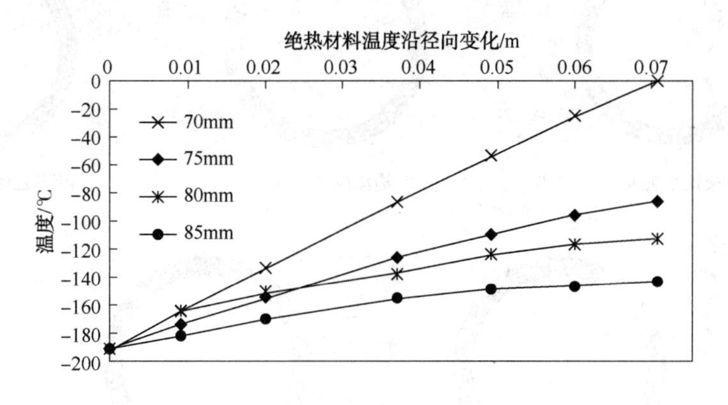

图 4　分析结果

通过计算分析由于内层钢管的材质、厚度没有发生变化，管道最大应力基本上没有发生变化，都在 512MPa 左右，所以绝热材料厚度对管道的最大应力基本上没有影响。

如图 4 所示，不同厚度的绝热材料对材料保温效果有较大的影响，从分析结果可以看出绝热材料越厚保护效果越好。但在低温管道设计时还需要综合考虑管道成本和制造工艺，选取合适的绝热材料厚度，确保达到性能和成本的最优是关键。

3.2　绝热材料敏感性

本节采用同种尺寸规格的低温管道结构，使用不同的绝热材料进行敏感性分析，选用的绝热材料物理参数如表 3：

表 3　不同绝热材料的物理属性参数

名称	改性聚氨酯泡沫	泡沫玻璃	聚苯乙烯泡沫	硬质聚氨酯泡沫	酚醛泡沫
密度/(kg/m^3)	45	180	35	50	60
杨氏模量/GPa	0.8	1.15	0.6	0.8	0.7
屈服强度/MPa	51	300	100	150	150
热膨胀系数/(1/k)	$6*10^{-6}$	$8*10^{-6}$	$7*10^{-5}$	$5*10^{-5}$	$3.5*10^{-5}$
热传导率/[W/(MK)]	0.018	0.06	0.041	0.028	0.022
比热/[kJ/(kg·℃)]	2.3	3	1.3	2	2.1

将表 3 材料属性带入至低温管道模型获得不同绝热材料的计算结果如图 5：

如图 5 和图 6 所示，不同的绝热材料对 LNG 低温管道的热传导有一定的影响，从保温效果来看，泡沫玻璃保温效果最好。

如图 7 和图 8 所示，不同厚度的绝热材料对于管道最大应力有一定的影响，采用聚苯乙烯泡沫时管道应力最小，聚苯乙烯泡沫对绝热材料的应力最大，改性聚氨酯泡沫绝热材料应力最小，但是都满足管道的使用要求。由此我们可以得出不同的绝热材料对 LNG 低温管道的热传导和应力有一定的影响，需要从管道工艺、成本、性能等多个方面进行考虑。

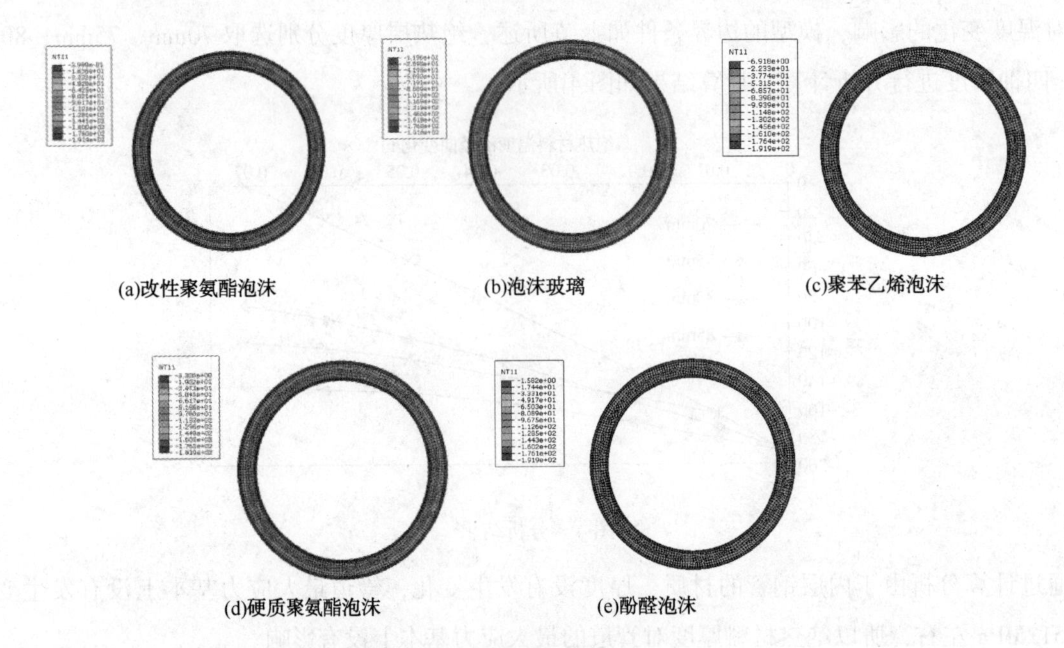

图5 不同绝热材料的温度变化

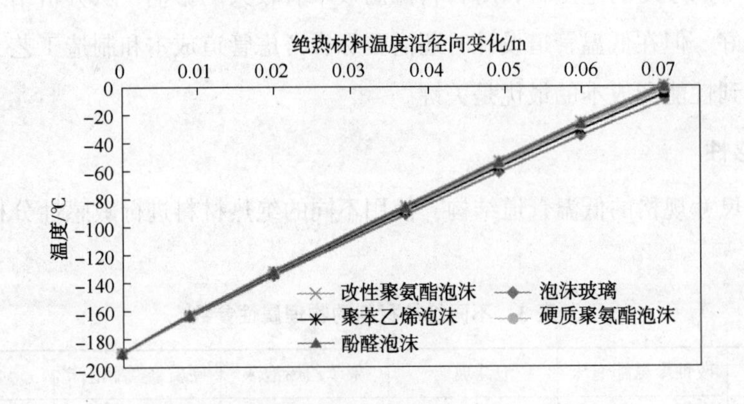

图6 沿径向温度变化

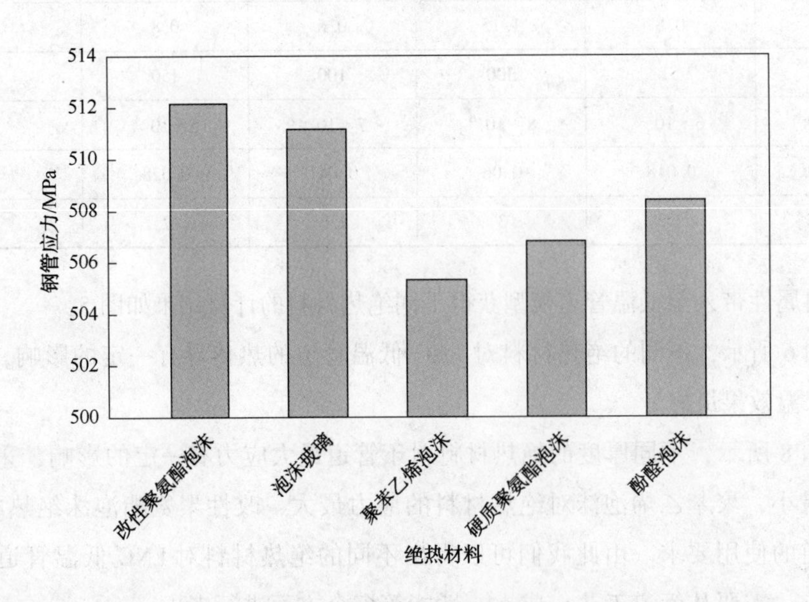

图7 低温管道应力分析结果

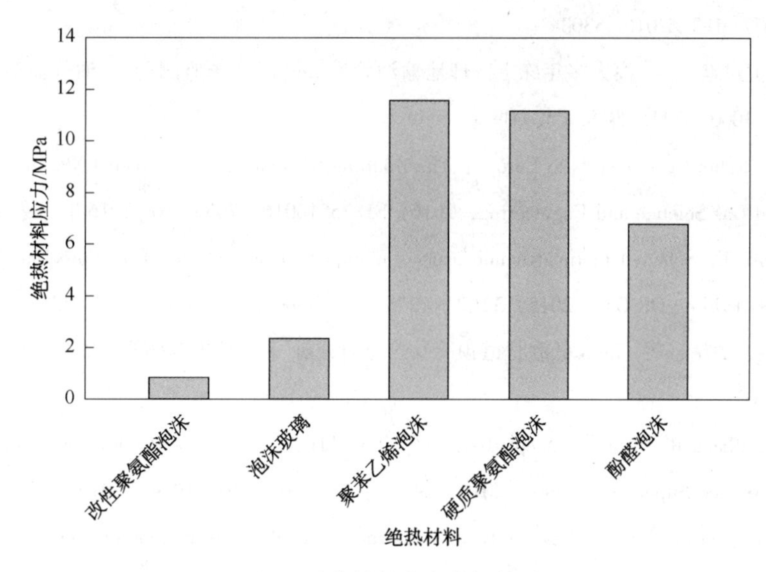

图 8 绝热材料应力分析结果

4 结论

本文通过开展 LNG 低温管道的热固耦合模型分析，研究不同绝热材料和尺寸对低温管道性能的影响，获得下列结论：

（1）低温管道的绝热材料在管道热固耦合模型分析中占主导地位，随着绝热层厚度的增加管道保温效果越好。对比几种不同的材料热固耦合分析结果，不同绝热材料的保温性能差别不大。

（2）不同绝热材料都可以起到保温绝热的作用，管道具体设计时需要考虑不同绝热材料管道工艺、造价的影响，尤其是长距离输送的天然气管道更需要材料重量、连接的影响。

参 考 文 献

[1] 王俊强，何仁洋，刘哲，等. 中美油气管道完整性管理规范发展现状及差异[J]. 油气储运，2018，37(1)：9. 10. 6047/j. issn. 1000-8241. 2018. 01. 002

[2] Carpenter C. Investigation of LNG Underwater Release and Combustion Behavior on Water Surface[J]. Journal of Petroleum Technology，2021，73(4)：35-36. 10. 2118/0421-0035-JPT

[3] 祝悫智，李秋扬，吴超，等. 2017 年全球油气管道建设现状及发展趋势[J]. 油气储运，2021，40(12)：9. 10. 6047/j. issn. 1000-8241. 2019. 04. 003

[4] Kang Y，Xiao W，Wang Q，et al. Suppression of Vortex-Induced Vibration by Fairings on Marine Risers[J]. Journal of Ocean University of China，2020，19(2)：298-306. 10. 1007/s11802-020-4033-0

[5] Yamaguchi S，Ivanov Y，Sugiyama L. Liquefied natural gas(LNG) and DC electric power transfer system by cryogenic pipe of superconducting DC power transmission(SCDC)[J]. 2021. 10. 1088/1742-6596/2088/1/012019

[6] 李新宏，朱红卫，陈国明，等. 海底管道泄漏天然气扩散规律数值模拟[J]. 油气储运，2016，35(2)：6. 10. 6047/j. issn. 1000-8241. 2016. 02. 019

[7] 马宁，张艳. 基于 ANSYS 二次开发的埋地管道应力分析软件及实现[J]. 油气储运，2016，35(6)：4. 10. 6047/j. issn. 1000-8241. 2016. 06. 011

[8] 王永兴，盛选禹，王胜利，等. LNG 低温管道保冷结构分析及保冷施工技术[J]. 机械工程与技术，2016，5

(3)：6. 10. 12677/MET. 2016. 53034

[9] 董鹏，郑大海，黄建忠，等. 漠大多年冻土区埋地输油管道周围温度场监测[J]. 油气储运，2018，37(5)：8. 10. 6047/j. issn. 1000-8241. 2018. 05. 009

[10] Wood，David A. Natural gas imports to Europe：The frontline of competition between LNG and pipeline supplies[J]. Journal of Natural Gas Science and Engineering，2016：S1875510016307053. 10. 1016/j. jngse. 2016. 09. 065

[11] Włodek T，Łaciak M. Selected thermodynamic aspects of liquefied natural gas(LNG) pipeline flow during unloading process[J]. AGH Drilling Oil Gas，2015，32(2)：275. 10. 7494/drill. 2015. 32. 2. 275

[12] 张宏志，盛选禹，黄靖，等. LNG 低温管道预冷及热应力分析[J]. 建模与仿真，2017，6(1)：10. 10. 12677/MOS. 2017. 61003

[13] Wang L，Bai G，Zhang R，et al. Concept design of 1 GW LH 2-LNG-superconducting energy pipeline[J]. IEEE Transactions on Applied Superconductivity，2019，29(2)：1-2. 10. 1109/TASC. 2019. 2895461

[14] Kan，Wang，Yuru，et al. Experimental study on optimization models for evaluation of fireball characteristics and thermal hazards induced by LNG vapor Cloud explosions based on colorimetric thermometry. [J]. JOURNAL OF HAZARDOUS MATERIALS，2018. 10. 1016/j. jhazmat. 2018. 10. 087

[15] 陆诗建，张金鑫，高丽娟，等. 不同管径和温压条件下的 CO2 管道输送特性[J]. 油气储运，2019，38(2)：9. CNKI：SUN：YQCY. 0. 2019-02-005

[16] Lim Y，Lee C J，Lee S，et al. Methodology for Stable Dynamic Simulation of a LNG Pipe under Two-Phase-Flow Generation[J]. Industrial & Engineering Chemistry Research，2010，49(18)：8587-8592. 10. 1021/ie902076t

[17] 江圆圆. LNG 低温管道选材及施工要点的探讨[J]. 化肥设计，2015，53(6)：4. 10. 3969/j. issn. 1004-8901. 2015. 06. 010

[18] 甄嘉鹏，郭琦，周江. 多层介质传热的计算模拟[J]. 应用物理，2019，9(1)：6. 10. 12677/APP. 2019. 91002

[19] 韩跃杰，富志鹏，李博融. 多年冻土区隧道传热模型及温度场分布规律[J]. 中国公路学报，2019(7)：10. 10. 19721/j. cnki. 1001-7372. 2019. 07. 015

[20] 高博，吴尚华，杨志勋，等. 柔性管道抗径向挤压能力数值模拟[J]. 油气储运，2020，39(5)：7. 10. 6047/j. issn. 1000-8241. 2020. 05. 016

液化天然气接收站失效数据对比分析研究

张　强[1]　杨玉锋[1]　刘明辉[1]　汪　珉[2]　刘海龙[2]
韩晓明[1]　肖军诗[3]

（1. 国家管网集团科学技术研究总院分公司；2. 国家管网集团液化天然气接收站管理分公司；
3. 中海油安全技术服务有限公司）

摘　要　全球液化天然气(LNG)需求持续上涨，大型化LNG储存是未来的必然趋势，一旦发生泄漏火灾爆炸事故将造成重大人员伤亡和财产损失，LNG接收站场站安全面临重大挑战。对国外(PHMSA、GIIGNL、JRC)不同行业监管或组织机构的LNG接收站失效数据进行了搜集整理与总结，从失效事件类别、失效原因和失效后果等维度开展了对比分析，总结了可能发生事故的功能区域与关联设备。结合国内LNG接收站运行现状，从数字化转型、储罐的本质化安全水平、完整性管理体系建设、关键设备的自主可控、从业人员的专业化和失效数据搜集的规范化等方面提出了针对国内LNG接收站的关键安全技术与管理建议，对国内LNG接收站运行企业的风险减缓措施制定和提高安全管理水平具有重要意义(图6、表1)。

关键词　LNG接收站；失效数据；对比分析；措施建议

ComparativeAnalysis and Research on LNG Terminal Incidents

Zhang Qiang[1]　Yang Yufeng[1]　Liu Minghui[1]　Wang Min[2]
Liu Hailong[2]　Han Xiaoming[1]　Xiao Junshi[3]

(1. Pipechina Science&Technology Research Instituter; 2. Pipechina LNG Terminal Management Company; 3. CNOOC Safety Technology Service Co., Ltd.)

Abstract　Global liquefied natural gas (LNG) demand continues to rise, and large-scale LNG storage is an inevitable trend for the future. Once a leakage fire or explosion occurs, it will cause significant casualties and property damage, and LNG terminal safety faces major challenges. The failure data of LNG terminals from different overseas industry regulatory or organizational institutions (PHMSA, GIIGNL, JRC) were collected, sorted, and summarized, and comparative analysis was carried out from the dimensions of failure event categories, failure reasons, and failure consequences, etc., summarizing the potential accident-prone areas and related equipment. Combining with the current operation status of domestic LNG terminals, key safety technologies and management suggestions for domestic LNG terminals are proposed from aspects such as digital transformation, essential safety level of storage tanks, integrity management system construction, independent controllability of key equipment, professionalization of practitioners, and standardization of failure data collection, which is of great significance for formulating risk mitigation measures and improving safety management level of domestic LNG receiving terminal operating companies..

Keywords LNG terminal; failure data; comparative analysis; measures and suggestions

LNG接收站是对船运LNG进行接收(含码头卸船)、储存、气化和外输等作业的场站，近年来发展迅速，截至2021年底，全国共建成投产22座，接收能力合计10010×10^4t/a，配套储罐罐容$1175\times10^4m^3$，预计"十四五"末将实现翻倍，大型化LNG储存成为必然趋势。由于LNG低温、易挥发、易燃、易爆的特性，其场站安全问题随之凸显，近年来国内外LNG接收站先后发生多起火灾爆炸事故，表明LNG接收站在安全管理方面还面临诸多挑战。当前，国内外各大企业或机构均普遍重视失效数据的收集与分析工作并发布了相关标准手册或规范，例如挪威船级社(DNV)发布的OREDA数据库、美国化学工艺安全中心(CPPS)的PERD数据库、艾思达(EXIDA)公司的SERH数据库及美国可靠性分析中心的NPRD数据手册等，但以上数据库主要针对油气生产设备。为此，搜集整理了国外(PHMSA、GIIGNL、JRC)不同行业监管或组织机构的LNG接收站相关失效数据，梳理分析了重点设备与重点区域的事故发生规律，明确LNG接收站失效事故原因与后果，为提升LNG接收站的整体安全水平提供对策建议。

1 国外不同组织机构LNG接收站失效数据分析

1.1 美国管道与危险材料安全管理局

美国管道与危险材料安全管理局(PHMSA)成立于2005年，隶属于美国交通部，主要负责美国管道与危险品运输管理。PHMSA监管内容包括气体管道(输气管道、集气管道、配气管道)、危险液体管道、液化天然气(LNG)、地下储气库等。PHMSA根据管道安全法颁布和执行有关LNG运输和储存以及州际或国外贸易的安全法规和标准，定期检查其管辖下的每个LNG设施是否符合49 CFR 193部分的要求。

同时PHMSA按照美国联邦法案第49章191部分的要求开展LNG企业失效事件的搜集，需要上报的事故范围包括以下情形：造成人员死亡、受伤需要入院治疗；导致意外火灾或爆炸；经济损失超过12.2万美元，不包括介质的损失，具体阈值根据每年的通货膨胀系数进行调整；气体意外泄漏量达到或超过300万立方英尺；导致LNG设施紧急关闭；企业判定的其他需要上报的事故。PHMSA要求各LNG企业在事故发生后上报事故基本内容包括失效事故详情、失效原因调查、泄漏损失等，其根据事故后果的严重程度将上报事故分为重大事故(有人员伤亡或经济损失超过阈值)和严重事故(有人员伤亡)两个等级，并将事故原因分为腐蚀、自然破坏、挖掘破坏、其他外力损伤、管道或焊缝材料缺陷、设备失效、误操作及其他，每类事故原因又分为若干子类，如表1所示。

表1 PHMSA 失效原因分类

序号	一级	失效原因	
1	腐蚀	外腐蚀	电偶腐蚀、大气腐蚀、杂散电流、微生物腐蚀、焊缝选择性腐蚀等
2		内腐蚀	腐蚀性介质、酸性水、内部微生物、内部冲蚀等
3	自然外力损伤	土体移动、暴雨洪水、闪电、气温异常、强风	
4	开挖损伤	企业自行开挖损伤(第一方)、承包商开挖损伤(第二方)、第三方开挖损伤、之前开挖导致的损伤	
5	其他外力损伤	附近的工业设施、人为因素或其他火灾/爆炸是事件的影响； 车辆、卡车或其他未从事挖掘工作的机动车辆/设备造成的损害； 船只、驳船、钻井平台或其他海上设备或船只脱离系泊或以其他方式失去系泊； 其他设备或设施中的电弧； 之前的机械损坏与挖掘无关； 故意损坏	
6	管道/焊缝材料缺陷	与建筑、安装或制造有关； 原始制造相关(不包括在现场形成的环向焊缝或其他焊缝)； 低温脆化(由于工艺流体)	
7	设备失效	控制/泄压设备故障； 泵/压缩机或泵/压缩机相关设备； 螺纹连接/联轴器故障； 无螺纹连接故障； 卡套管或接头有缺陷或松动； 设备本体(泵/压缩机除外)、容器板或其他材料故障； 其他设备故障	
8	误操作	企业或企业的承包商造成的与开挖无关的损坏，也不是由于机动车辆/设备损坏造成的； 储罐或压力容器允许或导致超充或超压； 阀门离开或放置在错误的位置，但未导致溢流或过压； 管道或设备压力过高； 设备安装不正确； 指定或安装的设备错误； 其他不正确操作	
9	其他	多因素导致划分比较困难、未知的原因	

截止2021年4月，美国在运LNG接收站16座，在建LNG项目11个。根据美国管道与危险材料安全管理局(PHMSA)的统计，2012—2022年间各企业总共报告LNG失效事件36起，其中引起火灾爆炸事故共7起，共造成0人死亡、1人受伤，总经济损失1.71亿美元(图1)，只有2014年普利茅斯LNG调峰站发生爆炸导致1人受伤，2022年自由港LNG设施发生火灾爆炸造成较大经济损失。

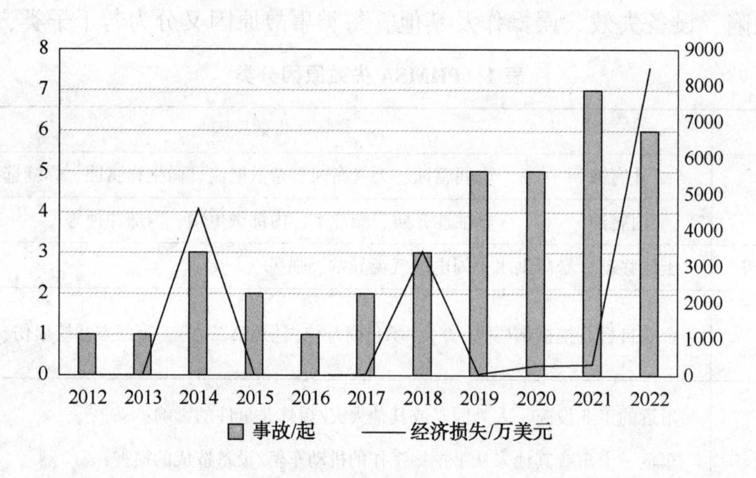

图 1　美国历年 LNG 失效事件数量及经济损失

LNG 失效事件主要原因为设备失效(47%)、误操作(25%)和其他原因(11%)，设备失效主要是控制及泄压设备、泵和压缩机、螺纹连接等故障(图 2)。失效事故与泄压阀、站内管道、压缩机和储罐等设备或部件有关。

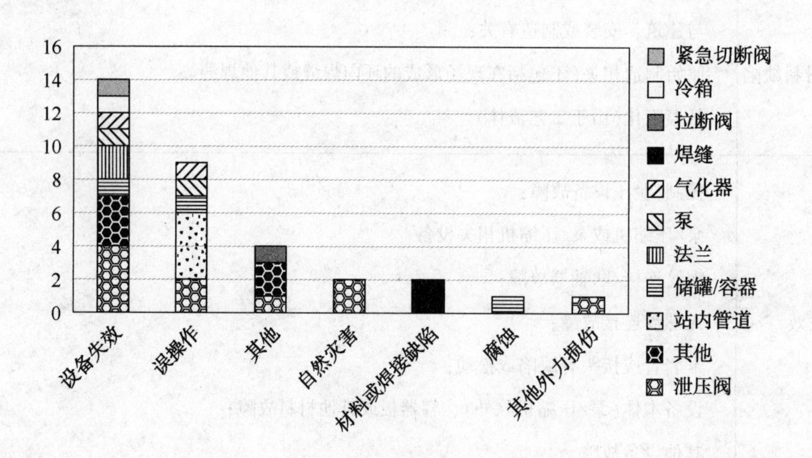

图 2　失效事件原因分析(2012—2022)

1.2　国际液化天然气进口国联盟组织

国际液化天然气进口国联盟组织(GIIGNL)成立于 1971 年是一个非营利性行业组织协会，目前有会员企业 85 家遍布全球 27 个国家或地区，其自 1992 年开始整理分析 LNG 接收站失效数据，截至 2015 年共计记录失效事件 441 起，历年事故数量呈波动上升趋势(图 3)。

1.2.1　事故类别统计

GIIGNL 按是否有危险物质泄漏将事故划分为 3 类，1 类为危险物质泄漏(指 LNG、液化石油气、液氮或相关的碳氢气体泄漏)、2 类为未遂泄漏事故(发生在包含危险物质的系统中，未造成危险物质的泄漏)、3 类为其他关注的事故(除 1 类、2 类以外的事故)。统计表明 1 类事故占事故总数的 62%且主要发生在气化外输区、存储区和卸载区中，2 类事故占比 17%且主要发生在卸载区与气化外输区，3 类事故占比 21%主要发生在外部区和其他区(图 4)。

按设备类型对泄漏事故进一步细分，泄漏事故排名前五的设备有 LNG 储罐(42 起)、卸料臂(34 次)、高压泵(32 起)、卸料管线(27 起)和开架式气化器(23 起)，在生产现场维护过程中应特

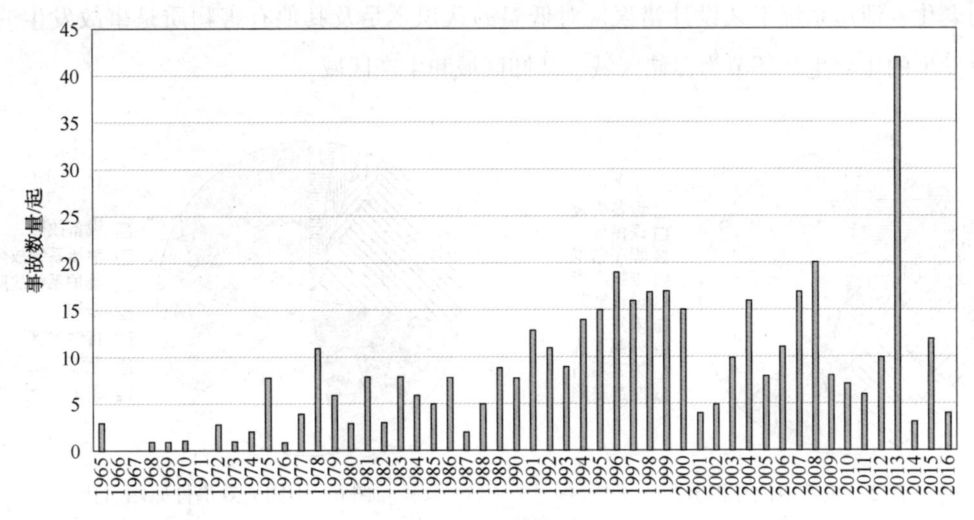

图 3　历年事故数量变化趋势

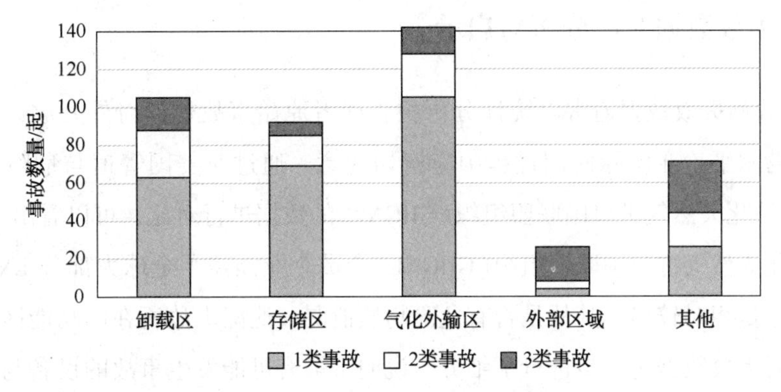

图 4　不同功能区不同类别事故数量统计

别注意此类设备。在泄漏量大于 1000kg 的事故中，37%的事故与 LNG 储罐有关，而卸料臂则是泄漏量小于 100kg 的事故中发生最频繁的位置。冷凝操作和设备启动发生泄漏的可能性更高。

1.2.2　失效原因

1965—2015 年，LNG 接收站事故的主要原因是设备失效，其次是误操作、程序错误和维护不当(图 5)。泄漏大部分与阀门、法兰和密封件有关，需要特别注意设备的维护(维修周期与维修方法)和程序合规性。

1.2.3　失效后果

LNG 接收站泄漏事故导致的后果主要有导致 LNG 接收站完全或部分停机(43 起)、火灾爆炸或快速相变(56 起)、人员伤亡(24 起)。其中电气故障是导致 LNG 接收站完全或部分停机的主要原因，涉及火灾爆炸或快速相变的设备为 LNG 储罐、开架式气化器，主要原因为设备失效和程序错误，与人员伤亡有关的设备类型有 LNG 储罐、高压泵和工艺管线，设计缺陷和误操作是导致人员伤亡事故的主要原因。

1.3　欧盟委员会联合研究中心

截至 2022 年，欧洲共有大型 LNG 接收站 38 座，其中 4 座浮动式存储和再气化装置(FSRU)。2018 年欧盟委员会联合研究中心(JRC)对 1944 年以来的 36 起与液化天然气有关的事件进行了分析，发现事故的主要原因为设备故障、维护系统和泄压系统故障(图 6)，不遵循安全管理程序、装卸设备的老化、泄压系统工艺设计错误、对低温的认识不足及其他有害物质是事故发生的直接原因。事故发生的主要生产环节为存储区域、装卸区域和生产区域。

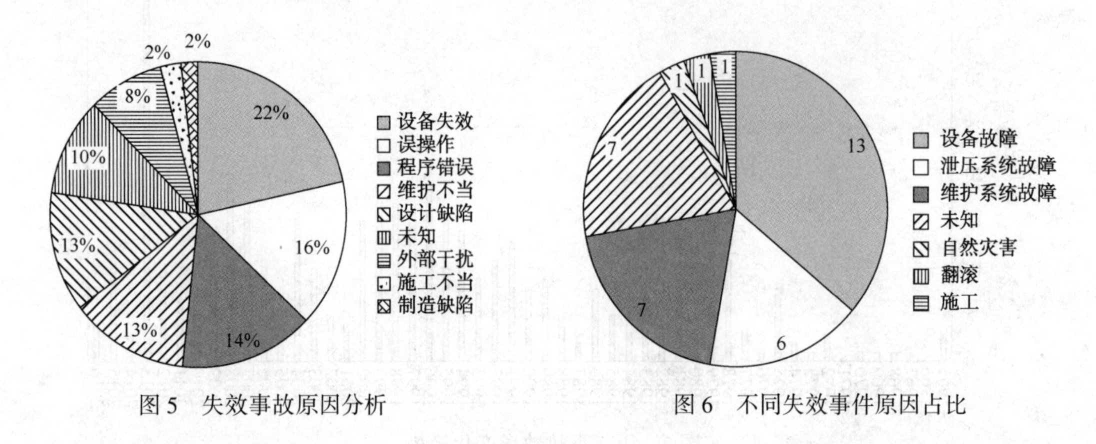

图5 失效事故原因分析　　图6 不同失效事件原因占比

2 不同失效库失效数据对比分析与启示

国外LNG接收站失效数据通常以统计分析报告或者原始事故数据对外开放，事故数据反应了特定条件下的运营水平，在实际使用过程中应密切注意。通过对美国管道与危险材料安全管理局(PHMSA)与国际液化天然气进口国联盟组织(GIIGNL)的数据进行对比，可以看出：

(1) 国际液化天然气进口国联盟组织(GIIGNL)会员企业涵盖了全球大部分LNG企业，记录的事故数据种类与数量相对较多，其从是否有危险物质泄漏、泄漏事故所在的功能区、泄漏事故关联的设备三个维度对事故数据进一步进行了细分，说明了最有可能发生事故的设备与所在区域。美国管道与危险材料安全管理局(PHMSA)由于是国家法律强制性要求，对事故定义较为严格。

(2) 在各类失效事件中，设备失效与误操作均是统计中的主要失效因素，PHMSA进一步将设备失效细化为控制与泄压设备、泵和压缩机、螺纹连接等故障。由此可见，设备的科学合理维护和作业程序的规范化，对于LNG接收站安全的至关重要。

(3) 失效后果方面，LNG行业拥有出色的安全记录，在GIIGNL的统计事件中只有5.2%(24起)的事故导致现场或场外死亡、严重或轻度伤害，而PHMSA的2012—2022年间的统计中仅在2014年的1次事故造成1人受伤。LNG设施泄漏造成的事故数量与经济损失显著低于油气管道，但个别事故造成的经济损失依旧很大(如2022年美国自由港LNG厂火灾爆炸事件)。

根据国外典型LNG失效数据的失效类别、失效后果等方面的对比分析，结合实际管理需求，提出了国内LNG接收站关键安全技术与管理对策：

(1) 加快LNG接收站数字化、智能化转型。数字化转型是未来LNG接收站发展的必然趋势，大力发展接收站的数字化交付技术、智能化运行技术、数字孪生技术等，形成LNG基础设施设计、建造、运维、延寿检测等全过程的数字化建设能力。

(2) 提高LNG储罐的本质化安全水平。融合试验研究、理论计算及监测分析等多种手段开展LNG储罐设计与维护，同时针对未来LNG呈现的大型化、集成化与多样化趋势，积极探索新型储罐如全混凝土储罐技术、新型自支撑式储罐技术、海上储罐技术等的发展和工程应用。

(3) 进一步完善完整性管理体系。周期性的开展管道检验与隐患排查治理，研究基于风险的接收站设备维修方法、开展基于数字射线的低温 LNG 管道的在线检测方法研究、构建 LNG 接收站的设备状态监测统等。

(4) 加大关键设备的自主可控。目前 LNG 接收站关键设备的国产化率在 90%以上，实现了自主化供货，应逐步补齐技术创新的不足，实现由跟随者向引领者转变，同时解决维修过程中技术难题与建立自主维修的技术与管理体系。

(5) 大力推动 LNG 从业人员的标准化、系统化、专业化培训。根据行业特点建立标准化的培训流程，增强培训的多样性、构建形成完整的人才培训体系，推动作业规范化与系统化。

(6) 规范失效数据的搜集与分析工作。明确“失效”的定义、上报途径、上报内容、分级响应等并加以规范和细化，完善事故统计与分享机制以指导行业发展，例如定期发布失效统计数据报告、共享事故案例等。

3 结论

数据的规范统一和信息完整是开展完整性管理的基本要求，为风险评估、维护决策、设计变更及性能监控等工作奠定了基础，通过对国外 LNG 接收站相关失效数据的分析对比，并结合实情况，为提升国内 LNG 接收站的整体安全水平提出了对策建议：

(1) 在各类失效事件中，最容易发生事故的区域为气化外输区、存储区和卸载区，关联的设备有 LNG 储罐、卸料臂、高压泵、卸料管线与开架式气化器。设备失效与误操作是统计中的主要失效因素。与油气管道相比造成人员伤亡的事故占比相对较少，但个别事故造成的经济损失依旧很大。

(2) 根据对 LNG 失效数据的失效类别、失效原因、失效后果等方面的分析，结合实际管理需求，建议从加快数字化转型、提高 LNG 储罐的本质化安全水平、进一步完善完整性管理体系、加大关键设备的自主可控、大力推动 LNG 从业人员的标准化系统化专业化培训和规范失效数据的搜集与分析工作等方面提出了针对国内 LNG 接收站关键安全技术与管理对策。

参 考 文 献

[1] 程民贵. 中国液化天然气接收站发展趋势思考[J]. 国际石油经济，2022，30(05)：60-65.

[2] Kondratov, D. I. The Global Gas Market: Modern Trends and Development Prospects. Her. Russ. Acad. Sci. 92, 188-198(2022).

[3] 单彤文. LNG 储罐研究进展及未来发展趋势[J]. 中国海上油气，2018，30(02)：145-151.

[4] 陈正惠，宋明国，樊慧. 基于国家管网集团运行下的中国 LNG 接收站运营模式及趋势分析[J]. 国际石油经济，2022，30(01)：77-84.

[5] 刘筠竹. LNG 接收站的发展趋势[J]. 煤气与热力，2021，41(09)：11-15+45.

[6] 李锐锋. 国内 LNG 接收站设备设施完整性管理研究[J]. 化工管理，2021，No. 613(34)：146-148.

[7] 王海，王志会，赵思琦. 风险管理在大型 LNG 接收站项目中的应用[J]. 天然气化工(C1 化学与化工)，2020，45(01)：61-65+75.

[8] Olga Aneziris, Ioanna Koromila, Zoe Nivolianitou, A systematic literature review on LNG safety at ports, Safety Science, Volume 124, 2020.

[9] 王婷，玄文博，周利剑，杨辉，赵海峰. 中国石油油气管道失效数据管理问题及对策[J]. 油气储运，2014，33(06)：577-581.

[10] 张强，杨玉锋，贾韶辉，刘硕，张希祥. 油气管道失效数据库对比分析与研究[J]. 石油工业技术监督，2021，37(03)：30-33.

[11] U. S. Department of Transportation. Pipeline incident flagged files[EB/OL]. (2023-01-31)[2023-4-7]. https：//www. phmsa. dot. gov/ data-and-statistics/pipeline/pipeline-incident-flagged-files.

[12] 侯明扬. 全球 LNG 市场 2021 年回顾及 2022 年展望[J]. 油气与新能源，2022，34(02)：20-24.

[13] Technical Study Group of GIIGNL. LNGincident identification study analysis of historical data on LNG incidents(3rd Edition)[R]. Paris：GIIGNL，2017.

[14] 谢治国，郑洪弢，林洁，李雅坤. 欧洲 LNG 接收站开放的经验与启示[J]. 国际石油经济，2016，24(04)：41-47.

[15] 单彤文. 中国 LNG 产业链核心技术发展现状与关键技术发展方向[J]. 中国海上油气，2020，32(04)：190-196.

[16] 潘雪超，任凤，文心睿，王燕，刘宇. 天然气产业链技术现状及展望[J]. 山东化工，2022，51(24)：70-72.

[17] 郭海涛. LNG 接收站站场完整性体系构建要点[J]. 设备管理与维修，2017，No. 398(02)：25-27.

[18] 林现喜，杨勇，裴存锋，张克政. LNG 接收站全生命周期安全风险管控实践[J]. 化工管理，2020，No. 553(10)：163-167.

[19] 钟林，王阳，敬佳佳等. 我国 LNG 产业储运装备发展现状与展望[J]. 中国重型装备，2022，No. 154(04)：11-17.

[20] 黄宇，刘梦溪，陈海平，孙富伟. LNG 核心装备国产化进展研究与新技术应用[J]. 现代化工，2022，42(12)：1-5.

LNG 接收站 BOG 混合处理工艺优化

彭 超 王鸿达 刘攀攀 侯旭光 王宏帅

（中石油京唐液化天然气有限公司）

摘 要 BOG（Boil Off Gas）处理工艺是LNG接收站关键环节，也是接收站总能耗重要组成部分。BOG处理工艺主要有再冷凝工艺和高压压缩工艺两种，中石油唐山LNG接收站同时存在再冷凝和高压压缩外输两种BOG处理工艺。但在低外输工况时，只采用高压压缩方式处理BOG，无法充分利用LNG冷能，增压压缩机运行功率高，能耗较大。运用ASPEN HYSYS软件，采用数值模拟与理论研究相结合的方法，对唐山LNG接收站BOG混合处理工艺进行优化，制定了再冷凝器与增压压缩机联合运行方案，充分利用LNG冷能，降低增压压缩机运行功耗。结果表明，在充分利用再冷凝工艺处理BOG时，BOG混合处理工艺可降低增压压缩机功耗5%~20%，每年可节约用电约93万度，优化效果明显。

关键词 LNG接收站；BOG混合处理工艺；优化；运行功耗

Optimization of BOG mixing treatment process in LNG terminal

Peng Chao　Wang Hongda　Liu Panpan
Hou Xuguang　Wang Hongshuai

（PetroChina Jingtang LNG Company Limited）

Abstract BOG（boil off gas）treatment process is the key link of LNG terminal, and is an important part of total energy consumption. There are two kinds of BOG treatment processes: re condensation process and high pressure compression process. There are two BOG treatment processes in Tangshan LNG terminal of PetroChina. However, in low export condition, only high pressure compression method is used to treat BOG, which can not make full use of LNG energy. The booster compressor has high operation power and large energy consumption. By using Aspen HYSYS software, combining numerical simulation with theoretical research, the BOG mixed treatment process of Tangshan LNG terminal is optimized. The joint operation scheme of recondenser and booster compressor is formulated to make full use of LNG energy and reduce the power of booster compressor. The results show that when the recondensation process is fully used to treat BOG, the power consumption of the booster compressor can be reduced by 5% ~ 20%, and the annual power consumption can be saved about 930000 kW · h. The optimization effect is obvious.

Keywords LNG terminal; BOG mixing treatment process; optimization; operation power consumption

国内天然气行业迅猛发展，推动了LNG接收站建设与发展，提高LNG接收站储存与气化能力是未来发展的必然趋势。LNG接收站因系统漏热、动力设备能量传递、卸料和外输、提及置换等因素导致储罐、设备及工艺管线内产生大量BOG。BOG处理系统是LNG接收站核心部分，是LNG接收站安全运行的基础，科学合理的BOG处理工艺可节降低生产成本。目前LNG接收站主要采用两种BOG处理工艺：BOG高压压缩工艺和再冷凝液化工艺，均存在不足之处。唐山LNG接收站同时存在两种BOG处理工艺，即BOG混合处理工艺。自投产运行以来，当外输量较高时，单独使用再冷凝器处理每日BOG即可满足冷能利用温度要求；当外输量较低，再冷凝器无法满足要求时，采用增压机增压外输方式处理BOG。当增压机运行时，再冷凝器很少投入使用，无法充分利用外输LNG冷能，导致部分能量浪费。

本文以唐山LNG接收站BOG处理实际情况为基础，利用ASPEN HYSYS软件，对BOG混合处理工艺进行建模分析及优化，对不同外输工况时再冷凝器最大负荷进行分析，以期充分利用LNG冷能，降低BOG处理功耗。

1 BOG混合处理工艺流程

唐山LNG接收站高压LNG通过冷能利用及气化器进行气化外输，冷能利用所需LNG最高温度为-140℃，再冷凝器使用需保证冷能利用使用温度。所以，当外输量较高可以保证冷能利用LNG温度时，从BOG压缩机首次增压后的BOG气体进入再冷凝器与冷凝LNG混合液化，通过高压输出泵增压至9.5MPa左右后，由汽化器及冷能利用气化后输送至外输总管。当外输量较低无法满足再冷凝器投用条件时，BOG气体通过增压压缩机高压压缩后输送至外输管线。

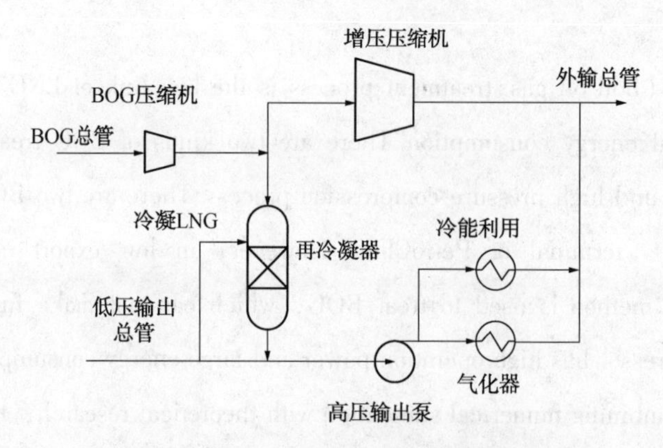

图1 唐山LNG接收站BOG混合处理工艺流程

2 仿真模拟及数值分析

利用接收站设备实际运行参数，如表 1 所示，采用 ASPEN HYSYS 软件，搭建仿真模型，如图 2所示。

表 1 联合运行工况运行参数

项目			参数
再冷凝器	NG	入口温度(℃)	-4
		入口压力(MPa)	0. 7
		入口流量(t/h)	30. 9
	LNG	入口温度(℃)	-158
		入口流量(t/h)	332
		出口温度(℃)	-147
		压力(MPa)	0. 69
高压泵	LNG	出口温度(℃)	-140. 2
		出口压力(MPa)	9. 7
增压压缩机	NG	流量(t/h)	14. 58
		入口温度(℃)	11
		入口压力(MPa)	0. 7
		出口温度(℃)	13
		出口压力(MPa)	7

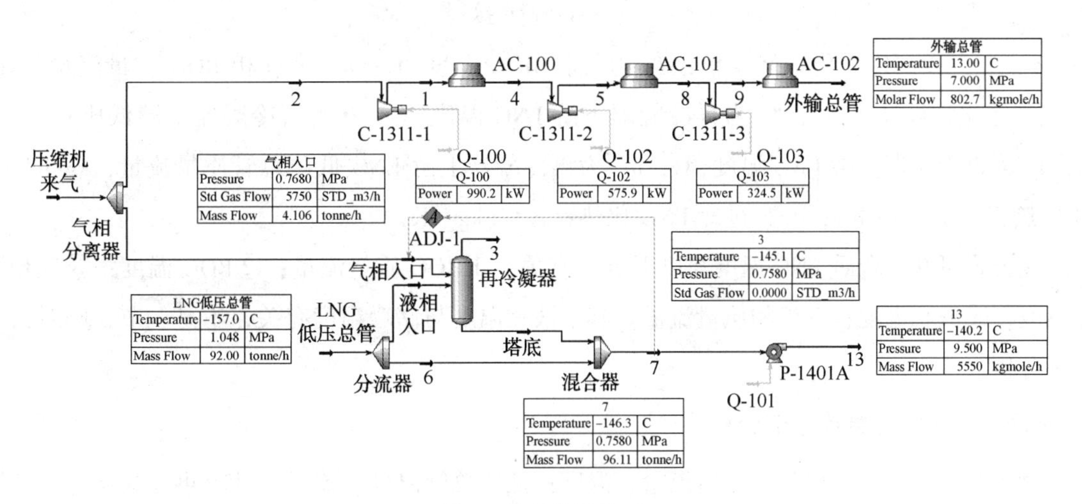

图 2 仿真模拟模型

通过该仿真模型可计算，在冷能利用需 LNG 温度为-140℃时，即高压泵出口 LNG 温度为-140℃时，再冷凝器出口温度。通过改变高压泵流量，根据泵效率曲线，读取不同流量下泵效率及扬程，模拟计算可得高压泵入口温度变化如表 2 所示。

由表 2 可知，当泵入口温度低于-146. 2℃时，即可满足泵出口温度-140℃需要，为考虑计算与实际流量偏差，将再冷凝器下游低压总管温度控制在-147℃。

表 2　高压泵入口温度计算结果

流量/(t/h)	入口温度/℃	出口压力/MPa	泵功率/kW	泵效率/%
140	-146.1	9.2	1133.9	68
	-146.2	9.4	1160.1	68
	-146.2	9.6	1186.3	68
160	-145.9	9.2	1258.8	69
	-146	9.4	1287.9	69
	-146.2	9.6	1317	69
180	-145.9	9.2	1376.9	72
	-145.8	9.4	1408.7	72
	-145.9	9.6	1421.9	72
200	-145.4	9.2	1472.6	74
	-145.5	9.4	1497.6	74
	-145.6	9.6	1502.1	74

为方便再冷凝器控制，对再冷凝器后端低压总管温度计算公式进行研究。BOG 冷凝过程共有气态温降放热、液态过冷温降放热、气液转换时汽化潜热三部分能量组成，过冷 LNG 仅存在升温过程吸收 BOG 冷凝热量。根据流体温降公式 Q=cm(T2-T1)，得出温度计算公式如下。

$$T_3=\frac{c_1m_1(T_2-T_1)+c_2m_1T_2+c_2m_2T_4+m_1(A_0+A_1P+A_2P^2)}{c_2(m_1+m_2)}+a \tag{1}$$

式中：α、A_0、A_1、A_2 为公式修正值；T_1 为气相 BOG 温度,℃；m_1 为气相 BOG 质量流量，kg/h；T_2 为气相液化临界温度,℃；T_3 为再冷凝器下游 LNG 温度,℃；P 为再冷凝器下游低压总管压力，MPa；T_4 为再冷凝器上游 LNG 温度,℃；m_2 为再冷凝器上游 LNG 低压总管质量流量，kg/h；c_1 为 BOG 比热容，J/(kg·K)；c_2 为过冷 LNG 比热容，J/(kg·K)。

由该公式可知混合后 LNG 温度与以下五点有关：①BOG 质量流量；②BOG 温度；③气相液化临界温度；④液相温度；⑤液相质量流量。其中液相温度与储罐温度有关，不易调节，则对其余四项进行分析。

2.1　不同工况下再冷凝器数值分析

通过控制变量法，改变气相入口流量、温度；低压总管温度、流量，计算再冷凝器下游低压总管温度。模拟结果如表 3 所示。

由表可知 LNG 流量、BOG 流量与 BOG 温度对再冷凝器下游温度的影响均为线性变化，BOG 流量与温度与下游 LNG 温度成正比，LNG 流量与下游 LNG 温度成反比。BOG 流量对下游 LNG 温度影响最大，其回归公式斜率最大，可知当调节再冷凝器下游 LNG 温度变化时应主要调节 BOG 流量，BOG 温度与 LNG 流量调节为辅助调节手段。

表 3　不同工况下再冷凝器下游 LNG 温度

低压总管流量/(t/h)	气相流量/(t/h)	气相温度/℃	LNG 温度/℃
150	7	15	-146.5
		20	-146.4
		25	-146.2
		30	-146.1
		35	-146
		40	-145.8
	9	15	-143.8
		20	-143.6
		25	-143.4
		30	-143.3
		35	-143.1
		40	-142.9
	11	15	-141.1
		20	-140.9
		25	-140.7
		30	-140.5
		35	-140.3
		40	-140.1
	13	15	-138.6
		20	-138.4
		25	-138.1
		30	-137.9
		35	-137.7
		40	-137.4
	15	15	-136.1
		20	-135.9
		25	-135.6
		30	-135.3
		35	-135.1
		40	-134.8
160	15	15	-137.3
170	15	15	-138.3
180	15	15	-139.2
190	15	15	-140.1
200	15	15	-140.8

2.2 其他条件对 BOG 液化影响分析

2.2.1 汽化潜热影响分析

汽化潜热主要影响因素为再冷凝器运行压力，对不同再冷凝器运行压力即下游 LNG 压力条件下 LNG 气化潜热进行计算，计算结果如表 4 所示：

表 4　不同压力下汽化潜热变化

压力/MPa	0.6	0.65	0.7	0.75	0.8	0.85	0.9
气化潜热/(kJ/kg)	450.3	445.6	441	436.6	432.2	427.9	423.8

由表可知，汽化潜热随 LNG 压力线性变化，随压力升高而降低。其回归公式为：

$$Q=21.429P^2-120.5P+514.88 \tag{2}$$

2.2.2　气相液化临界温度影响因素分析

气相液化临界温度主要影响因素为再冷凝器运行压力，对不同压力下气相液化临界温度进行计算，计算结果如表 5 所示：

表 5　气相液化临界温度随压力变化

出口压力(MPa)	0.6	0.65	0.7	0.75	0.8	0.85	0.9
温度(℃)	-135.8	-134.4	-133	-131.6	-130.4	-129.2	-128

由表可知，气相液化临界温度随压力升高而升高，且其变化为线性变化。其回归公式为：

$$T_2=-11.429P^2+43.143P-157.59 \tag{3}$$

利用公式(1)，拟合数值试验数据，可得到再冷凝器下游 LNG 总管温度与 NG 处理量间的关系为：

$$m_1=\frac{3.38\times m_2\times(T_3-T_4)}{35.27\times P^2-172.75\times P+2.169\times T_1-3.38\times T_3+705.7}+2 \tag{4}$$

2.3　BOG 混合处理工艺负荷比例分析

根据不同 BOG 压缩机启停情况即 BOG 处理量，通过该公式计算可得外输量与再冷凝器最大负荷、增压压缩机负荷之间的关系如表 6 所示。

表 6　外输量与负荷关系

外输量/(Wm^3/d)	BOG 总处理量/(t/h)	再冷凝器最大负荷/(t/h)	增压压缩机负荷/(t/h)	增压压缩机轴功率/kW
1200	30.9	13.86	17.04	2271.6
1000	28.7	12.87	15.83	2101
900	26.49	11.42	15.07	2096.1
800	24.28	10.17	14.11	1966.1
600	22.56	7.68	14.88	2075.8
500	21.19	6.43	14.76	2058.5
400	19.86	5.19	14.67	2046.8
300	17.66	3.82	13.84	1930.7
200	15.45	2.57	12.88	1796.7

由上表可知在各外输工况下，再冷凝器最大负荷与增压压缩机负荷，用以指导操作员调节增压压缩机及再冷凝器负荷。

3 经济效益分析

全年低外输工况运行累计时间如表 7 所示，通过 ASPEN HYSYS 计算增压压缩机在各外输工况下节省能耗如表 7 所示，全年可节约 936527.2 度电，以每度电 0.46 元计算，全年可以节约电费 54.32 万元。

表 7 增压压缩机功耗

外输量/（Wm^3/d）	运行时间/d	增压压缩机负荷/（t/h）	电机功率/kW	优化后增压压缩机负荷/（t/h）	优化后电机功率/kW	节省功耗/kW	节省电能/度
1200	20	18.58	2973.6	17.04	2839.4	134.12	64377.6
1000	14	17.96	2919.6	15.83	2626.2	293.35	98565.6
900	3	17.83	2908.3	15.07	2620.1	288.2	20750.4
800	22	17.66	2893.475	14.11	2457.62	435.85	230128.8
600	31	16.72	2811.61	14.88	2594.75	216.86	161343.84
500	18	21.19	3200.91	14.76	2573.125	627.785	271203.12
400	4	19.86	3085.1	14.67	2558.5	526.6	50553
300	1	17.66	2893.475	13.84	2413.37	480.1	11522.4
200	3	15.45	2635.9	12.88	2245.87	390.02	28081

4 结论

本文以唐山 LNG 接收站实际运行情况出发，利用 HYSYS 软件建立了 BOG 混合处理工艺流程，分析 BOG 再冷凝工艺的影响因素，对比不同因素对 BOG 再冷凝工艺的影响，通过冷能利用最低运行温度反推不同外输量工况下再冷凝器最大处理量，优化再冷凝工艺与高压压缩工艺联合运行方式及负荷比例，降低接收站 BOG 处理功耗。通过分析得出以下结论：

（1）当保持冷能利用 LNG 温度为-140℃时，再冷凝器下游 LNG 最高温度为-147℃。

（2）BOG 流量、温度均与再冷凝器下游 LNG 温度成正比，LNG 流量与下游 LNG 温度成反比。BOG 流量对下游 LNG 温度影响最大，当调节再冷凝器下游 LNG 温度变化时应主要调节 BOG 流量，BOG 温度与 LNG 流量调节为辅助调节手段。

（3）根据不同外输工况下，BOG 混合处理负荷比例，可有效指导实际操作，降低 BOG 处理能耗。

（4）通过经济效益分析，增压压缩机功率降低 5%~20%，全年可节约用电 93 万度，经济效益明显。

参 考 文 献

[1] 杨建红. 中国天然气市场可持续发展分析[J]. 天然气工业，2018，38(4)：145-152.

[2] 高振宇，周颖. 天然气市场发展阶段性认识及中国市场前瞻[J]. 国际石油经济，2018，26(10)：69-76.

[3] 杨莉娜，韩景宽，王念榕，何军. 中国 LNG 接收站的发展形势[J]. 油气储运，2016，35(11)：1148-1153.

[4] 彭超. 多台 LNG 高压泵联动运行的优化与改进[J]. 天然气工业，2019，39(09)：110-116.

[5] 陈行水. LNG 接收站再冷凝工艺模型与动态优化[D]. 广州：华南理工大学，2012.

[6] 郭海燕，张炜森. 珠海 LNG 装置技术分析与运行情况[J]. 石油与天然气化工，2012，41(1)：43-47，120.

[7] 张奕，孔凡华，艾邵平. LNG 接收站再冷凝工艺及运行控制[J]. 油气田地面工程，2013，32(11)：133-135.

[8] 曹玉春，陈其超，陈亚飞，胡巍亚. 液化天然气接收站蒸发气回收优化技术[J]. 化工进展，2016，35(5)：1561-1566.

[9] 王小尚，刘景俊，李玉星，多志丽，王武昌. LNG 接收站 BOG 处理工艺优化——以青岛 LNG 接收站为例[J]. 天然气工业，2014，34(004)：125-130.

[10] 张弛，潘振，商丽艳，杨帆. LNG 接收站 BOG 处理工艺优化及能耗分析[J]. 油气储运，2017，36(04)：421-425.

[11] 杨志国，李亚军. 液化天然气接收站再冷凝工艺优化研究[J]. 现代化工，2009，29(11)：74-77.

[12] 李亚军，陈行水. 液化天然气接收站蒸发气体再冷凝工艺控制系统优化[J]. 低温工程，2011(3)：44-49.

[13] 王坤，陈飞，付勇. BOG 再冷凝处理工艺模拟与改进[J]. 当代化工，2016，45(7)：1435-1437.

[14] 刘迪，杜伟婧. LNG 接收站 BOG 再冷凝工艺的模拟及优化[J]. 石油化工应用，2016，35(6)：130-134.

[15] 向丽君，全日，邱奎，王孝科. LNG 接收站 BOG 气体回收工艺改进与能耗分析[J]. 天然气化工，2012，37(3)：48-50.

[16] 孙宪航，陈保东，张莉莉，刘杰，李征帛，杜义朋. 液化天然气 BOG 的计算方法与处理工艺[J]. 油气储运，2012，31(12)：931-933.

[17] 肖荣鸽，戴政，靳文博，祝月，陈雨辞. LNG 接收站 BOG 处理工艺改进及节能分析[J]. 现代化工，2019，39(09)：172-175+180.

[18] 李宁. 液化天然气接收站 BOG 的处理方法及分析[J]. 天然气化工(C1 化学与化工)，2020，45(01)：57-60+84.

[19] 汪蝶，张引弟，杨建平，伍丽娟. LNG 接收站 BOG 再冷凝工艺 HYSYS 模拟及优化[J]. 石油与天然气化工，2016，45(5)：30-34.

[20] 尚卯，谷英杰. 福建 LNG 接收站 BOG 再冷凝工艺优化研究[J]. 天然气与石油，2017，35(05)：28-33.

LNG 接收站高压外输系统节能降耗方案研究

刘　俊　韩　强　张双泉　李广鑫

（安徽长江液化天然气有限责任公司）

摘　要　LNG 接收站下游用户有高、低压多种市场需求，由于外输压力的不同与高压泵出口压力不匹配、导致高压泵产能过剩，效率降低、能耗增加。为此，本文以某 LNG 接收站为例，通过高压泵叶轮减级、高压泵变频及工艺阀门降压三个方案进行能耗对比分析，探讨方案的可行性。研究表明，采取高压泵叶轮减级方案，节能降耗成效显著，投资回收期短。可为国内 LNG 接收站节能降耗提供借鉴。

关键词　LNG 接收站；高压泵；叶轮；压力调节；节能

Research on Energy Conservation and Consumption Reduction Schemes for High Pressure output System of LNG Terminal

Liu Jun　Han Qiang　Zhang Shuangquan　Li Guangxin

(AnhuiChangjiang Liquefied Natural Gas Co. , Ltd.)

Abstract　Downstream natural gasusers of LNG Terminal have different needs, for example: high-pressure gas, low-pressure gas etc. The mismatch between the output pressure of natural gas pipelines and the outlet pressure of high-pressure pumps, result in excess production capacity of high-pressure pumps, reduced efficiency, and increased energy consumption. Therefore, this article takes a certain LNG Terminal as an example to compare and analyze energy consumption of reducing the number of high pressure pump impeller, high pressure pump adopts frequency conversion mode, and controlling the opening of process valves, and explore the feasibility of the schemes. Research shows that reducing the number of high pressure pump impeller scheme has significant energy-saving and consumption reduction effects, and has a short investment return cycle. This article can provide reference for energy-saving and consumption reduction of domestic

LNG Terminal.

Keywords LNG Terminal; High pressure pump; Impeller; Pressure regulation; energy conservation

1 背景介绍

某LNG接收站首站外输管道项目一阶段设计压力为4MPa，二阶段设计压力为6.3MPa。根据市场需求，项目一阶段为城市燃气供气，设计压力4MPa即可满足要求。设计兼顾一二阶段外输压力需求，接收站与首站的交界面操作压力为6MPa，高于当前一阶段设计压力，需通过首站调压撬进行调压，因调压撬截流降压原因，出站压力由6MPa下降为4MPa时，天然气气体温度约下降14.3℃，需利用首站水套加热炉对截流降压后的气体进行加热复温(天然气出首站需大于0℃)，导致LNG接收站的运营能耗增加。另外，高压泵的出口压力按照二阶段压力设计，高于一阶段用户需求，存在高压泵出口压力过剩，设备运行能耗增加。因此，近期内将LNG接收站与首站的交界面操作压力由6MPa调整为4MPa，可解决上述问题，达到节能降耗目的。

2 方案分析

LNG接收站出站压力由6MPa调整为4MPa可通过高压泵叶轮减级方案、高压泵变频方案和工艺阀门降压方案三种方式实施。依据工艺运行条件，接收站出站压力为4MPa时，气化器入口压力约4.2MPa，高压泵出口压力约4.5MPa，设备及管线压力损失如图1所示：

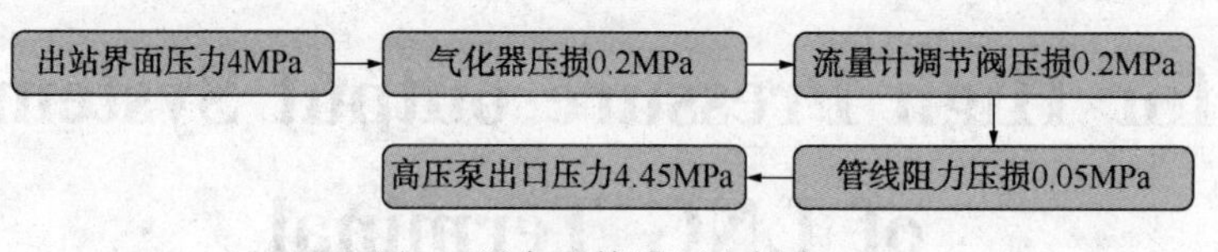

图1 设备及管线压力损失

2.1 高压泵叶轮减级方案

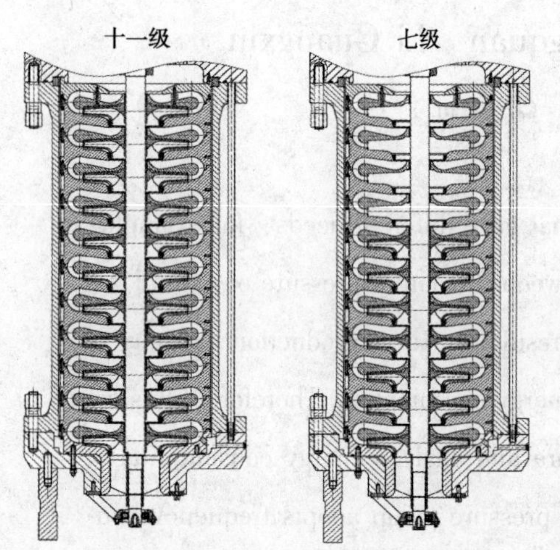

图2 高压泵叶轮减级前后结构图

采用高压泵叶轮减级方案，可在不改变高压泵设计流量的前提下，通过减少高压泵叶轮级数，降低高压泵扬程，达到下游管道要求的出口压力。高压泵原设计叶轮共11级，设计流量126m³/h，扬程1472m，该泵单级叶轮的扬程约为134m。要达到出口压力4.5Mpa的要求，需将11级叶轮减少为7级叶轮，此时设计流量126m³/h，扬程为938m，密度为388kg/m³，效率78%。高压泵叶轮减级前后结构图及水力性能曲线如如。

1) 高压泵叶轮减级分析

(1) 高压泵叶轮减级前输入功率

轴功率：$P_2=\dfrac{126\times1472\times9.8\times388}{3600\times1000\times0.78}=251.2\text{kW}$；

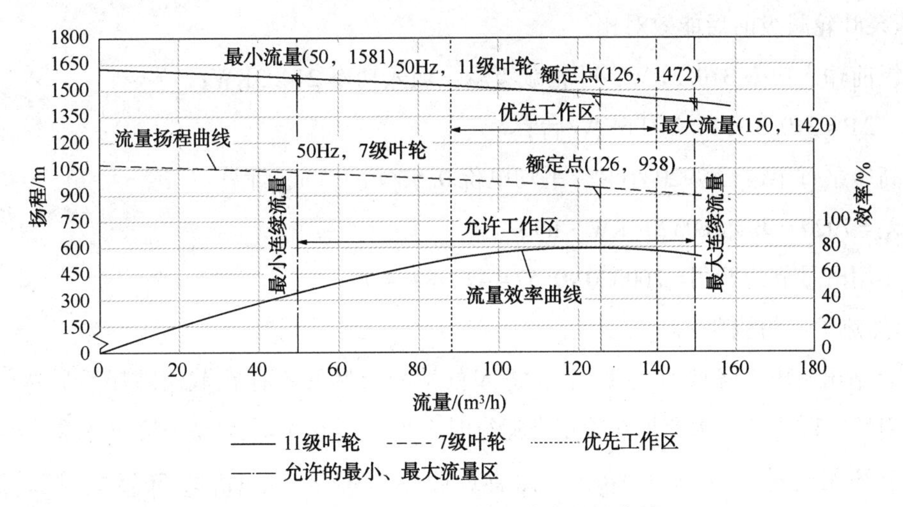

图 3 高压泵叶轮减级前后水力性能曲线

电机负载系数：$P_2/P=251.2/400=0.628$；

当负载系数为 0.628 时的电机：效率 $\eta=0.92$，功率因素 cosφ=0.88；

输入功率为：$P1=P_2/(\eta*cos\varphi)=251.2/(0.92*0.88)=310.3KW$。

(2) 高压泵叶轮减级后输入功率

轴功率为：$P_2=\dfrac{126\times938\times9.8\times388}{3600\times1000\times0.78}=160KW$；

电机负载系数：$P_2/P=160/400=0.4$；

当负载系数为 0.4 时的电机参数：效率 $\eta=0.905$，功率因素 cosφ=0.825；

输入功率为：$P1=P_2/(\eta*cos\varphi)=160/(0.905*0.825)=214.3KW$。

(3) 高压泵减级前后平衡机构轴向力分析

高压泵轴向力平衡机构如图 4 所示：

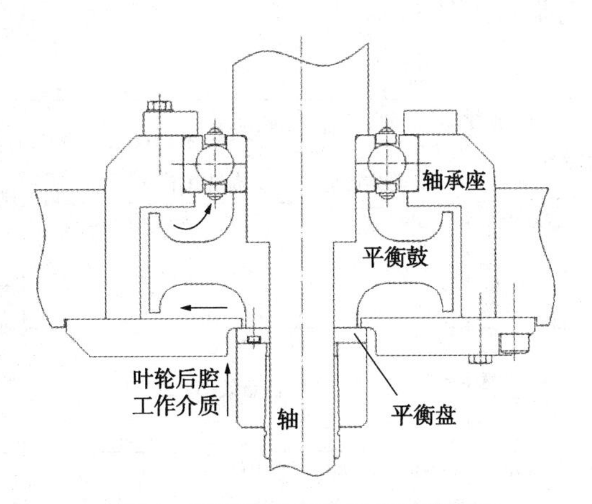

图 4 高压泵轴向力平衡机构图

经计算 11 级叶轮的轴向力为：T1≈55329.5N，7 级叶轮的轴向力为：T2≈35691.5N。

轴向力变化=(T1-T2)/T1=(55329.5-35691.5)/55329.5*100%=35.49%

因高压泵原设计平衡机构平衡轴向力的能力范围约为±20%，减级后轴向力变化为 35.49%，因此减级前后高压泵平衡机构装置无法通用，若项目二阶段 LNG 出站压力恢复为 6Mpa 运行时，需重新设计高压泵平衡机构，如继续使用 11 级叶轮的平衡机构，则会影响泵轴承的使用寿命。

2）高压泵叶轮减级前后能效对比

叶轮减级前输入功率 310. 3KW，叶轮减级后：输入功率 214. 3KW；

功率差：ΔP = 310. 3-214. 3 = 96KW/台；

按单台高压泵每年运行 7920 小时，平均电价 0. 57 元/kWh，计算：

总能耗差 = 7920 * 96 = 760320(KW · h)；

每台每年用电量节约费用 = 760320X0. 57 = 433382. 4 元。

3）水套加热炉节约能耗

LNG 接收站出站压力降低为 4MPa 后，进入首站的天然气不存在截流降压后导致的温度下降，水套加热炉用气可以节约。水套加热炉正常运行时平均耗气量约 40m³/h，按照冬季每年运行 720 小时，每年可节约用气量 28800m³。结合安徽省近四年 LNG 采购均价约 5655 元/吨，折合气态单价4 元/m³。

每年可节约水套加热炉用气费用 = 28800X4 = 115200 元。

4）接收站出站压力由 4Mpa 恢复 6Mpa 改造费用

接收站出站压力在项目二阶段由 4Mpa 恢复为 6Mpa，高压泵需要重新设计更换新的平衡机构，经核算，单台高压泵改造费用约 200000 元(包含重新设计平衡机构、拆装、测试、运输、指导安装及调试费用)。

5）投资回收期

投资回收期 = 200000/(433382. 4+115200) = 200000/548582. 4 = 0. 36 年

2.2 高压泵变频方案

采用高压泵变频技术，对高压泵运行压力、温度、流量等参数进行实时检测，调整高压泵电机的电源输入频率，改变电机的转速、输入功率，实现高压泵出口压力随外输管道运行压力联动调节。高压泵变频前后水力性能曲线如图 5。

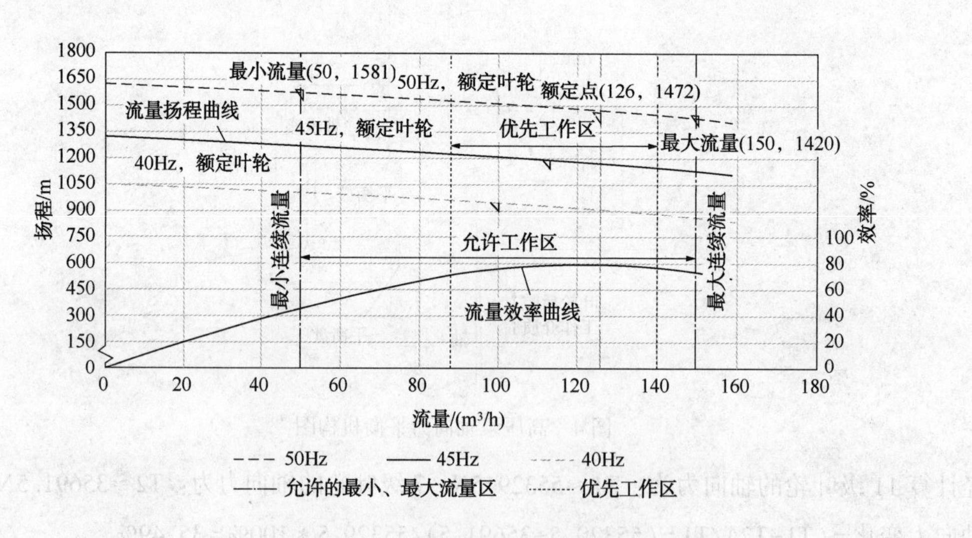

图 5　高压泵变频前后水力性能曲线图

1）高压泵变频前输入功率

经前文计算，高压泵原设计输入功率为 310. 3KW。

2）高压泵变频后输入功率

高压泵变频后出口压力约 4. 5Mpa，输入频率为 40Hz，流量 126m³/h，扬程约为 900m，介质密度 388kg/m³，泵效率 0. 71%：

轴功率：$P_2=\frac{126\times900\times9.8\times388}{3600\times1000\times0.71}=168.7\text{kW}$；

电机负载系数：$P_2/P=168.7/400=0.422$；

当负载系数为 0. 422 时的电机参数：效率 $\eta=0.905$，功率因素 $\cos\varphi=0.825$；

输入功率为：$P1=P_2/(\eta*cos\varphi)=168.7/(0.905*0.825)=226\text{kW}$；

高压变频器风机功率≈22kW；

总输入功率≈248kW。

3）高压泵变频前后能耗对比

高压泵采用变频方案 50Hz 时，输入功率 310. 3kW；40Hz 时，输入功率 248kW：

功率差：ΔP=310. 3−248=62. 3kW/台；

按单台高压泵每年运行 7920 小时，平均电价 0. 57 元/kWh，计算：

总能耗差=7920＊62. 3=493416(kW·h)；

每台每年用电量节约费用=493416×0. 57=281247. 1 元。

4）水套加热炉节约能耗

根据上文水套加热炉用气量计算，水套加热炉每年可节用气费用 115200 元。

5）变频器投资成本

根据市场询价，高压变频器采购成本约 600000 元/台(不含安装及电缆费用)，另外高压变频器放置需在工艺变电所内单独增设房间，重新敷设电缆等增加费用。

6）投资回收期

投资回收期=600000/(281247. 1+115200)=600000/396447. 1=1. 51 年。

2. 3 工艺阀门降压方案

工艺阀门降压方案可通过调节高压泵出口手动调节阀与气化器入口流量调节阀共同实现。某 LNG 接收站高压泵出口阀设计为手动调节阀，空温式气化器与燃烧式气化器入口均设计有流量调节阀，流量调节阀具备流量与压力调节功能。接收站运行过程中，主要通过气化器入口流量调节阀对高压泵出口压力进行调节降压，同时配合手动调节阀使用，可使其进入气化器的 LNG 压力维持 4. 2MPa，保证下游管网运行压力不超过设计压力，工艺流程示意图如图 6。

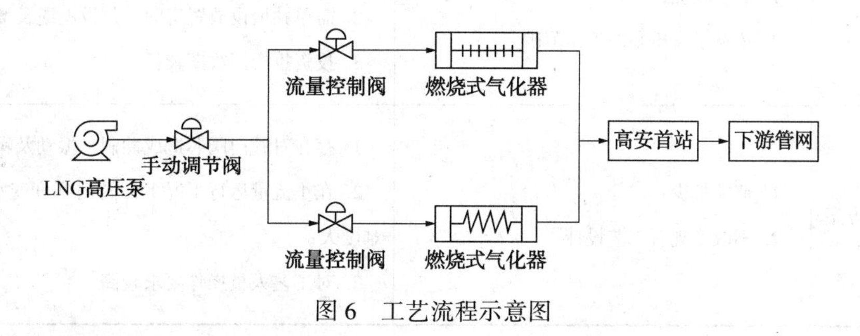

图 6　工艺流程示意图

该种方案运行对高压泵出口手动调节阀与气化器入口流量调节阀有一定影响，经核算，某 LNG 接收站设计单台阀门前后最大承受压差为 15bar，按照接收站高压泵的出口设计压力 6. 3MPa，与下游管网界面压力 4. 0MPa 计算，两者存在 23bar 的最大压差，若采用单阀降压运行，阀门承受压差将超出设计范围，存在对阀门阀芯造成冲刷，造成振动与噪音大等影响。另外，在小流量运行工况下，阀门开度变小，导致阀门无法实现有效调控(<10%)。

经计算，如在阀门设计、制造阶段进行特殊要求，可允许在阀门承受压差的范围内，通过双阀调节的方式实现降压运行。

3 三种方案能效对比

通过以上三种方案分析，分别进行能效与优缺点对比如下：

表 1 三种方案能效对比表

项目	原设计	叶轮减级方案	变频方案	阀门降压方案
输入功率(kW)	310. 3	214. 3	248	310. 3
平均电价(元)	0. 57	0. 57	0. 57	0. 57
运行时间(h)	7920	7920	7920	7920
设备数量(台)	1	1	1	1
用电费用(元)	1400818. 3	967435. 9	1119571. 2	1400818. 3
用电节约费用(元/年)	/	433382. 4	281247. 1	0
水套炉节约费用(元/年)	/	115200	115200	115200
改造增加费用(元)	/	200000	600000	/
投资回收期(年)	/	0. 36	1. 51	/

表 2 三种方案优缺点对比表

序号	项目	优点	缺点
1	叶轮减级方案	1. 节省最优； 2. 投资投资回收期短； 3. 项目建设期可直接按照一阶段外输压力采购高压泵	1. 后期接收站出站压力由 4Mpa 恢复至 6Mpa，需增加相关费用
2	变频方案	1. 节省较优； 2. 拓宽了高压泵的工作范围	1. 增加变频器投资； 2. 需单独增设放置房间、敷设电缆及增加设计的工作量； 3. 投资投资回收期较长
3	阀门降压方案	1. 节能最少； 2. 不改变现有工艺设计	1. 存在对阀门阀芯造成冲刷、振动及噪音大等影响； 2. 在小流量运行工况下，阀门开度变小，阀门精准调节难度大； 3. 对工艺人员操作要求较高

4 结论

综上所述，针对 LNG 接收站外输运行压力的变化，导致 LNG 接收站关键设备能耗增加，建议采取高压泵叶轮减级方案实施，节能最优，投资回收期短。经计算论证对 LNG 接收站其它关键设备如气化器、首站计量设备等运行不产生影响，可为国内 LNG 接收站节能降耗提供借鉴。

参 考 文 献

[1] 岳鹏. LNG 接收站高压泵系统运行可靠性研究[J]. 石化技术，2019(08).

[2] 王超. LNG 接收站用 LNG 高压泵选型设计研究[J]. 水泵技术，2020(5)：26-30.

[3] 张宇鹏. 低温潜液泵结构与应用研究[J]. 水泵技术，2018(2).

[4] 王卫晓. LNG 接收站高压泵加级研究[J]. 石油工程建设，2020(3)：72-77.

[5] 彭超. 多台 LNG 高压泵联动运行的优化与改进[J]. 天然气业. 2019，39(9)：110-116.

[6] 杨远，唐文洁，齐安彬，等. 大型 LNG 工厂能耗分析及节能措施[J]. 石油与天然气化工，2017，46(4)：103-108.

[7] 刘庆胜，周琳琳. LNG 接收站外输泵匹配问题分析及解决[J]. 中国石油和化工标准与质量. 2016，(9).

[8] 张宝荣，叶榄，张锦，等. 关于高压泵的设计分析与研究[J]. 内燃机与配件. 2022，(18).

[9] 张翼飞[1]，仝晓龙[1]. 液化天然气(LNG)输送泵的特点与应用[J]. 水泵技术，2006(6)：38-40.

基于外部数据循环的二三维数据校验方法研究

李　娜　林　畅

（中国寰球工程有限公司北京分公司，国家能源液化天然气技术研发中心）

摘　要　数字化交付以数据的完整性、一致性和准确性为标准进行交付验收，目前工程项目在数字化设计中广泛采用专业间协同以及二三维数据协同等方式保障交付物的数据质量，其中，二三维数据校验是贯穿于整个交付过程中的重要数据验证环节，是保证交付成果充分满足业主建设智能化工厂的有效方法。本文基于以往数字化项目实施过程中的二三维校验相关问题梳理和总结，对工程项目实际应用中涉及的应用现状进行分析，简要概括二三维校验基本原理，总结工作中的难点问题，提出了基于数据外部循环开发自研程序，解决验证规则配置、参数配置复杂等重点问题，结合实际项目给出自研程序的应用效果，为项目数字化交付中的二三维校验工作提供思路。

关键词　二三维校验；Python pandas；二维对象；三维对象

Research on Verification Methods for 2D and 3D Data Based on External Data Looping

Li Na　Lin Chang

（ChinaHuanqiu Contracting & Engineering（Beijing）Co. Ltd.

National Energy R&DCenter For LNG Technology）

Abstract　Digital delivery takes the integrity，consistency，and accuracy of data as the standard for delivery acceptance. Currently，engineering projects widely use professional collaboration and 2D and 3D data collaboration in digital design to ensure the data quality of deliverables. Among them，2D and 3D data verification is an important data verification step that runs through the entire delivery process，It is an effective method to ensure that the deliverables fully meet the needs of the owner in building an intelligent chemical plant. This article is based on the sorting and summary of issues related to two-dimensional and three-dimensional verification in the implementation process of previous digital projects. It analyzes the current application status involved in engineering projects, briefly summarizes the basic principles of two-dimensional and three-dimensional verification, summarizes the difficulties in work, and proposes to develop a self-developed program based on external data circulation to solve key issues such as complex validation rule configuration and parameter configuration, Provide ideas for the two-dimensional and three-dimensional verification work in project digital delivery by combining the application effects of self-developed programs with actual projects.

Keywords 2D and 3D verification; Python Pandas; 2D objects; 3D objects

1 前言

良好的交付数据质量是智能化工厂数据湖建设的基础。工程建设极端通过统一数据采集规范，畅通了数据对接渠道，以全生命周期数据库为载体，实现数据的关联、存储与共享，以此推动数字化移交的有序开展，并保证数据历史的可追溯性。中海油基于管道数据融合、三维应急决策支持技术，开发了生产数据采集、智慧视频监控、安全生产运营管理与移动应用、节能管理智能化等智能系统，建设了数据中心，集成了云架构监控支持平台。该平台具有科学性、先进性、智能化的显著特点。工程建设项目为智能化工厂建设提供静态资产数据，集设计、采购、施工及试运行设计成果为一体的数字化移交模式引起国内工程建设领域的新变革。

衡量数字化交付成果的重要指征是交付数据的准确性、一致性和完整性，是保证智能工程数据基座建设的核心问题，因此也成为了数字化交付的需重点攻克的难点内容。数字化交付平台是交付成果的载体，通常具有数据校验功能模块，众所周知，项目交付后期来自于各方的设计、采购、施工以及分包商、供货商等数据需要进行大量的平台挂载，限于数据量巨大、模板定制需求增多等因素，对于设计数据质量无法充分细化执行，平台层的数据验证仅仅侧重于位号验证和对象文档关联的完整性检查，未能下探到具体对象，无法深入验证设计数据问题，成为项目保障交付质量所面临的挑战。

目前，国内工程项目业主提出数字化交付策划时，尤为关注工程设计阶段数据质量过程性控制要求，即将平台交付期数据质量验证需求前移到设计阶段，要求在数字化设计整个过程植入高效的数据校验方法，其中以二三维数据一致性验证为重点，以阶段性数据质量控制配合平台交付期间的任务量，从数据源头逐步完善和加强质量管控，因此制定合理的二三维校验方案，解决当前存在的难点问题是研究关键。

2 现状和影响因素分析

从国外大型工程的数字化交付项目执行情况来看，二三维校验是构成数字化交付必要因素，校验结果及其报告处理是交付验收的重要依据。但受限于软件应用水平等因素，国内的数字化交付项目多委托第三方软件商进行二三维校验，费用消耗巨大且前期沟通人工时消耗客观，设计人员对整个校验过程无法充分把握，在校验结果处理方面也较为被动。如图 1 所示，通常影响二三维校验执行效果主要为人员能力水平、业务流程和工作方法、专业间设计表达意图差异以及数据可视化需求等因素。

图1 二三维数据校验影响因素示意图

(1) 人员水平因素-校验规则定义复杂

二三维数据校验需要定制大量校验规则，包括确定校验范围、依据、深度以及排除项等内容，规则参数设置较为复杂。校验规则通常由设计人员根据项目具体要求进行针对性调整，需要设计人员对软件的二三维工具软件的常规操作和规定有所了解，熟悉数据字典数据结构，规则定制常需调用编程代码或进行代码编译，因此对于工程设计人员的业务水平和计算机应用能力都提出较高要求，才能设置合理全面的规则配置文件，否则极易造成校验结果出错或效果不符合预期、多项返工修改等问题，使校验工作进度受到影响。

(2) 表达方式-对象命名不一致

二三维对象命名一致是校验基础。工程项目中，由于二三维对象表达意图不同常见命名差异现象。二维对象创建于智能 P&ID 数据库，受限于图面布置和内容的通用性，在区域代码等共性内容处理方式常以通用注释型式给出，图面仅显示对象本身的特征编号；同时，在三维建模环境中，需要以工厂物理分区标识各类工厂对象，在象命名前添加分区编号等，造成双方编号差异。

(3) 业务流程因素-变更不同步导致的差异性

项目后期，由于进度控制、沟通机制方面因素导致的变更修改不同步现象无可避免。例如，P&ID 图纸阀门位置修改、管道接点位置或仪表位置变化等未能及时反映到三维模型，与此同时，对象安装位置是二三维校验的一项必要内容，右侧造成的校验错误提示屡见不鲜，因此需要充分考虑业务流程合理设置，提高变更管理效率，对二三维校验节点予以明确规划和统筹以避免类似问题。

(4) 设计意图表达差异

以工艺 P&ID 设计为例，表达侧重于体现工艺流程的系统构成；对于三维模型设计来说，在符合工艺要求的前提下，还需要精确表达管道配管及材料专业等设计内容，其中包括实际对象的安装位置、材料及数量检索等；例如，智能 P&ID 中常以位号后缀方式表示仪表数量要求，而三维模型中则需要展开建模；有些项目的工艺图纸中手阀无需编号，而对于管道专业来说，阀门的项对位置及数量都需要清晰表达以利于材料正确检索，上述问题造成二三维对象编号出现 1：N 的对应差异；差异越大，校验规则越复杂，校验过程可控程度越低。

(5) 校验结果可视化程度差异

二三维校验结果是二三维设计成果一致性程度的直观展示，是数字化交付验收时重要验收依据。目前，基于各设计软件的数据可视化模式不同，二三维校验结果多采用报表、弹窗报告等方式展现，同时，普遍存在日志文件信息庞大、问题对象指向不明确、结果修改指导性信息不足、可视化程度不高等情况，常造成设计人员面的体量庞大的比对表格或日志报告时无所适从，漏改、错改现象时有发生，导致二三维校验结果修改工作难以保障，甚至仅仅流于形式，对于项目的设计和交付成果质量方面未能起到关键性作用。

3 二三维数据校验原理

二三维校验的目的是最大程度保证设计成果的一致性，从而提高数字化交付成果质量。尽管软件平台差异使得二三维校验执行方式不尽相同，但是校验规则配置和校验过程受控程度仍然是亟待解决的问题。

二三维校验是数据上传设计平台前的一项重要工作，涵盖对象主要包括设备、管道及仪表等类对象，以大量定制化的校验规则为驱动进行二三维对象间的数据和数据值比对的过程，其中，在线仪表、管件、管段的校验又以管道匹配为先决条件，即在管道层级匹配成功后，再由管道起点开始进行管段、阀门、在线管件、在线仪表的比对过程。

因此，本文以管道对象的校验过程为例，概括说明二三维校验流程。

（1）二三维校验流程

图2所示某管道对象为例，校验过程开始前应进行校验规则配置，确定校验范围和内容。校验过程首先对二三维对象进行位号级别的比对，位号匹配与否是校验的基础条件，这是由智能化设计中以对象为中心以规则为驱动原则决定的。比对结果相同则进行下一步的匹配（Match）操作，检查设备管口尺寸及位置、阀门、管线分支接点、仪表安装位置、参数等是否一致。值得注意的是，三维模型对象与周围管道或设备等连接顺序应与二维图纸保持逻辑一致，例如设备上管口的相对位置、管系（Pipework）中各分支管线的接点、管线所有管件的逻辑顺序等；如果发现如仪表、阀门、三通和异径管的安装顺序不同于二维图纸布置或某项丢失时，也会作为不匹配项（Not Match）在报告中指出。

校验结果报告中，匹配对象自动高亮，其中绿色表示一致项，红色表示不一致项，同时以Report报告形式列出详细的说明Comments指导设计人员了解不一致发生原因以便进一步处理。如果发现是由于规则配置问题导致校验结果报告出错，则必须返回校验规则的设置窗口进行相关内容的修改。

匹配结果按匹配和未匹配分别处理。对于未匹配项，若提示为数据错误原因则需要返回各自修改或补充相关数据；若由于对象缺失造成应进一步分析，如果二维图纸中缺少对象则需要在二维工具补充创建；如果提示三维对象缺失，可以基于二维已有信息直接建模，创建的三维对象可以继承二维数据属性继承二维数据属性，后续增加三维模型相关信息即可实现快速建模。

在实际工程项目中，二维设计与三维设计往往同时进行，此时三维模型在二维图纸发布之前已创建，所以三维对象已存在，此时若二维数据已经完备，可将二维对象链接到相应的三维对象，通过具体规则控制，将二维数据赋值于三维对象，使三维模型初具规模，提高三维布置设计效率。

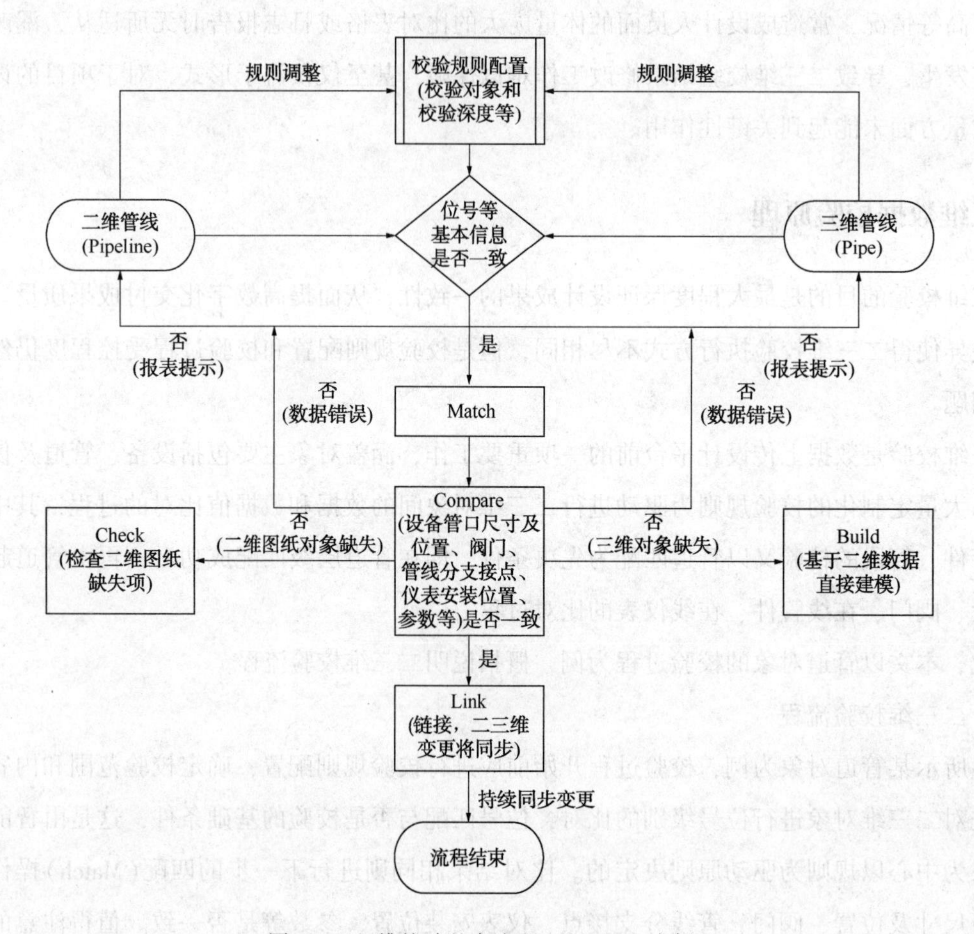

图 2 二三维校验基本流程(以 PDMS 为例)

4 二三维校验方法研究和程序开发

由现状分析可知，由于二三维对象中常见的 1：N 的对应关系，依靠单一参数创建的规则很难拿取需求数据，同时，无论智能设计还是传统表格文件，若想进行数据对比则必须找到基础的关联映射逻辑，找到相关对象的对应关系，有针对性的定制校验规则；实际项目中，由于数量庞大，管线校验始终二三维校验的核心内容。

管道编号在二三维工具端程序中存在 1：N 的关系的现象并非罕见，例如三维模型中管道编号由于添加了工厂分区编码、分段编码等与智能 P&ID 端管线号则产生差异，从而导致系统无法找到匹配对象，比对过程的起点条件不具备，阻碍校验过程向下一层级继续运行，因此，如何充分利用现有数据构造规则，创建二三维校验条件是本文重点研究内容。

鉴于目前普遍应用主流二三维协同设计平台，本文基于 AVEVA 公司的 Schematic 3D Integrator 模块，以管道对象作为研究对象开发该类对象二三维校验程序，并且提出程序开发思路，将其应用于测试项目中来检测程序运行成果的可行性和应用效果。

4.1 研究思路

本研究主要考虑采用如下实现路径：

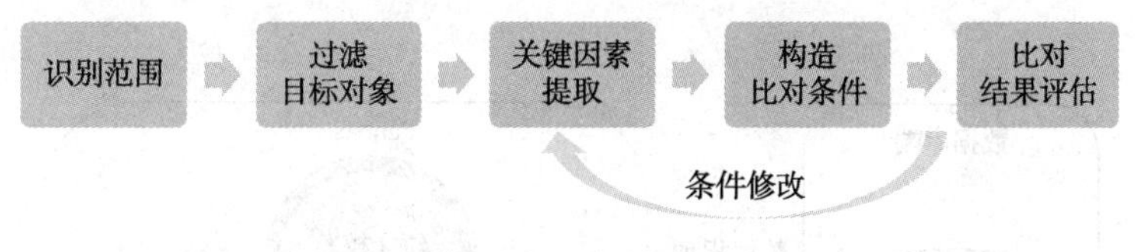

图 3　研究思路

（1）识别关键属性范围

主要依靠工程设计人员的工程项目经验和对软件的理解程度，选取典型类对象进行命名差异分析，提取具有唯一性的属性字段，去除其中干扰因素属性后得到符合赋值要求和数据传递方向的单个或多个属性组合，创建拿取目标类对象的条件。

（2）过滤目标类对象

数据结构的类数据由不同属性字段构成，且具有精确的层级关系和关联关系。依据关键属性提取范围确定目标类对象，应确保对象输出的完整性。由于二三维管道对象的对应关系尤为复杂，具有 1 对多、多对多的映射关系，加之管道数量庞大，校验规则需要能够准确判断和提取目标对象。

（3）条件因素提取

提取目标对象关键因素构造比对规则，将 1：N 匹配关系简化为 1：1 单一对等原则，极大简化比对规则中的关键参数数量，同时设置规则优先级别，使构造后的规则为第一级条件。

（4）属性赋值

属性赋值的基本原理是在校验过程中，基于构造规则为对象属性批量赋值，使其具有与校验源对象相匹配属性，以 1：1 映射关系开始进行二三维校验。

（5）校验结果评估

本次开发主要 Integrator 提供的关键属性（Key Attributes）匹配校验功能，其基本作用原理是在校验过程中，当该类对象的关键属性值与三维模型中的相应类对象等值时，系统基于该匹配结果进行进一步数据的匹配和链接，从而将命名属性模糊处理或作为忽略项处理，进而解决由于管线命名冲突从而无法进行二三维数据校验的问题。检验结构评估项，也是主要对关键属性匹配度进行分析得出。

4.2　方案制定

二三维数据校验的前提是进行大量数据预处理分析并构造比对条件。由于智能软件参数配置门槛较高，可以考虑采用“数据外部循环”方式解决。同时，EXCEL 表格代码在处理大量数据记录时代码较为复杂，循环遍历语句容易报错，编译困难，本次开发考虑采用目前主流数据分析模块—Python pandas 进行编译。

Python pandas 是 Python 语言的数据处理模块库，主要特点是数据类型覆盖范围广、语句简短高效，与 Excel 可联动应用，可以规避 Excel 中的大量遍历循环语句等特点，因此可以满足二三维校验中大量数据处理需求，本研究选取 Pandas 作为数据处理工具，结合软件报表实现数据的输出与回流。

在关键参数提取方面，利用 Integrator 提供的关键属性匹配校验功能，在校验过程中，当目标类对象的关键属性值与规则条件等值时，系统则认为对象匹配成功，将差异性干扰条件作为忽略项处理后开始匹配过程。

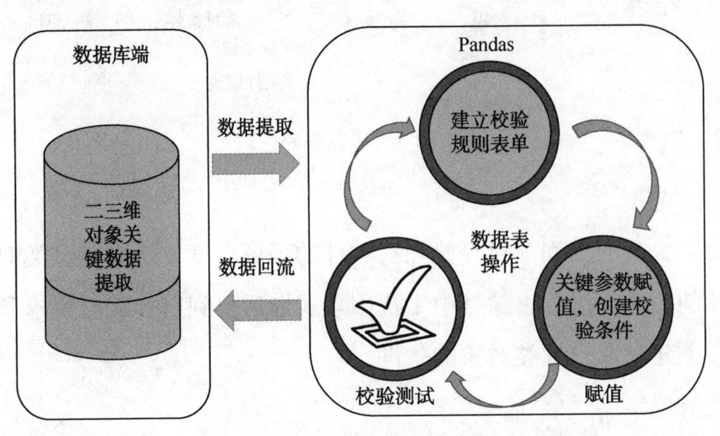

图 4　二三维校验程序实现过程

本研究整体方案如图所示：首先在数据库端进行目标对象的过滤和数据提取，在 Python 端利用 Pandas 进行数据分析和处理、赋值将数据回流至对象进行赋值，随后在软件端完成数据校验和结果反馈。

4.3　程序开发

NAME	DIAREF	KeyAtt
/A-100-001A-A3A-C	/Project-Dwg	
/B-100-001B-A3A-C	/Project-Dwg	
/A-100-002A-A3B-N	/Project-Dwg	
/B-100-002B-A3B-N	/Project-Dwg	
/A-100-005A-B3A-H	/Project-Dwg	
/B-100-005A-B3A-H	/Project-Dwg	
/A-100-006A-A1A-N	/Project-Dwg	
/C-100-006A-A1A-N	/Project-Dwg	
/A-100-011A-A3A-C	/Project-Dwg	
/B-100-011B-A3A-C	/Project-Dwg	
/A-100-012A-A3B-H	/Project-Dwg	
/B-100-012B-A3B-C	/Project-Dwg	
/A-100-013A-B3A-H	/Project-Dwg	
/B-100-0014-A3A-H	/Project-Dwg	
/A-100-014A-A1A-N	/Project-Dwg	
/C-100-006A-A1A-N	/Project-Dwg	

NAME	DIAREF	KAtt
/A-100-001A-A3A-C	/Project-Dwg	#-###-###
/B-100-001B-A3A-C	/Project-Dwg	#-###-###
/A-100-002A-A3B-N	/Project-Dwg	#-###-###
/B-100-002B-A3B-N	/Project-Dwg	#-###-###
/A-100-005A-B3A-H	/Project-Dwg	#-###-###
/B-100-005A-B3A-H	/Project-Dwg	#-###-###
/A-100-006A-A1A-N	/Project-Dwg	#-###-###
/C-100-006A-A1A-N	/Project-Dwg	#-###-###
/A-100-011A-A3A-C	/Project-Dwg	#-###-###
/B-100-011B-A3A-C	/Project-Dwg	#-###-###
/A-100-012A-A3B-H	/Project-Dwg	#-###-###
/B-100-012B-A3B-C	/Project-Dwg	#-###-###
/A-100-013A-B3A-H	/Project-Dwg	#-###-###
/B-100-0014-A3A-H	/Project-Dwg	#-###-###
/A-100-014A-A1A-N	/Project-Dwg	#-###-###
/C-100-006A-A1A-N	/Project-Dwg	#-###-###

NAME	DIAREF	KAtt	Check	Linkded
/A-100-001A-A3A-C	/Project-Dwg	#-###-###	☑	☐
/B-100-001B-A3A-C	/Project-Dwg	#-###-###	☐	☐
/A-100-002A-A3B-N	/Project-Dwg	#-###-###	☐	☑
/B-100-002B-A3B-N	/Project-Dwg	#-###-###	☑	☑
/A-100-005A-B3A-H	/Project-Dwg	#-###-###	☑	☑
/B-100-005A-B3A-H	/Project-Dwg	#-###-###	☑	☑
/A-100-006A-A1A-N	/Project-Dwg	#-###-###	☑	☑
/C-100-006A-A1A-N	/Project-Dwg	#-###-###	☑	☑
/A-100-011A-A3A-C	/Project-Dwg	#-###-###	☑	☑
/B-100-011B-A3A-C	/Project-Dwg	#-###-###	☑	☑
/A-100-012A-A3B-H	/Project-Dwg	#-###-###	☐	☐
/B-100-012B-A3B-C	/Project-Dwg	#-###-###	☐	☐
/A-100-013A-B3A-H	/Project-Dwg	#-###-###	☑	☑
/B-100-0014-A3A-H	/Project-Dwg	#-###-###	☑	☑
/A-100-014A-A1A-N	/Project-Dwg	#-###-###	☑	☑
/C-100-006A-A1A-N	/Project-Dwg	#-###-###	☑	☑

图 5　二三维校验程序测试示意

数据提取-以软件自带宏语言定义数据提取范围，过滤目标对象，以报表方式输出提取结果，本次测试共涉及 872 条管线对象；

规则设置-应用 pandas DataFrame 函数，对所有管线对象进行分析和数组化处理，形成与源表格对应的多维数组后，进行规则适用性匹配分析，对于规则未适用项需进行后续根因分析；

数据回流-软件宏实现数据回流，基于对象自定义属性对其赋值后完成二三维校验关键参数创建和条件准备；

二三维校验测试-基于软件配置进行校验级别设置、关键校验参数设置等完成测试，校验成功的对象其 Flag 变量值应为真值。

4.4 效果评估

数据库中共提取测试项目的 872 条管线作为测试对象，其中有效匹配 768 条，匹配成功率约为 88%。

表 1 校验测试匹配情况表

总数量	匹配(Linked)	未匹配(规则未适用)	未匹配(数据格式不规范)
872	768	21	83
有效校验比例	$有效检验=\frac{总数量-规则未适用-数据格式未匹配}{总数量}=\frac{872-21-83}{872}\approx 0.88$		

无效匹配的 104 条记录中，由于管线数据自身格式问题，例如冗余空格等原因导致的问题记录 83 条，规则设置未适用成功记录 21 条，经分析多为属性与规则不匹配的原因造成。因此，该项问题是可以通过前期数据结构建立时充分考虑二三维校验需求从而避免产生的问题，由此可以说，校验成功率可达 88%

如图 6 所示，对于同等规模数据，应用自研程序比传统方法相比可见明显提升匹配成功率。

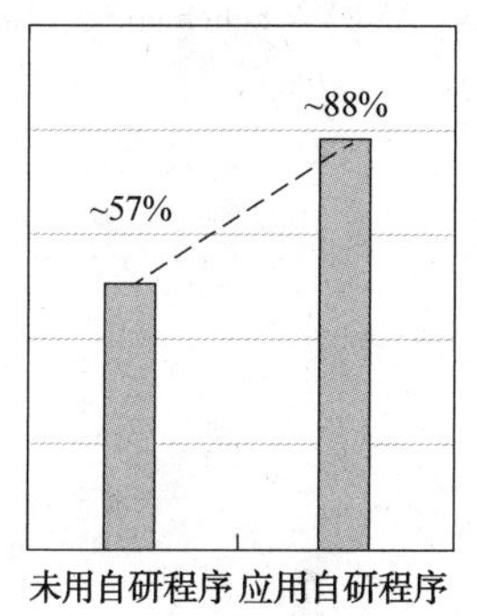

图 6 数据匹配效果示意图

4.5 问题与思考

本研究首次应用数据库自带平台与外部数据处理模块 Pandas DataFrame 联动的测试与研究，尽管匹配成功率有明显提升，但在测试项目应用中发现，程序在二三维校验涉及大量数据库自带属性以及用户自定义属性的取舍和应用时，由于未能对数据结构进行合理设置，数据类型常见不符合程序要求的报错提示，同时，数据类型判断不精确、模糊匹配项占比较大等也是目前存在的主要问题，由于该程序目前处于测试阶段，测试的数据规模较小，且数据准备工作较为充分的前提下开展，该程序是否能够真正满足实际工程项目需要，尚需在后续研究中进一步测试和评估。

5 结束语

本项研究为打通二三维校验的瓶颈问题提出了解决思路。通过内部平台与外部数据分析工具联合应用，提出通过软件环境外部数据循环的解决方案，在测试项目中收到理想效果，以期在今后的数字化工作中使得二三维校验技术得到落地应用和提升数字化交付成果质量。针对目前国内工程公司数字化交付新模式探索和实际问题的解决，提出如下几点建议：

(1) 由于项目进度收紧，项目常见采用传统的设计模式与数字化交付“两层皮”模式，数据质量控制手段缺乏等现象，因此应契合企业自身实际发展合理选择交付范围，积极研究新模式下的设计质量提升方法，加大数据控制研究力度；

（2）对于 EPC 项目来说，数字化转型不仅是思想的前沿领域，也是通过数字技术对设计资产进行全程控制的一种工作模式，有效数据控制技术的早期介入有利于高效全面的收集设计数据，基于规则进行数据验证、多专业协同数据交互等参与设计过程，从而建立结构化的数据模型；

（3）多数工程项目仍然以文档为中心的模式运行，数字化转型的迫切需求不足；另外设计人员更习惯将数据存储在分散的表格文档中，这也是数据不可获得的一个重要原因，因此需要重视人员观念转变的重要性，以便推动工作模式的彻底变革。

参 考 文 献

[1] 欧新伟，陈朋超，任恺，李一博. 中俄东线数字化移交及与完整性管理系统的对接[J]. 油气储运，2020，39(01)：1-6.

[2] 曹闯明，黄亦星，刘荣，等. 中国海油一体化企业智慧管理平台建设[J]. 油气储运，2018，37(7)：741-750. [doi：10. 6047/j. issn. 1000-8241. 2018. 07. 004]

[3] AVEVA Schematic 3D Integrator User Guide.

热值计量在液化天然气接收站的应用

王一童　孔令广　杨　潇　姜英宇

(北京燃气(天津)液化天然气有限公司)

摘　要　从各大液化天然气(LNG)接收站运行经验分析，目前在航运卸船、气化外输、槽车外输、储罐罐存及其他能源消耗的计量过程中所使用的计量方法各不相同，主要的计量方法有热值计量、体积计量以及质量计量，计量方法不统一会产生数据传递误差，从而在贸易过程中不具备统一性和权威性。本文为了解决这一问题，分析了当前LNG接收站统一采用热值计量的可行性和优劣势，提出了现行LNG接收站工艺设备条件下的热值计量转换方案。

关键词　LNG接收站；热值计量；计量方法；液化天然气

Application of calorific value measurement in liquefied natural gas receiving terminal

Wang Yitong　Kong Lingguang　Yang Xiao　Jiang Yingyu

(Beijing Gas Group(Tianjin) Liquefied Natural Gas CO., LTD)

Abstract　From the analysis of the operation experience of major liquefied natural gas(LNG) receiving terminal, the measuring methods used in the process of shipping unloading, gasification, tank truck, tank storage and other energy consumption are different at present. The main measurement methods include calorific value measurement, volume measurement and mass measurement. The inconsistency of measurement methods will result in data transmission errors. Therefore, there is no unity and authority in the trade process. In order to solve this problem, this paper analyzes the feasibility and advantages and disadvantages of unified calorific value measurement in LNG receiving terminal. The conversion scheme of calorific value measurement under the current process equipment condition of LNG receiving station is proposed in this paper.

Keywords　LNG receiving terminal; calorific value measurement; measurement methods; liquefied natural gas

液化天然气主要成分是甲烷，还有少量乙烷、丙烷、丁烷等烃类物质和微量氮气、二氧化碳等非烃类物质，燃烧时热值较高，产物大部分为二氧化碳和水，较为清洁。因此在当今经济高速发展、环境日益恶化的条件下，人们对天然气的需求量也迅速增长。目前我国的自产气和进口管道气有限，无法满足需求，因此需要通过大量进口 LNG 来弥补天然气短缺的问题。LNG 接收站(以下简称“接收站”)主要承担着 LNG 接卸、储存、气化、外输和计量等工作。为了保证贸易交接的准确性和检测设备的平稳运行，接收站的计量工作尤为重要。

1 接收站的计量方法

目前，接收站的计量方法主要分为三种：热值计量、体积计量、质量计量。LNG 经过接收站的方式为“一进两出”，“一进”即 LNG 通过航运卸船进入接收站，通常采用国际标准的热值计量方法；“两出”即气化外输和槽车外输，分别采用体积计量方法和质量计量方法。LNG 在接收站内的计量分为静态计量和动态计量，静态计量主要为储罐罐存盘库计量，通常采用质量计量方法；动态计量包括 SCV 燃料气、火炬长明灯和锅炉燃料气，通常采用体积计量方法。计量方法的不统一常会造成 LNG 购销价格倒挂、年终盘库误差值大等影响。因此我国对于 LNG 行业计量方法统一的可行性研究从未间断。为保证计量的公平性和权威性，如今正大力推广热值计量体系。

2 航运卸船计量

LNG 到港卸船时通常采用热值计量方式，这是国际贸易中公认的计量方式，可以从根本上体现出 LNG 的价值。航运卸船热值计量通过 CTMS 系统记录卸船前后的船舱液位、船舶横倾纵倾、BOG 和 LNG 温度以及船舱压力等，计算出卸货体积；通过气相色谱对样品进行分析得到 LNG 的组分，随后得到天然气的热值，具体计算公式见式(1)~(3)。

$$d=\frac{\sum X_iM_i}{\sum X_iV_i-\left[K_1+\frac{(K_2-K_1)X_n}{0.0425}\right]X_m} \tag{1}$$

$$H_m=\frac{\sum X_iM_iH_i}{\sum X_iM_i} \tag{2}$$

$$Q=H_md(V_2-V_1)-Q_f-Q_x \tag{3}$$

式中：d 为 LNG 的密度，kg/m^3；X_i 为 LNG 中第 i 组分的摩尔分数；M_i 为 LNG 中第 i 组分的摩尔质量，g/mol；V_i 为 LNG 中第 i 组分的摩尔体积，$m^3/kmol$；K_1、K_2 分别为体积修正系数，$m^3/kmol$；X_n 为氮气的摩尔分数；X_m 为甲烷的摩尔分数；H_m 为单位质量热值，MJ/kg；H_i 为 LNG 中第 i 组分的单位质量热值，MJ/kg；Q 为结算总热值，MJ；V_2 为卸船后体积，m^3；V_1 为卸船前体积，m^3；Q_f 为返舱天然气的热量，MJ；Q_x 为卸船期间消耗的天然气热量，MJ。

目前 LNG 卸船的热值计量体系较为成熟，已经在各大接收站得到广泛的应用，计量方式较为准确、公平。

3 气化外输计量

3.1 气化外输计量现状

近几年除了中海油香港中华电力接收站，国内各大 LNG 接收站气化外输都以体积计量结算。在接收站外输管道末端设有计量撬可以准确测出天然气的工况体积、压力、温度以及组分，再通过计算即可将当前外输 NG 体积转换为温度 20℃、压力 101. 325kPa 时的标准状态下的体积。以某接收站为例，站内一般设有 1 个计量撬，计量撬系统包含了 4 条管路、超声波流量计、温度与压力变送器、自动取样装置、流量计算机、在线气相色谱分析仪等。可以准确测出天然气的工况体积、压力、温度以及组分，再通过流量即可得出天然气的标况体积、密度以及压缩因子等。

3.2 体积计量优劣势

(1) 体积计量的优势

1) 气化外输过程中体积更容易测量，且更为直观。

2) 与下游销售计量模式一致，因此体积计量在气化外输计量中更为普遍。

(2) 体积计量的劣势

1) 体积计量更容易受到压力、温度和密度等因素的影响，使计量结果发生偏差。

2) 天然气是一种混合性气体，外输时组分时刻在发生变化，所以即使是等体积的天燃气，燃烧后产生的能量也会有很大区别。

3) 体积计量易造成市场交易不公平。在同等体积下若接收站全部输送重组分的天然气，同样的价格，下游用户可得到较高热值的天然气，对供货商不公平。若接收站全部输送轻组分的天然气，同样的价格，下游用户只能得到较低热值的天然气，对下游用户不公平，天然气价值价格出现的偏差导致市场公平性和权威性受到了挑战。

3.3 热值计量转换

统一热值计量不仅能接轨国际贸易，还为市场建立了统一的标准，提供了天然气贸易市场的权威性和法制性。中国 2020 年新出台《天然气发热量、密度、相对密度和沃泊指数的计算方法》规定了天然气热值计量标准。热值计量的计算方法主要是在天然气体积计量的基础上通过在线气相分析仪计算出外输 NG 的单位体积热值，即可得出外输 NG 的热值，主要流程如图 1 所示。

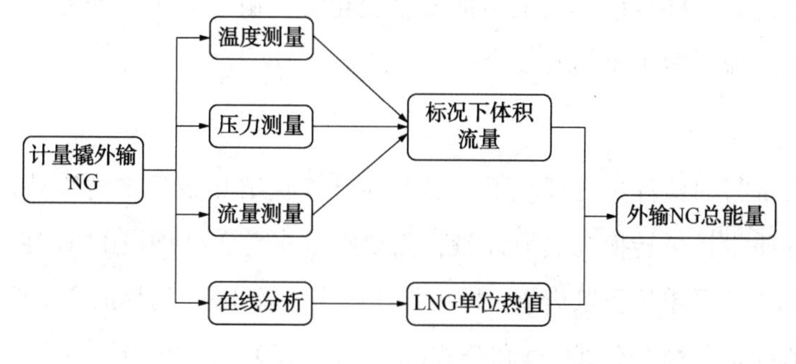

图 1 气化外输热值计量

气化外输热值计量具体公式见式(4)~(7)：

$$Z(t_2,\ p_2)=1-\left(\frac{p_2}{p_0}\right)\left[\ \sum x_i s_i(t_2,\ p_0)\right]^2 \tag{4}$$

$$V=\frac{Z(t_2,\ p_2)R\,T_2}{p_2} \tag{5}$$

$$H_v=\frac{\sum X_i H_{Vi}}{Z_{mix}} \tag{6}$$

$$Q=\frac{H_v}{V} \tag{7}$$

式中：H_v为单位体积热值，kJ/m³；X_i为 LNG 中第 i 组分的摩尔分数；H_{Vi}为 LNG 中第 i 组分的单位体积热值，kJ/m³；$Z(t_2,\ p_2)$为一定温度压力下的压缩因子；Q 为结算总热值，kJ；t_2为实际测量温度,℃。

4 槽车外输计量

4.1 LNG 槽车计量现状

目前国内 LNG 槽车贸易通常采用质量计量方式。质量计量是通过槽车装车前后过磅称重做差进行结算，在此期间需要保证槽车罐内液位和压力在规定范围内。装车主要设备为装车撬，每个装车撬内都配备质量流量计、温度变送器和压力变送器等，质量计量公式见式(8)。

$$m=m_1-m_2 \tag{8}$$

式中：m 为 LNG 结算质量，t；m_1为装车后过磅质量，t；m_2为装车前过磅质量，t。

4.2 质量计量优劣势

(1) 质量计量的优势

1) 质量计量体系在槽车运输方面较为成熟。

2) 质量计量操作更为方便，所需设备只要地衡即可，不需要更多的投资。

(2) 质量计量的劣势

1) 造成贸易双方不公平。同等质量的 LNG 装车外输时由于压力和组分含量会发生变化，即使质量相同，但热值不同，导致市场公平性受到挑战。

2) 质量计量方式通过质量控制装车，会受到 LNG 组分、密度和温度的影响，带来槽车超装或安全阀起跳的风险。比如，LNG 装车的贫富液发生变化时，由于装车撬处无法及时检测到装车撬出口密度的变化，从而增加了槽车超装或安全阀起跳的概率。

4.3 热值计量转换

目前在国家大力推行热值计量的环境下，已有部分接收站开始尝试槽车外输采用热值计量的方式。若将槽车装车的质量计量转换为热值计量，需要在装车总管处增设 LNG 在线分析仪，根据 LNG 的组分计算出 LNG 的密度及单位质量热值，即可得出槽车外输 LNG 的热值，主要流程如图 2 所示。

质量计量转热值计量需结合公式(2)和公式(8)见公式(9)。

$$Q=m\,H_m \tag{9}$$

式中：Q 为结算总热值，kJ；m 为 LNG 结算质量，t；H_m不单位质量热值，MJ/kg。

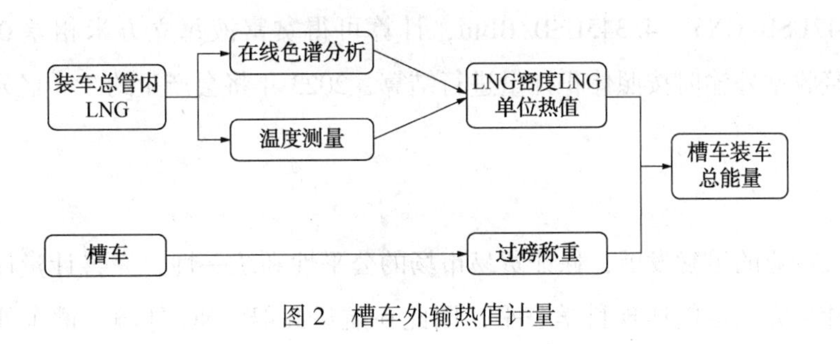

图 2 槽车外输热值计量

5 罐存盘库计量

5.1 罐存计量现状

LNG 储罐罐存在全站盘库计量过程中也占据着重要的地位。目前储罐内 LNG 计量可以用体积计量或质量计量。在基于体积的储罐计量系统中，存量测量经由液位和温度的测量实现。在基于质量的储罐计量系统中，存量测量采用液体的液柱静压的测量取得。测量仪表通常采用液位-温度-密度计(LTD)进行测量，测量的 LNG 液位和密度可以通过计算得出罐内 LNG 体积和质量。

5.2 优劣势对比

储罐罐存计量一般为体积计量或质量计量，体积计量和质量计量结果都不会随储罐内 LNG 组分的变化而产生变化，若组分不同的 LNG 储罐液位相同，尽管最终盘库结果相同，但储罐内 LNG 热值不同，购销价不同，导致计量结果和年终盘库误差偏大。另外储罐统一热值计量也便于接收站贫富液的管理。

5.3 热值计量转换

为统一接收站热值计量，可以将储罐计量方式转换为热值计量，首先通过液位-温度-密度计(LTD)得出罐内 LNG 液位和密度，然后采样经离线气相色谱分析得出储罐内 LNG 各组分，根据 LNG 的组分计算出 LNG 的密度及单位质量热值，结合公式(1)和公式(7)即可计算出储罐内 LNG 的热值。

6 其他计量

接收站为维持正常运行，部分设备如：SCV 燃料气、火炬长明灯、锅炉燃烧等需消耗天然气。目前接收站内消耗计量均采用体积计量或质量计量，具体数据通过流量计测得。为保证年终盘库归档值更为准确、统一，可以将计量方法统一为热值计量。但热值计量需要进行组分的分析，因此须在 BOG 总管处设置在线分析仪。具体计算需结合公式(4)~(7)。

7 实际应用

当 LNG 组分不同时，采用不同的计量方式将会产生较大的经济差异。以某接收站为例，预计 2023 年气化外输量为 287760 万方/年，但由于进入接收站的 LNG 贫富液有所差异，其中 LNG 贫富液甲烷含量差最大为 12.12mol%，单位体积热值差最大为 4.82MJ/m^3。结合当前汇率和国际天然气价格分别为 6.6547USD/CNY、4.345USD/BBtu，计算可得贫富液每立方米相差 0.1321 元人民币。若北燃天津南港接收站外输时按照体积计量进行结算，2023 年将会产生约 3.8 亿元的偏差值。

8 结论

为适应天然气行业的迅猛发展，保证贸易市场的公平性和统一性，完善计量体系势在必行。热值计量对比其他计量方式更能体现科学公平，因此在航运卸船、NG 外输、槽车外输、罐存盘库以及接收站其他消耗方面统一热值计量有着重要意义，推动 LNG 接收站统一热值计量也可以更好的促进天然气行业高质量可持续发展，这需要各大接收站共同努力推进，为中国全面实施计量系统的统一提供支持。

参考文献

[1] 韩苗苗. LNG 接收站天然气计量方式以及如何实行能量计量[J]. 化工设计通讯，2020，46(10)：144-145.

[2] 张奕，艾绍平，王浩，安娜. LNG 接收站贸易交接在线取样技术[J]. 天然气与石油，2015，33(02)：41-45-10.

[3] GB/T 11062—2020，天然气发热量、密度、相对密度和沃泊指数的计算方法[S].

[4] 赵红强，邓青，吕志榕. LNG 接收站计量撬设计探讨[J]. 石油工业技术监督，2009，25(05)：27-30.

[5] 刘景俊，李学涛，唐建峰，王玉娟，刘鑫博，王冬旭. LNG 槽车贫富液切换安全装车动态模拟研究[J]. 油气田地面工程，2019，38(11)：15-20-25.

[6] 张奕，艾绍平. LNG 接收站库存盘点计算方法[J]. 石化技术，2016，23(01)：69-70.

液化天然气接收站完整性管理标准体系研究

杨玉锋[1,2]　张　强[1]　刘明辉[1]

（1. 国家管网集团科学技术研究总院分公司；2. 北京科技大学土木与资源学院）

摘　要　我国 LNG 接收站发展迅速，2030 年接收站数量将达到 42~47 座左右，通过建立 LNG 完整性管理标准体系对于保障天然气能源供应安全具有越来越重要作用。本文分析了国际上形成了美国 LNG 标准体系、欧洲 LNG 标准体系和日本 LNG 标准体系，并分析了我国 LNG 接收站标准的现状和不足。结合 LNG 接收站主要设备设施和安全管理的需要提出了 LNG 接收站完整性管理标准体系的关键领域组成。提出了建立管理体系类标准、数据采集与管理类标准、风险评估类标准、设备设施全生命周期管理类标准、完整性评价与法定检验类标准、工业互联网+安全生产类技术标准等 6 个方面的建设建议，可为下一阶段我国 LNG 接收站完整性管理标准研制提供借鉴。

关键词　LNG 接收站；欧美标准；日本标准；完整性标准体系

Research on the Integrity Management Standard System for Liquefied Natural Gas Receiving Stations

Yang Yufeng[1,2]　Zhang Qiang[1]　Liu Minghui[1]

(1. National Pipe Network Group Science and Technology Research Institute Branch;

2. Civil Engineering and Resource Learning at Beijing University of Science and Technology)

Abstract　The development of LNG receiving stations in China is rapid, and the number of receiving stations will reach around 42 ~ 47 by 2030. Establishing a LNG integrity management standard system is increasingly important for ensuring the security of natural gas energy supply. This article analyzes the international LNG standard systems that have formed in the United States, Europe, and Japan, and analyzes the current status and shortcomings of China's LNG receiving station standards. The key areas of the integrity management standard system for LNG receiving stations are proposed based on the needs of the main equipment and facilities of LNG receiving stations and safety management. Suggestions on the establishment of management system standards, data collection and management standards, risk assessment standards, equipment and facilities life cycle management standards, integrity evaluation and statutory inspection standards, Industrial Internet+safety production technical standards and other six aspects of construction are proposed, which can provide reference for the next stage of development of integrity management standards for LNG terminals in China.

Keywords LNG receiving station; European and American standards; Japanese standards; Integrity standard system

天然气在实施科学、绿色、低碳能源战略中发挥巨大作用，天然气既是替代煤炭、实现“清洁化、低碳化”最现实的选择，又是可再生能源的终身伴侣，是促进“碳中和”的关键能源。在实现“双碳”目标的道路上，天然气将发挥重要作用。由于天然气产地与消费地普遍相距遥远，有的甚至远隔重洋，因此，天然气以LNG方式运输越来越多。综合我国对LNG进口需求分析和目前LNG接收站投资建设的势头，到2030年接收站数量将达到42~47座左右，LNG安全运行对于保障天然气能源供应安全具有越来越重要作用。油气管线完整性管理取得了全面发展形成了系列标准体系保障管道安全运行，LNG接收站完整性管理工作目前正处于发展阶段，开展相关标准的研究对于下一步促进LNG接收站完整性管理技术发展具有重要作用。进行LNG接收站完整性管理标准体系研究，建立LNG接收站完整性管理，明确LNG接收站完整性管理内容，并形成相关技术标准，对促进LNG接收站科学建设、健康发展，保障LNG接收站安全、高效运营，保障城市居民生命财产安全，提高人民生活水平，维护社会安定都具有非常重要的意义，也是当前十分必要且亟待解决的问题。

1 我国LNG接收站发展现状

根据已探明资源储量和开发建设情况，我国可能获取国外天然气资源渠道分两种：一是管道输送，主要通过俄罗斯等资源大国的天然气长输管线南下的方式；二是LNG输送，主要从亚太地区、中东和非洲的资源输出国和俄罗斯通过船运LNG的方式。我国天然气资源多分布在中西部，虽然西气东输工程能在很大程度上解决东西部能源发展的瓶颈问题，但东南沿海地区经济社会发展对天然气需求仍存在着很大缺口。因此，我国进口天然气、发展LNG成为当务之急。

我国共有22座沿海LNG接收站，总接收能力近8000万吨/年。目前我国正在筹建的LNG接收站项目16个，规划的接收能力约6900万吨/年(折合气态为966亿立方米/年)，估算总罐容约856万立方米。处在意向性建设的接收站项目约29个，其中可能转化为实际工程的项目也将在2030年前投产，综合我国对LNG进口需求分析和目前LNG接收站投资建设的势头，预测到2030年接收站数量将达到42~47座左右。我国将在“十四五”期间成为全球第一大LNG进口国。

国内LNG接收站主要由中国石油天然气集团公司(以下称“中石油”)、中国石油化工集团公司(以下称“中石化”)和中国海洋石油集团有限公司(以下称“中海油”)等三大石油公司牵头，会同地方的电力公司和燃气公司共同建设。随着国家石油天然气管网集团有限公司(以下称“国家管网公司”)的成立，三大石油公司所属部分LNG接收站划归国家管网公司，国内正逐步形成以国家管网公司、中海油、中石油、中石化等为主的LNG接收站格局。

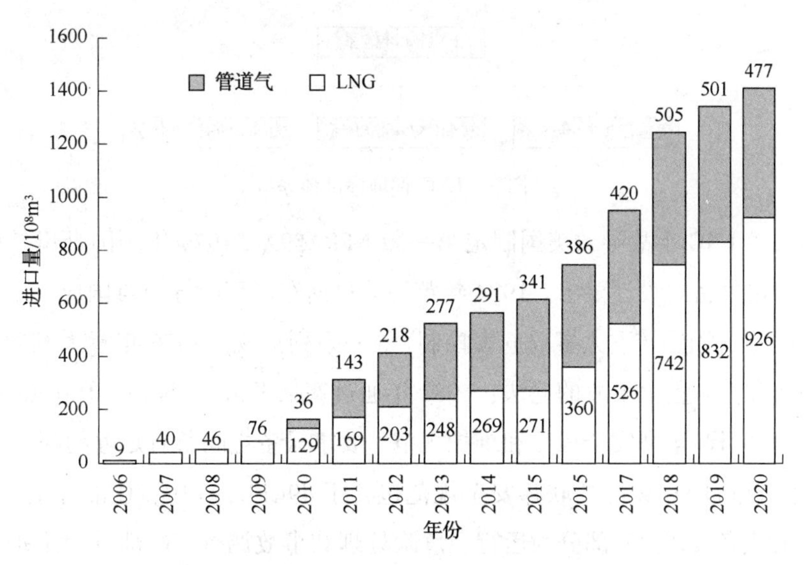

图 1 2006—2020 年中国天然气进口趋势图

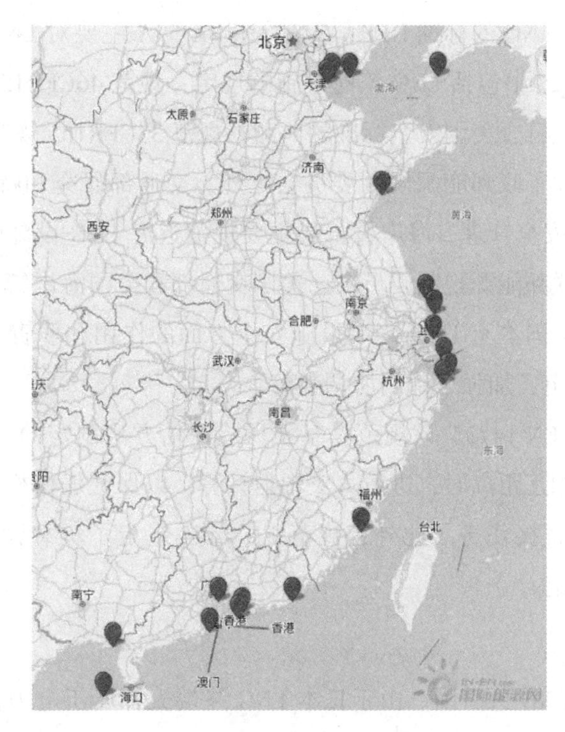

图 2 中国 LNG 接收站分布图

2 国内外 LNG 接收站标准分析

液化天然气工业的发展始于 20 世纪初，目前美欧及日本 LNG 产业已经成熟，国际上形成了美国 LNG 标准体系、欧洲 LNG 标准体系和日本 LNG 标准体系。我国深入研究各国 LNG 标准，通过翻译、引进、消化、吸收国际标准到自主编写 LNG 标准，逐步在实践和优化工程中摸索中国 LNG 标准体系构建思路。

2.1 欧美标准

LNG 事故的教训和经验促进了欧美制定 LNG 项目审查和风险评估标准和指导准则。1944 年美

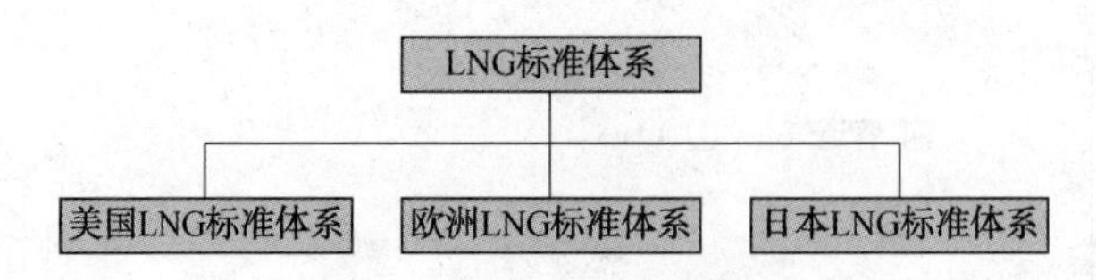

图3 LNG管理标准体系

国俄亥俄州克里夫兰LNG事故导致美国制定第一版NFPA59A。1979年美国马里兰科维角事故导致美国电气规范修订电气密封设计要求。1974年英国弗里斯布洛事故导致英国成立了重大危险物质咨询委员会，于1999年制定了《重大事故危害控制》等一系列法规。1976年意大利塞维索(Seveso)事故促进了欧洲预防和控制重大事故的立法，1982年通过塞维索指令(Seveso Directive)。2004年阿尔及利亚斯基克达事件引起重视安全操作和维护规范，要求设备之间留有足够的间。

美国岸上(或近岸)LNG设施的联邦安全规范包含于49CFR193中：C部分主要是设计要求；D和E部分是建设和设备要求；F部分为运行、危险处理和事故调查；G部分为维护；H部分为人员资质和培训；I部分为火灾保护；J部分为安全、保护围栏、照明、监测、替代动力和警告标志等。美国消防协会(NFPA)关于LNG的标准NFPA 59A，NFPA 59A主要对LNG设施的选址和设计进行了规定。此外规范33CFR127中包括LNG滨海设施的规定；规范46CFR154规定了船外壳和运输罐的标准，以及要求外籍船只符合美国安全标准的监测；规范33CFR165规定了美国滨海重要LNG设施周边的安全区。在美国除了联邦能源规制委员会之外，交通部研究和特别项目管理部门(RSPA)负责岸上现有LNG设备的安全管理。海岸警备局主要规范近海LNG设施的海上作业，包括船只的操作和安全流程等。尽管联邦能源规制委员会、美国交通部和美国海岸警备局相对较为独立，但最近三部门加强合作，明确美国本土LNG终端设施安全方面的作用和职责。由此可见，美国政府在重视LNG安全规范的基础上，加强了部门协调和整合。

欧盟LNG规范代码为EN 1473，该规范是基于风险评估方法制定的。该规范建议在LNG设施中设定不同设备之间最小相互距离时，进行火灾辐射计算，以保证任何栏蓄区系统发生池火时，不会对其他储罐和设备造成直接伤害。此外，规范EN 1474规定了负载臂的设计和测试，规范EN 1532对海上运输进行了规定。

2.2 日本标准

日本是世界上最大的LNG进口国。由于日本LNG终端大都属于电力公司和燃气公司所有，因此日本LNG规范包含于燃气企业法案和电力服务企业法案中。这些法案包括了诸如储罐、安全政策和规范等方面的LNG设施的技术标准，其中安全政策和规范包括员工在燃气设备建设、维护、运营和检测等方面资质和培训内容。日本LNG法规和技术标准体系分为国家、行业、地方等不同级别，特点是标准中套用法规和地方法令，内容涵盖安全、建筑、劳动环保、港口航运等内容。在LNG安全保障方面有三个重要法规：《高压气体安全保障法》、《燃气企业法》，《电气企业法》，这三个法规由不同部门制定，各行业协会根据这三项法规制定了一系列对应的技术标准，使用时要配合地方令和由本协会编写的其他标准。

日本国内三个LNG安全保障法规适用于日本现有三种不同LNG接收站：

第一种LNG接收站，由电力公司投资建设，主要用户是联合燃气发电厂，一般采用《电气企业法》作为主要安全规范。

第二种 LNG 接收站，由城市燃气公司投资，主要用于解决城市居民和工业企业用气，一般采用《燃气企业法》作为主要安全规范。

第三种 LNG 接收站，既向燃气发电厂供气又向城市燃气供气，无论投资商是谁，在建设 LNG 项目时，都以《高压气体安全保障法》作为主要安全规范。

表 2　核心法规和技术标准

序号	名　　称
1	高压气体安全保障法
2	LNG 地上储罐指南 JA 指-108-02
3	LNG 接收站设备指南 JGA 指-102-03
4	LNG 小型接收站设备指南 JGA 指-105-03
5	安全检查标准(LNG 接收站)KHK/KLKS 0850-7(2005)
6	定期自主检查指南(LNG 接收站)KHK/KLK S1850-7(2005)
7	高压气体设备等耐震设计标准 JGA 指-101-01
8	液化气设备规程(JEAC3709)
9	燃气生产企业安全保障设备设置指南 JGA103-02
10	港湾设施在技术上的基准的省令

2.3　中国标准

我国天然气标准化技术委员会 TC 244 于 2005 年成立了液化天然气标准技术工作组，对国际上发布的 LNG 相关标准规范进行跟踪研究，并适时开展采标转化工作。2009 年初，液化天然气标准技术工作组正式成为液化天然气技术委员会，归口于全国石油天然气标准化技术委员会管理，统一收口管理。

我国 LNG 产业开启之初的 10 年，是我国深入调研国外 LNG 产业标准体系、借鉴国外 LNG 标准的 10 年，我国先后发布了 21 项采标标准。目前，我国 LNG 项目采用的技术标准主要是国际标准(ISO)、美国标准(API)以及欧洲标准(EN)等，这些采标标准对 LNG 工程的设计、建造、安全运营、生产管理起到了不可替代的重要作用。在充分研究、消化吸收和转化国际标准的过程中，我国 LNG 相关标准研究能力逐步提升，特别是各大企业源于自身发展需求，开展了大量的 LNG 标准研究工作，促进了我国 LNG 标准化工作的进步和升级。目前我国根据实际项目建设情况及 LNG 产业链发展需求，自主制定了涵盖 LNG 接收站、天然气液化厂、码头操作、车辆加注等方面的 10 余项标准，LNG 接收站相关设备设施、工艺管道完整性管理的技术标准比较缺乏。

3　LNG 接收站完整性管理标准研究

3.1　概述

LNG 接收站基本都设置在工业发达、人口密集的地区，出现意外溢出事件时，对周围环境及居民影响较大。因此，从社会稳定、居民人身及财产安全和能源供应可靠的角度来看，对 LNG 接收站进行完整性管理，防患于未然，在没有发生事故前，进行危害识别，风险预控，对设备进行预防性检测和维护，保障设备无事故运行，这对 LNG 接收站的安全运行是非常必要的。

LNG泄漏溢出后会气化，如果没有遇到点火源，则空气中甲烷的浓度可能会非常高，从而对操作人员、应急人员或者其他可能暴露于正在膨胀扩散的LNG气团中的人员造成窒息危害。如果遇到点火源，则极易发生蒸汽云爆炸，产生极大危害。而且超低温的LNG可能会对溢出区域附近的人员和设备产生威胁，液态LNG接触到皮肤会造成低温灼伤，同时低温LNG可能对于钢结构和一般结构连接件，如焊接等具有破坏性的影响。所以LNG溢出有可能降低LNG接收站的结构完整性并损坏其他设备。

3.2 LNG接收站完整性管理标准主要领域

LNG接收站内工艺过程主要包括LNG的卸载、储存、蒸发气处理、LNG加压、气化、计量、外输等，工艺过程复杂并且在高压环境下运行，增加了其管理的难度。完整性管理是近年来在长输油气管道领域兴起，业已被证明为行之有效的管理方法。形成LNG接收站完整性管理的技术方法、管理文件和标准体系，对于指导我国LNG接收站管理工作具有积极意义，其标准体系主要构成如下：

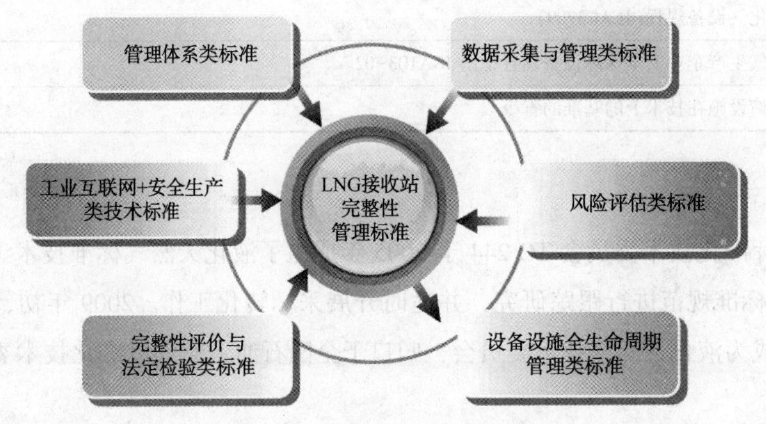

图4 LNG管理标准体系构架

（1）管理体系标准

建立适用、科学的LNG接收站完整性管理管理体系，研究LNG接收站完整性管理综合标准，明确LNG接收站在日常管理、设备维护、工艺操作方面的程序，需要开展检验检测的工作及开展周期，指导和规范LNG接收站的完整性管理工作。

（2）数据采集与管理标准

结合LNG接收站中DCS、ERP、巡检系统、HSE管理系统、生产管理系统、工业电视监控系统等各业务系统的数据要求，建立系统全面的数据采集与管理类标准。根据建立智慧LNG大数据管理资源库要求，制定数据规范存储管理的技术标准，支撑实现数据共享和统一调配。

（3）风险评估类标准

聚焦LNG接收站常用风险分析方法，系统全面的识别LNG接收站所有设备的风险因素。分析典型设备的主要失效模式，并分析失效后对维护LNG接收站功能的主要影响，针对不同各类型的设备设施建立LNG接收站HAZOP分析、QRA分析、FHA分析、矩阵分析、半定量评价、JHA（工作危险性分析）等类技术标准。开发针对性的设备维护策略，指导设备的维护实践，形成以可靠性为中心的维护，保障设备功能的持续性。

表3 主要风险评价技术方法

序号	风险分析方法	参照依据
1	HAZOP 分析	《国家安全监管总局关于加强化工过程安全管理的指导意见》(安监总管三〔2013〕88号)
3	FHA 分析	《危险化学品重大危险源监督管理暂行规定》(国家安监总局40号令)
4	QRA 分析	《危险化学品重大危险源监督管理暂行规定》(国家安监总局40号令)
5	矩阵半定量分析	《风险管理办法》(MM-02-01)
6	JHA(工作危险性分析)库	《风险分级管控与隐患排查双重预防机制实施指南》

(4) 设备设施全生命周期管理标准

围绕LNG接收站设备设施采购、入库、运行、检维修、报废等全过程的管理，建立状态监测、故障诊断、健康评估、故障预测、维修决策、验证评估等业务环节技术标准。通过规范的技术标准，实现设备检维修建立设备运行监测模型、预测性检维修分析模型等，达到让资产与设备为企业创造出更多效益的目的。

(5) 完整性评价与法定检验标准

根据《特种设备安全法》、《计量法》、《消防法》、TSG系列规范等法律法规规范，建立这对行的LNG接收站设备设施技术标准，对具有法定检验要求的设备设施按时开展相关法定检验工作，包括：压力容器、压力管道、电梯、起重机械、压力表、安全阀、防雷接地系统等。

(6) 工业互联网+安全生产类技术标准

结合国家应急管理部、工信部关于工业互联网+安全生产计划的安排，需要采用视频监控、远程诊断、人工智能、大数据分析等新技术保障LNG接收站安全。建立相应的技术标准，推动进展完整性管理和数字化转型结合，提升运营管理效率和安全生产水平，实现LNG接收站安全生产一体化管控。

4 结论及建议

长输管道完整性管理主要思想是强调对管道进行系统地管理，通过数据采集、高后果区识别、风险评价、完整性评价、维修维护及效能评价，在管道没有发生事故前就识别出对管道的危害并进行预防预控，保证管道无事故运行。因此，借鉴长输管道完整性管理的成功经验和管理思路，在开展LNG接收站完整性管理技术研究的同时，应进行LNG接收站完整性管理标准研究，以完整性管理的理念管好LNG接收站。

根据LNG接收站主要设备设施和安全管理的需要提出了LNG接收站完整性管理标准体系的关键领域组成。提出了建立管理体系类标准、数据采集与管理类标准、风险评估类标准、设备设施全生命周期管理类标准、完整性评价与法定检验类标准、工业互联网+安全生产类技术标准等6个方面的建设建议，可为下一阶段我国LNG接收站完整性管理标准研制提供借鉴。

参考文献

[1] 程民贵. 中国液化天然气接收站发展趋势思考[J]. 国际石油经济，2022，30(05)：60-65.

[2] 周怀发，申永亮，张兴，刘铭刚. 基于层次分析与集对分析法的 LNG 槽车区风险评价[J]. 油气储运，2019，38(3)：0279-0284.

[3] 陈正惠，宋明国，樊慧. 基于国家管网集团运行下的中国 LNG 接收站运营模式及趋势分析[J]. 国际石油经济，2022，30(01)：77-84.

[4] 刘筠竹. LNG 接收站的发展趋势[J]. 煤气与热力，2021，41(09)：11-15+45.

[5] 李锐锋. 国内 LNG 接收站设备设施完整性管理研究[J]. 化工管理，2021，No. 613(34)：146-148.

[6] 王海，王志会，赵思琦. 风险管理在大型 LNG 接收站项目中的应用[J]. 天然气化工(C1 化学与化工)，2020，45(01)：61-65+75.

[7] 周宁，陈力，吕孝飞，李雪，黄维秋，赵会军，刘晅亚. 环境温度对 LNG 泄漏扩散影响的数值模拟[J]. 油气储运，2021，40(3)：0352-0360.

[8] 远双杰，孟凡鹏，安云朋，谭贤君，董平省，孙立刚，崔亚梅，张效铭. LNG 接收站工程中外输首站的设计及优化[J]. 油气储运，2020，39(10)：1178-1185.

[9] 田路江. 非卸船工况下 LNG 接收站 BOG 产生量的计算[J]. 油气储运，2020，39(8)：0924-0932.

[10] 单彤文，陈团海，张超，彭延建. 爆炸荷载作用下 LNG 全容罐安全性优化设计[J]. 油气储运，2020，39(3)：0334-0341.

[11] 徐波，段林杰，戴梦，李妍，闫锋，胡森. LNG 全运输系统运行可靠度计算方法[J]. 油气储运，2020，39(1)：0048-0053.

[12] 戴政，肖荣鸽，马钢，曹沙沙，祝月. LNG 站 BOG 回收技术研究进展[J]. 油气储运，2019，38(12)：1321-1329.

[13] 刘霏，崔亚梅. LNG 接收站高低压火炬系统集中布置的设计[J]. 油气储运，2019，38(12)：1414-1418.

[14] 袁志超，董顺，薛纪新，夏硕，王剑琨. LNG 接收站高压泵增加叶轮后的性能变化及影响[J]. 油气储运，2019，38(09)：1054-1058.

[15] 林现喜，杨勇，裴存锋，张克政. LNG 接收站全生命周期安全风险管控实践[J]. 化工管理，2020，No. 553(10)：163-167.

[16] 钟林，王阳，敬佳佳等. 我国 LNG 产业储运装备发展现状与展望[J]. 中国重型装备，2022，No. 154(04)：11-17.

液化天然气(LNG)管线弯头穿孔失效分析研究

孙　博[1]　张云卫[2]　李　振[2]

(1. 国家石油天然气管网集团有限公司；2. 国家管网集团北海液化天然气有限责任公司)

摘　要　本文研究了某接收站液化天然气(LNG)管线弯头发生穿孔失效的原因。通过对弯头、直管段和环焊缝进行宏观形貌和理化性能分析，发现弯头的几何尺寸、壁厚满足标准要求。然而，环焊缝处缺陷表面与弯头缺陷表面微观形貌均为蜂窝状形貌，表明这些部位均存在冲刷磨损。通过进一步的数值模拟分析，确定失效原因为单级孔板前后高压差引起流速增加和空化现象，在弯头处引发汽蚀和冲蚀的作用。

关键词　液化天然气(LNG)管线；弯头；穿孔失效；理化性能试验；模拟分析；汽蚀；冲蚀

Analysis and Research on Piercing Failure of Elbows in Liquefied Natural Gas(LNG)Pipelines

Sun Bo[1]　Zhang Yunwei[2]　Li Zhen[2]

(1. National Petroleum and Natural Gas Pipeline Network Group Co., Ltd;

2. National Pipeline Network Group Beihai Liquefied Natural Gas Co., Ltd)

Abstract　This paper investigates the causes of perforation failure in the elbow of a liquefied natural gas(LNG)pipeline at a receiving station. Macroscopic morphology and physico-chemical properties of the elbow, straight pipe section and ring weld were analysed and it was found that the geometric dimensions, wall thickness met the standard requirements. However, the microscopic morphology of the defective surface at the ring weld and the defective surface of the elbow were both honeycomb-like, indicating that scouring wear was present in these areas. Through further numerical simulations, it was determined that the cause of failure was an increase in flow velocity and cavitation caused by the high pressure difference between the front and rear of the single-stage orifice plate, which triggered cavitation and erosion at the elbow.

Keywords liquefied natural gas (LNG) pipeline; Elbow; Perforation failure; Physical and chemical performance test; Simulation analysis; Cavitation; erosion

随着天然气消费量高速增长，推动了 LNG 接收站建设与发展。中国的 LNG 进口量不断增加，已成为全球最大的 LNG 进口国。随着 LNG 接收站数量和接收能力的增加，管线在接收站系统中承担的责任变得更加重要。在接收站系统的工艺流程中，LNG 经过孔板调节后的流速极高，可能导致弯头处于高压差的严峻运行环境，从而引发汽蚀和冲蚀现象。长期以往，这将导致弯头失效的风险增加。

在管道失效研究方面，龚浩等提出超温使用、弯头母材冲击韧性差等会造成埋地管道弯头断裂；王磊等通过理化检验分析得出某输气管道弯管穿孔泄漏原因是腐蚀穿孔；吕超等基于 CFD 仿真提出天然气流速和固体颗粒直径是影响管道弯头冲蚀率的主要因素。CFD 仿真已成为目前研究弯头冲蚀特性的主要手段。对于 LNG 管线失效研究，潘鸿等对某 LNG 管道弯头开裂失效原因进行了分析，发现该 LNG 应急调峰站管件所用材料的化学成分不符合要求导致应力腐蚀开裂。向素平等讨论了流速、管径、曲率半径对 LNG 管道弯头压力场的影响规律。Li 等深入研究了 LNG 管道穿孔问题，但对于弯头的失效机理研究还不够充分。

目前，国内外针对 LNG 管线失效机理和影响规律的研究相对匮乏。为此，利用 ANSYS FLUENT 软件建立数值仿真模型，模拟弯头处 LNG 的流动状态，以期揭示 LNG 管线弯头失效机理和失效影响规律，并提出解决方案，为 LNG 管道安全平稳运用提供理论指导。

1　失效情况概述

LNG 接收站工艺流程为罐内泵出口 LNG 分别进入高压外输泵和再冷凝器，进入冷凝器的 LNG 和 BOG 混合冷凝后也进入高压外输泵入口，经高压外输泵增压后 LNG 进入开架式海水气化器，经过开架式海水气化器气化利用后的天然气送至天然气计量外输单元计量外输，如图 1 所示。

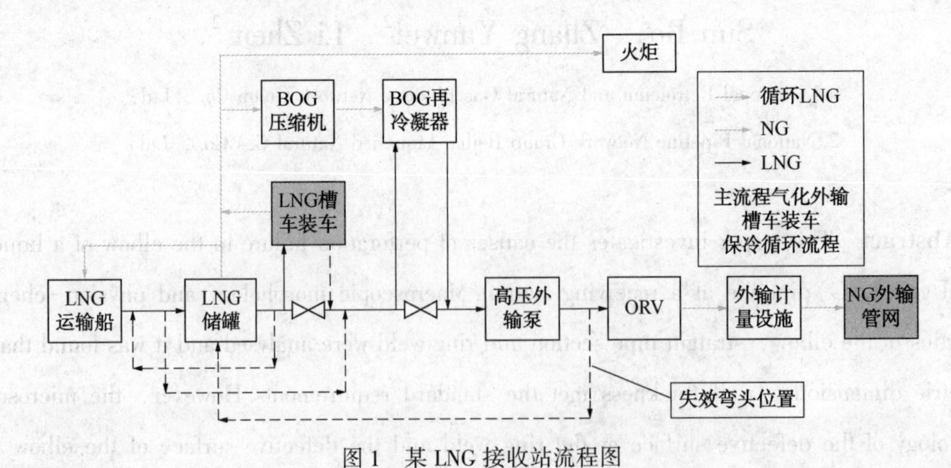

图 1　某 LNG 接收站流程图

失效弯头位于高压总管保冷循环回储罐管线调节阀旁路，位于孔板的下游，在建立高压外输的情况下，主管线调节阀关闭，通过该旁路进行保冷循环，上游压力为 11.8MPa，下游压力为 0.4MPa。

2 宏观形貌和理化性能分析

2.1 宏观形貌分析

首先对管段进行编号，如图 2 所示，并对其进行宏观形貌分析，法兰端为 LNG 入口，下游直管段为 LNG 出口，共有三道环焊缝，管段外观未发现变形、损伤情况，且外防腐层完整，未见明显脱落。

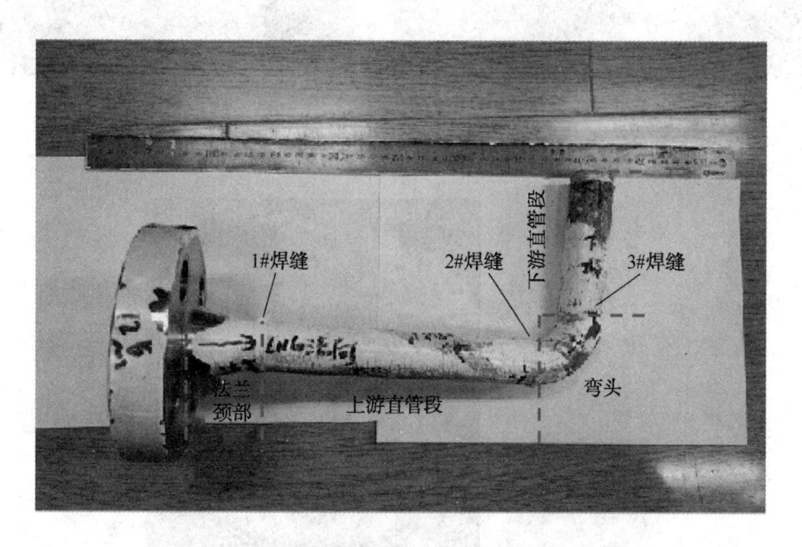

图 2 失效管段位置标记

根据图 2 的管段划分情况，对上游直管段、弯头、下游直管段的关键几何参数进行测量，主要测量结果见表 1。直管段几何参数满足标准 ASTM A312/A312M-16a。弯头几何参数 ASTM A403/A403M-16 未要求，参照标准 GB/T 14976—2012《流体输送用不锈钢无缝钢管》，满足要求。

表 1 失效管段几何参数

<table>
<tr><th>管段</th><th colspan="4">长度/mm</th><th colspan="4">壁厚/mm</th><th colspan="4">外径/mm</th></tr>
<tr><td>上游直管段</td><td>195.3</td><td>195.5</td><td>195.5</td><td>195.3</td><td>3.45</td><td>3.50</td><td>3.56</td><td>3.51</td><td>33.74</td><td>33.76</td><td>33.70</td><td>33.80</td></tr>
<tr><td rowspan="2">弯头</td><td rowspan="2">95.0</td><td rowspan="2">95.1</td><td rowspan="2">95.0</td><td rowspan="2">95.2</td><td>3.72</td><td>3.93</td><td>3.97</td><td>3.61</td><td rowspan="2">32.60</td><td rowspan="2">33.60</td><td rowspan="2">32.50</td><td rowspan="2">33.46</td></tr>
<tr><td>4.80</td><td>4.92</td><td>4.77</td><td>4.61</td></tr>
<tr><td>下游直管段</td><td>105.2</td><td>105.3</td><td>105.3</td><td>105.2</td><td>3.53</td><td>3.56</td><td>3.52</td><td>3.55</td><td>33.78</td><td>33.79</td><td>33.71</td><td>33.73</td></tr>
</table>

缺陷内壁形貌见图 3 所示，内壁缺陷处管道壁厚明显减薄，缺陷周边和整个弯头内壁平滑，未发现明显冲刷、磨损等痕迹。

2.2 无损检测分析

依据标准 GB/T9443—2007 和 ASTM E94—2017，进行渗透检测和射线检测。渗透检测结果表明：3 道环焊缝均未发现缺陷，见图 4。射线检测结果表明：1#环焊缝存在金属缺失，3#环焊缝发现长度为 15mm 的未熔合，其余部位检测未发现明显缺陷，见图 5。

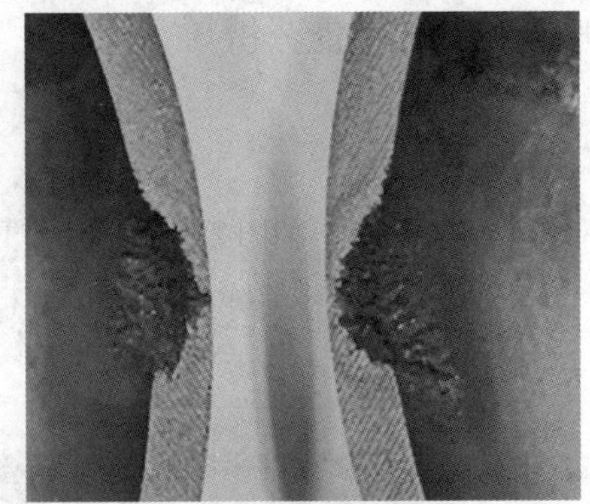

图3 失效缺陷形貌

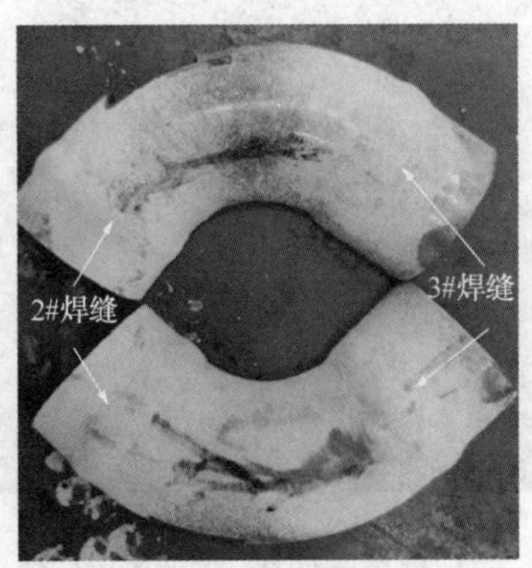

图4 1#、2#和3#环焊缝渗透检测实物图

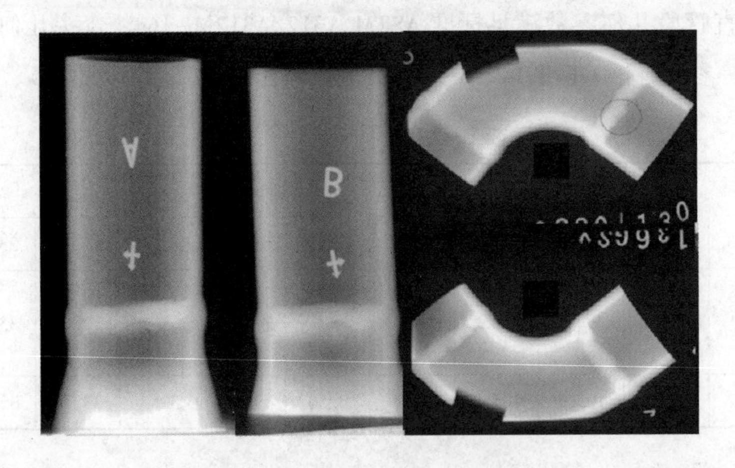

图5 1#、2#和3#环焊缝射线检测底片

2.3 扫描电镜分析

将电镜1试样划分为五个区域1#区域(管体内表面)、2#区域(管体内表面与缺陷交界过度区域)、3#区域(缺陷度区域)、4#区域(缺陷上部区域)、5#区域(缺陷右侧区域)，各区域在金相试样的具体分布见图6所示。选取各区域进行扫描电镜分析，分析结果见图7所示。如图可以看出1#环焊缝处缺陷表面与弯头缺陷处表面微观形貌相同，也为蜂窝状形貌，表明1#环焊缝沿顺时针3点~9点也受到冲刷磨损。

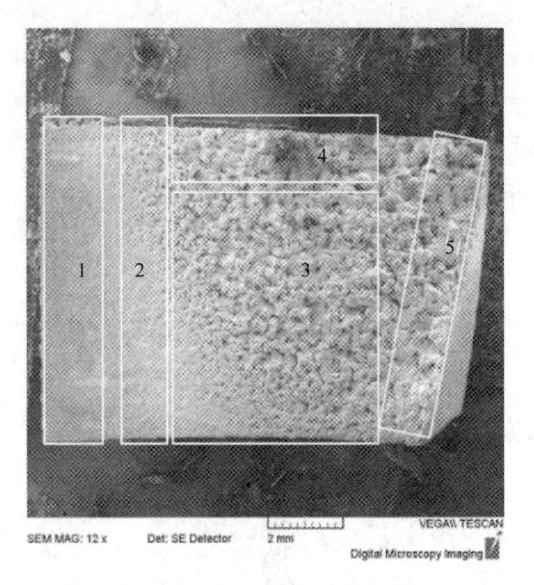

图 6　扫描电镜分析区域划分

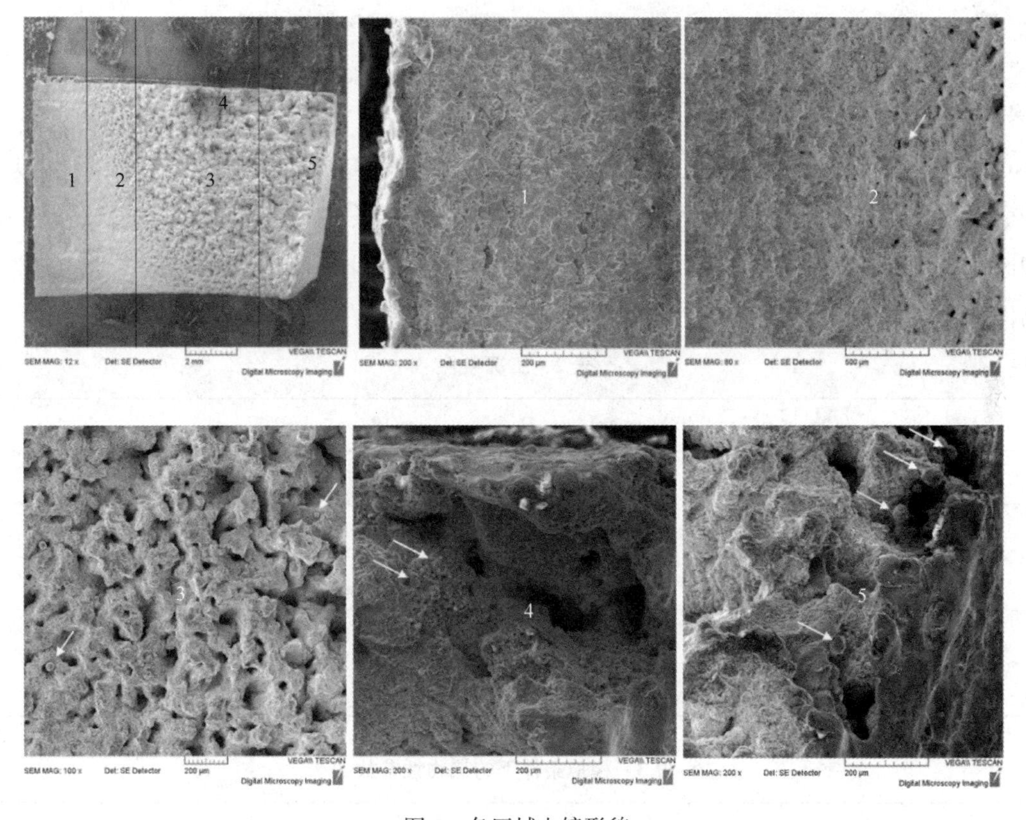

图 7　各区域电镜形貌

3　数值仿真

管道弯头穿孔泄漏的成因通常可分为两类：一是材料失效因素，如腐蚀穿孔等；二是高速射流冲蚀或空化气泡溃灭引起的材料失效。针对本文研究对象处于低温环境且采用不锈钢材质的情况，可排除腐蚀穿孔等材料失效因素的影响。本文仅探究冲蚀或空蚀对材料失效的影响。

3.1　模型建立

本文根据现场情况建立了三维几何模型并进行网格划分如图8，其中入口直管段长度为70mm，孔板厚度为4mm，内径为12mm，法兰厚度为29.5mm，上游直管段长度为195.5mm，内径为26mm，弯头长度为95mm，下游直管段长度为105.2mm。

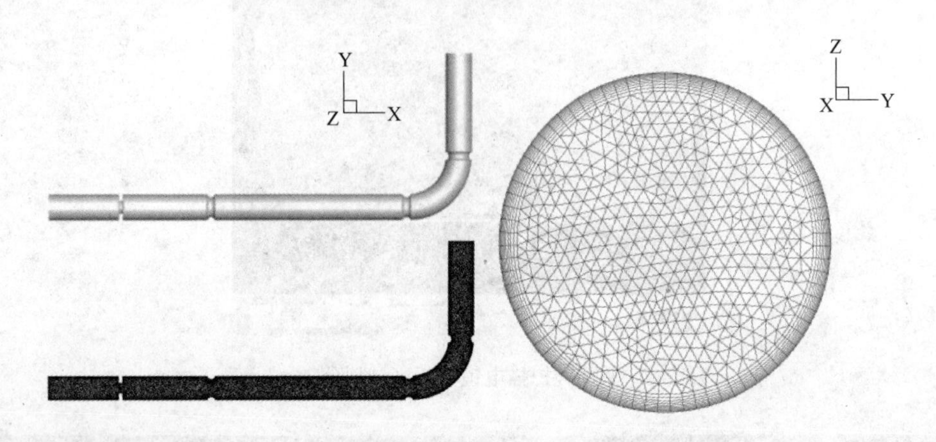

图8　模型及网格划分

3.2　模拟分析

LNG主要由甲烷、乙烷、丙烷、正丁烷、异丁烷、戊烷和氮组成，其超临界压力和温度分别为4.55MPa和190.4K，在常压下的沸点为-162℃。采用的边界条件由表2给出，该工况处于相图中的液相区，如图9所示。图10展示了LNG热物性随温度的变化规律。表3给出了工况条件下LNG的热物性参数。

表2　工况条件

位置	工况条件
弯头入口压力(Pa)	11.8MPa
弯头入口温度(℃)	-148.4(下)、-148.2(上)
弯头入口质量流量(kg/h)	22373.6
弯头出口压力(Pa)	0.4MPa
弯头出口温度(℃)	-148.8(下)、-148.6(上)

表3　模拟条件下的热物性参数

压力/MPa	温度/℃	密度/(kg/m^3)	粘度/μPa	气化温度/℃
11.8	-148	445.16	120	—
8	-148	445.17	118	—
4	-148	441.36	116	-88
0.4	-148	433.3	114	-133

3.2.1　流动模拟分析

根据数值模拟结果，图11展示了LNG流经损伤管道时的流动情况。整体而言，LNG流经1#焊

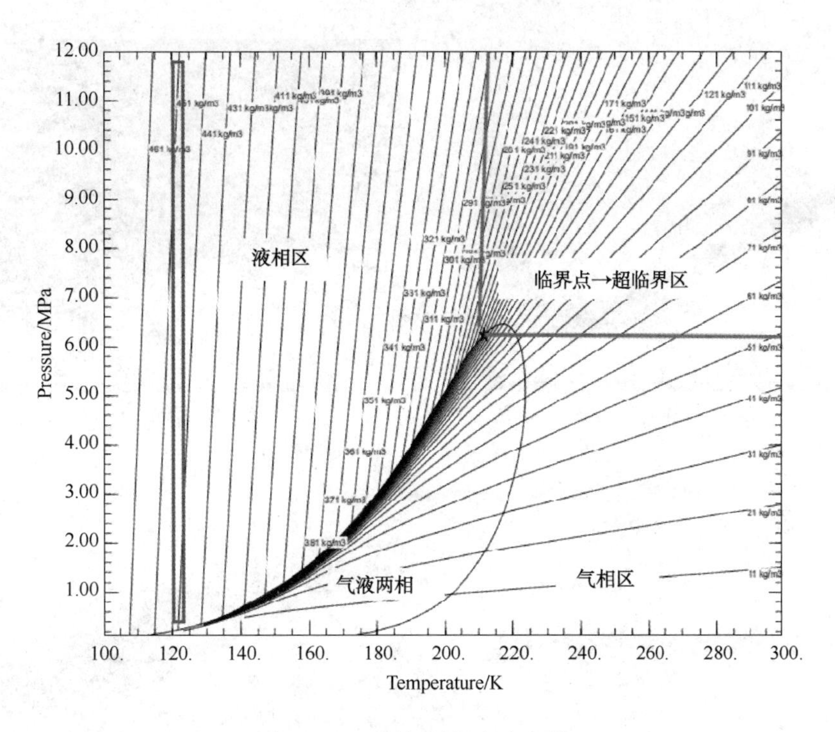

图 9 LNG 物性范围(红色框线)

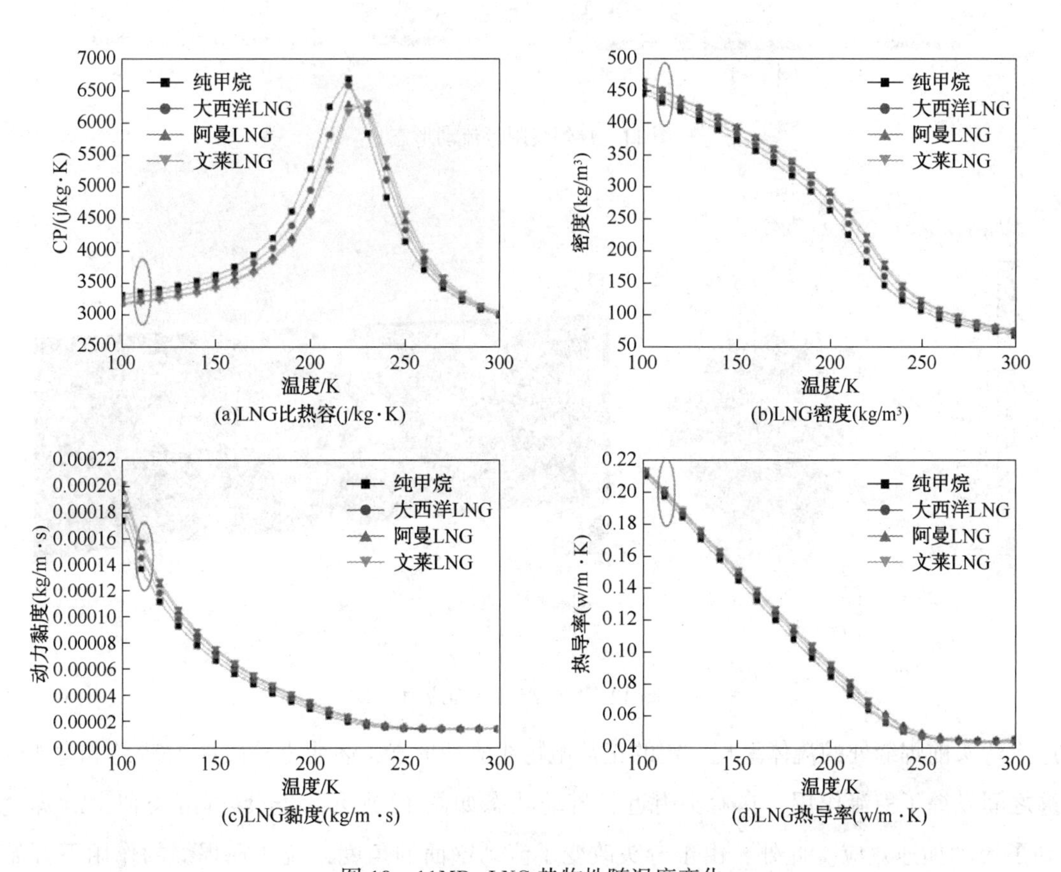

图 10 11MPa LNG 热物性随温度变化

缝时，焊缝余高引起的管道流动通道收缩，导致流道变窄，产生节流效应。最高速度出现在焊缝的中心位置，而 1#焊缝附近的壁面应力在 2000~3000Pa 之间，如图 12 所示。在 LNG 流过 1#焊缝后的约 150°位置形成回流涡。在回流涡的作用下，后续流体发生偏斜。

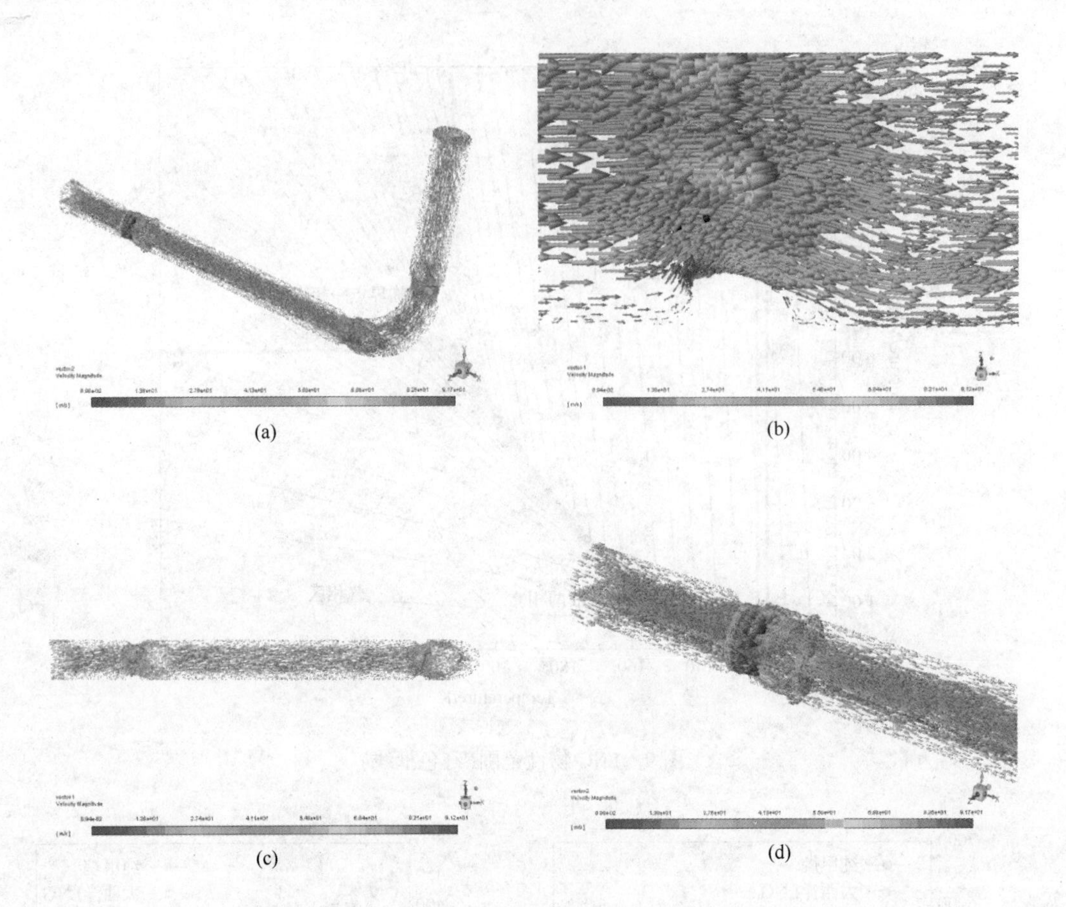

图 11　1#焊缝附近流动形态

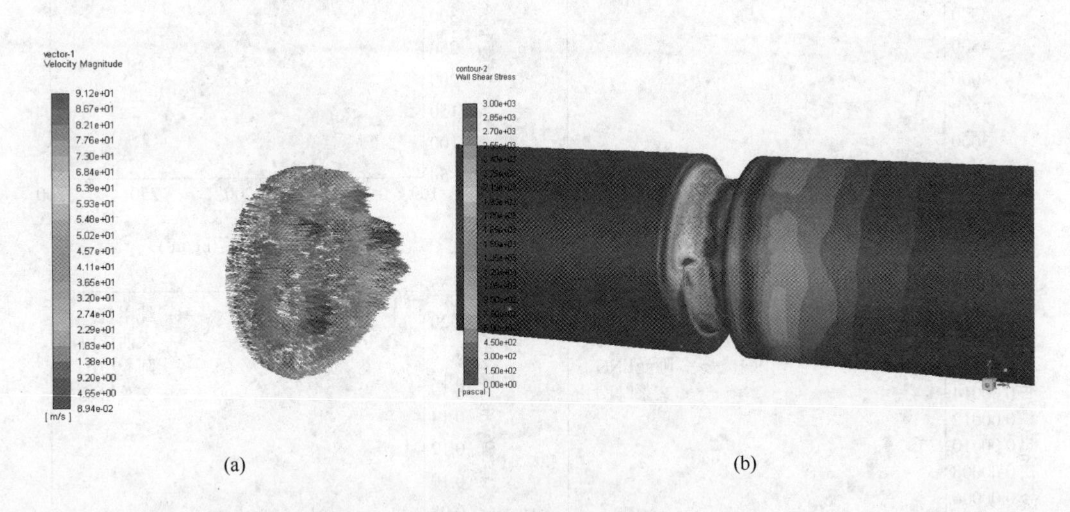

图 12　1#焊缝处壁面应力

进入弯头前焊缝处的流体呈现一定的正常抛物线流动形态，表明直管段在 1#焊缝和弯头入口处 2#焊缝之间发挥了稳流作用。在弯头附近，流动状态如图 13 所示，与 1#焊缝类似，2#焊缝处也观察到了流动加速效应。此外，由于弯头改变了流动壁面的角度，流体在焊缝的作用下开始旋转并冲刷到壁面上。从壁面剪切应力的统计情况（图 12）来看，2#焊缝处的剪切作用较 1#焊缝较弱。

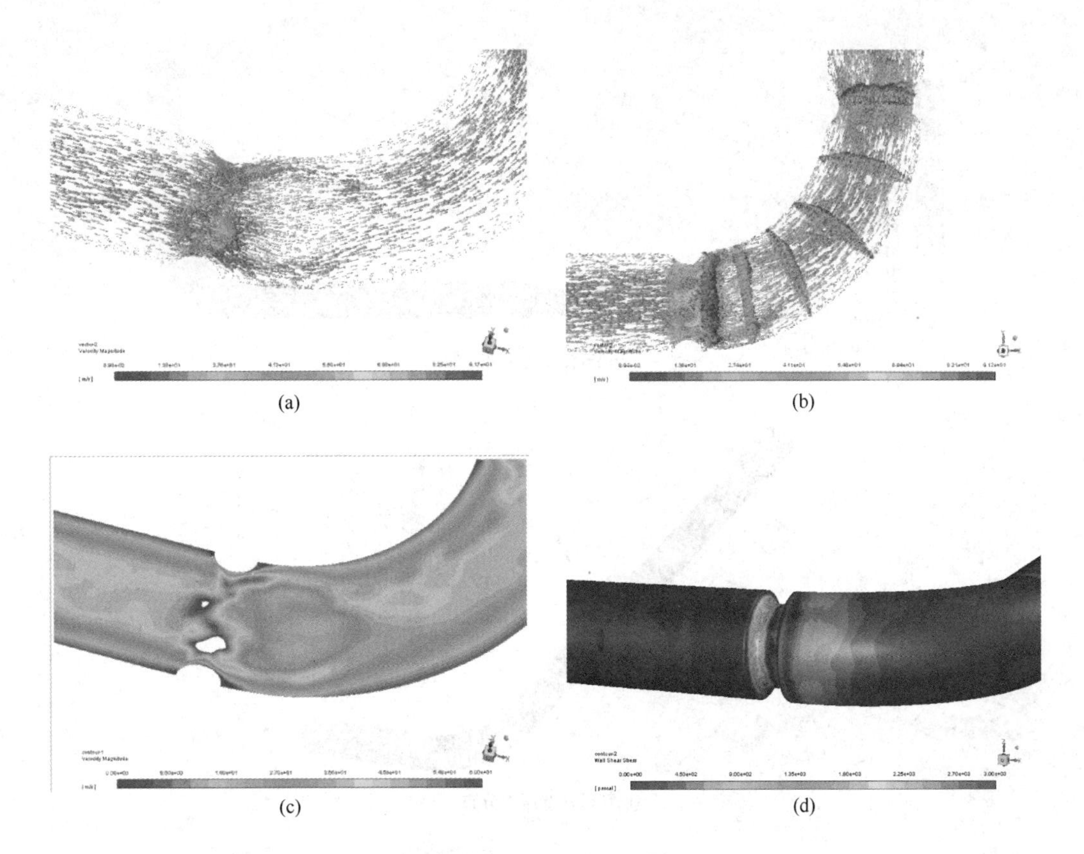

图 13　弯头流动及流体壁面应力

3.2.2　失效模拟分析

在表 2 给定的工况条件下，采用混合物多相流动耦合相间空化动力学模型。入口压力设定为 11.8MPa，出口压力为 0.3MPa。采用 Zwart-Gerbera-Belamri 空化模型，并根据工作温度-148℃和 LNG 的成分设定饱和蒸汽压力为 0.22MPa。计算过程采用非稳态计算，时间步长设为 10^{-5}，初始入口气相体积分数为 0。

图 14 为流场压力分布情况，孔板具有显著的节流降压效应，在孔板之后压降达到了 10~11MPa，部分流体形成了回流涡，对称回流涡迫使流体向中心聚集，具体表现为流线向中心聚集，并朝向弯头方向流动。在弯头的外弧侧产生了 4~5MPa 的局部压力集中，这种局部压力集中呈椭球状，且与管道穿孔损伤位置一致。

图 15 为相态分布情况，在孔板前流体为液态 LNG，经过孔板后逐渐发生空化现象，气相从孔板处开始形成，并在孔板与弯头之间的直管段壁面低压区逐渐增加，而液相则在中心聚集。由于弯头处的气相和液相分离现象，密度较大的液体在惯性力的作用下集中在弯头的外弧侧，这解释了图 14中管道外壁存在局部高压的原因，而气相更多地集中在内弧侧。外壁面的高压作用很可能导致夹带在其中的一些小气泡破裂，从而引发汽蚀现象。

图 16 为弯头入口处气液体积分布情况，由于液相的体积分数差异，形成了中心密度较高、外围密度较低的两相流。模拟结果显示，在进入弯头之前，由于空化作用，形成了以气相为主、液相为辅的两相流动态势。气相在壁面到中心位置的径向分布由高到低，而液相则由低到高，管道中心的液相体积分数在 0.4~0.5 之间，形成了气相夹带液相流动的形态。

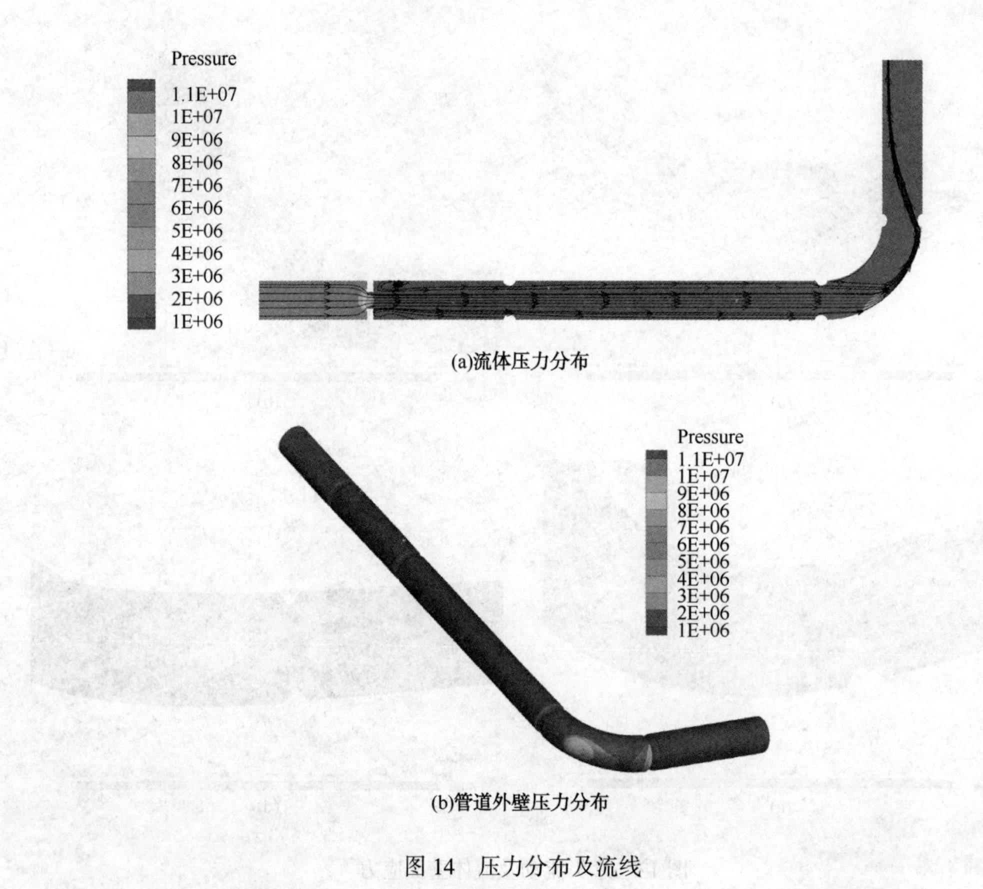

(a)流体压力分布

(b)管道外壁压力分布

图 14　压力分布及流线

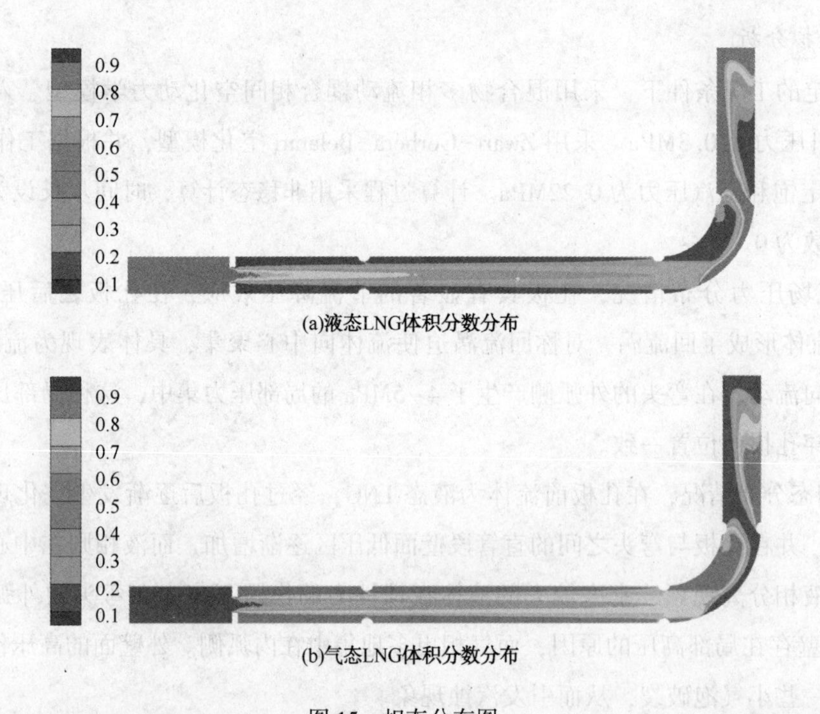

(a)液态LNG体积分数分布

(b)气态LNG体积分数分布

图 15　相态分布图

图 17 可见混合流体的速度从入口的 26~30m/s，增加到了 100~220m/s 的高速射流，其中 x 方向的流动速度达到了 60m/s。证明了孔板和弯头之间形成的气液混合流动速度足以形成高速射流结构。

为进一步研究这种射流结构对弯头冲蚀的影响，图 18 模拟了气体携带液滴对弯头的冲蚀，模拟所设置的气速边界条件与空化模拟获得的速度一致，由图可见高速液滴对弯头产生了明显的侵蚀损伤，呈现椭圆环形，与实际穿孔的损伤形貌较为接近。因此推断气流携带液滴对弯头的冲蚀是造成管道弯头失效的重要因素之一。

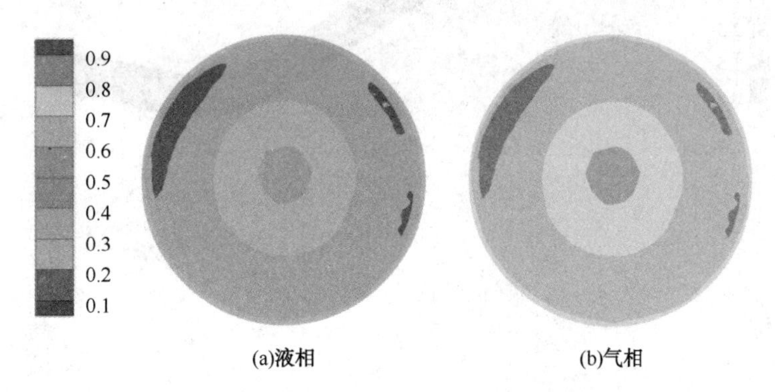

图 16　弯头入口处气液体积分数分布

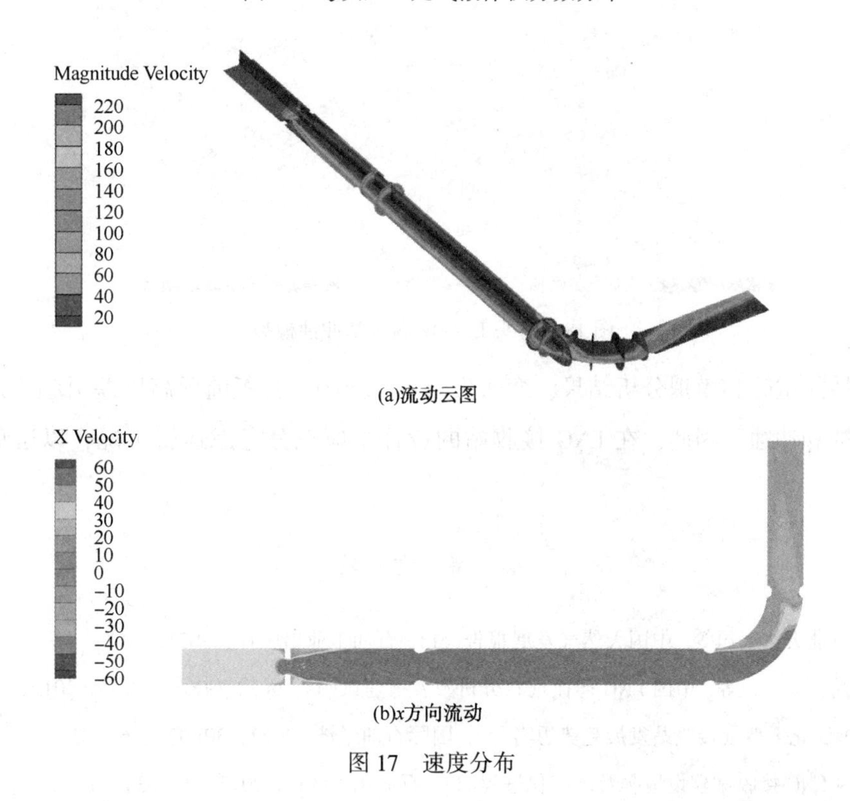

图 17　速度分布

4　结论

通过对弯头、直管段和环焊缝进行了检测和分析，结果显示几何尺寸、壁厚均满足要求。缺陷附近及其他区域内表面平滑，无明显冲刷磨损痕迹。扫描电镜观察发现缺陷区域呈蜂窝状形貌，存在微小球状物。上游直管段和法兰连接环焊缝沿流动方向存在明显冲刷磨损缺陷，与弯头缺陷相似。

模拟分析显示，在 LNG 流动情况下，焊缝余高影响管内流动，产生节流效应和涡旋。流体在孔板后形成气相夹带液滴的高速射流，对弯头壁面产生冲蚀，与实际损伤形貌相似。弯头内侧形成低压区，外侧为高压区，气泡破裂产生激波和空化溃灭，导致弯管穿孔。

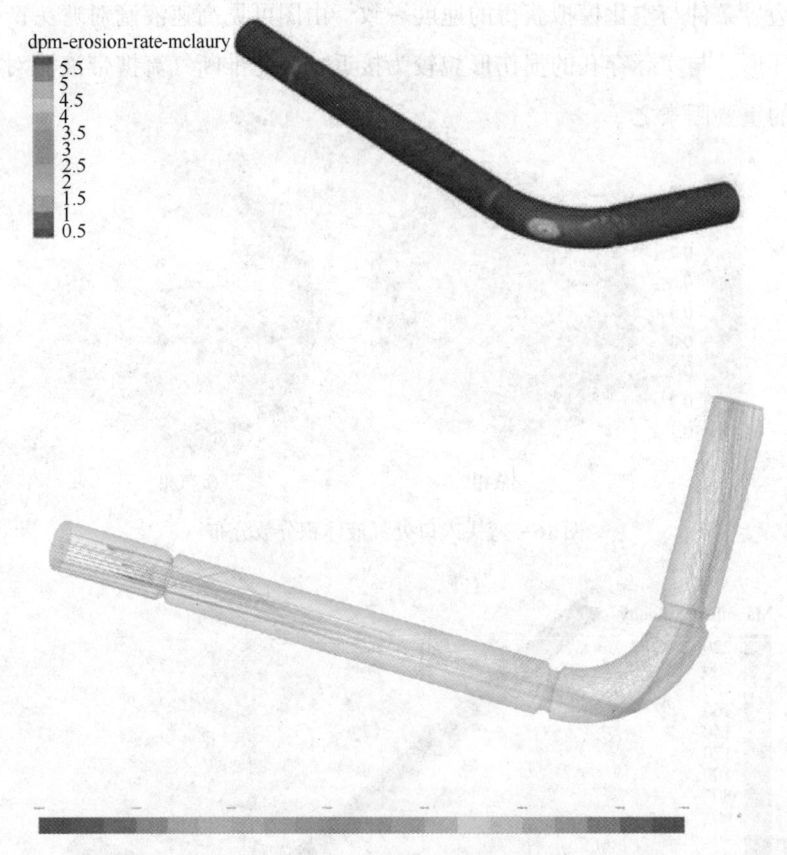

图 18　弯头 LNG 液滴流动冲蚀模拟

综合理化性能试验和模拟分析结果，弯头失效主要原因是孔板前后高压差引起流速增加和空化效应，导致汽蚀和冲蚀。因此，在 LNG 接收站的设计中应充分考虑运行工况，以避免类似问题的发生。

参 考 文 献

[1] 国家能源局石油天然气司等. 中国天然气发展报告[M]. 石油工业出版社，2021.

[2] 高振宇，高鹏，刘倩，等. 中国 LNG 产业现状分析及发展建议[J]. 天然气技术与经济. 2019，13(06)：14-19.

[3] 程民贵. 中国液化天然气接收站发展趋势思考[J]. 国际石油经济. 2022，30(05)：60-65.

[4] 张少增. 中国 LNG 接收站建设情况及国产化进程[J]. 石油化工建设. 2015，37(03)：14-17.

[5] 刘筠竹. LNG 接收站的发展趋势[J]. 煤气与热力. 2021，41(09)：11-15.

[6] 赵广明. 中国 LNG 接收站建设与未来发展[J]. 石油化工安全环保技术. 2020，36(05)：1-6.

[7] 许健. 多相流阀门及相连管道空化/空蚀特性及预测方法研究[D]. 浙江理工大学，2017.

[8] 龚浩. 燃气埋地管道弯头断裂失效分析[J]. 管道技术与设备. 2021(05)：37-39.

[9] 王磊，岳明，龙岩，等. 西部某输气管道弯管穿孔泄漏原因[J]. 腐蚀与防护. 2023，44(03)：113-118.

[10] 吕超，陈绪鑫，刘艳龙，等. 基于 Fluent 的天然气运输管道弯头冲蚀模拟分析与防控措施研究[J]. 焊管. 2023，46(01)：13-18.

[11] 胡敏，陈文斌，廖飞龙，等. 基于 CFD 的不同流向弯头冲蚀过程的数值模拟[J]. 石油化工腐蚀与防护. 2016，33(02)：19-23.

[12] 陈泽，陈国清，杨先辉，等. 基于 Fluent 有限元模拟的连续弯管冲蚀特性研究[J]. 机械工程师. 2021(10)：

60-62.

[13] 宋晓琴，刘玲，骆宋洋，等. 天然气集输管道 90°弯头冲蚀磨损规律研究[J]. 润滑与密封. 2018，43(08)：62-68.

[14] 王静，李长俊，吴瑕. 页岩气集输管道弯头气液固三相冲蚀磨损特性研究[J]. 石油机械. 2022，50(09)：137-144.

[15] 潘鸿，周鹏飞，钱英豪，等. LNG 应急调峰站弯头开裂失效分析[J]. 热加工工艺. 2019，48(24)：174-177.

[16] 向素平，周义超，孙明烨，等. LNG 管道 90°弯头压力场的数值模拟[J]. 煤气与热力. 2015，35(06)：12-17.

[17] Li X，Chen Q，Li C，et al. Insights into the perforation of the L360M pipeline in the liquefied natural gas transmission-process[J]. Engineering Failure Analysis. 2022，140：106566.

[18] 顾安忠等. 液化天然气技术[M]. 机械工业出版社，2004.

[19] 卢超，耑锐，易冲冲，等. BOG 气体对 LNG 输送管道预冷的数值模拟[J]. 低温工程. 2012(06)：51-56.

[20] 胡俊，侯夏伊，于勇. 考虑当地流动特征的 Zwart-Gerbera-Belamri 空化模型改进及应用[J]. 北京理工大学学报. 2021，41(04)：388-394.

浸没燃烧式气化器紧急停车水浴池剩余气化能力研究

姜英宇[1]　张　奕[1]　魏　茁[1]　艾绍平[1]　李　宇[2]　姜哲宇[3]

(1. 北京燃气(天津)液化天然气有限公司；2 中国船舶集团有限公司第七一一研究所；
3. 杭州新杰宇机电设备安装有限公司)

摘　要　通过对北京燃气集团(天津)液化天然气有限责任公司 LNG 接收站的建立，购进 7 台韩国 Wonil 公司研制生产的进口浸没燃烧式气化器(WONIL-SCV)以及 3 台 CSSC 中国船舶集团第七一一研究研制生产的国产浸没燃烧式气化器(CSSC-SCV)，进行深入研究；对本文主要针对不同工况下 SCV 的燃烧器紧急停车，两种 SCV 的水浴池内部剩余热量可持续气化外输能力进行研究，并计算出在不同负荷、贫富液情况下，SCV 的入口管线截断阀安全关闭时间及最佳运行负荷，最大程度的降低能耗。

关键词　浸没燃烧式气化器；气液两相流；传热系数

Study on residual gasification capacity of emergency stop water bath of submerged combustion gasifier

Jiang Yingyu[1]　Zhang Yi[1]　Wei Zhuo[1]　Ai Shaoping[1]
Li Yu[2]　Jiang Zheyu[3]

(1. Beijing gas(Tianjin) Liquefied Natural Gas Co., Ltd; 2. Shanghai Marine Diesel Engine Research Institute, SMDERI; 3. Hangzhou Xinjieyu Engineering Co., Ltd)

Abstract　Through the establishment of LNG receiving terminal of Beijing Gas Group (Tianjin) Liquefied Natural Gas Co., Ltd., 7 imported submerged combustion vaporizers (WONIL-SCV) developed and produced by Wonil Company of South Korea and 3 domestic submerged combustion vaporizers (CSSC-SCV) developed and produced by CSSC China Shipbuilding Group 711 Research and development were purchased for in-depth research. This paper mainly studies the emergency shutdown of SCV burners under different working conditions, and the sustainable gasification and export capacity of the residual heat inside the two SCV water baths, and calculates the safe closing time and optimal operating load of the SCV inlet pipeline shut-off valve under different loads and rich and poor liquids. Reduce energy consumption to the greatest extent.

Keywords Immersion combustion gasifier; Gas-liquid two-phase flow; Heat transfer coefficient

近年来，我国 LNG 接收站逐渐向北方沿海城市发展建站，由于北方地理气候原因，多数时间气温较低，因而对气化器的选型尤为重要，目前我国较为常见的气化器包括开架式气化器(ORV)、中间介质气化器(IFV)和浸没燃烧式气化器(SCV)，其中 SCV 具有传热系数小，传热面积大及低氮排放等特点，被广泛应用于 LNG 接收站调峰。

北京燃气集团(天津)液化天然气有限责任公司 LNG 接收站建立于天津南港工业区，由于地理气候原因，对气化器的选型十分苛刻，通过唐山中石油 LNG 接收站以及中石化天津 LNG 接收站的气化调峰经验，最后选取 SCV 作为 LNG 接收站调峰的气化器。

本文通过对 CSSC-SCV 与 WONIL-SCV 在不同工况下紧急停车，水浴池内部剩余热量可持续气化外输的能力，进行对比分析；主要运用热力学传热的各项公式进行计算热量转换量；需要对 SCV 内部设备：鼓风机、水泵以及燃烧室做功产生的内能转化为水浴池的池水热能，池水所获得的热能安装热转化率(97%)，进行与 LNG 冷量进行热交换的能量转化计算，得出应急停车时 SCV 入口截断阀最佳反应关断时间。运用到的热力学公式如下：

内能 $\Delta U=Q+W$ ① ΔU 内能的该变量、Q 能量热量、W 表示功

焓值 $H=U+pV$ ② U 为物质的内能，p 为压强，V 为体积

热量 $Q=Cm\Delta t$ ③ C 为比热，m 为质量，Δt 为温度变化

1 SCV 传热结构

浸没燃烧式气化器(SCV)就是其中气化外输的主要设备之一，其中设备的传热结构为换热管束、水浴池、燃烧器、烟气分布管等，其结构简图如图(1)所示。从燃料气电加热器过来的燃料气(NG)与助燃空气在燃烧器中混合燃烧，产生的高温烟气，通过降液管进入水浴池中的烟气分布管，进入水浴池形成液气两相流，并与盘管内 LNG 进行换热气化，生成温度在 2℃－14℃的天然气(NG)，完成气化传热工作。

2 CSSC-SCV 与 WONIL-SCV 性能对比

表(1)所示，为 CSSC-SCV 和 WONIL-SCV 的各项性能参数，燃烧器在贫液状态下的功率分别为 40.45MW(贫液 1)、41.57MW(贫液 2)和 41.77MW(贫液 1)、42.98MW(贫液 2)，在富液状态下的功率分别为 41.78MW(富液 1)、42.46MW(富液 2)和 43.64MW(富液 1)、45.71MW(富液 2)，液化天然气(LNG)入口温度约为－152℃，天然气(NG)出口温度通过换热量进行变化，正常保持在 2～14℃。

在换热效率方面，WONIL-SCV 和 CSSC-SCV 均进行了优化，WONIL-SCV 将水浴池的容积扩大至 200t，增大了换热管束与池水的接触面积，从而增大其换热效率；而 CSSC-SCV 对燃烧器的燃

烧方式进行优化：分为两路燃烧，并对燃烧火焰的大小进行改变，深入对比研究；以及对换热管束四周加固围堰，均增大了换热量效率，使得其在功率更小的同时能够处理更大的负荷。

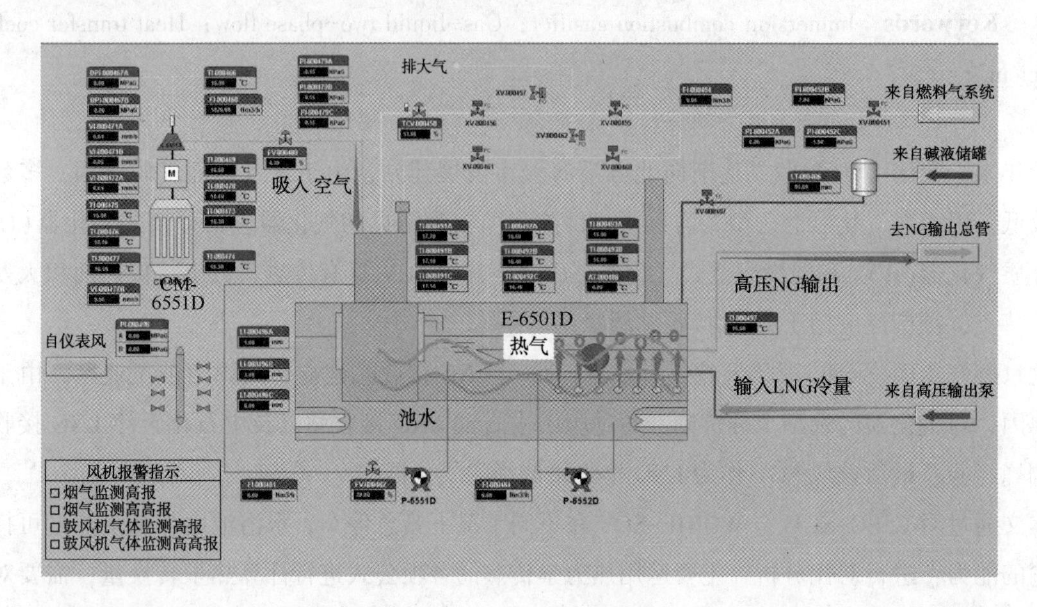

图(1) SCV 传热结构示意图

表(1) SCV 设备运行参数

项目	CSSC-711	WONIL-SCV
燃烧器功率(MW)	40.45(贫液1)41.57(贫液2) 41.78(富液1)42.46(富液2)	41.77(贫液1)42.98(贫液2) 43.64(富液1)45.71(富液2)
LNG 进口温度(℃)	-152	-152
出口温度(℃)	2-14	2-14
操作压力(MpaG)	9.4(贫液1)5.3(贫液2) 9.4(富液1)5.3(富液2)	9.4(贫液1)5.3(贫液2) 9.4(富液1)5.3(富液2)
传热面积(m^2)	470	466
设计压力(MpaG)	换热管束压力 14.1 (水池满水常压)	换热管束压力 14.1 (水池满水常压)
水浴池水温(℃)	25(水浴池控制) 10-14(出口温度控制)	25(水浴池控制) 10-14(出口温度控制)
满负荷 LNG 处理量(t/h)	210×1.1=231(贫液/富液)	188x1.1=206.8(贫液1/2) 180x1.1=198(富液1/2)
热效率(%)	97(最低)	97(最低)

3 计算 SCV 换热效率

首先通过查询数据，如表(1)和图(2)所示，为在不同压力、不同温度状态下，CH_4的各项参数，可以得到在压力为 9. 3MPaG，温度在-152℃左右的焓值 H=43. 14kJ * kg^{-1}，温度在 7℃左右的焓值 H=762. 9kJ * kg^{-1}，因此，可以得出 9. 3MPaG 的压力下，CH_4温度从-152℃升至 7℃，焓变的热量为 719. 76kJ * kg^{-1}，通过图(1)所示，压焓图可以得到，在压力为 5. 3MPaG 左右时，温度在-152℃左右的焓值 H=30. 26kJ * kg^{-1}，温度在 10℃左右的焓值 H=808. 9kJ * kg^{-1}，因此，可以得出 5. 3MPaG 的压力下，CH_4温度从-152℃升至 10℃，焓变的热量为 778. 64kJ * kg^{-1}。

表(1)　纯甲烷(CH_4)的热值参数

T/K	P/MPa	ρ/kg * m^{-3}	H/kJ * kg^{-1}	S/kJ * kg^{-1} * K^{-1}	C_V/kJ * kg^{-1} * K^{-1}	C_P/kJ * kg^{-1} * K^{-1}
93. 22	10. 0	454. 5	-47. 07	-0. 6806	2. 176	3. 325
100	10. 0	446. 0	-24. 48	-0. 4466	2. 139	3. 344
120	10. 0	419. 8	43. 14	0. 1696	2. 047	3. 424
140	10. 0	391. 2	112. 8	0. 7062	1. 969	3. 552
160	10. 0	358. 8	185. 8	1. 194	1. 909	3. 777
180	10. 0	319. 6	265. 3	1. 661	1. 873	4. 226
200	10. 0	266. 2	358. 9	2. 153	1. 878	5. 304
220	10. 0	187. 6	482. 7	2. 742	1. 903	6. 713
240	10. 0	128. 4	599. 6	3. 252	1. 847	4. 853
260	10. 0	101. 0	683. 8	3. 589	1. 803	3. 730
280	10. 0	85. 51	762. 9	3. 846	1. 793	3. 242
300	10. 0	75. 18	815. 1	4. 060	1. 807	3. 002

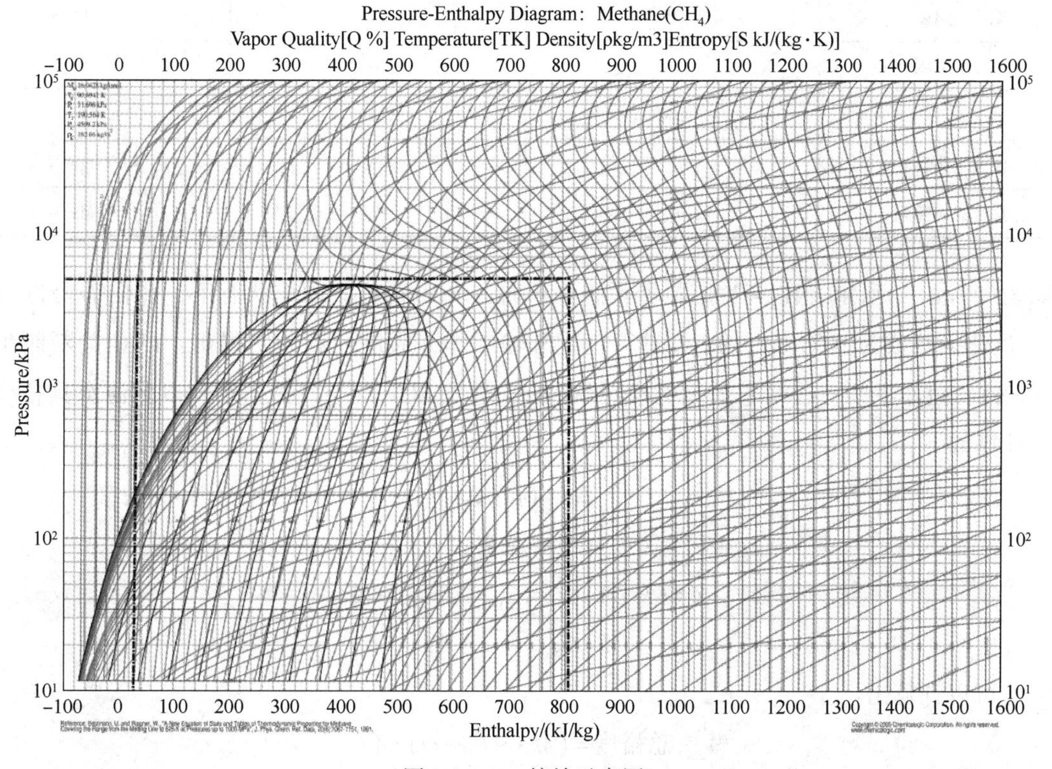

图(2)　CH_4熵焓示意图

表(2) SCV 燃烧器跳车时的运行状态参数

参数项	CSSC-SCV 数值	WONIL-SCV 数值	单位
LNG 质量流率	231(贫液/富液)	206.8(贫液 1/2) 198(富液 1/2)	t/h
燃烧器功率	40.45(贫液 1) 41.57(贫液 2) 41.78(富液 1) 42.46(富液 2)	41.77(贫液 1) 42.98(贫液 2) 43.64(富液 1) 45.71(富液 2)	MJ/s
鼓风机工作效率	45000	65000	Nm^3/h
LNG 切断阀(XV)延迟关段时间	X_1	X_2	s
切断阀(XV)从全开到全关	15	15	s
跳车期间 LNG 的总质量	Y_1	Y_2	t
LNG 入口温度	-152	-152	℃
NG 出口温度	10	10	℃
LNG 焓变的热量	709.76	709.76	kJ/kg
LNG 比热容	3.424	3.424	kJ/(kg*℃)
LNG 总质量的换热量	Z_1	Z_2	MJ

表(3) 运行状态下水浴池各项参数

参数项	711 所 SCV 数值	WONIL SCV 数值	单位
水浴池温度	25	25	℃
水浴池下限	10	10	℃
池水质量	160	200	t
池水比热容	4.2	4.2	kJ/(kg*℃)
池水具备换热量	M_1	M_2	MJ

如表(2)和(3)所示，在 SCV 燃料器紧急停车时，SCV 满负荷运作状态下，我们需要将-152℃的 LNG 汽化换热成为 10℃左右的 NG 进行正常外输工作，通过计算分别得出：LNG 关断阀延迟关段时间(X)、跳车期间、LNG 总质量的换热量(Z)、进入 SCV 的空气冷量(Q)以及池水具备换热量(M)，计算如下：

$$\Delta h = Cp \cdot \Delta t$$

$$Y = v \cdot T$$

$$Z = (P \cdot Y_1)/v = C_{LNG} \cdot m_{LNG} \cdot \Delta t$$

$$M = C_{水} \cdot m_{水} \cdot \Delta t$$

因此可以计算出：

$$总裕度 = (M \cdot 97\% + Q)/Z$$

上述公式中，涉及到的 v 为 LNG 的质量流量，m_1 为跳车期间流入 SCV 的 LNG 总质量，P 为燃烧器的功率，$m_{水}$为水浴池中池水质量，$C_{水}$为池水比热容。

首先能够通过上述数据及公式，计算得出：

711 所 SCV 水浴池中池水具备换热量

$$M_1=C_{水}\cdot m_{水}\cdot \Delta t=4.2\times160\times25-10=1.008\times10^4\mathrm{MJ}$$

WONIL-SCV 水浴池中池水具备换热量

$$M_2=C_{水}\cdot m_{水}\cdot \Delta t=4.2\times200\times25-10=1.26\times10^4\mathrm{MJ}$$

4 WONIL-SCV 和 CSSC-SCV 紧急停车处理方案

浸没燃烧式气化器紧急停车的情况分析。

首先，在紧急停车情况下，我们对鼓风机在安全时间内做功(冷量)进行计算可知，其所做的功相对于整改过程来说，能量过小可忽略不计；并通过《设备操作运行维修手册》查出，WONIL-SCV 和 CSSC-SCV 的控制逻辑均为水浴温度控制和 NG 出口温度控制两者进行逻辑控制，因此我们可以将紧急停车的情况分为一下几种情况：

4.1 在满负荷运行工况，下燃烧器单独突然跳车

(1) LNG 状态为贫液 1 且压力在 9.4MPaG 为例，进行分析计算：

此时 SCV 为水浴池温度控制，水浴池温度保证在 25℃，当燃烧器单独突然停车，此时鼓风机及水泵正产运行，水浴池热量与 LNG 冷量、鼓风机进风冷量进行能量交换。

CSSC-SCV 水浴池剩余气化能力

计算思路

计算在安全时间内，通过 SCV 换热管束的 LNG 冷量(换热量 Z)

并计算剩余水浴池内池水的热量值(M)，可以将多少 LNG 冷量(Z)降至标准外输温度。

从而计算得出，SCV 入口 XV 阀，最长反应关闭时间，这样可以将能耗降至最低，利益最大化。

已知 CSSC-SCV 水浴池中池水具备换热量

$M_1=1.008\times10^4\mathrm{MJ}$

跳车期间池水具备换热量

$Y_1=v\times T=[231\mathrm{t/h}\times(X_1+15\mathrm{s}\div2)]\div3600\mathrm{s/h}$

LNG 总质量的换热量

$Z_{(贫液1)}=(P\times m_1)/v=(40.45\mathrm{MJ/s}\times Y_1)/(231\mathrm{t/h}\div3600\mathrm{s/h})$

LNG 总质量的换热量

$Z_{(贫液1)}=C_{LNG}\times m_{LNG}\times\Delta t=\Delta h\times Y_1=719.76\mathrm{kJ/kg}\times Y_1$

因为总裕度=(M×97%+Q)/Z，当总裕度为 1 时，证明池水的热量与进入 SCV 的 LNG 冷量能量转换平衡，即最大转换量。

可以得出：M×97%+Q=Z(经计算可知，鼓风机冷量过小，可忽略不计)

所以 $1.008\times10^4\mathrm{MJ}\times97\%=(40.45\mathrm{MJ/s}\times Y_1)/(231\mathrm{t/h}\div3600\mathrm{s/h})$

计算得出：$Y_1=15.51\mathrm{t}$

既 $X_1 \approx 234s$

WONIL SCV 数值水浴池剩余气化能力 $M_2 = 1.26 \times 10^4 MJ$

跳车期间 LNG 的总质量

$Y_2 = v \times T = [231t/h \times (X_1 + 15s \div 2)] \div 3600s/h$

LNG 总质量的换热量 $Z_{(贫液1)} = (P \times m_1)/v = (41.77MJ/s \times Y_2)/(231t/h \div 3600s/h)$

LNG 总质量的换热量 $Z_{(贫液1)} = C_{LNG} \times m_{LNG} \times \Delta t = \Delta h \times Y_2 = 719.76kJ/kg \times Y_2$

因为总裕度=(M×97%)/Z，当总裕度为1时，证明池水的热量与进入 SCV 的 LNG 冷量能量转换平衡，即最大转换量。

可以得出：M×97%=Z(经计算可知，鼓风机冷量过小，可忽略不计)

所以 $1.26 \times 10^4 MJ \times 97\% = (41.77MJ/s \times Y_2)/(231t/h \div 3600s/h)$

计算得出：$Y_2 = 18.77t$

既 $X_2 \approx 285s$

4.2　在小负荷运行工况下(小负荷一般定义为0%-50%)，下燃烧器单独突然跳车

此时 SCV 的控制逻辑为 NG 出口温度控制，水浴池温度与 NG 出口温度以及烟气温度相差 5℃(安全温差)，当燃烧器单独突然停车，此时鼓风机及水泵正产运行，水浴池热量与 LNG 冷量、鼓风机进风冷量(忽略不计)进行能量交换。

以 40%小负荷(84t/h)为例

CSSC-SCV 水浴池剩余气化能力：

$M_1 = C_{水} \times m_{水} \times \Delta t = 4.2 \times 160 \times 5 = 3360MJ$

跳车期间 LNG 的总质量：

$Y_1 = v \times T = [84t/h \times (X_1 + 15s \div 2)] \div 3600s/h$

LNG 总质量的换热量

$Z_{(贫液1)} = (P \times m_1)/v = (40.45MJ/s \times Y_1)/(84t/h \div 3600s/h)$

LNG 总质量的换热量

$Z_{(贫液1)} = C_{LNG} * m_{LNG} * \Delta t = \Delta h * Y_1 = 719.76kJ/kg * Y_1$

因为总裕度=(M*97%)/Z，当总裕度为1时，证明池水的热量与进入 SCV 的 LNG 冷量能量转换平衡，即最大转换量。

可以得出：M*97%=Z

$3360MJ * 97\% = (38.76MJ/s * Y_1)/231t/h$

计算得出：$Y_1 = 1.88t$

既 $X_1 = 73s$

WONIL SCV 数值水浴池剩余气化能力

计算得出：$Y_2 = 2.27t$

既 $X_2 = 90s$

同上述情况，可以计算出在不同负荷、不同贫富液状态下，SCV 入口截断阀最佳反应关断时间，通过表(4)所示，在不同工况下，WONIL-SCV 具有在紧急情况下拥有换热时间更长的优势。

并通过图(3)所示，在负荷为60%的状态下运行，两种SCV的水浴池内部剩余热量可持续气化外输能力均为最佳，WONIL-SCV入口管线截断阀安全关闭时间可控制在312s(贫液1)、306s(贫液2)、295s(富液1)、281s(富液2)；CSSC-SCV为266s(贫液1)、253s(贫液2)、249s(富液1)、242s(富液2)；证明得出运行负荷在60%为最佳安全运行负荷。

表(4) SCV入口截断阀最佳关断时间

状态	CSSC-SCV	WONIL-SCV	单位
贫液1(满负荷)	234	285	s
贫液1(80%负荷)	241	298	s
贫液1(60%负荷)	266	312	s
贫液1(40%负荷)	73	90	s
贫液1(20%负荷)	156	197	s
贫液2(满负荷)	227	276	s
贫液2(80%负荷)	238	289	s
贫液2(60%负荷)	253	306	s
贫液2(40%负荷)	70	87	s
贫液2(20%负荷)	147	182	s
富液1(满负荷)	226	272	s
富液1(80%负荷)	234	283	s
富液1(60%负荷)	249	295	s
富液1(40%负荷)	69	85	s
富液1(20%负荷)	144	178	s
富液2(满负荷)	222	259	s
富液2(80%负荷)	230	270	s
富液2(60%负荷)	242	281	s
富液2(40%负荷)	68	81	s
富液2(20%负荷)	141	172	s

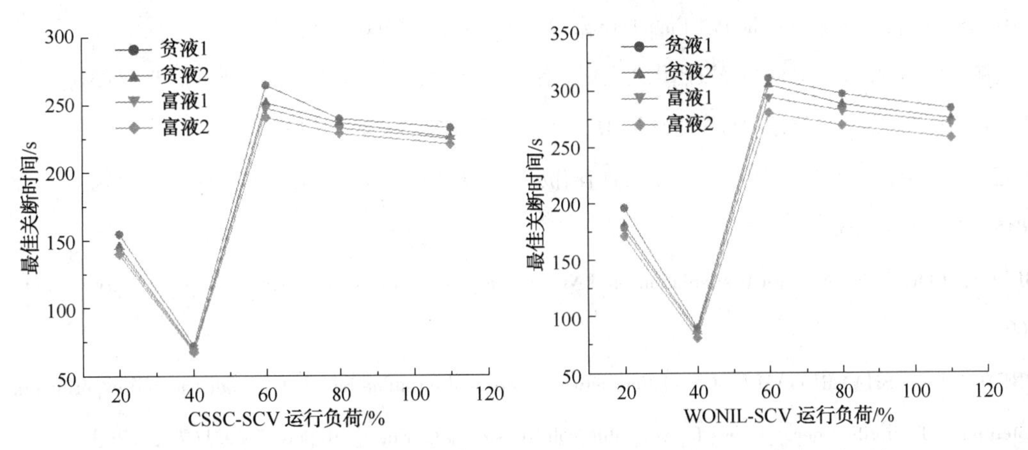

图(3) CSSC-SCV与WONIL-SCV在不同负荷下，入口截断阀最佳关断时间

5 结论

本文通过对不同工况下紧急停车，研究两种 SCV 的水浴池内部剩余热量可持续气化外输能力，计算得出，在满负荷的情况下，WONIL-SCV 入口管线截断阀安全关闭时间可控制在 285s(贫液 1)、276s(贫液 2)、272s(富液 1)、259s(富液 2)；而 CSSC-SCV 入口管线截断阀安全关闭时间可控制在 234s(贫液 1)、227s(贫液 2)、226s(富液 1)、222s(富液 2)；WONIL-SCV 具有在紧急情况下拥有换热时间更长的优势。并通过计算得出，在负荷为 60%的状态下运行，两种 SCV 的水浴池内部剩余热量可持续气化外输能力均为最佳，并最大程度的节约能耗。

参考文献

[1] KIM Z, SHIN Y, YU J, KIM G, HWANG S. Development of NOx removal process for LNG evaporation system: Comparative assessment between response surface methodology(RSM) and artificial neural network(ANN)[J]. Journal of Industrial and Engineering Chemistry, 2019, 74(25): 136-147.

[2] 彭超，刘筠竹. LNG 接收站冬季气化器联运方案[J]. 化工管理，2014(33)：145.

[3] 朱闻达. 大型 LNG 储罐能否破解沿海省市储气调峰难题[J]. 国际石油经济，2010(6)：20-22+94-95.

[4] 多志丽. 青岛 LNG 接收站动态仿真模拟优化研究[D]. 中国石油大学(华东)，2014(7).

[5] QI C, WANG W, WANG B J, KUANG Y W, XU J W. Performance analysis of submerged combustion vaporizer[J]. Journal of Natural Gas Science and Engineering, 2016, 31: 313-319.

[6] 任志博，刘晶，任冬梅，夏云生. 物理化学中热力学公式的学与用[J]. 当代化工研究，2021(08)：104-106.

[7] 康凤立，孙海峰，熊亚选，邓展飞，刘蓉. 浸没燃烧式 LNG 气化器水浴气化传热计算[J]. 油气储运，2016(04)：406-411.

[8] 张立希，陈慧芳. LNG 接收终端的工艺系统及设备[J]. 石油与天然气化工，1999，28(3)：163-166.

[9] 李春奇，王国瑞，马慧超，高辉. 浸没燃烧式气化器(SCV)的安装和质量控制[J]. 化学工程与装备，2023(2)：202-204.

[10] PAN J, MAO D, BAI J H, TANG L H, LI R. Thermal behavior calculation and analysis of submerged combustion LNG vaporizer[J]. Applied Thermal Engineering, 2020(178): 115660.

[11] 于鲲鹏，银建中. 基于 C++的浸没燃烧式汽化器程序设计及传热研究[J]. 化工装备技术，2021(3)：1-6.

[12] 朱德凤. 浸没燃烧蒸发器结构与性能研究[D]. 大连：大连理工大学，2013.

[13] 齐超，王博杰，易冲冲，匡以武，王文，许佳伟，等. 浸没燃烧式气化器的运行特性及优化[J]. 化工学报，2015(S2)：198-205.

[14] BI M S, DOU X H. Numerical simulation on LNG submerged vaporizer[J]. Nutural Gas Industry, 2209, 29(1): 109-110.

[15] PREM A S C, SHANMUGAM P. Correlation between empirical formulae based stoichiometric and experimental methane potential and calorific energy values for vegetable solid wastes[J]. Energy Reports, 2021(7): 19-31.

[16] 李泓钰. 浸没燃烧式 LNG 气化器模拟实验研究[D]. 北京建筑大学，2015(12).

[17] PAN J, BAI J H, TANG L H, LI R, WU G. Thermal performance analysis of submerged combustion vaporizer at supercritical pressure[J]. Cryogenics, 2019, 100: 41-52.

[18] YU K P, YIN J Z. Heat transfer analysis of submerged combustion vaporizer under subcritical pressure and comparison with supercritical pressure[J]. Cryogenics, 2021(120): 103372.

[19] 许婧煊，林文胜. 浸没燃烧式 LNG 气化器传热计算初探[D]. 煤气与热力杂志社，2018，744-751.

[20] 孙海峰. 浸没燃烧式 LNG 气化器的传热计算与数值仿真[D]. 北京建筑大学，2014.

浸没燃烧式气化器(SCV)国产化应用研究

刘庆胜

(中国石化青岛液化天然气有限责任公司)

摘　要　浸没燃烧式气化器(SCV)利用天然气燃烧加热水浴间接气化LNG，是液化天然气(LNG)接收站中的重要设备之一，其核心设计与关键技术一直被国外公司垄断。本文结合SCV在山东LNG接收站国产化成功应用实际，对SCV工作原理及结构进行了介绍，分析了SCV燃烧管理系统、燃烧器、热负荷控制技术，并对存在的问题提出了改进和优化。对国产与进口SCV进行了比较并提出了有待进一步优化的问题。

关键词　LNG；SCV；燃烧管理系统；燃烧器；热负荷

Research on Domestic Application of Immersion Combustion Vaporizer(SCV)

Liu Qingsheng

(Sinopec Qingdao LNG Co., Ltd)

Abstract　The submerged combustion vaporizer(SCV) uses natural gas combustion heating water bath to Indirect vaporization of LNG, which is one of the most important equipment in the liquefied natural gas(LNG) receiving station, its core design and key technologies have been monopolized by foreign companies. This article combines the actual situation of SCV's successful application at Shandong LNG receiving station, introduces the working principle and structure of SCV, the combustion management system, burner and heat load control technology of SCV are analyzed, the existing problems are improved and optimized. The domestic and imported SCV are compared and the problems to be further optimized are put forward.

Keywords　LNG; SCV; Combustion management system; Burner; heat load

1　引言

2017年我国LNG进口量达到3813万吨，同比增长46.3%。进口的液化天然气通过LNG接收站接收并储存至LNG储罐中，通过罐内泵输送至LNG高压泵，经过气化设施气化为常温天然气后，通过管道输送至用气终端。从 2006 年中国第一个 LNG 接收站大鹏 LNG 投产至今，国内 LNG 接收站技术不断实现突破，接收站核心设备和材料的国产化率已大幅度提升。国内 LNG 接收站工艺流程设计基本相同，主要设备包括卸料臂、罐内泵、BOG 压缩机、高压泵、LNG 气化器等。其中 LNG 气化器主要有开架海水式气化器(ORV)、浸没燃烧式气化器(SCV)、中间流体式气化器(IFV)三种。

SCV 是我国北方 LNG 接收站在冬季应用的基本负荷气化器。青岛 LNG 接收站作为中石化第一个接收站，建设期间 SCV 制造商只有德国林德公司和日本住友精密机械公司两家，生产技术垄断导致 SCV 采购成本高、周期长、备品备件维护费用高、售后服务困难等问题。为掌握 SCV 的生产技术，实现 SCV 国产化，2013 年，中石化与江苏中圣公司合作开发国产 SCV，并与 2018 年初在青岛 LNG 接收站调试成功。

2 工作原理与结构

2.1 简介

SCV 在海水温度低于 7℃、外输峰值、或者 ORV 故障时使用，利用天然气燃烧产生的热量加热和气化低温 LNG。来自燃料气系统的天然气和来自鼓风机的助燃空气按照控制比例注入燃烧器，燃烧后产生的高温气体进入水浴池加热水浴。LNG 由浸没在水浴中的换热管束的下部流入，在换热管中被水浴加热、气化后输出到外输总管。SCV 主要由水槽、换热管束、燃烧室、燃烧器、烟气分布器、堰流箱、烟囱、鼓风机、烟风道等组成。主要优点为操作安全性高、热效率高、具有快速启动能力等。

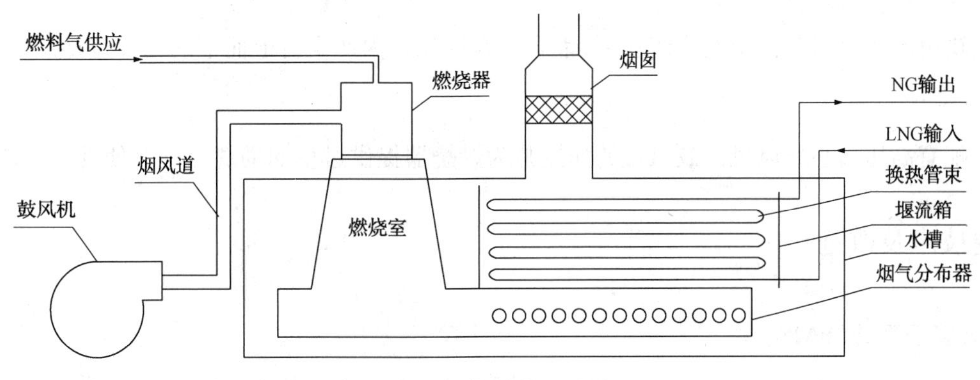

图 1 SCV 结构原理图

2.2 工作原理

SCV 的燃烧器安装在浸没于水槽中的燃烧室顶部，燃料在燃烧室燃烧后，产生的烟气通过位于管束下部的烟气分布器进入水槽，形成含有很多小气泡的气液两相流。气液两相流密度低于水，形成上升作用。上升的两相流仅局限在管束周围的堰流箱之内。气液两相流通过管束向上流动至堰流箱的上方进行气水分离，气泡在水面上破裂后烟气离开水池去烟囱，水溢流到堰流箱外面，并通过 SCV 管束进行再循环。

SCV 管束浸没于水槽内，位于堰流箱内和烟气分布器上方，换热管表面通过高速运动的气水混合物把热量传递给管内的 LNG，使其受热气化。烟气气泡在水面破裂后，通过烟囱排放至大气中。

充足的空间、较低的烟囱排放速度以及除雾器可确保烟气带水量最少。

2.3 结构

2.3.1 水槽

水槽内部装有换热管束、燃烧室、烟气分布器、堰流箱。水槽为水泥浇筑，上部用盖板封闭，盖板上开人孔，可以进入内部检查。

2.3.2 燃烧器

燃烧器安装在燃烧室上部，附带点火枪、高压点火器和火焰扫描仪。天然气和过量空气充分混合后完全燃烧，燃烧产物热烟气从上向下沿着燃烧室进入燃气分布器，经鼓泡管进入水槽。燃烧室的水槽液面以上有冷却水夹套，使金属温度保持在100℃以下。冷却水来自水槽，由循环水把水槽内的冷水送入水夹套，被加热的冷却水返回水槽，确保热量不散失。

2.3.3 烟气分布器

烟气分布器由烟风道和鼓泡管组成，烟气分布器的鼓泡管均匀地分布在换热管束的下方，热烟气通过鼓泡管喷气孔进入管束下方的水中，可使气水混合物在换热管束外均匀地分布。鼓泡管的喷气孔位于管间，避免了烟气直接冲刷换热管。

2.3.4 换热管束

换热管束是由304L不锈钢管制造的多管程蛇管管束，水平安装在堰流箱内。蛇管的入口与下管箱连接，其出口与上管箱连接。工艺介质经入口进入下管箱，经蛇管进入上管箱，从上管箱出口流出。

2.3.5 堰流箱

堰流箱由不锈钢制造，功能是使水-气混合物在堰流箱内产生自上而下的循环流动。

2.3.6 鼓风机

SCV配有高压离心鼓风机，鼓风机的作用是为燃烧器提供过量的助燃空气，使其完全燃烧。

3 关键技术及改进

3.1 燃烧管理系统(BMS)

山东LNG接收站国产SCV配备一套燃烧管理系统，作用是通过控制管理与监测有关燃烧系统的设备，例如燃烧器、点火枪、火焰监测探头、切断阀等，实现ESD联锁、开工和停工、热负荷调节等。

3.1.1 报警停机

国产SCV仪表风压力、助燃空气压力、水槽液位、水浴温度、NG出口温度等均可触发ESD联锁，导致无法开工或紧急停工，有效保护生产安全。需操作对ESD联锁复位后，才能重新进行开工工作。

3.1.2 开工与停工

SCV总的启动操作可以分为两大步骤：一是燃烧系统的启动；二是LNG进料和气化输出的启

动。其中燃烧系统的启动方法有两种：一是手动启动，包括自动风机、启动冷却水循环泵、点火枪点火三步；二是自动启动。SCV 停工与程序基本相反，先停 LNG，再停燃烧器。开工与停工步见图 2、图 3。

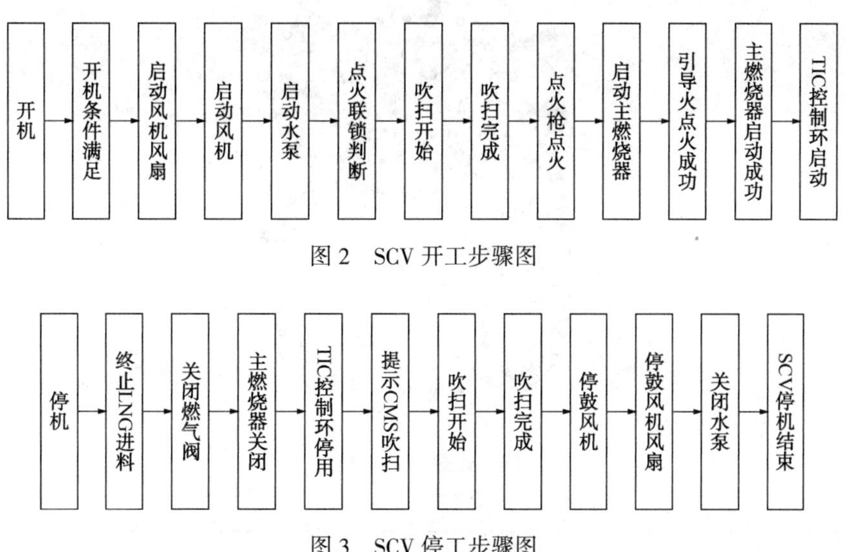

图 2　SCV 开工步骤图

图 3　SCV 停工步骤图

3.1.3　热负荷调节

SCV 工作时，需根据介质流量要求，对燃烧器热负荷进行调节，热负荷调节是 SCV 控制的核心和难点，在 2.3 节中重点研究介绍。

3.1.4　PH 回路调节

浸没燃烧系统通过吸收燃烧产物中的热氧化碳，生成碳酸，或者吸收燃烧产生的氮氧化物，生成硝酸。为了减少酸性物质生成并最大限度降低 SCV 中奥氏体不锈钢部件腐蚀的可能性，必须通过加碱液对 PH 值进行控制。当检测到水浴 PH 值低于设定值时，自动打开碱液罐开关阀向水槽加入碱液给予中和。当检测到 PH 值升高达到设定值时，自动关闭碱液罐开关阀。

3.1.5　防止冬季水槽结冰

待机状态下，如果水浴温度低于设定值，启动电加热器加热，启动水泵。当温度升到设定值，关闭电加热器和水泵。水泵在此条件下运行时，水泵出口压力也和在燃烧器运行时一样被监控，即水泵出口压力低于设定值应自动停机并报警。

经过现场实际测试，对遇见的问题进行了改进：(1)原设计为水温下降时联锁停车，为避免正常运行时水温度下降导致联锁停车，取消 BMS 水温判断条件。(2)原设计为联锁状态下点火不成功，BMS 执行停机程序，进行后吹扫后关闭鼓风机和水泵。为提高效率，修改为点火不成功不要执行停机程序，进行后吹扫后不要关闭鼓风机和水泵，允许复位后重新点火；(3)为确保安全，将火焰信号丢失报警信息没进 DCS；(4)因燃烧器设置的空气压力开关有时会发生故障而给出压力低报警，导致不点火。故在联锁条件判断中增加风机出口压力检测，高于低报设定值通过，否则跳车。

3.2　燃烧器

燃烧器有一个主空气进口和一个中心空气进口。主空气在燃烧室内部被分配到若干个烧嘴内与主燃气混合后喷到燃烧室内燃烧。中心空气进入中心烧嘴与中心燃气在燃烧室内燃烧。通过调节主燃气和中心燃气的比例，能够调节火焰形态和火焰刚性。通过空/燃流量比例调节系统，将最大程度的保证燃烧效率和较低的氮氧化物排放。

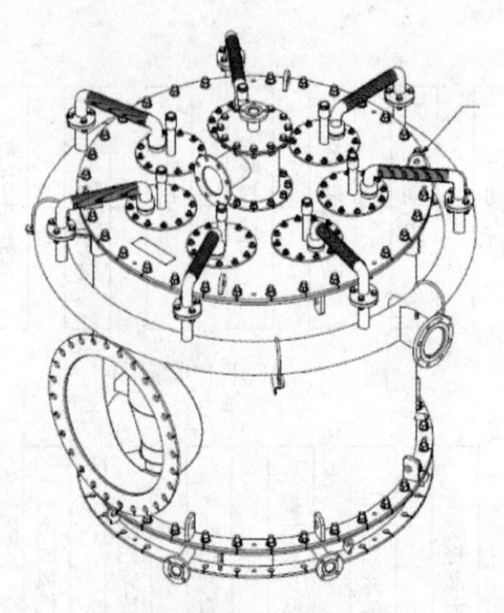

图 4　燃燃烧器构造图

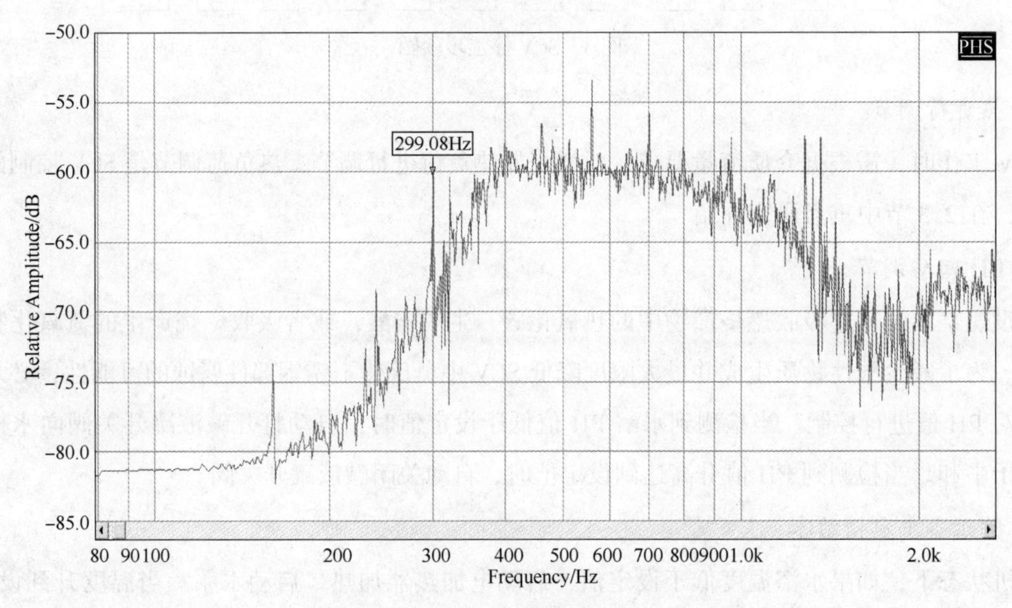

图 5　燃烧器噪音频谱图

在调试时，发现 65%以上负荷时存在燃烧器啸叫声音，对烧嘴更换、拆除等发现，并不能消除噪音。经过对环境和管道振动的噪声测量，发现原因为风机的噪声频谱中有较强的 300Hz 噪声频率，燃烧器在运行时放大了已经存在的 300Hz 噪声。

经过研究，进行了如下改造并将噪音问题成功消除：(1)改进 UV 火检的观测筒，使 UV 火检能稳定工作。(2)减少风机进风口面积，改善主空气调节阀的开度。(3)调整主空气调节阀的安装角度，改善助燃空气的气流方向，使烧嘴燃烧气流更稳定。(4)改换中心火燃气喷嘴，消除中心火与噪声(频率)的相互影响。(5)调换中心空气调节阀，能关断中心空气流量，阻断噪声(频率)通过中心风管进入烧嘴。(6)改变混合喷枪的空气流动气阻，平衡所有喷枪的系统稳定性。(7)调整混合喷枪的燃气混合位置，增加烧嘴的燃烧稳定性，提高对噪声(300hz 频率)的非敏感度(鲁棒性)。

3.3 热负荷控制

燃烧管理系统通过控制燃烧器的空气和燃料流量以及空气和燃料的比率来控制热负荷，控制系统如图6。

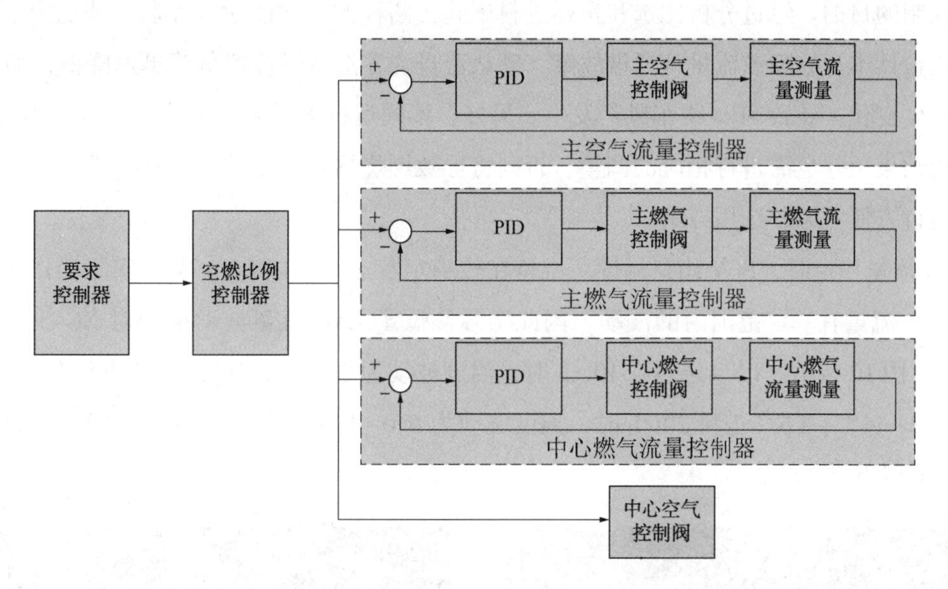

图6　热负荷控制系统

依据LNG量和出口温度计算出的烧嘴燃烧比率作为要求控制器的输入，要求控制器的输出作为空燃比例控制器的燃烧要求。空燃比例控制器内部存有查找表，热需求控制器输出经过查找对应，可以确定主控器流量控制器、主燃气流量控制器、中心燃气流量控制器的输入以及中心空气控制阀阀位。主控器流量控制器、主燃气流量控制器、中心燃气流量控制器通过PID控制器控制对应的阀门，最终达到控制热负荷的目的。

主控器流量控制器和主燃气流量控制器PID参数的选择是系统调试的难点，在调试过程中，发现单纯采用PID控制无法保持系统稳定。当LNG流量为150t/h时，稳定运行一段时间后产生波动，当LNG增加到165t/h时，曲线呈发散趋势，表现出系统不稳定，如图7。在PID参数调整过程中，经常出现因SCV出口温度下降过快，造成跳车现象发生，如图8。

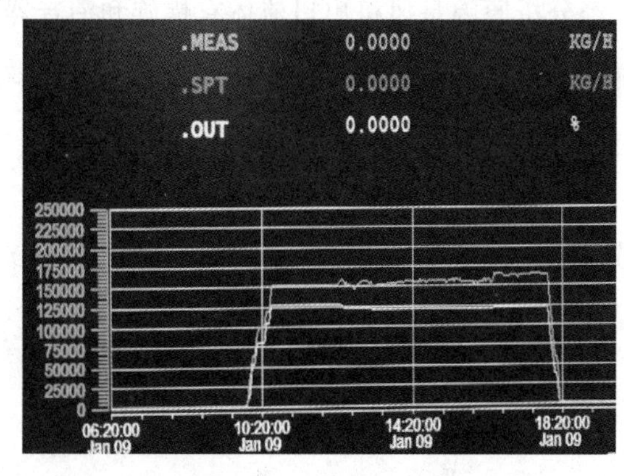

图7　LNG输入流量变化

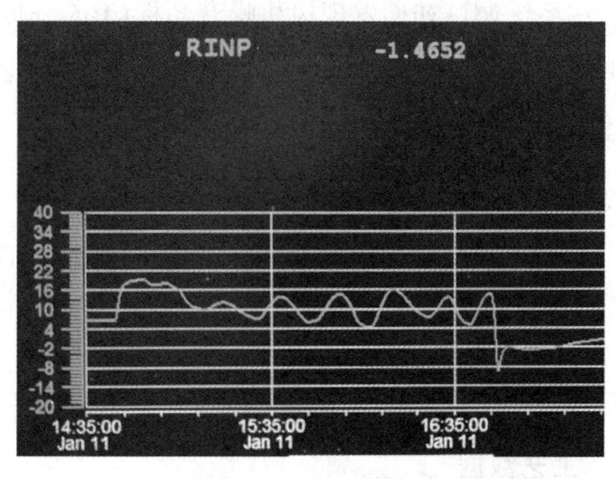

图8　SCV出口温度变化

为解决系统不稳定问题，经研究提出两种解决方案，方案一是将LNG进料量引入燃烧器控制负荷回路，利用进料量设置燃烧器负荷波动约束条件。方案二是针对出口温度波动范围，自动整定形成PID参数，偏差范围大时PID参数增大，以达到快速收敛的目的，波动量小PID参数变小，以达到精确控制的目的。经过分析比选和实际进料试验，两种方案均能达到控制系统稳定要求，但方案一存在流量计本身故障或流量计通讯故障，默认流量为零造成燃烧器负荷迅速降低，而实际LNG进料量未发生变化，导致SCV跳车风险发生。另外，不同运行工况LNG进料温度会发生较大变化，燃烧器负荷约束条件也需进行相应的调整，否则将导致燃烧器运行不稳定、持续波动情况。故从系统安全和运行方便考虑，选用方案二。

在LNG流量稳定时，SCV出口温度可维持在较稳定状态(9~10℃)。考虑实际操作工况，在加减料时，LNG流量有一定范围内的波动，因此实际测试了LNG流量波动范围对NG出口温度的影响，如图9、图10所示。LNG进料在10t/h时，温度波动为8.2~10.2℃；LNG进料在15t/h时，温度波动为7.2~11℃；LNG进料20t/h时，温度波动为6.0~13℃。故为确保系统稳定，将进料温度设定在15t/h以下。

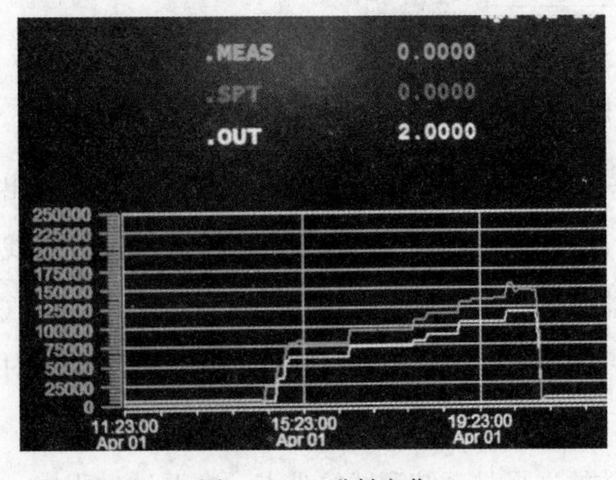

图9 LNG进料变化

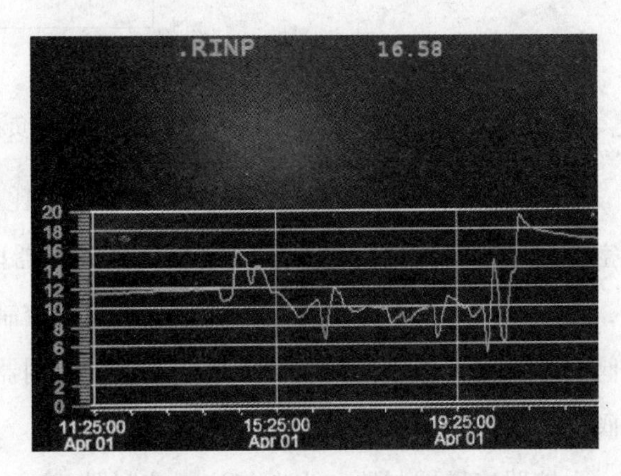

图10 SCV出口温度波动情况

3.4 其它优化改进

3.4.1 消除了风机噪音

在系统调试初期发现风机噪音超标(105分贝)，经分析原因是风机出口流体有蜗旋和消音器消噪声能力不足。经过在风机壳内增加一个隔板部，减少乱流，提高风机整体性能和在出口弯头后增加一个消声器，将噪音降低至85分贝以下。

3.4.2 循环水泵管线增加电伴热

在循环水泵管线增加电伴热，防止冬季低温造成管道结冰问题发生。

4 与进口SCV比较

4.1 工艺数据

山东LNG项目有四台进口SCV，由林德公司生产，进口及国产SCV工艺数据如表1。从表1可以看出，国产与进口SCV设计能力及出口压力相同，换热效率、风机功率、设计风量、满负荷燃料气消耗、造成等技术指标达到与进口设备相同水平。

表1 进口、国产 SCV 工艺数据表

项目	进口 SCV	国产 SCV
设计能力	207.788t/h	207.788t/h
出口压力	8.25Mpa	8.25Mpa
换热效率	99%	≥98%
风机功率	560kW	550kW
设计风量	50158t/h	55000t/h
满负荷燃料气消耗	2.567t/h	2.68t/h
噪声	≤80 分贝	≤85 分贝

4.2 燃烧器

燃烧器作为 SCV 的核心设备，是保证 SCV 启停和快速调节的关键。山东 LNG 接收站进口 SCV 由德国林德厂家生产，其燃烧器采用底部分级燃烧技术，下部蜗壳的一次助燃空气在主燃烧喷嘴处混合燃烧，为预混燃烧，确保燃烧室处于贫氧状态，抑制氮氧化物生成。二次助燃空气至上部蜗壳旋转进入控制火焰形状，冷却燃烧器，同时为完全燃烧提供所需的空气，具有燃烧效率高、氮氧化物产生量低等特点。国产 SCV 燃烧器采用顶部多孔燃烧技术，上部蜗室平均分配多个燃料气管线，主燃料气从上而下点火引燃，主要的燃烧在上部蜗室，具有火焰稳定性高的特点，当进行负荷调整时，由 NG 出口温度根据输入的测量值和设定值计算出输出值，控制主燃气阀调节主燃气流量，同时助燃空气分配阀输出值改变控制风机入口阀进行调节，负荷调节能力低，调节时容易引起管道震动。

4.3 热负荷控制系统

进口 SCV 将热负荷调节系统与其他控制系统进行统一控制，国产 SCV 热负荷系统为单独控制系统，在运行时需与 SCV 主控制系统进行数据交换，导致系统控制相对较慢、不稳定性增加。

5 系统优点及待优化的问题

5.1 系统优点

5.1.1 运行安全

SCV 管束浸没在工作温度低于 55℃的水槽中。即使当液化天然气流中断时，仍可确保管壁温度仅为 55℃，水槽中的水可防止管束遭受过热和烧毁，从而保护管束受热损坏。燃烧产生的烟气可被冷却至不超过 55℃的温度，低于液化天然气的自动点火温度，当液化天然气发生泄漏时，也不会燃烧。

5.1.2 传热效率高

热烟气经分布器产生的气泡与水直接接触换热，在装有低温液体的管子周围形成紊流，溢流堰形成良好的再循环，传热效率高。

5.1.3 燃烧器在管束无介质时可启动

在 LNG 开始流入工艺管束之前即可启动气化器，水槽会加热至工作温度。需要时，可在介质流入之前使气化器仅处于小负荷燃烧待机状态。

5.1.4 燃烧器停机时可继续为 LNG 供热

即使在燃烧器以外突然停机时，储存在水池内的热量仍可继续对工艺介质供热，从而确保对 LNG 执行受控停止进料。

5.1.5 管束无结冰

SCV 设计的工艺管束周围有良好的水循环及高的传热系数，管子表面不会出现结冰现象。

5.2 待优化的问题

经过现场调试运行，总结出如下需待优化的问题，对 SCV 国产化的进一步优化进一步指明了方向：(1)进行系统优化定型，模块化设计，便于现场安装；(2)对燃烧系统进行优化，提高燃烧稳定性，提高火焰监控可靠性。(3)优化风管道，简化流量计量系统，选用更紧凑的流量计；(4)进一步开发整合控制系统，把燃烧控制模块和燃烧管理系统整合在一起，便于维修管理；(7)优化水槽盖板结构，便于安装和密封；(8)优化烟囱排水结构，减少或避免结冰。

6 结束语

LNG 接收站建设由早期国内外工程公司联合体设计发展到如今的国内工程公司独立 EPC，接收站核心设备和材料国产化率已大幅度提升[1]。LNG 接收站的主要作用之一是进行季节调峰。在我国北方已建 LNG 接收站，如山东 LNG、辽宁大连 LNG、天津 LNG 等，SCV 成为实现冬季气化外输必备设备，但技术一直被国外垄断。国产 SCV 在山东 LNG 接收站经过试验运行取得成功，设备能力、换热效率等指标经过实测均能达到与进口设备同等水平，进一步促进了 LNG 接收站国产化水平的提升。

本文结合国产 SCV 在山东 LNG 接收站调试、运行实际，对国产 SCV 关键技术进行了探讨，提出了优化改进措施并得到了验证。结合设备运行实际，在与进口 SCV 综合比较的基础上，对系统的优点进行了总结，并提出了待优化的问题，为国产 SCV 进一步优化完善指明了方向。

参 考 文 献

[1] 张少增. 中国 LNG 接收站建设情况及国产化进程[J]. 石油化工建设，2015，37(03)：14-17.

[2] 王莉，李伟，郑大明. 唐山 LNG 接收站关键装备国产化成果与经验[J]. 国际石油经济，2015，23(04)：89-92.

[3] 刘世俊，郭超，雷江震等. 浸没燃烧式 LNG 气化器燃烧器的研究[J]. 城市燃气，2016，05(002)：9-13.

[4] 梅丽，魏玉迎，陈辉. 国内首台浸没燃烧式气化器 SCV 燃烧器结构分析[J]. 天然气技术与经济，2017，增刊(1)：9-12.

浸没燃烧式气化器低氮排放措施

陈金梅　赖　勤　陈　帅　杨　潇

［北京燃气集团（天津）液化天然气有限公司］

摘　要　浸没燃烧式气化器（SCV）是LNG接收站用于LNG气化的主流设备，其运行过程中不可避免会产生氮氧化物（NO_x），对环境造成污染。为减少氮氧化物排入大气，通过燃料组成和质量优化、空燃比调整、燃烧温度控制、控制系统改进等方法控制燃烧过程，从源头减少氮氧化物产生；当氮氧化物产生后，利用选择性催化还原、选择性非催化还原、脱硝吸附等技术进行处理，最大程度减少氮氧化物排入大气；此外，设备结构改造及维护措施可以进一步提高浸没燃烧式气化器的性能，减少氮氧化物产生，保证其平稳运行。本文分别从燃烧过程控制、氮氧化物处理、设备结构改造及维护三个方面综述了SCV低氮排放措施，以期对SCV的结构改造和运行提供参考。

关键词　浸没燃烧式气化器；氮氧化物；LNG接收站

Low nitrogen oxides emission measures for submerged combustion vaporizer

Chen Jinmei　Lai Qin　Chen Shuai　Yang Xiao

［Beijing Gas Group（Tianjin）Liquefied Natural Gas Co.，Ltd］

Abstract　Submerged Combustion Vaporizer（SCV）is the mainstream equipment in LNG receiving stations，and the operation process inevitably generates nitrogen oxides（NO_x），causing environmental pollution. In order to reduce the emission of nitrogen oxides into the atmosphere，the combustion process is controlled by optimizing fuel composition and quality，adjusting air-fuel ratio，controlling combustion temperature，and improving the control system to reduce the generation of nitrogen oxides from the source. When nitrogen oxides are produced，selective catalytic reduction，selective non-catalytic reduction，and denitration adsorption technologies are used to minimize the emission of nitrogen oxides into the atmosphere. In addition，equipment structure modification and maintenance measures can further improve the performance of SCV，reduce the generation of nitrogen oxides，and ensure its smooth operation. This article summarizes the low NO_x emission measures for SCV from the aspects of combustion process control，nitrogen oxide treatment, equipment structure modification, and maintenance, in order to provide reference for the transformation and operation of SCV.

Keywords Submerged Combustion Vaporizer; Nitrogen Oxides; LNG Receiving Station

1 浸没燃烧式气化器应用现状

1.1 浸没燃烧式气化器工作原理

浸没燃烧式气化器(简称SCV)是一种以燃料燃烧为热源的气化器，由燃烧器、水浴池、循环水系统等组成，燃料和空气在燃烧室中燃烧，产生的热烟气通过水浴池中的烟气分配管喷嘴射入水中，与水进行气液鼓泡两相换热过程，将携带的热量传递给水。水浴池中布设了高压LNG管线，LNG在管内流动，热水与管内LNG换热，LNG温度由-162℃升高到2℃左右，发生气化，而换热后的烟气温度与水温度接近，从烟囱排出。

1.2 浸没燃烧式气化器应用现状

目前，国内外的LNG接收站数量不断增加，涵盖了城市燃气、工业燃料、交通燃料等多个领域。在这些领域，LNG需要通过气化设备将其转化为气态天然气，才能满足市场需求。由于浸没燃烧式气化器采用燃烧热源对LNG进行加热，热效率高，可提高气化效率，适应性强，可以适应多种LNG质量和温度范围，结构简单，运行可靠，广泛应用于LNG接收站。然而，LNG是易燃易爆的液态天然气，浸没燃烧式气化器的运行需要严格遵循安全操作规程，否则存在一定的安全风险。此外，由于采用化石燃料作为燃烧热源，燃烧过程中会产生二氧化碳、氮氧化物等污染物，对环境造成一定影响。目前国内外LNG接收站中，浸没燃烧式气化器仍是主流设备之一，但随着环保和安全意识的提高，急需研究低氮排放型的浸没燃烧式气化器，减少氮氧化物排放。

1.3 浸没燃烧式气化器氮氧化物产生原因及危害

在浸没燃烧式气化器运行过程中，燃料中的碳氢化合物与空气中的氧气反应产生高温高压的燃气，此时氮气与氧气可以发生化学反应生成一氧化氮，一氧化氮进一步与空气中的氧气反应生成有毒的二氧化氮，其化学方程式如下：

氮气和氧气生成一氧化氮：

$$N_2+O_2 \longrightarrow 2NO$$

一氧化氮和氧气生成二氧化氮：

$$2NO+O_2 \longrightarrow 2NO_2$$

在高温、高压，且氮气和氧气混合均匀的情况下，以上反应将会发生，因此，在浸没燃烧式气化器运行过程中，氮氧化物(NO_x)的生成是难以避免的，对环境造成污染和健康都将造成一定危害。

首先，NO_x是大气污染物之一，可以在大气中与其他污染物发生化学反应，形成臭氧和细颗粒物等二次污染物，加剧大气污染程度，对空气质量和生态环境造成影响。其次，NO_x还会对人体健康造成影响。NO_x进入人体后，会引起眼睛、鼻子、喉咙等呼吸道部位的刺激，引发气喘、咳嗽等症状，长期暴露还会增加患上呼吸系统疾病的风险，如慢性阻塞性肺疾病和哮喘等。因此，减少浸没燃烧式气化器产生的NO_x排放对于保护环境和人类健康都具有重要意义，目前，控制和减少NO_x的排放已成为重要的环境和能源管理任务。

2 浸没燃烧式气化器低氮排放措施

依据浸没燃烧式气化器运行过程中氮氧化物产生的原理，分别从燃烧过程控制、氮氧化物处理、设备结构改造及维护三个方面采取措施来减少浸没燃烧式气化器氮氧化物排放，提高其气化效率。

2.1 燃烧过程控制

2.1.1 燃料组成和质量优化

燃料的组成和质量会影响燃烧过程中氮氧化物的生成和排放，如燃料类型、硫含量、含氧量、水含量、挥发分含量、燃料粒度和分布等，不同的燃料类型会影响氮氧化物的生成和排放。例如，煤中的氮含量较高，其燃烧会产生大量氮氧化物，而天然气中的氮含量较低，其燃烧产生的氮氧化物较少。燃料中含氧量的增加会导致燃料燃烧的温度升高，燃料中的水分含量会影响燃烧的温度和氧化剂与燃料的混合程度，燃料的粒度和分布会影响燃烧的均匀程度和温度分布，从而影响氮氧化物的生成和排放。因此，选择低氮煤、低氮燃料油、低氮天然气等低氮燃料，控制燃料挥发分含量、减少燃料中的杂质等措施可以减少氮氧化物的生成。低氮燃料技术适用范围广，成本较低，但在某些特定情况下效果可能不够显著。

2.1.2 空燃比调整

浸没燃烧式气化器运行时，燃料与空气比例的调节对燃烧效率、气化效率、能量利用率以及氮氧化物的产生量都有着重要的影响。在气化器的设计过程中，应根据燃料的性质和需要的气化效率，确定燃料与空气的理论比例，并在实际调节中适当考虑到实际情况和燃料的质量波动等因素。在气化器运行过程中，应实时监测燃料与空气的比例，以便及时进行调整，常用的监测方法包括燃烧产物分析仪、烟气成分分析仪等。在调节燃料与空气比例时，应在保证燃烧充分的前提下，尽量减少过量空气，降低燃料消耗和氮氧化物的产生。此外，调节燃料与空气比例时，应避免调节幅度过大或过快，否则容易引起气化器的不稳定性，从而影响气化效率和燃烧效率。

2.1.3 燃烧温度控制

燃烧温度是影响浸没燃烧式气化器产生氮氧化物的重要因素之一，在燃烧过程中，氧气与燃料中的氮气发生反应，生成氮氧化物。这个反应是一个温度敏感的过程，即在高温下，氮氧化物的生成会更加显著。因此，控制燃烧温度是减少氮氧化物排放的重要措施。通过调整燃烧器的空气进气量和燃料供应量、在燃料气出口设置喷嘴等措施可以使燃料气在燃烧室内分布更均匀，达到控制燃烧温度的目的。此外，配备雾化水系统将水浴池种的水通过泵循环雾化喷洒在燃烧室进行降温，同时在燃烧室外部设置水浴夹套，夹套内下水通过外部循环水泵使其循环流动，进一步降低燃烧室的温度，从而减少氮氧化物的生成。

2.1.4 控制系统改进

2.1.4.1 辅助设备启动顺序调整

浸没燃烧式气化器的辅助设备主要包括鼓风机、雾化水泵、冷却水泵等，鼓风机为燃料燃烧提供助燃空气，雾化水泵将水浴池种的水通过泵循环雾化喷洒在燃烧室进行降温，循环水泵将水浴池底部的热水抽出，泵入燃烧室外的水浴夹套，使水浴池内水的温度更加均匀，同时进一步降低燃烧室的温度。通常，浸没燃烧式气化器启动后，辅助设备的启动顺序依次为鼓风机、燃烧器、雾化水泵、冷却水泵，气化器启动后燃烧室温度、压力上升较快，加剧了氮氧化物的产生。为此，可对辅助设备的启动顺序作出调整，鼓风机启动后，先启动雾化水泵，之后燃烧器与冷却水泵同时启动，最大程度控制浸没燃烧式气化器启动初期燃烧室内温度上升速率，减少此阶段氮氧化物的产生。

2.1.4.2 温度控制模式选择

浸没燃烧式气化器的温度控制模式分为水浴温度控制和外输 NG 温度控制，水浴温度和 LNG 的流量、压力决定了 LNG 气化后外输 NG 温度。外输 NG 温度过低可能存在气化不完全的情况，过高则会造成经济性与安全性不足，因此，需要将外输 NG 的温度控制在合适的范围内，在保证气化率的同时兼顾经济性与安全性。一般来说，外输 NG 温度控制相较于水浴温度控制更为精准和直接，可以最大程度上减少燃料的浪费，同时也减少氮氧化物的产生。

2.2 氮氧化物处理

依据不同处理原理，氮氧化物(NO_x)废气处理技术主要包括以下几种：

2.2.1 选择性催化还原(SCR)

SCR 方法是将氨气或尿素作为还原剂加入废气中，通过 SCR 催化剂将氮氧化物(NO_x)还原成氮气和水，常用的 SCR 催化剂有 V_2O_5-WO_3/TiO_2、TiO_2/WO_3 等。该方法在高温下进行，需要催化剂和还原剂的配合使用，氮氧化物去除率可以达到 90%以上。

2.2.2 选择性非催化还原(SNCR)

SNCR 方法是将氨水或尿素水加入燃烧室或燃烧废气管道中，通过高温下非催化还原反应将氮氧化物还原为氮气和水。反应过程如下：

$$NO_x+NH_3/urea+O_2 \longrightarrow N_2+H_2O+CO_2$$

其中，NH_3/urea 为还原剂，O_2为氧气。

SNCR 技术不需要催化剂，适用于低温、低氮氧化物排放的燃烧过程，但由于对温度和还原剂的要求较高，稳定性相对较差，其去除效率一般在 50%-70%之间，比 SCR 略低。

2.2.3 脱硝吸附剂技术

脱硝吸附剂通常是一种固体材料，能够吸附废气中的 NO_x，将其转化为无害气体，如氮气和水蒸气。目前广泛使用的脱硝吸附剂有活性炭、分子筛、金属氧化物、碳酸钙。

2.2.3.1 活性炭

活性炭是一种具有高表面积和微孔结构的材料，可以有效地吸附废气中的 NO_x。它的优点是价格低廉、易得、使用方便，但其吸附容量有限，适用于小型燃烧设备和低浓度 NO_x的处理。

2.2.3.2 分子筛

分子筛是一种具有高孔隙度和孔径可调的材料，可以通过调整孔径大小来实现对 NO_x的选择性吸附。它的优点是吸附容量大，且对 NO_x的选择性较高，但成本较高。

2.2.3.3　金属氧化物

金属氧化物如氧化钛、氧化锆等可以通过与 NO_x 反应，将其转化为无害气体。这种方法的优点是反应速率快，但氧化钛会对 SO_2 敏感。

2.2.3.4　碳酸钙

碳酸钙可以通过与废气中的 NO_x 反应，将其转化为无害的氮气和二氧化碳。这种方法的优点是成本低，但吸附效率较低。

总的来说，脱硝吸附剂具有操作简单、成本低廉等优点，但吸附容量和吸附效率相对较低，去除效率一般在60%-90%之间，主要适用于小型燃烧设备。

综上所述，不同的废气处理技术有其适用的场景和特点，需要根据实际情况进行选择和应用。

2.3　设备结构改造及维护

浸没燃烧式气化器的结构改造可以优化燃烧条件，有效降低燃烧过程中氮氧化物的产生。结构改造主要包括增加空燃预混室、优化进气口设计、使用高温燃烧室、增加氮氧化物反应器、氮氧化物再循环技术、分级燃烧技术等。

2.3.1　增加空燃预混室

为更加准确、方便地调整空燃比，尽可能将空气和燃料混合均匀，在浸没燃烧式气化器的进气管道中加装混合器、喷嘴和调节器等混合室设备部件，燃气和空气按最佳空燃比经混合器混合，通过喷嘴喷入燃烧室中进行混合燃烧，并依据燃料的性质、燃烧室温度等因素调节空燃比及进入燃烧室中的混合气流量，提高燃料的燃烧效率，减少氮氧化物产生。需要注意的是，在增加混合室时，需要根据具体情况进行设计，确保混合器和喷嘴的尺寸、形状和布局等与气化器的工作参数相匹配，以获得最佳的混合效果和燃烧效率。此外，增加混合室还需要对气化器进行整体设计和改造，因此需要进行全面的技术评估和经济分析，确保改造方案的可行性和经济效益。

2.3.2　安装燃烧控制设备

安装氧气传感器、自适应燃烧控制系统等先进的燃烧控制设备，实现燃烧过程的精准控制。氧气传感器可以实时监测燃烧室内的氧气含量，并将其与设定值进行比较，如果氧气含量过高或过低，自适应燃烧控制系统会自动调整燃烧参数，以实现更高效的燃烧，从而降低氮氧化物等有害气体的排放。

2.3.3　分级燃烧技术

燃料和空气进入燃烧室燃烧产生热烟气，由于燃烧火焰本身特性，燃烧室顶部和底部烟气的温度存在分布不均的状况，造成局部高温。为均匀控制燃烧室内烟气温度，将进入燃烧室的燃料和空气分级控制，分别在燃烧室的顶部和底部设置燃烧器，分级调整空燃比，同时分别配备雾化水系统。此外，还可通过烟气再循环技术稀释空气中的氧含量，最大化利用燃烧室内还原性气氛的空间，提高燃烧过程中的稳定性，减少局部高温造成的氮氧化物产生。

2.3.4　换热器改造及维护

在水浴池中管内LNG的流速及介质性质固定的情况下，通过增加换热面积、设置换热器围堰、定期清理换热面等措施可以提高换热效率，减少燃料燃烧，从而减少氮氧化物排放量。增加换热面积可以采用增加水浴池内 LNG 管线的数量、长度、直径或安装管束等方式实现，在水浴池外设置换热器围堰以减少热量流失到周围环境，定期清理换热面，防止积灰、积垢等物质的堆积。此外，合理排布换热管的横向间距和纵向间距、选择合适的烟气孔数量和直径等方法可以进一步增强换热效果。

除了对浸没燃烧式气化器进行结构改造，定期对浸没燃烧式气化器进行维护和清洁，定期更换燃烧器的磨损部件等，保持设备的运行状态良好，保证燃烧器的正常工作，也可以确保最佳燃烧效果和最小的氮氧化物等有害气体排放。

需要注意的是，以上浸没燃烧式气化器低氮排放的措施并不是孤立的，而是需要相互配合和整合使用，才能取得最好的效果。

3 结论

（1）浸没燃烧式气化器具有热效率高、适应性强、结构简单、运行可靠等优点，但运行过程中会不可避免地产生氮氧化物，对环境造成一定影响。

（2）为减少浸没燃烧式气化器运行产生的氮氧化物，可以分别从燃烧过程控制、氮氧化物处理、设备结构改造及维护三个方面采取措施。

（3）通过优化燃料组成和质量、调整空燃比、控制燃烧温度、调整辅助设备启动顺序、选择外输 NG 温度控制模式等方法实现对浸没燃烧式汽化器的燃烧过程进行更加精准地控制，从源头减少氮氧化物产生量。

（4）当氮氧化物不可避免地产生后，采用选择性催化还原（SCR）、选择性非催化还原（SNCR）、脱硝吸附等技术进行处理，最大程度上减少氮氧化物排入大气。

（5）通过增加空燃预混室、安装燃烧控制设备、分级燃烧、换热器改造及维护等方法对浸没燃烧式气化器结构改造及维护，提高气化器的性能，减少氮氧化物产生，保证气化器的正常运行。

参考文献

[1] 王同吉，陈文杰，赵金睿，等 . LNG 接收终端气化器冬季运行模式优化[J]. 油气储运，2018，37(11)：1272-1279.

[2] PARK Y C，KIM J. Submerged combustion vaporizer optimization using Entropy Minimization Method[J]. Applied Thermal Engineering，2016，103：1071-1076. DOI：https：//doi. org/10. 1016/j. applthermaleng. 2016. 04. 133.

[3] 杨建红 . 中国天然气市场可持续发展分析[J]. 天然气工业，2018，38(04)：145-152.

[4] 程云东 . 浸没燃烧式气化器的设计缺陷及改进方法[J]. 油气储运，2014，33(03)：292-294.

[5] N. A. Røkke，Hustad J E，O. K. Sønju，et al. Scaling of nitric oxide emissions from buoyancy-dominated hydrocarbon turbulent-jet diffusion flames[J]. Symposium (International) on Combustion，1992，24(1)：385-393.

[6] 杨承，丁苏，任洪运，等 . 天然气燃料预混水蒸气的燃气轮机低氮燃烧研究[J]. 中国电机工程学报，2018，38(04)：1111-1118.

[7] 王新 . LNG 接收站浸没燃烧式气化器运行优化[J]. 建材与装饰，2020(05)：210-211.

[8] 尹星懿 . 浸没燃烧式气化器原理分析及方案优化[J]. 城市燃气，2014(02)：9-12.

[9] 梅丽，魏玉迎，戚家明 . 国内首台浸没燃烧式气化器 SCV 研发关键技术[J]. 天然气技术与经济，2017，11(S1)：1-3.

[10] 宋少鹏，卓建坤，李娜，等．燃料分级与烟气再循环对天然气低氮燃烧特性影响机理[J]．中国电机工程学报，2016，36(24)：6849-6858.

[11] 杨信一，刘筠竹，李硕．唐山 LNG 接收站浸没燃烧式气化器运行优化[J]．油气储运，2018，37(10)：1153-1157.

[12] QI C，WANG W，WANG B，et al. Performance analysis of submerged combustion vaporizer[J]. Journal of Natural Gas Science and Engineering，2016，31：313-319. DOI：https://doi. org/10. 1016/j.jngse.2016. 03. 003.

[13] 梅丽，魏玉迎，陈辉．国内首台浸没燃烧式气化器 SCV 燃烧器结构分析[J]．天然气技术与经济，2017，11(S1)：9-12.

[14] 石东东．浸没燃烧式气化器工艺及控制技术[J]．石油和化工设备，2020，23(11)：10-13，22. DOI：10. 3969/j. issn. 1674-8980. 2020. 11. 003.

[15] 杨朋飞，刘逸飞，张典．LNG 浸没燃烧式气化器温度控制系统研究[J]．石油与天然气化工，2018，47(06)：33-37.

[16] WANG Y，XIE L，LIU F，et al. Effect of preparation methods on the performance of CuFe-SSZ-13 catalysts for selective catalytic reduction of NOx with NH3[J]. Journal of Environmental Sciences，2019，81：195-204. DOI：https://doi. org/10. 1016/j. jes. 2019. 01. 013.

[17] 宋少鹏．基于烟气再循环的工业锅炉天然气低氮燃烧研究[D]．清华大学，2016.

[18] BALTASAR J，CARVALHO M G，COELHO P，et al. Flue gas recirculation in a gas-fired laboratory furnace：Measurements and modelling[J]. Fuel (Guildford)，1997，76(10)：919-929. DOI：10. 1016/S0016-2361(97)00093-8.

[19] FEESE J J，TURNS S R. Nitric Oxide Emissions from Laminar Diffusion Flames：Effects of Air-Side versus Fuel-Side Diluent Addition[J]. Combustion and flame，1998，113(1-2)：66-78. DOI：10. 1016/S0010-2180(97)00217-4.

[20] 高辉．LNG 接收站浸没燃烧式气化器的运行与维护[J]．化学工程与装备，2020(11)：159-160.

液化天然气气化器选型研究

李文忠　林　畅　佟跃胜　安小霞　杨　娜
（中国寰球工程有限公司北京分公司，国家能源液化天然气技术研发中心）

摘　要　液化天然气(LNG)行业在国内发展多年来，LNG气化器的类型和热源也不断丰富拓展。根据技术调研和工程实践，本文提炼了主要类型LNG气化器的特点，分析总结了各类型气化器的优缺点，给出了气化器的选型原则，并以南方某LNG接收站的气化器选型为例，给出了具体的成本分析方法和设备选型。本研究对同类工程项目LNG气化器的选型具有指导作用，为LNG气化器型式的创新发展和工艺流程的优化提供思路。

关键词　液化天然气；LNG；气化器；节能降耗

Study on Selection of LNG Vaporizer

Li Wenzhong　Lin Chang　Tong Yuesheng　An Xiaoxia　Yang Na
(China Huanqiu Contracting & Engineering (Beijing) Co. Ltd.; National Energy R&D Center For LNG Technology)

Abstract　LNG industry developed in China for years, the types of LNG vaporizers and heat sources have also been continuously enlarged. Based on technical research and engineering practice the characteristics of the main types of LNG vaporizers were extracted, the advantages and disadvantages of different types of LNG vaporizers were analyzed and summarized, and the selection principles of LNG vaporizers were given. Then, taking the selection of vaporizers at a LNG receiving station in Zhejiang as an example, specific cost analysis methods and equipment selection were provided. This study has a certain guiding role in the selection of LNG vaporizers for other similar engineering projects, and can provide ideas for the innovative development of LNG vaporizer types and the optimization of process flow.

Keywords　Liquefied natural gas; LNG; Vaporizer; Energy Saving

我国天然气资源不足且分布不均，中西部地区天然气资源量占全国资源总量的60%，而东部沿海地区经济实力强、发展速度快、能源短缺，目前我国消耗的天然气主要来自“西气东输”的管道气。在非冬季用气高峰阶段(每年的3月15日至11月15日)，西气东输的管道天然气的供给可满足市场需求，但在冬季用气高峰时期(每年的11月16日至次年的3月15日)，仅靠“西气东输”的管道气无法维持市场需求。故在东部沿海城市建设了大量的LNG储运站，用于保证天然气的供给。

LNG 储运站的主要功能是 LNG 的接卸、储存、加压和气化外输，其中 LNG 的气化是 LNG 场站气体外输前最重要的环节，而气化器则是 LNG 气化环节中最主要的设备，其工作原理就是将 LNG 加热到外输气温度要求。目前 LNG 场站中所采用的气化器型式有多种，其型式主要根据气化器的工作特点及采用的热媒进行划分。可以为气化器提供热量的热源包括空气、海水、地热等环境热源、燃料、电能以及来自其他邻近工厂的废热。气化器的选型的恰当与否对保证储运站安全可靠供气、降低设备投资、节能降耗和双碳目标及高质量发展具有重要意义，应根据不同项目的需求、项目所在地具备的条件及不同型式的气化器的特点综合比选。本文根据相关文献和不同的工程项目的气化器应用经验，提炼了主要类型的 LNG 气化器的特点，总结了不同型式的 LNG 气化器的优缺点并给出了 LNG 气化器的选型原则，然后以南方某 LNG 站的气化器选型为例，给出了具体选型的成本分析方法。

1 气化器

根据气化器的工作特点及采用的热媒不同，气化器的型式有：开架式气化器(Open Rack Vaporizer 缩写为 ORV)、浸没燃烧式气化器(Submerged Combustion Vaporizer 缩写为 SCV)、中间介质气化器(Intermediate Fluid Vaporizer 缩写为 IFV)，空温式气化器(Ambient Air Vaporizer 缩写为 AAV)和水浴式气化器(Heat Water Bath Vaporizer 缩写为 WBV)，以下分别进行介绍。

1.1 开架式气化器(ORV)

ORV 以海水作为热源，海水自气化器顶部的溢流装置溢出，然后依靠重力自上而下均覆在气化器管束的外表面上，液化天然气沿管束内自下而上流动过程中被海水加热气化的设备，实物结构如图 1 所示。ORV 根据负荷能力需要可分为两组式、三组式、四组式等。通常每组有 6~7 片面板，每片面板有若干根换热管组成，多为 70~100 根。ORV 采用海水加热，运行费用较低，适用于基本负荷型 LNG 接收站。选择 ORV 作为气化器对当地的海水水质要求较高，对海水中的固体颗粒物特别是含沙量、重金属离子含量、PH 值等都有一定的要求。ORV 在含沙量较高的海水冲蚀下使用一定年限后，需重新喷涂防腐。ORV 的 LNG 进口管道通常以过渡接头与管道直接焊接连接，可最大程度地避免因频繁冷却-复温-冷却导致的泄漏。ORV 的每一根换热管相当于一个独立的换热器，都能够将 LNG 从-150℃加热到 0℃以上。目前已投用的能力最大的 ORV 额定气化能力在操作压力为 8MPaG 以上时可达 206t/h，其设备设计压力可达 15MPaG，海水进出口设计温差最大不超过 5℃，通常设计为一台海水泵对应一台 ORV，为了降低场站的运行能耗，ORV 可在入口海水温度为 1.5℃时运行，但此时需减少气化能力，且运行时需监测结冰高度，避免结冰高度过高导致 ORV 的损坏。

(a)整体俯视图

(b)整体侧视图

(c)管束

图 1 开架式气化器现场照片

1.2 浸没燃烧式气化器(SCV)

SCV 由水池、风机、烟囱、燃烧器及控制系统组成，同时还辅有水泵及加碱装置，如图 2(a)(b)所示。经典的 SCV 以天然气作为燃料，燃料通过燃烧器燃烧产生的高温烟气，高温烟气直接将水池中的水加热，产生的热水再将浸没在水里的换热管束中的 LNG 加热气化。风机带入的大量空气与燃料气充分燃烧后形成的高温烟气经烟气分布器喷射到溢流堰的水中，烟气在与水直接接触时会激烈地搅动换热管束周围的水，可使得换热管表面与水充分换热，故 SCV 的换热效率很高，通常在97.3%以上。天然气燃烧后生成的水可以补充烟气带走的水分，故 SCV 工作过程中，无需额外加新鲜水，燃烧产生的尾气中部分 CO_2将会溶解在水中，造成水池中水 PH 值逐渐降低，故需加碱液进行中和，以避免酸性环境对设备带来的腐蚀，使用过程中会产生含有碳酸钠的废水。

(a)SCV横向侧视图

(b)SCV纵向侧视图

图 2 浸没燃烧式气化器现场照片

因 SCV 启动快、运行可靠性高，很多场站以 SCV 作为外输最可靠的保障，通常会装设 SCV。但因 SCV 需消耗大量的燃料气，运行成本较高，很多场站即使安装了 SCV，也会尽量减少使用时间。但如果对 SCV 进行优化改造，则可大大发挥 SCV 的使用价值。改进式的 SCV，除了保留 SCV 传统的气化功能之外，还可使用临近工厂的废热进行加热，在加热气化 LNG 的同时，还为临近工厂带来效益可观的冷量，属于 LNG 冷能利用的一种方式。改进式的 SCV 需要使用水泵将热水送至 SCV 的水池，同时利用 SCV 的风机搅动水池中的热水，从而实现热水与换热管束之间的湍流换热，但需要核算此种换热工况与传统运行工况下的不同换热系数，以确定不同工况下的气化能力。如临近工厂有废热蒸汽，则可直接将废热蒸汽引入溢流堰换热管束下方，蒸汽直接喷射也会产生较好的湍流换热效果，此种情况可避免启动风机，减少电能消耗，但同样需核算该工况下不同的换热系数对气化能力的影响。

SCV 适合环境温度较低、气化能力大、有快速启动需求的场合。对于改进式的 SCV 可使用临近工厂的循环水、废热水、废蒸汽等，除了保留传统 SCV 快速启动的功能特点之外，还大大降低能耗，提高设备利用率，并能够在一定程度上回收冷能，可使得 LNG 行业为碳达峰和碳中和做出更多贡献。

1.3 中间介质气化器(IFV)

中间介质式气化器主要有管壳式气化器(STV)和中间流体式气化器(IFV)，如图 3(a)、(b)所示，其相同点是均利用一种中间介质蒸腾冷凝的相变过程将热源的热量传递给液化天然气，并使其气化的设备。STV 需要设置三台，一台用于热源加热中间介质，一台用于中间介质变为气相后与 LNG 进行换热，第三台用于热源对低温天然气的进一步加热，前两台换热器之间需要使用循环泵将中间介质循环起来。IFV 为两台，一台用于热源加热中间介质变为气相上升、遇到 LNG 换热管后被冷凝下降、再次被加热，省掉了中间介质使用循环泵的情况，第二台则是使用热源直接加热低温天然气到外输要求。STV 模式利用中间介质循环泵进行强制循环，耗能较多，但此模式可以将部分冷能取出用于发电，目前有部分项目开始使用此种模式。IFV 相比 STV，具有占地小、操作简单的特点。热源可以采用海水、废热水等。使用海水作为热源的 STV 或 IFV，需要使用造价昂贵的钛钢管。IFV 对海水水质要求相比 ORV 对海水的要求低，可使用在周围海水水质比较差的场站。

(a)IFV侧视图

(b)IFV正视图

图 3　中间介质气化器现场照片

1.4　空温式气化器(AAV)

AAV 是利用空气作为热源将 LNG 气化的设备，如图 4(a)、(b)所示。单台空温式气化器的气化能力较小，长时间运行，气化能力会严重下降，通常 6~8 小时需切换除冰后才能继续投入使用，对于环境温度较高的 LNG 场站，气体输出规模较小且输出量变化范围较大的场站，可考虑选用空温式气化器，即以空气作为热媒，可大大降低气化成本。此类气化器占地面积大，LNG 被加热后的温度通常比环境温度低 10℃以下，对于冬季最低环境温度低于 10℃的场站，必须与其他形式的气化器结合使用，比如可在 AAV 后串联水浴式复热器或电加热器等。为了增强空温式气化器的吸热能力，也有工程对其表面进行“发黑化”处理。“发黑化”处理后对其气化能力的影响需进一步研究。空温式气化器运行期间会产生大量雾气，如图 4(c)所示，需合理考虑设备及管道的布置方式，划定巡检路线，避免巡检人员因视线不清发生机械打击伤害。

(a)全景俯视图

(b)侧视图

(c)操作运行图

图 4　中间介质气化器照片

图5 水浴式气化器现场照片

1.5 水浴式气化器(WBV)

水浴式气化器是以热水或热水与蒸汽的混合物作为热源，直接与管道中液化天然气换热的气化器，实物如图5。对于气体输出规模很小，且环境温度较低，使用频率较低的场站，可考虑使用水浴式气化器，此类气化器类似SCV消耗天然气产生的热水为热媒，但其热效率低于SCV较多，但其设备成本较SCV低很多，且控制简单。但设备气化能力不宜过大，否则中间管束会因换热不畅导致结冰而引发事故。通常可作为空温式气化器在环境温度较低时不能满足气化温度的补充，此时可称之为水浴式复热器。也有工程使用循环水作为气化热源，但循环水的温度更加接近冰点，需严格控制好LNG的气化量与水量之间的关系。该类型的气化器的绕管为螺旋状，焊接接口较多，可能会在长期使用过程中出现裂纹，进而可能会导致LNG的泄漏，少量泄漏情况下，天然气会进入水系统，进而可能会产生事故。需要考虑相应的保护措施来避免此类事故的发生。

上述各类LNG气化器的主要优缺点对比，见表1所示。

表1 气化器优缺点

类型	ORV	SCV	IFV(含STV)	AAV	WBV
加热介质	含沙量较少的海水、河水、工艺废热、循环水	燃气燃烧后的烟气(改进式SCV可使用工艺废热水、循环水)	海水、河水、工艺废热、循环水	空气	热水或热水与蒸汽的混合物、工艺废热、循环水
中间介质	无	对于传统的SCV，水可被认为是中间介质，燃料气燃烧后产生的烟气可视为热媒	丙烷或醇类溶液	/	/
主要优点	运行和维护方便； 运行成本较低； 制造简单； 安全性高。使用循环水，可回收利用部分冷能	初期投入成本低； 热效率高； 可在寒冷地区使用； 设备紧凑，占地少； 系统启动快，多用于快速调峰。 采用改进式的SCV，也可降低运行费用，使用循环水，可回收利用部分冷能，且兼顾快速启动的功能	对海水水质要求低； 可实现废热的利用； 若采用工艺废热或循环水作为热源，可大幅度降低投资，同时可回收部分冷能，降低淡水消耗。 采用STV模式，也可实现LNG冷能的部分利用，目前可用于发电	造价低； 运行费用低； 基本无维护； 制造简单； 安全性高	造价低； 基本无维护； 制造较简单； 占地面积小。采用工艺废热、循环水可降低运行费用

续表

类型	ORV	SCV	IFV(含STV)	AAV	WBV
主要缺点	当海水中固体悬浮颗粒(含沙颗粒)>80ppm、铜离子含量较高时不宜使用; 当海水温度较低时,不宜使用; 海水取水工程造价高昂,有海水泵、次氯酸钠发生装置、清污机等设备投资费用及运行维护费用	典型的SCV运行成本很高,有含有碳酸钠的废水产生。设备的维修、周期维护复杂。需配备风机、碱液加碱系统,水泵循环系统、燃料气加热系统。 改进的SCV,需配备循环水泵系统	使用海水作为热源的IFV设备投资费用很高,占地面积较大; 消耗中间热源丙烷或醇类溶液; 维护和周期检查较复杂。海水取水工程造价高昂,有海水泵、次氯酸钠发生装置、清污机等设备投资费用及运行维护费用	单台设备气化能力小,长时间运行,气化能力会降低,需设置一定数量的备用; 布置需考虑冷风效应,占地面积大。会产生较多的雾气,影响巡检	单台设备气化能力较小,需耗用热水,换热效率相比SCV低,综合运行费用高; 需配备热水炉等产生热水的装置。对于使用循环水的水浴式气化器来说,气化能力更小。绕管泄漏后易积聚

确定气化方式需结合工程自然条件、外输供气规模和要求等因素综合分析投资成本及运行成本,根据气化器的使用频率来确定。LNG场站可分为基本负荷型和应急调峰型。基本负荷型使用频率高、气化量大,选型时主要考虑设备的运行成本。应急调峰型是为了补充用气高峰时供气量的不足或应急需要,其工作特点是使用率低、工作时间是随机性的,需要具有紧急启动的功能,选型时要求设备投资尽可能低,而对运行费用则不太苛求。

2 气化器的选型

小型LNG卫星站因为投资成本低,气化外输能力小,通常选用空温式气化器与水浴式气化器相结合的气化方式。大型LNG接收站位于深水海港,海水取水条件较好,取水工程相对容易,则宜选用以海水为热媒的ORV或IFV等气化方式,ORV或IFV相比以消耗燃料气产生热水为热媒的传统SCV而言,具有节约气化成本的优势,但环境温度较低时,海水温度会低于ORV或IFV的运行温度,故通常需与SCV相结合来维持LNG接收站的外输,如纬度较高的大连LNG接收站,唐山LNG接收站、青岛LNG接收站,天津LNG接收站等都选用了ORV和SCV相结合的气化方式。

对于海水水质较差,含沙量较高的海域,宜选用能够耐含沙海水冲蚀的钛钢管的IFV,尽管IFV的造价远高于ORV,但如果选用ORV,则会因海水冲蚀大大减少其寿命,进而导致总体成本相比IFV增加更多。对于能够取出冷量进行冷能利用的场站,可选用STV。

因具体工程需具体分析,为便于读者掌握气化器的选型,本文以南方某LNG站为例进行具体的选型介绍。南方某LNG站气体外输规模为60万吨/年,日均小时外输量为10万方/时(约70t/h),最大日均外输量为30万方/时(约210t/h),每日发生最大外输量的时间较短,中午为11点~13点,晚上为17点~19点,该场站需具有应急调峰的功能。该工程临近海域,可接卸小型倒运船舶,所处海域海水水质条件差,取排水工程造价昂贵,且海水含沙量很高,故ORV直接排除在外。可在SCV、IFV、AAV和WBV四个类型中进行比较。

2.1 SCV成本分析

因该工程需考虑调峰和日常输出,最少需选用两台SCV,单台100t/h。气化1Nm^{3}天然气需消耗的天然气为0.02Nm^3，一年60万吨的气体输出量需消耗天然气12000吨，按照1吨4200元计算，则一年需耗天然气成本5040万元，SCV风机功率按照250kW考虑，则风机耗电250kW×8760h/年×0.7元/kWh=153万元，单台SCV的设备采购时价约1200万元，考虑安装(含电仪线缆)、调试等费用，两台SCV价格约3000万元。按照25年折旧，每年的折旧的价格为120万元。总计在不考虑维修、维护等费用的情况下，每年消耗的费用约为5310万元(天然气按照4200元/吨考虑)。

2.2 IFV成本分析

如果选用IFV，需建设海水取水工程，按照保守估计，需2.1亿元(含海水取水、排水，泵房及海水泵及相关的海水管线等)。同样需考虑调峰和日常输出，最少需选用两台IFV，单台100t/h。国产IFV的设备采购时价按照1800万元，考虑安装、调试等费用，两台IFV约为4000万，IFV连同海水取水工程，按照25年考虑折旧则每年需1000万元。按照60万吨/年的输出规模，海水泵的耗电约为360万kWh，即每年电费约360万×0.7元/kWh=252万元。设备折旧加电费约为1250万元，考虑海水泵的维修，海水取水工程的清淤、维护等，每年费用保守估计将高于1500万元。

2.3 AAV&WBV成本分析

工程所在地环境温度较高，日常气化输出能力较小，若选用空温式气化器，因气体输出温度低于环境温度10℃，冬季环境温度低于10℃的情况下，外输气体温度将低于0℃而不能满足输出需求，故必须考虑与其他形式的气化器如水浴式气化器相结合。当环境温度低于10℃时，空温式气化器出口不能达到温度需求的气体进入水浴式气化器进一步升温至高于0℃后再输出至下游管网。目前单台设备最大气化能力可达10000Nm^3/h，可选用32台空温式气化器，在最大输出峰值期间，32台空温式气化器全部开启，通过合理排布气化器的切换时间，能够满足气体外输规模为60万吨/年、日均小时外输量为10万方/时、最大日均外输量为30万方/时(最大外输持续时间2h)的生产要求。串联的水浴式复热器按照30万方/时，入口温度按照-20℃、出口温度为大于0℃。水浴式复热器所需热水需要热水锅炉提供，需消耗天然气。平均气温低于10℃的月份为1月为0.9℃，2月为2.6℃。3月为6℃，11月为8.5℃，12月为2.6℃。每天外输量为10万方/时×20小时+30万方/时×4小时=320万方。

每月的平均气温设为t(℃)，每月使用水浴式复热器将出口温度约t-10℃的天然气加热至0℃以上，燃烧天然气加热的热水利用率按照80%计算(受热水炉至水浴式复热器的距离、换热效率等影响)，所需消耗的天然气可根据公式(1)计算：

$$W\text{月燃气消耗} = Q * \rho * C_p * D_s * \frac{\delta_t}{\eta_s * \delta_{HL}} \quad (1)$$

式中：W月燃气消耗为某月消耗天然气的质量，单位：kg；Q为天然气日均输出量，单位：Nm^3/h。本项目为320万Nm^3/h；ρ为天然气标准状态下密度，单位：kg/Nm^3；C_p为天然气的比热，单位：kJ/kg℃。此条件下按照3.6kJ/kg℃考虑；D_s为某月的天数，单位：天；δ_t为天然气被加热的温差，单位：℃，目标温度为0℃，$\delta_t=0-(t-10)=10-t$；t为月平均温度，单位：℃；η_s为燃气燃烧产生的热量转化为天然气吸热的效率值，热水炉按照93%计算，管路上及设备热损按照1%考虑，η_s按照92%考虑(理论值)；δ_{HL}为低热值，单位，MJ/kg，按照48.57MJ/kg计算。

根据以上公式计算可得出需要水浴式复热器加热的月份所需天然气耗量详见表2所示。

表 2 天然气耗量对应月份统计表

需用热水的月份	平均气温/℃	天然气耗量/kg
1 月	0.9	42474
2 月	2.6	32311
3 月	6	18670
11 月	8.5	6775
12 月	2.6	34539
总计		134770

每年温度较低的月份，水浴式复热器才需要开启，期间需消耗天然气总成本约为 134770kg÷1000×4200 元/吨=56.6 万元。32 台空温式气化器、2 台水浴式复热器、热水炉、热水炉泵及管路等的总体投资(含设备采购、安装等)约 3500 万元，按照 25 年折旧，每年分摊折旧费约 140 万元，总计每年分摊的成本费用约 200 万元。若水浴式复热器绕管因腐蚀出现裂纹，可能会出现天然气的泄漏，因水浴式复热器为承压设备，天然气会在壳体内积聚，进而进入水系统，存在安全隐患，需考虑一定的安全措施，并加强巡检。不管空温式气化器还是水浴式气化器故障，全厂均存在停输的可能，可靠性相对较低。

2.4 AAV& 改进的 SCV 成本分析

空温式气化器的设置同 2.3，水浴式复热器取消，直接使用改进式的 SCV。改进式的 SCV 可以直接气化 LNG 达到外输要求，可保证场站供气的完全可靠性，同时还可直接作为复热器，给空温式气化器出口的天然气进一步加热达到外输要求。

对于 2.3 中的水浴式复热器、热水炉、热水炉泵及连接管路的采购、安装，调试费用，大约 500 万元。改进的国产 SCV 可按照 1600 万考虑(相比典型的 SCV 增加了复杂程度)，则相比 2.3，此方案增加的费用为 1100 万元。按照 25 年考虑折旧，相当于每年多折旧 44 万元。但 SCV 热效率高达 97%，且燃烧生成的水以液态形式排出，产生的热量以高热值计算。故相比水浴式复热器而言，节省的燃气每年约为 3 万元。故采用 AAV& 改进的 SCV，相比 2.3 的方案，每年需多出费用约 41 万元。但改进的 SCV 换热管破裂的概率比水浴式复热器低的多，且其水池为常压，泄漏的天然气会迅速排放到大气中，不易积聚。相比 2.3 的热水炉、热水炉泵、热水补水系统、热水补水箱等，该方案可减少占地面积，减少操作的复杂性和维护对象。对于允许适当提高投资的工程，可采用此方案来确保安全性和可靠性以及启动外输的及时性，SCV 国产化技术更加成熟后，设备的一次投资费用降低时，此方案将更具优势，且相比 AAV&WBV 模式，改进的 SCV 还可预留废热水、循环水接口，并可具有较大的气化能力，而 WBV 因其结构限制，气化能力难以扩大太多。

2.5 选型结果

对南方该 LNG 场站来说，AAV&WBV 的气化方式成本远低于其他类型的气化器，具有很高的节能降耗优势，对于温度较高的季节无需像 SCV 一样时刻都需消耗天然气，也无需设置造价昂贵的 IFV、海水取水工程及海域清淤等费用。故该气化方式具有较大的竞争优势。对于可适当提高初期投资但需保证调峰需求的场站，宜选用 AAV& 改进的 SCV 气化方式。

3 结论

LNG 气化器类型众多，各有优缺点，适用于不同的场合。气化方式的选择需考虑气化器的可靠性、耐久性、稳定性、安全性、负载波动的灵活性、投资费用及运行成本。大型 LNG 接收站需根据海水水质和海水温度情况，考虑选用 SCV、ORV 或 IFV，若能使用临近工厂的废热或循环水作为热源，则宜首先选用 IFV。对于气化能力较小、外输波动较大，但最大外输持续时间较短的小型 LNG 储运站，宜根据本文计算方式进行选型，通常宜选用 AAV&WBV 的气化方式，但此气化方式占地面积大、雾气重，特别是对于水浴式复热器需要考虑一定的安全措施避免天然气泄漏产生的积聚。对于调峰保供任务重、外输要求快速启动的小型 LNG 场站，推荐使用 AAV 与改进的 SCV 相结合的运行模式，一次设备投资稍有提高，但此种运行模式既可保持空温式气化器节能降耗的优势，又避免了热水炉及配套的热水泵系统，不仅减少相关配套设施的占地面积，还能够确保场站气体外输的可靠性、及时性、安全性和操作维护的便宜性，同时还可为将来对周围临厂热水的利用预留接口，除了减少雾气的影响，还可对 LNG 的冷能进行一定程度的回收，更有利于环保和碳达峰。本文通过对气化器选型比较的研究结论，对类似工程项目气化器的选型具有一定的指导作用，同时可为 LNG 气化器型式的创新发展和工艺流程的优化提供思路。

参 考 文 献

[1] 闫庆光，代维庆．西气东输建的意义[J]．科技与企业，2012(17)：280.

[2] 孙德强，张涵奇，卢玉峰，饶远，冯棋，王智锋．我国天然气供需现状、存在问题及政策建议[J]．中国能源，2018，40(03)：41-43+47.

[3] 张成伟，盖晓峰．LNG 接收站调峰能力分析[J]．石油工程建设，2008(02)：20-22+84.

[4] 梅鹏程，邓春锋，邓欣．LNG 气化器的分类及选型设计[J]．化学工程与装备，2016(05)：65-70.

[5] 董顺．LNG 接收站开架式海水气化器的应用与结构研究[C]．乌鲁木齐：第三届全国油气储运科技、信息与标准技术交流大会论文集，2013：1159-1162.

[6] 夏硕，林剑彬，董顺，刘庆胜，陈国霞．ORV 和 SCV 冬季运行经验分析及运行优化[J]．石化技术，2017，24(03)：210.

[7] 梅丽，魏玉迎．浸没燃烧式气化器 SCV 研发关键技术[A]．中国土木工程学会燃气分会．2017 中国燃气运营与安全研讨会论文集[C]．中国土木工程学会燃气分会：《煤气与热力》杂志社有限公司，2017：4.

[8] 胡超，张大伟，韩荣鑫，等．一种改进的 LNG 浸没燃烧式汽化器：CN206958596U[P]．2018.

[9] 刘军，章润远．上海 LNG 接收站冷能利用中间介质气化器研究[J]．上海节能，2019(08)：692-696.

[10] 刘淑亭，管方波．小型 LNG 气化站工艺设计简介[J]．内江科技，2010，31(12)：121+118.

[11] 吴晓红，陈永东，李志．LNG 缠绕管水浴式气化器防结冰分析及对策[J]．设备管理与维修，2014(05)：56-58.

[12] 李文忠，佟跃胜，安小霞，杨帆，于蓓蕾，赵甲递．LNG 储运站的气化结构[P]．北京市：CN212672948U，2021-03-09.

卸料臂 QCDC 液压分配器特性研究和应用优化

陈　猛　刘龙海　雷凡帅　郝　飞　杨林春
郭海涛　边海军　梅伟伟　周思思

（中石油江苏液化天然气有限公司）

摘　要　液压分配器是卸料臂 QCDC 组件的核心部件，具有根据液压负载高低对卡爪液压驱动马达自动串并联油液分配、超压保护等功能。结合对国内多家液化天然气接收站调研发现，经长期运行后，该类型式卸料臂 QCDC 组件常出现无法自动串并联转换、卡爪打开或关闭至极限位置后无法反向动作、卡爪动作严重异常等故障，严重影响 LNG 接收站码头卸料臂的正常接卸，对生产运行造成较大干扰。为解决上述难题，重点分析卸料臂 QCDC 液压马达和液压分配器的工作原理和常见故障处理方法，针对卡爪不同步、开关动作异常、阀件腐蚀严重等问题提出优化改进意见，在实际应用中发挥了良好成效，具有广泛的借鉴价值。

关键词　LNG 卸料臂；QCDC 组件；液压分配器；故障分析；组件优化

Characteristicresearch and application optimization of the QCDC hydraulic distributor of LNG loading arm

Chen Meng　Liu Longhai　Lei Fanshuai　Hao Fei　Yang Linchun
Guo Haitao　Bian Haijun　Mei Weiwei　Zhou Sisi

（Petrochina Jiangsu LNG Co.，Ltd.）

Abstract　Hydraulic distributor is the core component of QCDC assembly of unloading arm. It has functions of automatic series-parallel oil distribution and overpressure protection for claw hydraulic drive motor according to hydraulic load. Based on the investigation of several domestic liquefied natural gas receiving stations，it is found that after long-term operation，the QCDC module of this type of unloading arm often fails to automatically serial-parallel conversion，fails to reverse action after opening or closing the jaw to the limit position，and the jaw action is seriously abnormal，which seriously affects the normal loading and unloading of the unloading arm at the terminal of LNG receiving station and causes great interference to the production operation. Based on the investigation of several LNG terminal in China, it is found that after long-term operation, QCDC components often fail to automatically switch in series and parallel, can not move backwards after opening or closing the claws to the limit position, and can not move backwards seriously, which seriously affects the normal unloading of loading arm at the LNG terminal and greatly interferes with production and operation.

Keywords LNG unloading arm; QCDC components; hydraulic distributor; Fault analysis; component optimization

卸料臂 QCDC(Quick Connect/Disconnect Couplers)即液压快速连接/断开连接器，用于快速、可靠地将液化天然气卸料臂连接到 LNG 货船的卸料法兰上。液压分配器作为快速连接器的核心液压组件，有阀块和插装阀集成度高、功能精密复杂和检修难度高的特点，一旦液压分配器出现故障，常常导致驱动的液压马达和卡爪动作异常。据了解，国内多家 LNG 接收站码头进口卸料臂应用该形式的液压分配器，由于国外厂家技术壁垒，此类液压分配器的详细液压动作逻辑和插装阀等关键阀件的调试原理缺少指导性文件，一旦液压分配器出现故障难以迅速锁定故障点且极易造成对液压马达和卡爪的误诊，甚至导致码头 LNG 货船不能正常接卸和断臂。为解决此类问题，通过多年现场检修实践，系统分析了液压分配器结构和功能特性，并对影响安全使用寿命和可靠性的设计制造缺陷提出了优化措施。

1 液压分配器与液压马达的关系

液压分配器位固定于卸料臂最前端接口下方，主体模块接口示意如图 1 所示，液压分配器一侧接口与卡爪开启总线 O 和卡爪关闭总线 F/C 连接，其他标记 1 至 10 的接口分别与五个卡爪的驱动液压马达连接。通过总线压力方向的变化控制液压马达的转向变换，然后通过齿轮、传动螺杆等实现卡爪的开启和关闭功能。驱动卡爪的液压马达为丹佛斯 OMR160 151-0714 型带有单向阀的摆线马达，马达的转速由流量决定、扭矩由压降决定。

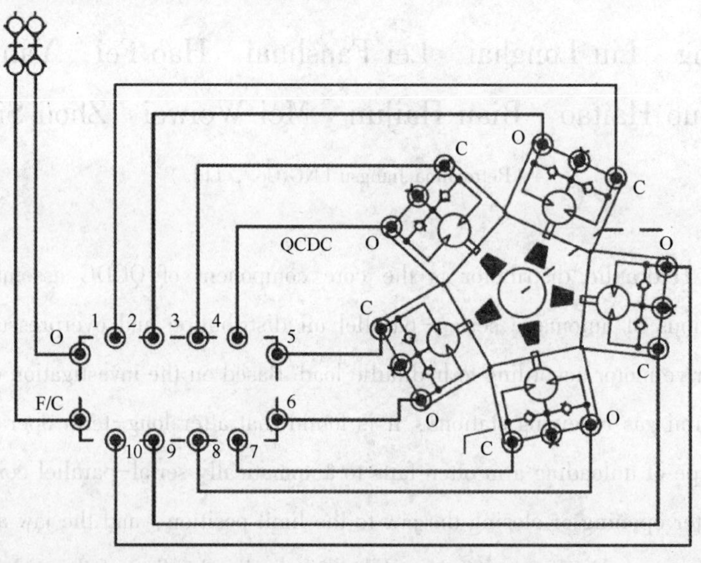

图 1 液压分配器的与卡爪间的总体逻辑关系

液压分配器的油路分配模式由串联模式和并联两种模式组成：串联模式下，五台液压马达进出油路前后串联共用总路流量，串联模式每台液压马达的前后压降较小，动作上具有速度快、转矩高的特征；并联模式下，五台液压马达并联平均分流总路流量，每台液压马达的液压油量比串联模式下显著偏小，但并联模式下每台液压马达的前后压降较大，具有速度慢、转矩高的特征。两种模式分别适用于卡爪空载和带载两种状态，而通过内部的液压油路设计可在两种模式下根据设定压力自动切换，兼具操作便利性和高传动力矩的两种优点，而这种模式自动转换切换的原理需要进一步分析液压分配器内部液压逻辑原理。

2 液压分配器串并联转换逻辑分析

QCDC 液压分配器由一组 12 位 20 通换向阀、10 套单向节流插装阀(如图 2 所示)、2 套先导式减压插装阀 RO/RF、2 套先导控制换向插装阀 SO/SF、2 套单向阀和阀体等液压件组合而成，QCDC 液压分配器与液压马串联控制逻辑如图 3 所示，图示阀位即 QCDC 液压分配器 12 位 20 通换向阀的中位，对应液压分配器串联控制模式。

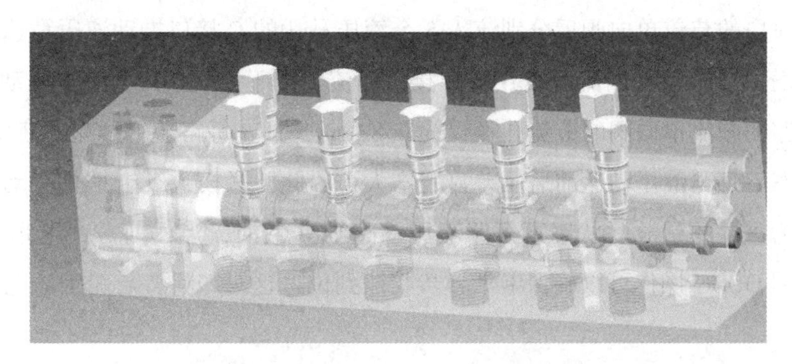

图 2 液压分配器部分阀块内部结构(蓝色为 12 位换向阀杆)

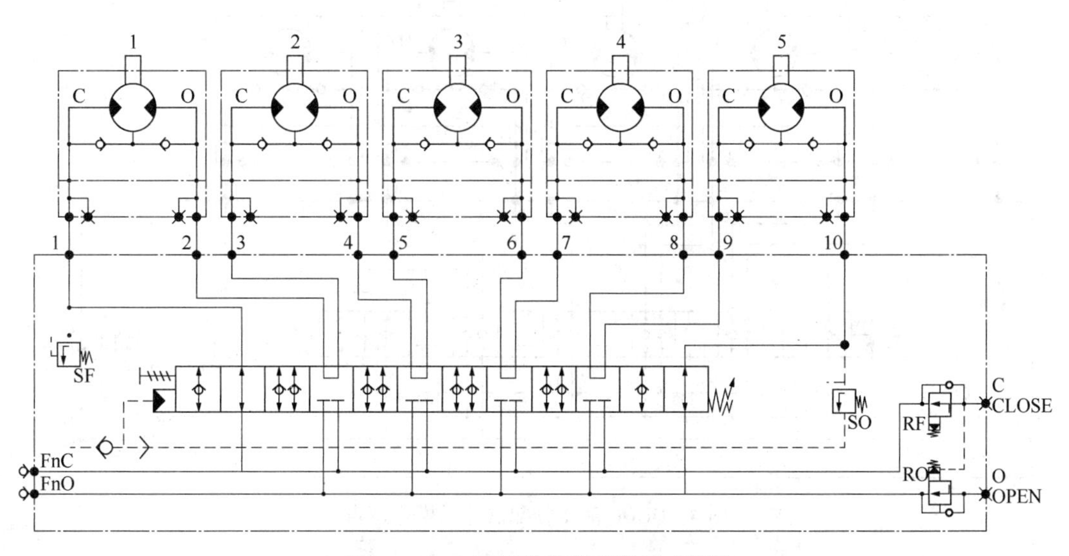

图 3 QCDC 液压分配器串联模式逻辑

2.1 串联模式

为便于阐述，以在卸料臂卡爪伸出打开状态下收回并夹紧 QCDC 卡爪过程为例介绍，此时 F 为进油，O 为回油。液压油经泵站、卸料臂臂下选择阀组后流入 F/C 口，进油口压力为 19MPa，流经先导式减压插装阀 RF 后压力降至 8.5MPa，经换向阀芯后流入 1 号液压马达 C 口驱动液压马达将液压能转换至转动机械能做功，从 1 号液压马达 O 口流出后，串联依次流经 2 号至 5 号液压马达，从 5 号液压马达 O 口流出后，经换向阀芯和 RF 减压阀后返回至回流管线，该工况即为液压马达的串联模式，具有流经单路的液压流量大、但液压马达前后压差小的特点，反映至 QCDC 卡爪动作状态上，表现为卡爪动作速度快，由于压差低转动力矩较小，不能满足 QCDC 卡爪夹紧需求，因此串联模式适用于卸料臂卡爪伸长或缩短的空行程阶段快速动作。

2.2 并联模式

为便于阐述串并联自动切换过程，仍以卡爪伸出打开状态下收回并夹紧 QCDC 卡爪为例，当液压卡爪收回后开始夹紧受力时，由于串联状态下每台液压马达压差低不足以提供转动夹紧力矩，液压油路流动受阻，先导式减压阀 RF 阀后压力升高，触发先导控制换向阀 SF 升压切换。SF 设定压力约为 8MPa，当 RF 阀后压力低于 8MPa 时 SF 闭合，RF 发后压力高于 8MPa 时，SF 换向开启。SF 超过设定压力开启后，油液先流经梭动阀然后推动 12 位 20 通换向阀阀杆换向，即从串联模式自动切换到并联模式，换向后状态如图 4 所示。换向后，RF 阀后的液压平均分成并行的 5 路液压油路，每路液压油流经对应的节流单向阀后分别流入 5 个液压马达的 C 接口推动液压马达转动，并从每个液压马达 O 接口分别直接反到回流管线并从 O 接口回流。由于并联模式状态下驱动液压马达的液压油路并行，且每路的节流单向阀的节流孔径仅为 0.82mm，具有每路卡爪分配的液压流量小的特点，但是由于并联状态下每路液压马达前后压差显著增大，因此并联模式下卡爪具有动作缓慢、作用力矩大的特点。更为重要的是并联状态下每路液压马达独立供油，当任何一个卡爪抓紧收缩不到位时，通过持续关闭 QCDC 操作可以确保卡爪异步收缩到位，这对卸料臂与船上法兰接口的连接尤为重要。

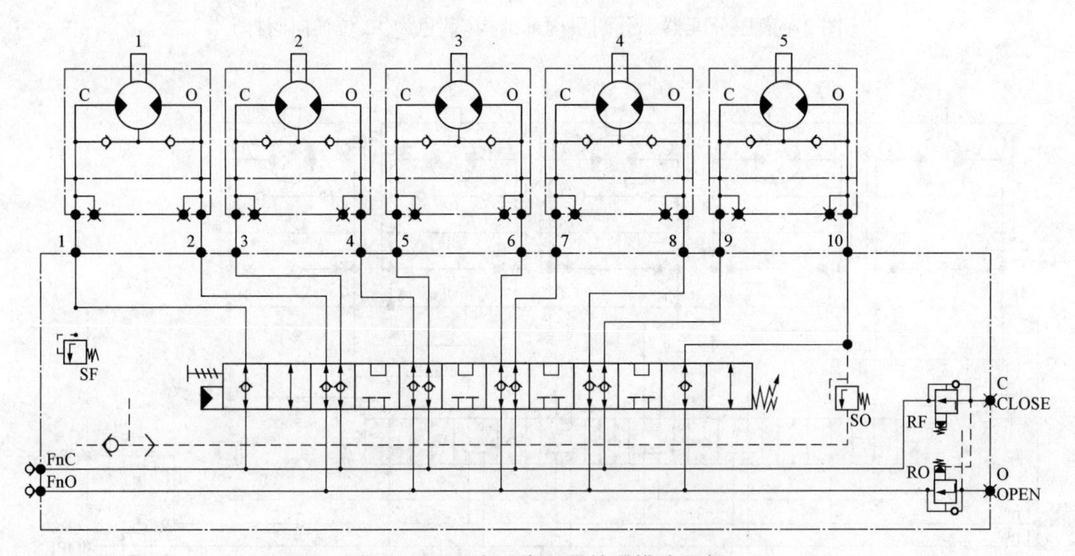

图 4 QCDC 液压分配器并联模式逻辑

对于 QCDC 卡爪打开到开到位的过程分析与关闭状态相似，只是不同的是卡爪开启阶段触发串并联转换的阀为先导控制换向阀 SO。由于先导式减压插装阀 RO/RF 从减压压力口到进口的反向液流可能导致主阀芯关闭，为实现双相控制，油路反向自由流动，先导式减压插装阀 RO/RF 均并联单向阀旁路。

3 液压分配器典型故障特性分析和解决措施

3.1 QCDC 卡爪在夹紧状态下无法打开、全开后无法收回闭合

在卸料臂接卸 LNG 货船完成断臂过程中，QCDC 卡爪有时出现卡爪无法正常打开断臂的故障。一方面，断臂时因 LNG 低温效应 QCDC 卡爪周边结冰和船舶浮动造成卡爪受到不平衡力干扰，导致卡爪无法顺畅打开；另一方面更为重要的原因是，液压分配器上的先导式减压阀 RO 和 RF 压力设定不当或设定值发生偏移造成的，通常 RO 设定值为 10.5MPa，RF 设定值为 8.5MPa，即 QCDC 开启过程最大液压压力设定值必须大于关闭过程最大液液压压力设定值，RO 设定值高于 RF 设定值约 2MPa，该项设定保证了 QCDC 卡爪的最大关闭力矩必须小于最大开启力矩，从而确保卡爪在卸料臂断臂的夹紧状态下能够有效打开。

基于 QCDC 卡爪采用螺纹传动的结构特性，当 RO、RF 按上述方法设定后，日常操作过程中应避免打开并伸长 QCDC 卡爪到最末端止点位置并使其由串联模式转换到并联模式并保持，因为预设最大开启力矩大于最大关闭力矩的缘故，卡爪将因 RO、RF 阀压力设定特性无法收回关闭。日常操作中可将卡爪打开伸长约 50mm，便于连接船上法兰即可。

3.2 QCDC 串并联模式动作异常

日常关闭 QCDC 卡爪过程中，有时出现卡爪收回后部分卡爪始终无法夹紧，即串联模式下高速收回后未能正常自动切换至并联模式，通常主要原因有两点，首先是液压油路内长期冲击，造成部分游离金属碎屑或异物堵住阀块内的孔径仅为 0.5mm 的节流孔，导致选择阀阀杆无法自动切换。解决办法是打开液压分配器上的 G2 油堵，取出腔内的带内节流孔的内六角螺栓清理去除异物并回装。

第二个重要原因是主要是先导式减压插装阀 SF 设定值出现偏差或堵塞。通常检查方法是打开液压分配器上的 G1 右侧规格 G1/4”的测量油口堵头，继续关闭并夹紧卡爪，检查测量油口是否有液压油喷出，如果油量不足，应拆下检查插装阀 SF 是否堵塞，替换新插装阀后，应对 SF 阀后压力进行相应检查和调整，可如图 5 所示使用压力表检测串联模式转并联模式时梭动阀后压力示值，并同时使用液压检测工具测量 PmO 和 PmF 测点，确认其压力在正常区间，现场在线测试接口位置连接如图 5。

3.3 液压元器件严重腐蚀问题

LNG 卸料臂处于严苛的高温高湿、高盐雾腐蚀的海洋大气环境中，经多年运行使用后，原厂配置应用的插装阀、阀块等可见严重的腐蚀迹象，如图 6 所示。由于液压系统压力高达 20MPa，腐蚀严重时常常导致插装阀等关键液压元器件腐蚀失效，甚至因腐蚀突发机械性损毁导致液压油失控喷涌，带来严重不良后果。

为彻底根治插装阀的腐蚀问题，经调查分析，当前应用的原厂插装阀均有对应的不锈钢阀体材质的型号，表 1 所示为部分插装阀碳钢材质型号和不锈钢材质型号的对照表，预期能够有效改善插装阀的抗腐蚀性能，提升液压系统的可靠性。

图 5　QCDC 液压分配器在线调压接线示意

图 6　腐蚀缺损的插装阀和对应的新阀对照

表 1　部分插装阀型号对照表

序号	名称	当前碳钢型号	耐腐蚀型号	品牌	数量
1	单向节流阀	CNBC-XCN	CNBC-XCN/AP 不锈钢	SUN	10
2	先导控制换向阀 SO/SF	DPBC-LAN	DPBC-LAN/AP 不锈钢	SUN	2
3	先导式减压阀 RO/RF	PBDB-LWN	PBDB-LWN/AP 不锈钢	SUN	2

4　结论

通过对卸料臂 QCDC 液压分配器控制逻辑分析，针对与液压分配器调试和配置密切相关的卸料臂 QCDC 卡爪动作异常、串并联切换故障、液压堵塞和腐蚀等常见故障特征进行了详细论证分析，结合历年来检修实践总结了针对性的检修调试方法和改进措施并取得显著成效，对提升 LNG 接收站码头关键设备应急抢修保障能力、保障卸料臂平稳可靠运行有重要借鉴意义。

参　考　文　献

[1] 彭明，杨颖，袁志超，林剑彬，王亮，魏世军，朱文波 . LNG 接收站卸料工艺操作常见问题及解决措施[J]. 天然气技术与经济，2017，11(04)：47-50+83.

[2] 郭海涛 . LNG 码头卸料臂 QCDC 故障分析与处理[J]. 设备管理与维修，2015(12)：92-95.

LNG 卸料臂液压缸维修技术

刘龙海

（中石油江苏液化天然气有限公司）

摘　要　卸料臂是 LNG 接收站码头的核心设备，而液压缸是卸料臂的关键动力元件。本文简要介绍了江苏 LNG 接收站卸料臂液压缸的作用及结构。江苏 LNG 接收站在卸料臂液压缸自主维修实践中系统总结了其维修过程中的关键技术点及其故障解决方法、大修后的液压缸运行稳定，对同行业其他码头 LNG 卸料臂、输油臂大修具有一定参考价值。

关键词　卸料臂；液压缸；维修；故障解决

Maintenance Technology of LNG Unloading Arm Hydraulic Cylinder

Liu Longhai

（PetroChina Jiangsu LNG Co.，Ltd）

Abstract　The unloading arm is the core equipment of the LNG receiving terminal，and the hydraulic cylinder is the key power component of the unloading arm. This article briefly introduces the function and structure of the unloading arm hydraulic cylinder at Jiangsu LNG receiving station. In the independent maintenance practice of the unloading arm hydraulic cylinder，Jiangsu LNG receiving station systematically summarized the key technical points and troubleshooting methods during its maintenance process，as well as the stable operation of the hydraulic cylinder after major repairs. This has certain reference value for the major repairs of other LNG unloading arms and oil transfer arms in the same industry.

Keywords　unloading arm；Hydraulic cylinder；repair；Troubleshootin

卸料臂是 LNG 接收站码头接卸 LNG 货船的专用设备，承担着将 LNG 介质从 LNG 货船接卸到 LNG 接收站储罐的作用。江苏 LNG 接收站共有四台 DCMA-“S”型 FMC 科技有限公司生产的双配重卸料臂。

液压缸是为卸料臂提供动力的关键部件，DCMA-“S”形式卸料臂装有 4 台液压缸，其主要作用为卸料臂的三种移动方式提供动力：整套卸料臂组件的回转、舷内臂的提升及降低、舷外臂的提升及降低。

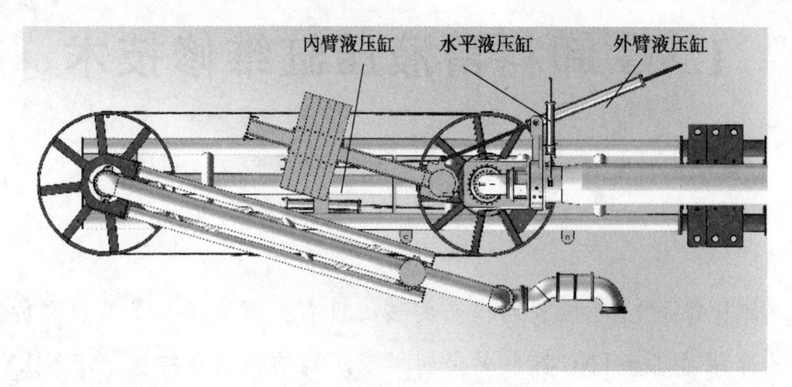

图 1　DCMA-S 形式卸料臂

表 1　单台卸料臂上的液压缸

液压缸位置	规格	数量	类型
水平旋转液压缸	110X45 S：1010	1	双作用双活塞杆
外臂液压缸	160X85 S：2800	1	双作用双活塞杆
内臂液压缸	160X65 S：1600	2	双作用单活塞杆

整个铰接组件在水平平面回转是用一个连接到 50 型立管旋转节的内螺纹接件的双作用缸来实现的。传动缸杆端被连接到立管上。臂的内驱动包括安装在 50 型机架上的两个单作用缸、一条钢丝索和一个主动滑轮。外驱动包括一个直接连接到 50 型滑轮的双作用液压缸。

DCMA-S 形式卸料臂四台液压缸结构基本一致，本文以内臂双作用单活塞杆液压缸为例进行介绍。其由活塞、活塞密封件、缸盖、活塞杆、缸体等主要部件构成。

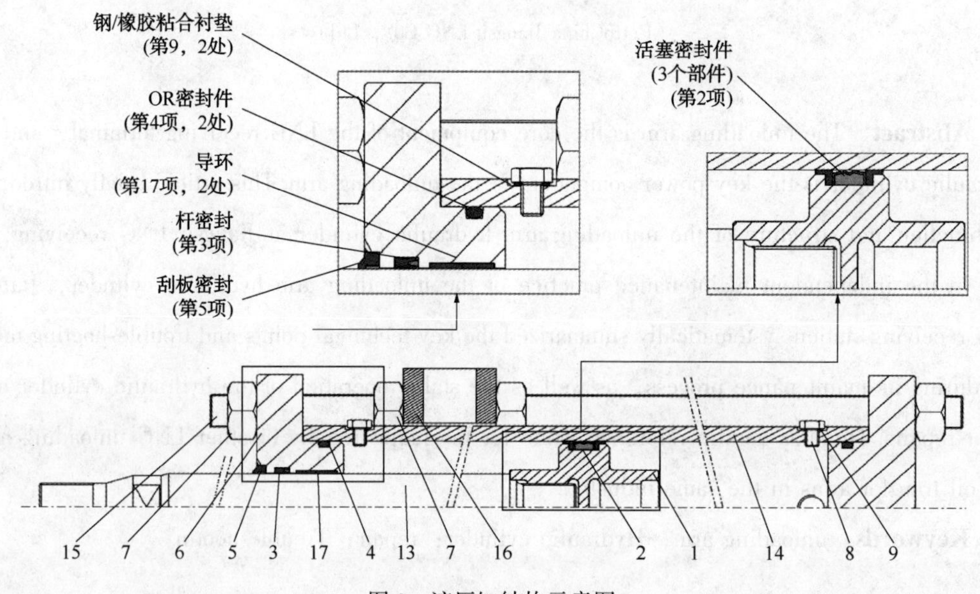

图 2　液压缸结构示意图

1—活塞；2—活塞密封件；3—主密封；4—OR 密封件；5—刮板密封；6—缸盖；7—螺母；8—排气螺钉；9—衬垫；13—活塞杆；14—缸体；15—拉杆；16—安装法兰；17—杆密封

江苏 LNG 接收站卸料臂液压缸使用已超 10 年，加之长期处于沿海环境，液压缸普遍存在活塞杆鼓泡、密封圈老化、缸体、缸盖腐蚀等现象，亟需大修。江苏 LNG 在液压缸大修过程中对液压缸维修重点进行了总结，并对存在的故障进行了有效优化，整体提升了液压缸运行稳定性。现将其中液压缸检修要点总结如下。

1 大型液压缸维修

1.1 拆卸注意事项

（1）液压缸大修前要做好关键部件位置及定位尺寸记录；尤其是缸体安装部件如排气螺钉、油管接头方向等位置及安装法兰定位尺寸。

（2）现场拆装环境要确保洁净。

1.2 液压缸拆卸

液压缸拆解后须及时重新装配，以避免生锈。注意不让杂质和颗粒进入液压缸。以内臂单杆液压缸拆卸为例（见上图 2），相同步骤也适用于双杆液压缸。具体拆卸步骤为：

（1）拆除排气螺钉（第 8 项），完成缸体内液压油的排放。要特别注意经由排气螺钉的非受控压力释放（孔眼中的突然射流）。

（2）将液压缸放在稳固基座的水平位置，并充分固定就位。

（3）采用氧乙炔加热方式拆除液压缸活塞杆头部固定销安装吊耳及尾部活塞杆限位螺母。注意两处均为左螺纹，螺纹处涂有 Loctite® 275 螺纹紧固胶，不能强拆。

（4）同上采用加热方式松开并拆除气缸盖（第 6 项）的 4 个螺母（第 7 项）。

（5）相同方式拆除气缸另一个盖上的其他 4 个螺母。

（6）将两侧缸盖（第 6 项）缓慢从缸体（第 14 项）上拆除。注意不得损坏镍铬合金杆（无冲击、划痕和划伤）。

（7）将杆/活塞总成（第 1/13 项）与缸体调中心，缓慢从缸体（第 14 项）上拆除；若需要更换活塞杆，采用加热方式，将活塞固定，拆除活塞杆。活塞与杆为左螺纹连接。

（8）使用铜制工具拆除旧密封件（第 2、3、4、5 和 17 项）。用带尖物体（铜制小螺丝刀或划线器）挑起密封件。不要损坏凹槽的基座。扭绞密封件，将其从凹槽中拉出来。

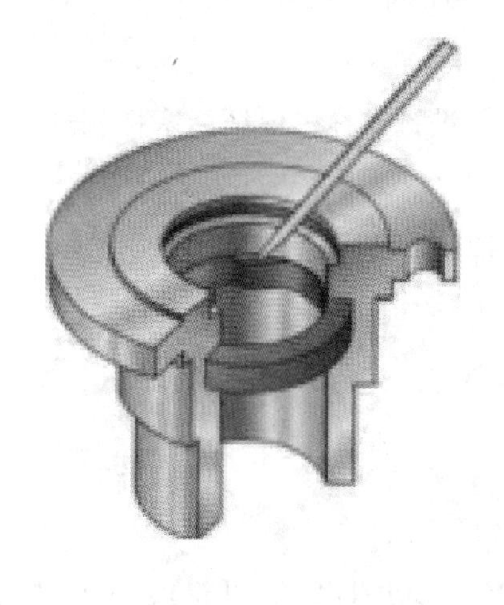

图 3　拆除缸盖密封件

图 4　拆除活塞密封件

1.3　液压缸装配前清洗与检查

重新装配之前，一定要仔细地彻底清洁各部件及凹槽，清洁时不得有杂质和颗粒，污垢不可避免地会造成损坏和渗漏。重点检查以下几项：

(1) 清洗缸体，仔细检查缸体内表面有无凹痕、划痕或划伤现象。

(2) 检查活塞，轻微划痕直接修复，若划伤深度超过 0.2mm 则更换。

(3) 检查活塞杆工作长度上是否有鼓泡、划伤、腐蚀等情况。

(4) 检查清洗密封件。选用清洁的软布和温水来清洁密封件。重点检查主密封、OR 密封件完好性。

(5) 清洗检查缸盖密封槽有无损伤或腐蚀；检查固定销安装吊耳、活塞杆顶端螺纹有无损坏。

1.4　液压缸装配

重新装配之前，一定要仔细地彻底清洁部件及凹槽，清洁时不得有杂质和颗粒。污垢不可避免地会造成损坏和渗漏。

(1) 装配时不能划伤密封组件。装配缸体内壁排气螺钉时要注意检查排气螺钉是否影响活塞密封件安装，务必先将排气螺钉拆除后再将活塞组件装入缸体。

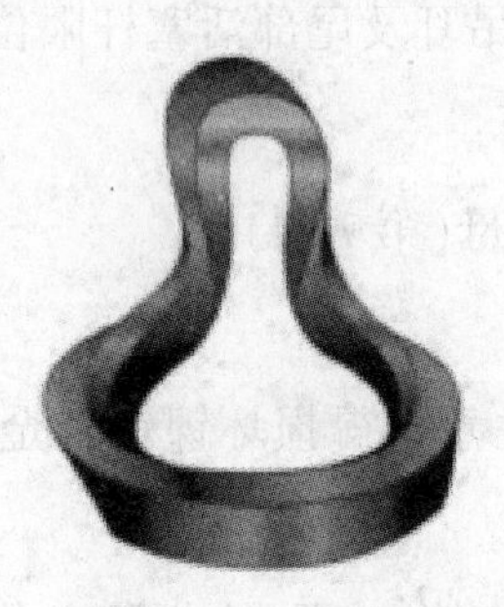
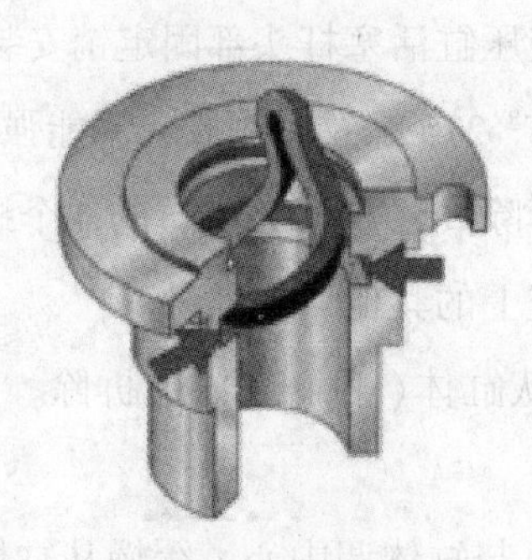
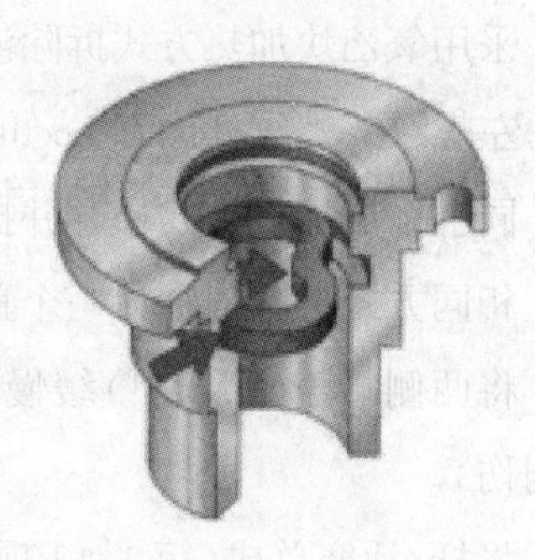

图 5　缸盖主密封安装

(2) 缸体内表面、活塞杆、密封件等装配前涂一薄层同型号液压油，务必保证各密封件安装方向正确。

(3) 先使用百分表检查活塞杆直线度，确认合格后将活塞与活塞杆组装，再次检查测量活塞杆总成全长上的同轴度。

(4) 将活塞杆总成装入缸体时，制作导向工装或利用缸盖进行支撑，保证活塞杆和缸体同心，使用铜棒轻敲活塞杆端头完成装配。

(5) 使用扭矩扳手按规定力矩对角均匀拧紧缸盖法兰螺栓，安装完成后检查活塞杆总成流畅性。

1.5　功能试验

液压缸维修完成后，功能试验是重要环节。

(1) 配管连接手动柱塞打压泵(40MPa)与液压缸油管接头。

(2) 拧松排气螺钉，使用柱塞泵将新液压油注满液压缸(SHELL TELLUS T32)，并且堵塞进油口以防止进入异物。

(3) 安装新的钢衬垫拧紧排气螺钉。排气螺钉安装时采用螺纹密封剂 Loctite® 577。

(4) 以低压运行 3 或 4 个完整的冲程。

(5) 5 分钟内将施加的操作压力增加 20%(活塞与盖相接触)，直至试验压力达到 31.5MPa(液压缸工作压力为 20MPa)。

(6) 检查液压缸各个部分有无渗漏。

(7) 在相对侧盖上重复相同动作并释放压力。

2 故障现象与解决

本次卸料臂液压缸大修主要成套更换了所有密封组件、活塞杆及排气螺钉等部件；此外，液压缸缸体、缸盖表面整体进行了喷砂防腐处理。江苏 LNG 接收站卸料臂液压缸在维修过程中主要存在的问题有两点：一是外臂驱动液压缸活塞杆固定销轴严重腐蚀，导致液压缸无法正常拆卸，只能采用破坏性方式进行拆除；二是缸盖处刮板密封脱落。

2.1 外臂驱动液压缸活塞杆固定销轴严重腐蚀，导致无法正常拆卸

2.1.1 原因分析

(1) 外臂驱动液压缸活塞杆固定销轴材质为 Q235，表面未做任何防腐处理，长时间在海边使用必然产生腐蚀；

(2) 原销轴为等径光轴，设计不合理，未设置安拆结构。

(3) 固定销轴与液压缸活塞杆吊耳孔配合间隙过大，经检测有 0.2mm 间隙。

图 6　外臂驱动液压缸活塞杆固定销轴严重腐蚀

2.1.2 解决方案

重新加工制作新型销轴，优化其材质、结构及配合间隙。材质选用 SS304；新销轴前端为锥形，末端设置螺纹孔，便于安装、拆卸；减小销轴与液压缸活塞杆吊耳孔配合间隙，选用 H7/js6 过渡配合。

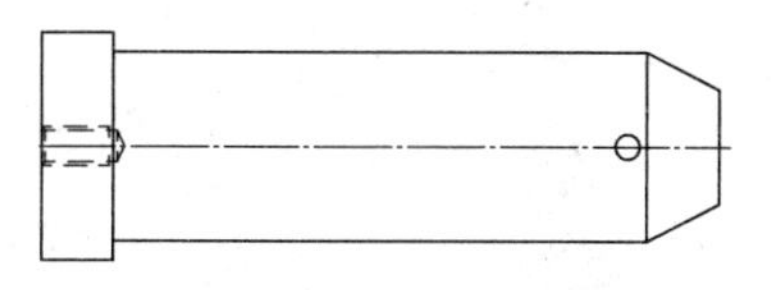

图 7　外臂驱动液压缸缸杆固定销轴严重腐蚀

图8　刮板密封挡板

2.2　刮板密封脱落

2.2.1　原因分析

作为防止多余物侵入液压缸的核心元件，刮板密封圈是否有效直接影响液压缸使用寿命。通过液压缸解体大修找出了刮板密封的主要原因：

（1）缸盖刮板密封槽长时间使用后出现腐蚀，导致其外径变大；刮板密封圈与密封槽配合由过盈配合变为间隙配合；

（2）刮板密封圈金属支架圈加工圆度不合格要求。

（3）刮板密封槽结构设计不合理，无防止密封圈脱落挡圈。

2.2.2　解决方案

综合考虑维修周期与成本，采取增加刮板密封挡板方案：根据刮板密封圈及缸盖尺寸，设计加工圆形刮板密封挡板，材质选用SS304，使用螺钉固定于缸盖外侧，简便易行，有效解决了刮板密封脱落故障。

3　结论

江苏LNG在卸料臂液压缸自主维修过程中，不仅系统归纳总结出了全过程液压缸维修技术，包括拆卸、装配、试验等内容。此外，还对外臂驱动液压缸活塞杆固定销轴严重锈蚀、刮板密封脱落故障进行了科学优化处理，有效消除了设备运行隐患，对国内其他形式卸料臂、输油臂大修具有重要指导意义。但由于液压缸在码头单独从卸料臂上拆装难度大、风险高、费时费力，尤其是内臂液压缸完全不具备日常检修条件，只能在卸料臂大修时采用船吊进行维修，成本极为高昂。鉴于此，建议在今后LNG接收站卸料臂进行大修时，宜总结液压缸使用过程中遇到的问题，提前制定新型液压缸优化设计方案(包括零部件材质、结构)，并加工制造；大修时整体更换新型液压缸，不仅提高设备使用稳定性，还保证了卸料臂大修进度。

参　考　文　献

[1] 石红卫．液压缸的检修与维护[J]．内蒙古煤炭经济，2018(09)：24-34.

[2] 液压缸维修技术标准[M]．上海宝钢集团设备部．

[3] 张明本．工程机械液压缸维修要点[J]．工程机械与维修，2019(03)：61.

[4] 李树茂，邱健，陈亮．浅析液压缸的失效形式及预防措施[J]．现代制造技术与装备，2018(09)：146-148.

[5] 王慧博．浅谈液压缸的维修与保养[J]．农业开发与装备，2019(03)：34.

[6] 雷凡帅，杨林春，郝飞．20英寸LNG卸料臂解体大修关键技术研究与应用[J]．设备管理与维修，2022，(9).

LNG 接收站运行中绝缘接头更换应急处置实践与创新

陆文龙[1,2] 苑伟民[1] 王 伟[1] 李 振[1] 袁 继[1] 张书豪[1] 鲁 特[1]

（1. 国家管网集团北海液化天然气有限责任公司；2. 国家管网集团接收站管理分公司）

摘 要 本文通过对实际运行中 LNG 接收站发现天然气外输主管线上绝缘法兰泄漏，继而采取能量隔离、BOG 气体回收、更换回装等工作中，摸索出一套管理措施；将应力监测系统、引流监控、上下游协调、应急演练、BOG 回收等形成一个系统，制定了“应力监测、引流管控、整体更换”的总体方案，继而形成了“4211”动火条件确认方法、发挥接收站与外输管道站管协同上下一体化优势，做到“减少放空、应收尽收、颗粒归仓”、创新使用“Welink”会议动火监督模式，确保了绝缘接头动火作业安全高效保质完成。

关键词 绝缘接头；应急处置；BOG 回收；实践；创新；WeLink 软件；动火监督

Practice and Innovation of Emergency Response for Insulation Joint Replacement in LNG Terminal Operation

Lu Wenlong[1,2] Yuan Weimin[1] Wang Wei[1] Li Zhen[1]
Yuan Ji[1] Zhang Shuhao[1] Lu Te[1]

(1. PipeChina Beihai Liquefied Natural Gas Co. , Ltd. ; 2. PipeChina LNG Terminal Management company)

Abstract This article explores a set of management measures for the leakage of insulation flanges on the natural gas export main pipeline discovered by the LNG receiving station in actual operation, followed by energy isolation, BOG gas recovery, replacement and reinstallation; The stress monitoring system, drainage monitoring, upstream and downstream coordination, emergency drills, and BOG recovery have been integrated into a system, and an overall plan of ‘stress monitoring, drainage control, and overall replacement’ has been developed. Subsequently, the ‘4211’ of ‘fire work’ condition confirmation method has been formed, and the advantages of collaborative upstream and downstream integration between the receiving station and the export pipeline station management have been utilized to achieve “reducing venting, fully collecting receivables, and returning particles to the warehouse" Innovative use of the app 'WeLink', thought conference 'fire work' supervision mode ensures the safe, efficient and high-quality completion of 'fire work' of insulated joints.

Keywords　insulated joint; Emergency response; BOG recycling; Practice; Innovation; WeLink app; 'fire work' Supervision

绝缘接头可以将设备和管线绝缘分割开来，有效防止设备被电化学物质腐蚀，使得设备的使用寿命得到延长。绝缘接头不仅可以起到良好的密封效果，有效防止管道内的介质被泄漏出去，还可以有效防止设备被电化学物质腐蚀，因此被广泛用于长输管线中。在 LNG 接收站外输管线出口管线上安装有绝缘法兰，用于隔离站内和站外不同的阴极保护系统。绝缘接头非保护侧内腐蚀的影响因素主要为保护侧与非保护侧电位差、介质导电率和非保护侧内涂层破损率；腐蚀速率随着保护侧与非保护侧的电位差、介质导电率的增大而升高，随着非保护侧内涂层破损率的增大而降低。在安全高于一切的大环境中，如果在运行中发现绝缘法兰泄漏对于应急处理将会是一个极大地挑战，本文对国内某 LNG 接收站在运行中发现绝缘法兰泄漏并开展应急处置的案例进行分析，对其他类似事件的处理起到一定指导作用。

1　渗漏绝缘接头的情况

渗漏点位于高压外输绝缘接头焊缝处，法兰结构图见图 1，现场渗漏处见图 2。该管线为 LNG 接收站高压天然气外输出站主管线，运行压力为 6.5~6.8MPag。绝缘接头公称通径为 DN800/32 寸，材质为 F70。

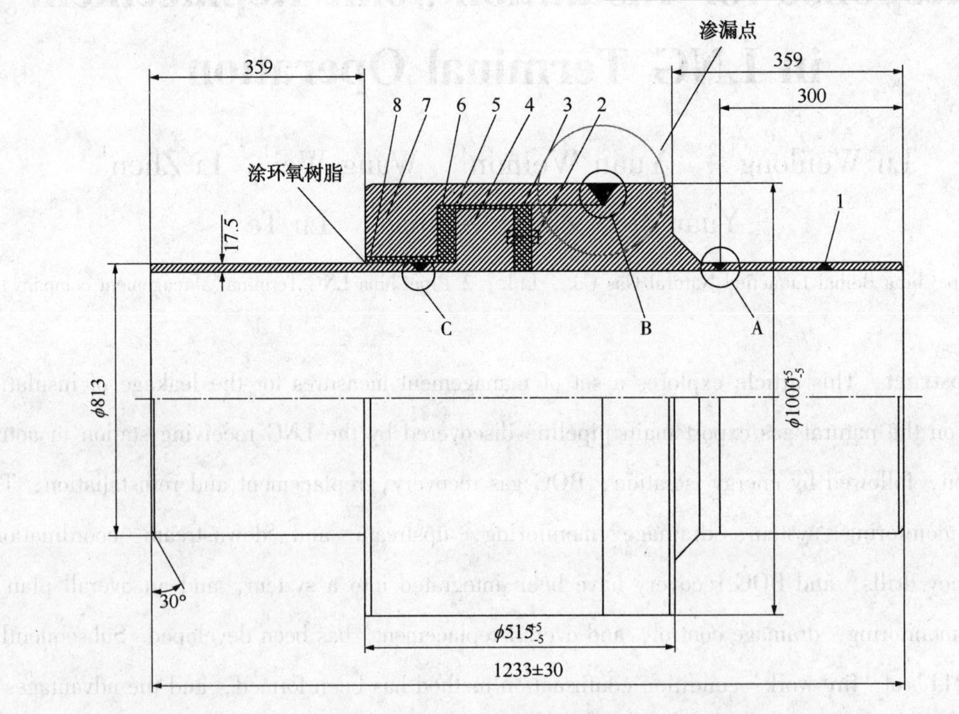

图 1　渗漏点

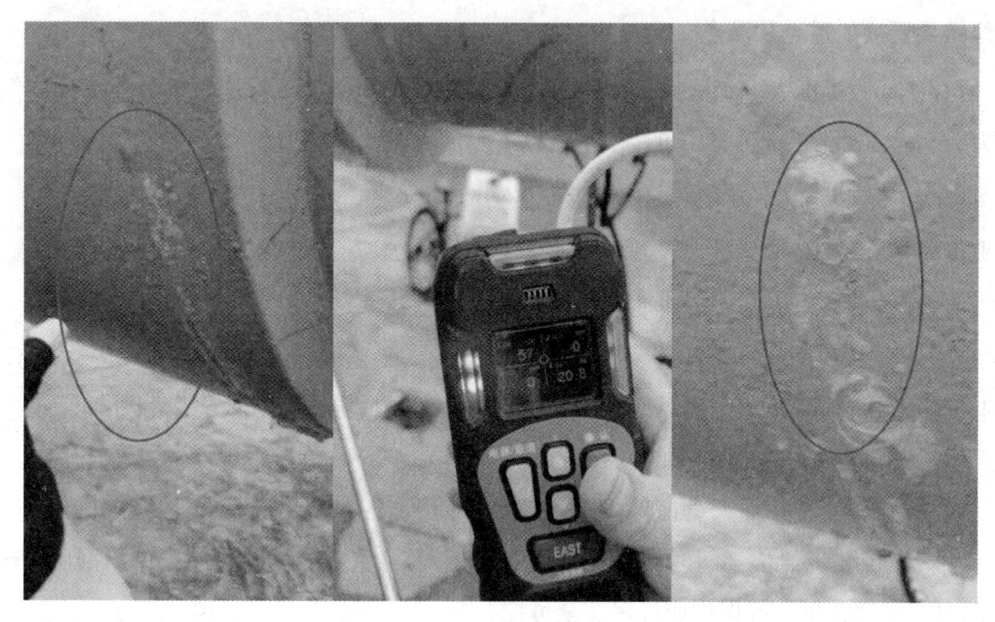

图 2 现场渗漏处

2 准备工作

2.1 隐患治理方案的确定

因绝缘接头特殊构造，无法采取打磨、补焊形式修复，需要对该绝缘接头进行整体更换，恰逢相同规格的绝缘接头无库存、新绝缘接头制作周期较长、作业窗口期限制等因素影响，导致渗漏的绝缘接头无法短期内进行更换作业，为确保接收站安全平稳运行，避免出现大量泄漏及次生事故，LNG 接收站制定了“应力监测、引流管控、整体更换”的总体方案，根据实际情况编写《LNG 接收站高压外输绝缘接头微量泄漏隐患管控方案》、《LNG 接收站高压外输绝缘接头微量泄漏监测管控方案》、《LNG 接收站外输总管绝缘接头泄漏事件专项应急预案》，开展培训与演练。

通过在绝缘接头处安装应力监测系统(见图 3)和引流监测装置(见图 4)，定期开展磁粉复测裂纹发展、应力变化的实时监测和每两小时一次的渗漏量气泡变化的观察，一旦发现异常，立即启动应急响应，确保接收站现场安全生产。

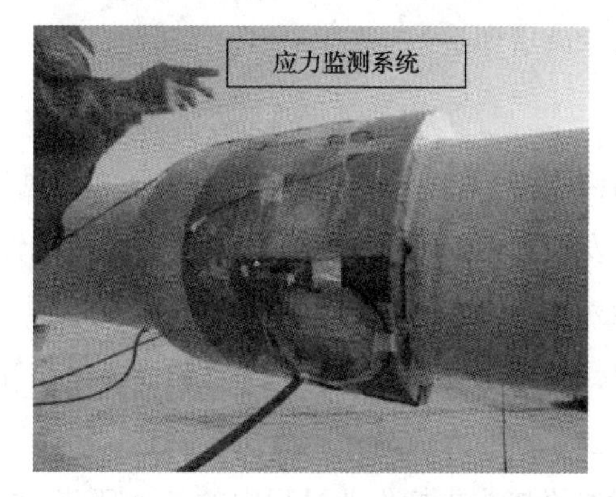

图 3 应力监测系统

图 4 引流监测装置

2.2 绝缘接头更换的重点和难点

（1）管存气回收难度大。绝缘接头更换需要泄压的站外管道里程长达9.7公里、天然气管存量约为35万方，若不回收将造成大量的天然气放空。

（2）能量隔离难度大。站内流程复杂，给动火作业能量隔离带来了挑战。

2.3 作业准备情况

方案通过评审后，积极开展作业准备工作：

（1）LNG接收站积极与下游管道及燃气用户反复确认工艺限值，梳理管道首站及LNG接收站站内流程，精细进行管存计算，多次到下游踩点踏线，为能量源安全有效隔离和外输管道内天然气的“应收尽收”奠定了坚实基础。

（2）严格焊接等特种作业人员证件检查，确保持证上岗；开展31人次的施工作业人员入场安全教育，确保人员培训到位；同时，强化现场安全监督，重点检查入场人员劳保用品齐全、每30min检测可燃气体含量，确保作业过程安全可控。

（3）根据作业计划，LNG接收站提前落实技术维修部和福建应急维修公司人员、机具、材料准备情况，强化作业人员24小时应急准备，落实工器具及材料清单，落实无损检测单位。

（4）编制《LNG接收站绝缘接头等作业实施计划表》、《LNG公司绝缘接头、仪表接头、燃料气管线换管动火详细工作计划表》，并实行“挂图作战”，确保各项工作安全有序进行。

2.4 人员培训

培训内容涵盖了《NG外输管线检修作业工艺隔离置换方案》《绝缘接头更换动火作业方案》《高压外输绝缘接头微量泄漏隐患管控方案》《NG外输总管绝缘接头泄漏事件专项应急预案》等。在现场，生产运行部门参照工艺方案核对锁定阀门、注氮点、排放点位置，天然气回收流程及吹扫置换流程动作阀门确认；根据绝缘接头更换工作实施计划表中的人员安排一对一进行“理论讲解+现场口述手指”的专项培训，各有侧重，管道首站小组着重讲解能量隔离和汽化器速度控制；外输区小组着重讲解各阶段流程切换及作业过程中的可燃气体实时监测；工艺区小组着重讲解管线末端排放流程导通及BOG压缩机各项工艺参数进行监控。同时，在开工前及时组织安全监理、无损检测及抢维修公司全体施工人员进行入场安全教育，对施工方案、“4表2卡1培训1演练”、现场施工工序、关键质量控制点、安全风险点及应对措施等内容进行全员培训学习。

2.5 风险管控

经过LNG接收站及各专家组的统筹研究分析，绝缘接头更换动火作业主要有以下3点风险：

（1）在绝缘接头更换作业前，存在焊缝裂纹继续发展导致绝缘接头失效和突发失效可能性。

（2）作业前，能量隔离与锁定不到位，造成可燃气体泄漏，遇火源导致火灾、爆炸。

（3）作业中，吊装作业未严格执行吊装操作规程，导致吊物坠落、人员伤亡和设备损伤等。

（3）作业中，作业人员高处作业未佩戴安全带，导致作业人员高处坠落伤亡。

针对上述风险，LNG接收站组织各专业人员针对绝缘接头更换作业过程中的各个环节可能存在的风险进行深入分析，形成LNG接收站绝缘接头更换作业风险管控表，让所有参与更换作业人员熟知风险点及其可能造成的后果和风险管控措施等。首先，LNG接收站精心组织绝缘接头更换工艺方案、施工方案编制及审查工作，并在上级公司的指导帮助下，派驻安全监督进行有效监督及指导。二是制定《高压外输绝缘接头微量泄漏隐患管控方案》，按照风险管控方案要求，制定现场管控措施 3 条、管理措施 3 条、应急措施 3 条，确保绝缘接头更换作业前的安全管控。在作业过程中，通过安全监督、全监理、安全环保部门安全监护等三级安全监督，严格执行动火方案，认真落实现场各项安全措施，紧盯焊接、气体检测、吊装等高风险环节管控，有序推进断管切割、组对焊接、焊缝检测、管道防腐等作业，确保绝缘接头更换作业过程中的各项风险得到管控。

3 管存气体工艺回收及绝缘接头管更换

3.1 气体回收

LNG 接收站外输管道内天然气的回收，具有站内流程复杂、站外管道里程长、天然气存量大、涉及单位多等特点，属于国内行业首次，没有成熟的经验可以借鉴，LNG 接收站积极与下游管道及燃气用户反复确认工艺限值，认真梳理站内流程，精细进行管存计算，多次到下游踩点踏线，制定了详细的工艺方案。

4 月 13 日 7 时 20 分，LNG 接收站停止高压外输，下游管道调整工艺流程，开始接收站与首站间管道的降压。

4 月 14 日 00 时 28 分，外输管道压力降至 3.0MPa，达到预设的降压目标，由管道公司配合隔离首站至下游用户的工艺流程，而后接收站站内缓慢开启一台 ORV-A 的出口放空阀门，将管存天然气导入接收站 BOG 系统，再通过站内 BOG 压缩机输送给下游燃气用户，实现管存天然气的回收。

4 月 15 日 19 时 00 分，LNG 接收站站外天然气管道压力降至 0.02MPa，与接收站 BOG 系统压力一致。在此期间，LNG 接收站将 ORV 出口放空阀门的开度、BOG 压缩机的进出口温度、减温器的适时投用做为控制重点，各运行班组副操驻守 ORV 出口放空阀门区域，实时根据指令调整阀门开度，中控主操紧盯 BOG 压缩机进出口温度和外输管道压力，实时调整减温器 LNG 的注入量，控制 BOG 压缩机入口温度在-90℃左右。

4 月 15 日 19 时 30 时，通知驻守管道公司首站的液氮供应单位提供小流量氮气，开始天然气管道的扫线操作，即将管道内留存的天然气通过氮气缓慢吹扫至接收站 BOG 系统，完成最后的天然气回收，做到“应收尽收”，压降图见图 5。为了防止过多的氮气进入 BOG 系统，扰乱下游燃气用户需求，接收站在站内管道沿线设置多个可燃气体检测点，实时监控可燃气体浓度；同时对压缩机出口天然气组份进行取样分析，防止 BOG 中氮气含量超过燃气标准要求。

4 月 15 日 23 时 40 分，LNG 接收站检测外输管道内回收气体可燃气体浓度低于 LEL 5%，测算回收天然气约 33 万方，标志着管道内天然气已全部回收，实现了零放空的目标。

3.2 绝缘接头更换

4 月 16 日 17 时 00 分，完成绝缘接头施工场地布置、机具进场及调试、切管机安装。

4 月 17 日 15 时 45 分，完成燃料气管线施工场地布置、新管线的吊装就位工作。

4 月 17 日 9 时 18 分-10 时 42 分，完成旧绝缘接头冷切割。

4 月 17 日 10 时 42 分-10 时 45 分，完成旧绝缘接头吊装。

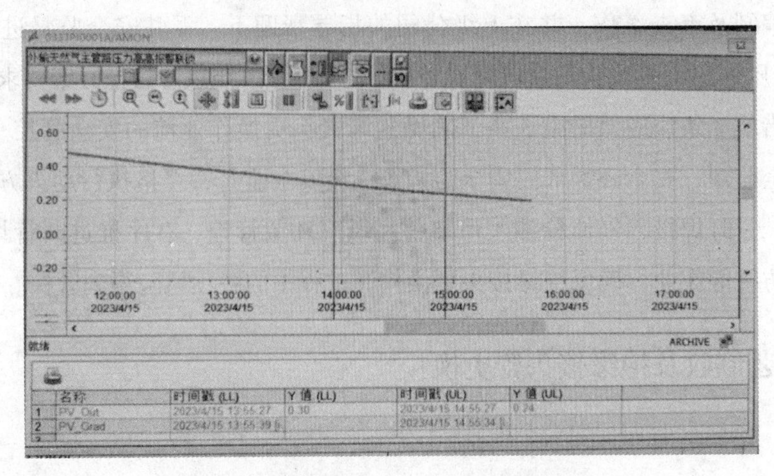

图 5 绝缘接头更换作业气体回收系统压降图

4 月 17 日 10 时 45 分-15 时 15 分，完成新绝缘接头、老管线坡口的下料及打磨。

4 月 17 日 14 时 15 分-17 时 00 分，完成新绝缘接头与老管线的组对。

4 月 17 日 17 时 00 分-17 时 25 分，完成管口的消磁、预热工作。

4 月 17 日 17 时 25 分-20 时 45 分，完成绝缘接头的打底焊、填充第一、第二层焊接。

4 月 17 日 20 时 45 分-21 时 57 分，完成焊道的冷却、DR 检测的准备工作。

4 月 17 日 21 时 57 分-18 日 3 时 21 分，完成 DR 检测工作，焊道质量全部为一级。

4 月 18 日 3 时 46 分-4 时 11 分，完成焊道的再次预热工作。

4 月 18 日 4 时 11 分-8 时 16 分，完成焊道的填充、盖面全部焊接工作。

4 月 19 日 5 时 16 分-8 时 30 分，完成绝缘接头焊后 24 小时的无损检测工作。

4 经验与亮点

（1）“4211”标准风险管控流程落实到位是绝缘接头更换作业顺利完成的重要保障。

此次绝缘接头更换，针对作业风险大，创新作业风险管控模式，创立“4211”标准风险管控流程。“4211”标准风险管控流程（4 是指编制作业风险大表，作业工序大表，作业进度大表和能量隔离大表；2 是指作业过程中作业票和操作票；1 是指方案培训和作业交底；1 是指作业前应急演练），上述标准风险管控措施确保作业风险辨识，风险定性，风险培训，风险管控形成一个风险闭环管理。此次绝缘接头更换工作，精心组织，倒排工序，制定了详细的工作分工大表，将中控室作为绝缘接头更换工作指挥部，同时，在动火现场设置现场指挥部，在管道公司首站、外输区、工艺区设置三个工艺操作小组，机修、仪表人员在工艺区随时待命，消防车处于备战状态。在作业前，由动火总指挥对“4211”（四张表格、两张票/卡、一次培训、一次应急演练）的动火条件进行一一确认，落实到位后，方可进行作业，为动火提供制度保障。

（2）精细方案设计，站管协同配合，确保了动火作业实现零放空。

针对 LNG 接收站外输管道里程长、天然气存量大、站内流程复杂、涉及单位多等难点，创新性的制定“区域隔断、下游用户消耗、BOG 压缩系统混合回收、氮气驱替”的“四步”工艺回收方案，为系统零放空奠定了坚实的理论基础。同时，积极协调下游管道公司和燃气公司，确定作业窗口期，充分发挥接收站与外输管道站管协同、上下一体化优势，本着“减少放空、应收尽收、颗粒归仓”的原则，牢牢树立方气皆为成本的理念，施行精细化管理控制，完成了接收站至广西管道首站外输管道天然气的全部回收，实现了零放空的控制目标，为今后类似技术操作具有一定的指导和借鉴价值。

（3）创新使用“Welink”会议动火监督模式，确保绝缘接头动火作业高标准执行。

针对常规防爆摄像机、防爆布控球在监控动火作业时，角度受限、无法实时进行远程监督指导等缺点，创新使用“防爆手机+Welink 会议”进行动火实时监督及远程录屏，具有可清晰的展示动火作业过程中的任何一个细节、可远程语音互动、线上录屏等优点，最大化的督促现场施工人员严格执行动火作业管理规定，精细操作，避免习惯性违章的发生，为绝缘接头更换等三处动火施工一次性成功奠定坚实基础。

LNG 接收站关键设备高压泵的自主性检修

梅伟伟

（中石油江苏液化天然气有限公司）

摘　要　江苏 LNG 接收站高压泵于 2017 年 9 月开始逐台陆续出现了轴承碎裂、平衡盘磨损、节流环磨损、泵轴弯曲、级间衬套磨损超差、叶轮耐磨环及壳体耐磨环磨损超差等故障现象。通过对美国 EBARA 公司生产的 8ECC-1515 型高压泵进行维修技术攻关，掌握了配合尺寸、破解了维修难题，完成了自主性检修，打破了国外对维修技术的封锁。对国内 LNG 接收站进口设备高压泵的自主性检修具有示范指导作用。

关键词　LNG 接收站；江苏；高压泵；自主性检修

The Autonomous Maintenance of LNG Receiving Station Import Equipment High Pressure Pump

Mei Weiwei

（PetroChina LNG Jiangsu Company Limited）

Abstract　Since September 2017, the high pressure pumps in Jiangsu LNG receiving station appeared bearing wear, balance plate wear, throttling ring wear, pump shaft bending, interstage bushing wear out of tolerance, impeller wear-resistant ring and shell wear-resistant ring wear out of tolerance, etc one by one. Through the technical research on the maintenance of 8ECC-1515 high pressure pump produced by Ebara company in the United States, mastered the matching size, solved the maintenance problems, completed the independent maintenance, and broken the monopolization of foreign maintenance technology. It can be used as an example to guide the independent maintenance of high pressure pump imported for LNG terminal in China.

Keywords　LNG Receiving Station; Jiangsu; High Pressure Pump; Autonomous Maintenance

1　引言

高压泵是 LNG 接收站的关键设备之一，其作用是将 LNG 增压后再进行气化外输，运行的好坏直接影响下游的外输供气。江苏 LNG 接收站高压泵在 2017 年 9 月开始逐台陆续出现了振动过高、现场运行噪音大等故障现象，解体后发现泵体零部件损坏严重。此时正是我公司度冬保供关键时期，该高压泵是气化外输瓶颈设备，如不及时修复直接影响天然气外输量，严重影响长三角地区供气，乃至影响全国天然气调控。

LNG 接收站在国内起步较晚，国内对该型高压泵的维修都是依托外国厂商技术人员前来指导维修，请国外技术人员前来维修要提前预约，维修时间无法保障，无法保证高压泵的维修及时性。

由于国内尚没有自主维修经验和专业队伍，江苏 LNG 公司本着精、细、研的工作理念，在成功自主大修多台罐内 LNG 低压泵的基础上，对 EBARA 公司的 8ECC-1515 型进口高压泵进行维修技术攻关，掌握了配合尺寸、破解了维修难题，完成了自主性检修，打破了国外对维修技术的封锁。对国内 LNG 接收站进口设备高压泵的自主性检修具有示范指导作用。

2 故障现象及原因分析

江苏 LNG 接收站共有美国 EBARA 公司生产的高压泵 7 台，高压泵共有 15 级叶轮，泵长约 5m，重约 9t，属于大型立式多级离心超低温泵，浸没在-162°的 LNG 介质中，泵轴属于细长轴，轴承由介质自润滑，通过平衡盘的方式平衡轴向力。高压泵的主要参数见表 1。

表 1 高压泵参数

泵型号	8ECC-1515	电机	2096Kw
设计压力	130. 8/17. 9Barg	电源	6000V
泵水头	2275m	满载电流	242. 5A
泵容量	450m³/h	泵重	8980Kg
额定转速	3000rpm	泵高	4. 86m

2. 1 故障现象

在运行 13000-17000 小时，高压泵出现运行振动高、噪声大的现象，启停机时现象更为明显。自 2017 年开始，江苏 LNG 公司已自主大修了 6 台次的高压泵，如表 2 所示。厂商规定此类高压泵正常状态下免维护保养、无需抽出检查，一般大修周期为 24000 小时，江苏 LNG 接收站高压泵普遍未达大修周期就被迫解体检修。图 1、图 2 高压泵检修现场图。

表 2 高压泵大修时间统计

设　备	大修时间	大修时运行时间
P-1401A	2017 年 11 月	15872h
P-1401B	2017 年 12 月	13874h
P-1401C	2017 年 8 月	16972h
P-1401D	2017 年 12 月	15468h
P-1401E	2018 年 2 月	17881h
P-1401E	2019 年 7 月	6346h

图 1　高压泵检修现场(1)

图 2　高压泵检修现场(2)

对高压泵解体大修后发现，泵体内有大量的杂质及金属碎末，如图 3、4 所示。

图 3　泵体内杂质

图 4　泵体内金属碎末

5 台泵普遍出现了易损件的损坏，如轴承损坏、级间衬套磨损超差、叶轮耐磨环磨损超差、壳体口环磨损超差、节流环磨损超差等；以及关键零部件损坏，如平衡盘磨损损坏、泵轴弯曲、泵轴磨损、出口端盖贯穿裂纹等。如图所 5、6、7、8 示。

图 5　轴承损坏

图 6　平衡盘损坏

图 7 壳体耐磨环磨损

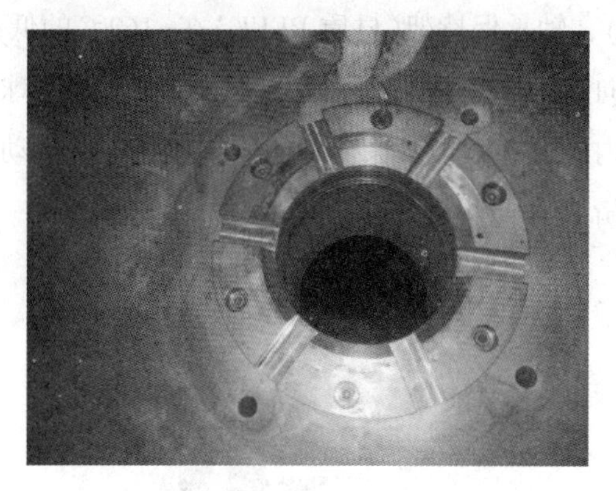

图 8 节流环磨损

2.2 原因分析

针对泵解体后的故障现象，对泵损坏进行了原因分析如下：

（1）由于管道里含有施工遗留杂质，如焊渣、铁屑、焊纸碎片等，一方面这些杂质进入到高压泵入口过滤器中，会造成过滤器堵塞(如图 9 所示)，影响高压泵入口的介质吸入量，造成泵高流量状态下不够吸，引起泵振动，影响泵运行稳定性；另一方面未经滤网阻挡的杂质进入到高压泵内部后，高压泵在高速状态下运转且动静部件之间的配合间隙小、精度高，此类杂质不断冲击泵体，加剧了轴承、泵轴、叶轮等零部件的磨损。

（2）设备初始安装时，泵井暴露在空气之中，安装完毕后，未能及时吹扫、置换，管道、泵井内存在着大量空气和杂质，时间长了容易造成轴承、电机转子(如图 10、11 所示)等零部件生锈，锈渍不易排出，后续投产使用时就一直影响设备运行状态。

图 9 过滤器堵塞

图 10 定子生锈

图 11 轴承生锈

（3）此类高压泵有轴向力自动平衡机构，设备正常运转过程中，轴向力处于平衡转态，驱动轴承位置不会承受过大的轴向推力，而对比观察驱动轴承内圈破损情况，发现轴承内圈下滚道边缘出现破损(如图 12 所示)，而内套上边缘没有出现破损及挤压的痕迹，由此可以推断设备在运转过程中出现了异常，转子受到了向上的轴向力，使转子向上窜动，导致轴承内圈下边缘(图红圈区域)与滚珠发生冲击碰撞。

驱动轴承的内圈、滚珠、外圈(材质 G102Cr18Mo)在室温及低温下的冲击韧性很差(冲击功小于5J)，轴承保持架(材质PEEK)在-162℃的低温条件下冲击韧性也较差。所以当转子轴向力不平衡，向上窜动过程中，轴承内套下边缘与滚动球体发生冲击碰撞会将轴承各零件冲击破碎，破损的轴承内外圈、滚珠及保持架的碎末在泵内部窜动，加剧了泵的易损件的磨损，进一步破坏了泵内部的平衡，造成了泵关键零部件的损坏。

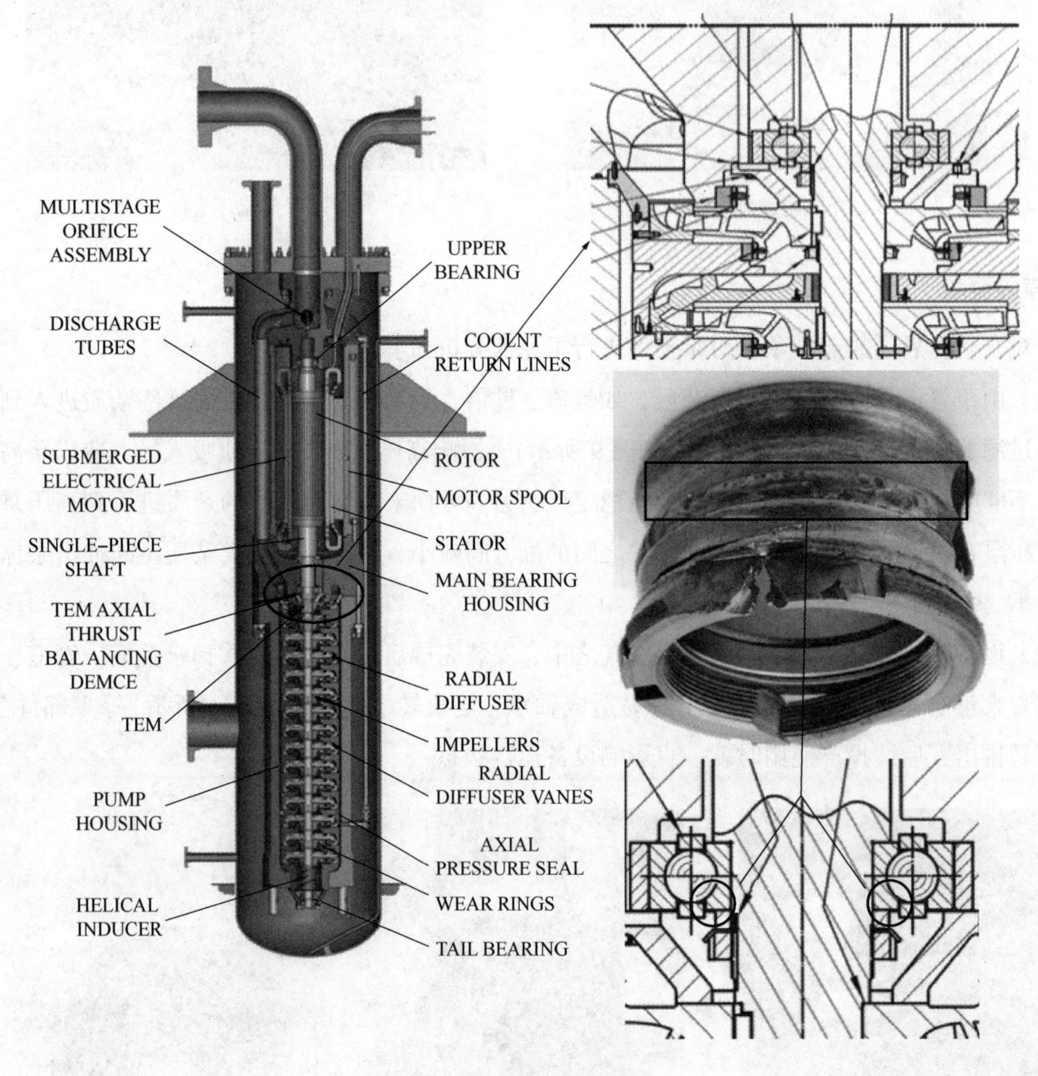

图12　驱动轴承分析示意图

综合分析泵损坏原因，得出结论：水、空气、施工杂质的进入，影响了泵运行状态的稳定性，从而加剧了高压泵零部件磨损，驱动轴承不断向上窜动的过程中，又进一步加剧了轴承的磨损，导致轴承损坏，从而造成泵体损坏无法正常运行。

3　故障解决

针对故障现象及原因分析，进行了高压泵解体大修，清理了杂质、更换了轴承、叶轮耐磨环、壳体口环、节流环等及关键零部件损坏，修复了平衡盘、泵轴等零部件。

3.1　杂质清理

(1) 外部杂质清理：通过打开入口过滤器，清理过滤器及管道内部的杂质。由于管道内、储罐内杂质很多，无法一次性清理完毕，根据现场泵运行稳定性及流量波动的情况，定期打开入口过滤器进行清理杂质；

(2) 内部杂质清理：泵解体后，逐一对零部件进行清洗、脱脂、干燥吹净等步骤；

(3) 吹扫置换：泵体大修完成后，通过干燥的压缩氮气进行持续吹扫，待泵回装至泵井后，及时地进行氮气反复吹扫、置换，经检测合格后(露点低于-50°、氧含量低于 1%)方可投入运行。

3.2 零部件更换修理

通过研究厂商文件，结合江苏 LNG 低压泵的大修经验，仔细测绘各个动静件的尺寸，查询低温离心泵尺寸配合标准规范，结合泵解体后的实际状态，综合形成了尺寸配合间隙表，用于指导零部件尺寸是否满足要求，检查配件是否需要更换。零部件配件间隙见表 3 所示。

表 3 配件尺寸、间隙表

位置	名称	配合尺寸
诱导轮	诱导轮入口腔内径	226.19/226.31
	诱导轮外径	224.92/224.79
	配合间隙	1.27/1.52
吸入叶轮	入流壳耐磨环内径	247.85/247.88
	叶轮耐磨环外径	247.68/247.65
	配合间隙	0.18/0.23
级间衬套	级间衬套内径	76.43/76.45
	对应轴径	76.20/76.17
	配合间隙	0.23/0.28
多级叶轮	扩散壳体耐磨环内径	241.76/241.78
	叶轮耐磨环外径	241.38/241.35
	配合间隙	0.38/0.43
平衡叶轮	主轴承壳体耐磨环内径	292.38/292.40
	平衡叶轮耐磨环外径	292.13/292.10
	配合间隙	0.25/0.30

由于 LNG 高压泵的运行温度约为-162℃，维修是在常温状态下组装，各部件安装配合尺寸要求比较严格，加工尺寸是根据配合间隙给定的加工偏差。参考厂商标准，结合几次故障磨损情况，要求加工机床的同轴度与垂直度均需控制在 0.01mm 之内，尺寸加工精度不低于 0.01mm。通过机加工，完成叶轮耐磨环、壳体耐磨环、级间衬套等零部件的加工更换，完成了泵轴磨损、平衡盘磨损的机械加工修复。

3.3 泵轴校正

6 台泵轴均有不同程度的弯曲，原泵轴弯曲最大 1.98mm。据厂家规定，只能报废旧轴，更换新轴。江苏 LNG 公司通过成立技术攻关小组，研发了专用工具(专利号 ZL201621101171.4)，成功完成了轴校正，校正精度 0.01mm，实现了修旧利用，节约了维修成本，如图 13 所示。

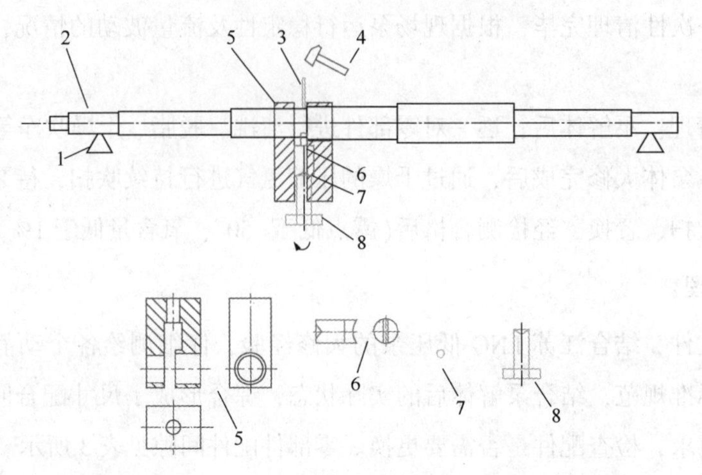

图 13 校轴示意图

4 高压泵大修

高压泵体积大、重量高、加之装配要求精度高等特点，高压泵大修过程复杂，作业程序多，风险高。经过准备工器具、工艺隔离、拆保冷、机械隔离、从泵井里吊出泵、泵解体、清洗检查零部件、更换修理零部件、泵组装、将泵吊到泵井里、能量隔离解除、试机等诸多过程。鉴于篇幅有限，本文只总结列举出大修过程中的关键点及主要过程控制。

4.1 检修关键点

(1) 高压泵大修相较于低压泵，高压泵具有“大、重、高”这三大特点，高压泵高约 5m，重约 9t，检修时的起重吊装、固定及作业空间是作业中的难点；

(2) 为保证拆装精度，研发了专用的立式多级泵维修装置(专利号 ZL2018 2 1520744.6)。将泵平稳固定，既保证了维修时的精度，又安全、方便，如图 14、15 所示；

图 14 立式多级泵维修装置

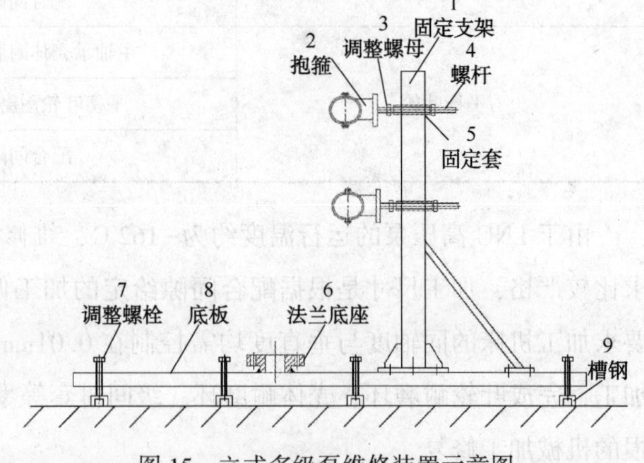

图 15 立式多级泵维修装置示意图

(3) 控制好检修过程中的重要数据，并做测量记录如：泵轴向串量、叶轮口环间隙、级间衬套间隙、平衡叶轮和平衡盘间的间隙等；

(4) 由于是 LNG 的低温泵，且泵要求精度高，在组装泵的过程中，需保持作业环境干燥、无尘。

4.2 检修过程控制

通过多次的检修经验积累，形成了高压泵大修“七步法”，对检修过程进行严格把控：

(1) 轴向串量测量：在解体高压泵之前和回装高压泵之后，利用百分表检测转子的轴向串量，保证测量值在标准范围内；

(2) 泵壳体、叶轮壳体的装配：需要氧乙炔加热装配，温度不超过 40°，避免过热造成零部件的松动等；

(3) 平衡盘装配：平衡盘属于高压泵精密部件，装配时避免敲击、磕碰、别撬；

(4) 驱动轴承的回装：由于转子的自重落在驱动轴承上，所以在拆装驱动轴承时需要将转子吊起 1mm 左右高度；

(5) 泵轴承的回装：回装泵轴承之前需将轴承脱脂吹净，回装时注意方向；

(6) 轴向唇式密封的回装：注意唇式密封的开口方向，保证其开口面对高压方向。

通过自主性的检修，6 台次的高压泵回装后均一次性顺利通过试运，泵出口流量、压力等技术参数均达到厂商文件要求，运行稳定，振动值始终保持在 0.5-0.8mm/s 之间，一次性检修成功。截止 2019 年 10 月 21 日，大修后的高压泵运行累计时间见表 4 所示。

表 4 高压泵大修后运行时间统计

设备	大修时间	大修后已累计运行时间
P-1401A	2017 年 11 月	10584h
P-1401B	2017 年 12 月	9824h
P-1401C	2017 年 8 月	8725h
P-1401D	2017 年 12 月	4515h
P-1401E	2018 年 2 月	6346h

由于高压泵自主检修技术的成功应用，保证了设备正常运行，保障了度冬保供的正常外输，降低了昂贵的维修费，为国内 LNG 行业设备维修提供了宝贵的经验。

5 下一步工作思路

虽然江苏 LNG 接收站有着丰富的高压泵大修经验，已能完成高压泵的自主性大修工作，但是针对高压泵设备本身，从提高设备运行可靠性、维修维护的角度看，还有一些问题没有解决，如高压泵的振动监测系统、高压泵驱动轴承的选型等，这也是后续要努力完善的地方。

5.1 振动监测系统

由于泵工作在低温液体中，无法从外部直接观察并判断运行状况，一般通过监测泵运行的振动值来判断泵是否出现过大的机械磨损，决定是否将泵取出维修。目前高压泵上的原厂振动装置只能提供振动的报警阀值，且数据信号经传递之后，可参考性大大降低，无法准确地反映出泵的运行状态，泵的好坏大多靠人现场听音主观判断，精准度得不到可靠的保障。

为提高泵运行稳定性，加强预知性维修管理，拟通过在现有装置的基础上改进系统或者重新加装振动装置，分析泵的运行状况，实现在线振动监测，从而判断出泵的状态好坏，为泵的大修提供依据。振动系统主要包括低温探头、信号转接与放大、信号处理等部分，通过对振动的监测，开发变化趋势预测技术，可对泵的预期检修时间进行确定，有利于提高设备故障早期预警水平，提前制定检修计划。

5.2 驱动轴承

目前高压泵驱动轴承为日本NSK生产的低温深沟球轴承，通过化学成分分析确定了驱动轴承的内圈、外圈、滚动球体以及尾轴承材质牌号都是SUS440C(日本牌号)，对应国内牌号G102Cr18Mo，属于高碳铬不锈轴承钢，属于马氏体不锈钢，是常用的轴承用钢，也是低温环境下比较常见的轴承材料。红外高光谱结果表明轴承保持架材质是PEEK(聚醚醚酮)，为常用的低温轴承保持架。

但是这类轴承的在常温和低温状态下的冲击韧性非常低，常温冲击功约2-4J，而-162℃下的冲击功仅为-2J，说明该材料冲击韧性极差，使用过程中不能承受太大冲击。

出于提高安全性、运行可靠性的角度考虑，拟从轴承类型，材质的角度选用新种类的轴承，如将不能承受轴向力的深沟球轴承替换为可以承受一定轴向推力的推力球轴承或滚子轴承；通过改进驱动轴承内圈、外圈、滚珠、保持架的材质如氮化硅陶瓷轴承，以提高零件的低温冲击韧性，提高轴承的抗冲击性能。

6 推广前景

目前国内LNG市场形势较好，已投产的LNG接收站已有19家，LNG接收站需求高，站内关键外输设备高压泵几乎都是国外进口设备，高压泵的维修只能依托外商，维修周期长、价格昂贵。江苏LNG接收站高压泵的自主维修技术已经成熟，具有丰富的检维修经验，可为同行业已投产的LNG高、低压泵的维修提供典范，对在建的LNG接收站的高压泵的选型、投产试运等具有技术指导意义。

参 考 文 献

[1] 戴梦. 江苏省如东LNG接收站系统可靠性研究[D]. 成都：西南石油大学，2017.

[2] 柳山，魏光华，王良军，罗仔源. LNG接收站扩建设备的调试技术和组织管理[J]. 天然气工业，2011，31(1)：90-92.

[3] 梅伟伟. LNG接收站关键设备低压泵的自主性检修[A]. 中国土木工程学会燃气分会. 2017中国燃气运营与安全研讨会论文集[C]. 中国土木工程学会燃气分会：《煤气与热力》杂志社有限公司，2017：4.

[4] 吕程辉，肖志远，甘正林. LNG潜液泵推力平衡机构的设计[J]. 船海工程，2017，46(1)：45-48.

[5] 胡泽安，郭开华，皇甫立霞，高一峰，魏光华，李宁. LNG接收站高压泵系统运行可靠性研究[J]. 中国石油和化工标准与质量，2018(7)：131-133.

[6] 陈经锋. 延长LNG高压泵大修周期的可行性分析[J]. 石油和化工设备，2016，19(3)：42-45.

[7] 初燕群，陈文煜，牛军锋，刘新凌. 液化天然气接收站应用技术(Ⅱ)[J]. 天然气工业，2007，27(1)：124-127.

[8] 顾安忠. 液化天然气运行和操作[M]. 北京：机械工业出版社，2014.

[9] 张智伟. 基于热流固耦合的LNG低温潜液泵转子动力学特性研究[D]. 江苏：江苏大学，2018：1-86.

[10] Kim BJ，Lee KW & Park GS. Design of a very low temperature induction motor for liquid nitrogen gas pump[C]//2013 International Conference on Electrical Machines and Systems (ICEMS) 26-29 October 2013，Busan，South Korea.

[11] HOSØY A, GJERSTAD S, SMAAMO J, et al. Design and development of electric submersible pumps for large capacities[C]. Houston: Houston Printing Company, 2005: 69-76.

[12] 王海伟，黎晖，徐雷红 . LNG 接收站进口设备自主维修改造的探讨[J]. 设备管理与维修，2014，(S1)：203-204.

[13] 江海斌，万学丽，景宏亮 . 我国 LNG 低温潜液泵现状及国产化情况分析[J]. 通用机械，2014(11)：54-60.

[14] 余春浩，郝鹏飞 . LNG 低温潜液泵的国产化现状[J]. 通用机械，2018(11)：16-18.

[15] 李世斌 . 液化天然气高压泵泵井液位波动的原因分析及措施[J]. 上海煤气，2014(1)：7-10.

[16] 翟广琳，曹中，王雪颖，李翔 . LNG 接收站高压泵预冷理论与实践分析[J]. 天然气技术与经济，2017(增刊1)：64-66.

[17] 刘奔，郭开华，魏光华，高一峰，李宁，皇甫立霞 . LNG 接收站经济性运行策略优化[J]. 石油与天然气化工，2018，47(5)：39-44.

[18] 彭超 . 多台 LNG 高压泵联动运行的优化与改进[J]. 天然气工业，2019，39(09)：110-116.

[19] 杨建红 . 中国天然气市场可持续发展分析[J]. 天然气工业，2018，38(04)：145-152.

[20] 初燕群，陈文煜，牛军锋，刘新凌 . 液化天然气接收站应用技术(Ⅱ)[J]. 天然气工业，2007，27(1)：124-127.

Shafer 气液联动阀执行机构运行故障现象解析

冯招招

（中海福建天然气有限责任公司）

摘　要　气液联动阀是天然气长输管线上的关键设备，文章通过收集 Shafer 气液联动阀在福建 LNG 天然气长输管线上相关生产运行数据，从 LineGuard 电子型管线破裂检测系统控制器、供电设备、压力变送器、电磁阀、执行机构液压油路等不同角度阐述了 Shafer 气液联动阀执行机构的运行故障现象，并详细进行分析总结，为气液联动阀在天然气长输管线上安全可靠运行提供了思考和借鉴，对今后气液联动阀的运维工作、设备管理工作提供了理论基础。

关键词　气液联动阀执行机构；故障现象；LineGuard 控制器；异常关断；压力变送器；液压油

Analysis of the operating failure of Shafer gas-liquid linkage valve actuator

Feng Zhaozhao

(Fujian Natural Gas Co., Ltd., CNOOC)

Abstract　Gas-liquid linkage valve is a key equipment in natural gas long haul pipeline. This paper collects relevant production and operation data of Shafer gas-liquid linkage valve in Fujian LNG long haul pipeline. This paper expounds the operation fault phenomena of Shafer gas-liquid linkage valve actuator from different perspectives of the LineGuard electronic pipeline rupture detection system controller, power supply equipment, pressure transmitter, solenoid valve, actuator hydraulic oil circuit and so on, and analyzes and summarizes in detail, providing thinking and reference for the safe and reliable operation of gas-liquid linkage valve on natural gas long distance pipeline. It provides a theoretical basis for the operation and maintenance of gas-liquid linkage valve and equipment management in the future.

Keywords　gas-liquid linkage valve actuator; Fault phenomenon; LineGuard controller; Abnormal shutdown; Pressure transmitter; Hydraulic oil

伴随着我国天然气行业的迅猛发展，气液联动阀以其不需要任何外界能源，直接利用管线内天然气介质的压力或自带高压氮气瓶，作为实现阀门动作的动力源，且具有关断速度快、事故状态下能够有效地紧急切断等优点在天然气长输管线上得到了广泛的应用。在生产运行时，只有快速准确地判断出设备故障原因，才能及时有效地排除故障，保证企业的生产连续性。本文通过收集 Shafer 气液联动阀在福建 LNG 天然气长输管线上相关生产运行数据，从不同角度提出了 Shafer 气液联动阀执行机构的运行故障现象，并详细进行分析总结。

1 Shafer 气液联动阀工作原理

Shafer 气液联动阀主要由阀门执行器，动力系统，控制系统，供电系统四部分组成。执行器采用旋转叶片式(RV-series)，动力源取自输气管线内的天然气，电子控制单元采用 Fisher 公司 LineGuard 2200，具有压力监控、数据记录和阀门关断、Modbus 通讯等功能。在福建 LNG 长输管线中分输站站场和远传阀室气液联动阀 LineGuard 电子控制单元接入 UPS 电源供电，非远传阀室 LineGuard 电子控制单元供电装置由太阳能电池板阵列、充电控制器、蓄电池构成。当管道压力超过设定上下限或压力变化速率超过设定最大值时，控制系统输出电磁阀动作信号，通过电磁阀动作，从而实现执行机构动作使阀门关断。

2 Shafer 气液联动阀执行机构运行故障现象分析

2.1 气液联动阀异常关断故障现象

2.1.1 气液联动阀 LineGuard 电子型管线破裂检测系统控制器自身故障，导致阀门异常关断

在天然气长输管线中 LineGuard 控制器故障造成的阀门异常关断主要有以下几种情况：

第 1 种情况，LineGuard 电子型管线破裂检测系统控制器软件出现异常。此时 LineGuard 控制器无法通过压力变送器进行实时管线压力采样检测并分析计算管线压降速率(RoD)，将会引起压力数据信息分析计算异常，造成阀门误关断。

第 2 种情况，LineGuard 控制器主板异常。在天然气长输管线沿途恶劣环境下，LineGuard 控制器主板可能存在受潮腐蚀、主板电池缺电、受周围雷电及电磁场干扰等情况时，控制器主板无法正常工作，造成控制器无法正常实时检测和分析计算管道压力情况，导致阀门误关断。

第 3 种情况，LineGuard 控制器输入输出通道故障。当控制器输入输出通道受雷电及电磁场干扰损坏、通道接线端子受潮腐蚀、通道回路电压不稳定等异常情况时，控制器无法正常工作，可能引起阀门误关断。

2.1.2 气液联动阀 LineGuard 电子型管线破裂检测系统控制器防雷接地、绝缘保护装置异常，导致阀门异常关断

天然气长输管线途径山远偏区等复杂地势，气液联动阀与天然气干线主管道相连，当出现以下情况时，将会引起气液联动阀异常关断：

第 1 种情况，当气液联动阀的 LineGuard 控制器金属外壳未规范进行防雷接地(接地电阻大于 4 欧姆)或 LineGuard 控制器背板未加装有效的绝缘支撑板材，由于 LineGuard 控制器与阀体和天然气

管道相连，在埋地天然气管道存在绝缘层破损的情况下，将导致控制器间接地与大地导通，控制器内部电子控制单元接地，当天然气管线受到外界雷电干扰时，将造成控制器雷击损坏或造成控制器电子控制单元压力检测值波动，当压力检测参数波动持续 2min，会引起气液联动阀自动关断。

第 2 种情况，当气液联动阀 LineGuard 控制器的控制电缆屏蔽层未规范进行屏蔽接地，当受到外界雷电及电磁场干扰时，将造成控制器电子控制单元工作不稳定，会引起气液联动阀自动关断。

2.1.3 气液联动阀 LineGuard 电子型管线破裂检测系统控制器供电异常，导致阀门异常关断

在福建 LNG 长输管线中分输站站场和远传阀室气液联动阀 LineGuard 电子控制单元接入 UPS 电源供电，非远传阀室 LineGuard 电子控制单元供电装置由太阳能电池板阵列、充电控制器、蓄电池构成。在实际使用中，长输管线途经山区，非远传阀室周围环境复杂，当气液联动阀太阳能板被周围高大树木遮挡或长时间处于阴雨天气情况下，太阳能板未能正常工作，导致蓄电池充电不及时(接线如下图 1 所示)，将造成蓄电池深度放电、内部阻值过大，出现蓄电池故障。通常采用的蓄电池为 Power Sonic 型 PS-12400 可充电、密封、铅酸型。这种蓄电池的额定值为 12V 和 40 安·时。经查厂家资料，并通过现场试验验证，当蓄电池故障，供电电压过低(小于 8V)的情况下，则会引起 LineGuard 电子控制单元压力检测值波动，当压力检测参数波动持续 2min，会引起气液联动阀自动关断。

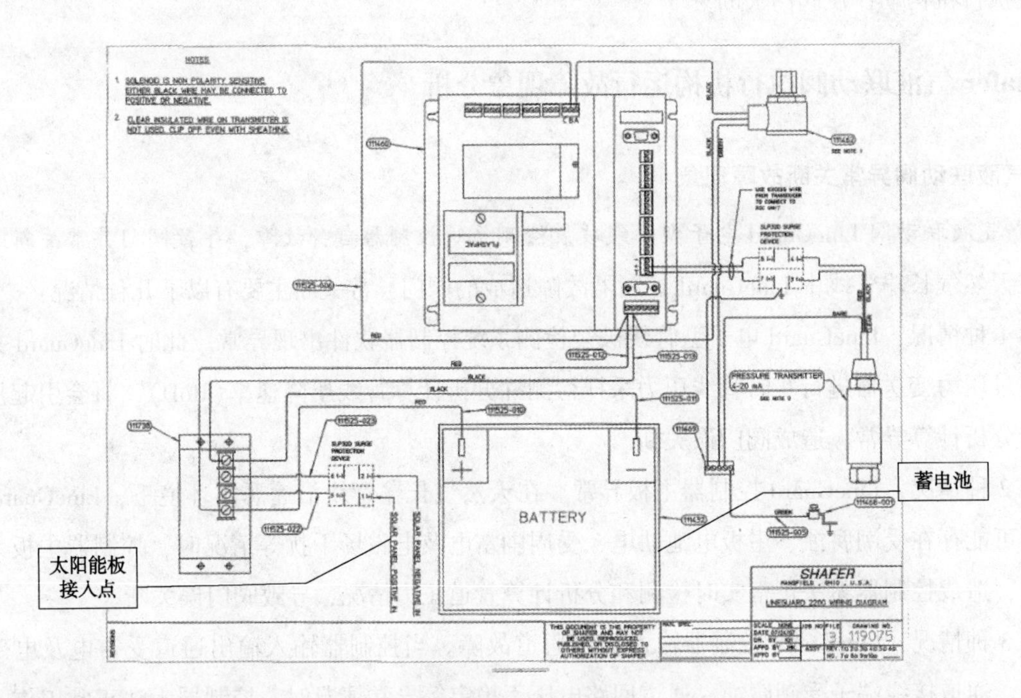

图 1 LineGuard 接线图

2.1.4 压力变送器及其接线回路异常，导致阀门异常关断

LineGuard 电子型管线破裂检测系统控制器，是一种安装在天然气管线气液联动阀处的自力式管线监控和管线破裂保护装置，该装置能采集数据，并监控单个气液联动阀执行机构。该 LineGuard 控制器装置可进行管线压力采样、连续监控和检测，并根据采样数据进行压力条件和压降速率(RoD)条件计算，当达到控制器设置条件时，LineGuard 控制器装置就会发出控制信号驱动阀门关闭。

由此可看出压力变送器在整个控制装置中尤为重要，在福建LNG长输管线中气液联动阀通常采用标准压力变送器为Druck型PTX-1240，这种压力变送器的压力检测范围为0-13.793Mpa（0-2000 PSI），供电电压为9-30V DC，输出电流为4-20mA。当压力变送器与天然气干线主管道相连的取压管上未设置绝缘接头，未将压力变送器与天然气干线主管道相连的取压管从物理上进行有效隔离，在埋地天然气管道存在防腐层和绝缘层破损的情况下，当天然气管道受到外界雷电干扰时，干扰电流沿着天然气干线主管道相连的取压管进入压力变送器，将造成压力变送器损坏或压力检测值波动，引起气液联动阀异常关断。于此同时，在该压力变送器原本安装有接地线的情况下，增设该绝缘接头还能有效避免管道阴极保护电流的漏失。

当压力变送器与LineGuard控制器接线回路上接线端子受潮接触不良或虚接时，也会造成压力检测值波动，引起气液联动阀异常关断。

2.2 电磁阀异常损坏现象

在福建LNG长输管线中气液联动阀LineGuard电子控制单元通常采用标准的电磁阀操作机构为Peter-Paul型OELL53GGDXCCM 12D，这种电磁阀为3通常闭型，供电电压为12V DC，耗电量为71毫安。该电磁阀作为LineGuard电子型管线破裂检测系统装置中的重要组成设备，其控制线路与LineGuard控制器相连，进口管线与天然气干线主管道相连，若电磁阀进口管线上未设置绝缘接头，未将电磁阀与天然气干线主管道从物理上进行有效隔离，在埋地天然气管道存在防腐层和绝缘层破损的情况下，当天然气管道受到外界雷电干扰时，将造成电磁阀雷击损坏，一旦发生天然气泄漏、管道断裂和管道超压等异常情况时将无法迅速有效地截断天然气管道。

2.3 气液联动阀执行机构两个液压油储油罐油位出现不平衡现象

2.3.1 气液联动阀执行机构正常工作状态下储油罐油位不平衡现象

气液联动阀执行机构配套两个液压油储油罐，一个为开阀液压油储油罐，一个为关阀液压油储油罐，当气液联动阀在全开或者全关状态下两个储油罐液压油油位处于不平衡状态，该现象为正常现象，参见下图2。

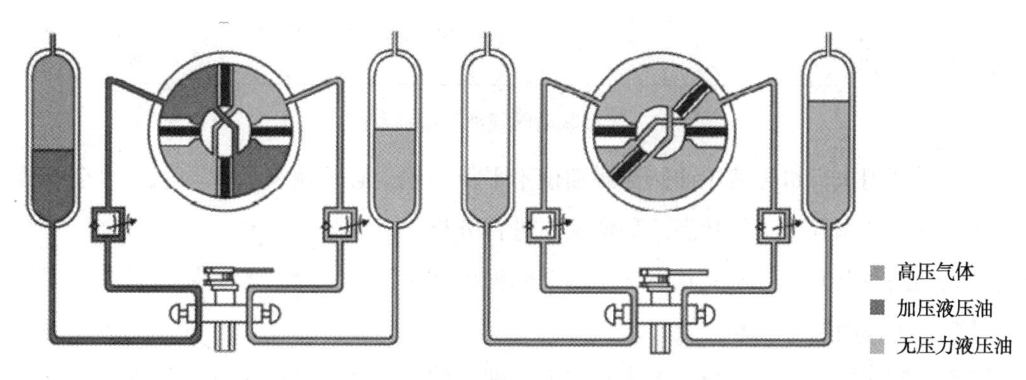

图2 气液联动阀执行机构简略油路图

气液联动阀在正常全开或全关的状态下，是一个储油罐的液压油油位在白色油标尺标线上3-5cm，另一个储油罐的液压油油位在白色油标尺标线下3-5cm。当在阀门全开的状态下，开阀储油罐的液压油油位在白色油标尺标线下3-5cm，此时关阀储油罐的液压油油位在白色油标尺标线上3-5cm。而当阀门全关状态下，关阀储油罐的液压油油位在白色油标尺标线下3-5cm，此时开阀储油罐的液压油油位在白色油标尺标线上 3-5cm。当气液联动阀阀门开度为 45°状态时，开、关阀两个储油罐的液压油油位是一样的，均在白色油标尺标线处。

在生产运行过程中，设备管理人员应及时检查气液联动阀储油罐液压油油位，如果发现液压油油位偏离正常范围，将油位调整至合理位置即可。

2.3.2 气液联动阀执行机构异常工作状态下两个液压油储油罐油位出现不平衡现象

正对气液联动阀执行机构，左边为开阀液压油储油罐，右边为关阀液压油储油罐，如下图 3 所示。

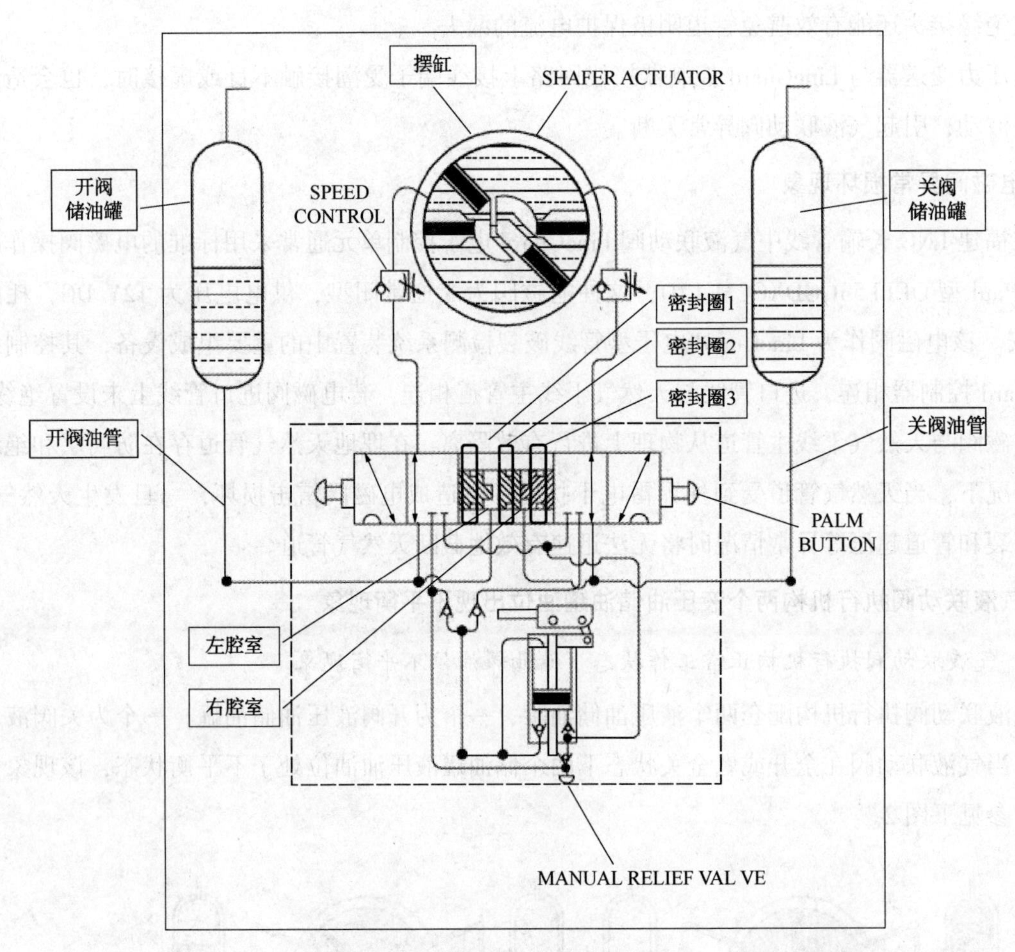

图 3 气液联动阀气液系统油路图

针对气液联动阀执行机构液压油储油罐油位不平衡问题，必须从气液联动阀正常全开或全关工作状态，和气液联动阀异常工作状态两种情况下进行分析。

当气液联动阀在全开或者全关状态下，两个储油罐液压油油位处于不平衡状态，该现象为正常现象，详见 2.3.1 说明。

当气液联动阀在气液联动阀异常工作状态下，两个储油罐液压油油位处于不平衡状态，该现象为异常现象，导致该异常情况主要有以下 2 种分析：

第 1 种情况，气液联动阀液压泵内部中间处 O 型密封圈损坏(下图中“密封圈 2”处)，密封不严，导致液压油泵左右腔室相互窜油，液压油经油管流到另一侧液压油储油罐，导致左右开关阀储油罐液压油油位异常不平衡。

如下图 3 中所示，以气液联动阀开阀动作为例，当执行气动开阀动作时，管道高压气经提升阀进入开阀储油罐，在高压气的作用下左侧开阀储油罐中的液压油经过油管(下图中“开阀油管”处)进入液压油泵左侧开阀腔室(下图中“左腔室”处)，由于液压泵内部中间处 O 型密封圈损坏(下图中“密封圈 2”处)密封不严，在高压气的作用下，导致液压油泵左侧开阀腔室中的开阀液压油窜入右侧关阀腔室(下图中“右腔室”处)，再经过油管(下图中“关阀油管”处)进入右侧关阀储油罐，导致左右开关阀储油罐液压油油位异常不平衡。

第 2 种情况，气液联动阀摆缸中液压油存在固体颗粒物等渣滓，在执行开阀或关阀动作过程中，通过气液联动阀摆缸的运动，使摆缸液压油中的固体颗粒物等渣滓刮伤摆缸内表面，导致开阀油缸和关阀油缸相互窜油，以致左右开关阀储油罐液压油油位异常不平衡。

2.4　气液联动阀在执行开关阀及排气操作过程中出现先导阀异常喷液压油现象

气液联动阀先导阀异常喷液压油现象常见的有 10726-S 型和 9870-S 型，依据原理图判断(如下图 4、图 5 所示)，气液联动阀执行机构的油路和气路是相互分开的，两者唯一相通处位于开关阀储油罐顶部那根气管，所以针对气液联动阀在执行开关阀及排气操作过程中出现先导阀异常喷液压油现象，主要有以下 2 种分析：

第 1 种情况，气液联动阀液压油储油罐油位异常，且出现液压油异常满罐，导致液压油罐中的液压油进入与储油罐顶部相通的气管中，然后经气管流入提升阀和三位先导阀处，此时，当操作者执行气液联动阀开关阀及排气操作过程中将会出现先导阀(开气路)E 口喷液压油。

第 2 种情况，在气液联动阀日常维护检查过程中，通常会对液压油储油罐进行加油操作，通常从储油罐顶部加入，若操作者没有使用合适的长颈漏斗进行规范加油，将会导致在加油过程中出现少量的液压油经储油罐顶部相通的气管流入提升阀和三位先导阀处，此时，当操作者执行气液联动阀开关阀及排气操作过程中将会出现先导阀(开气路)E 口喷液压油。

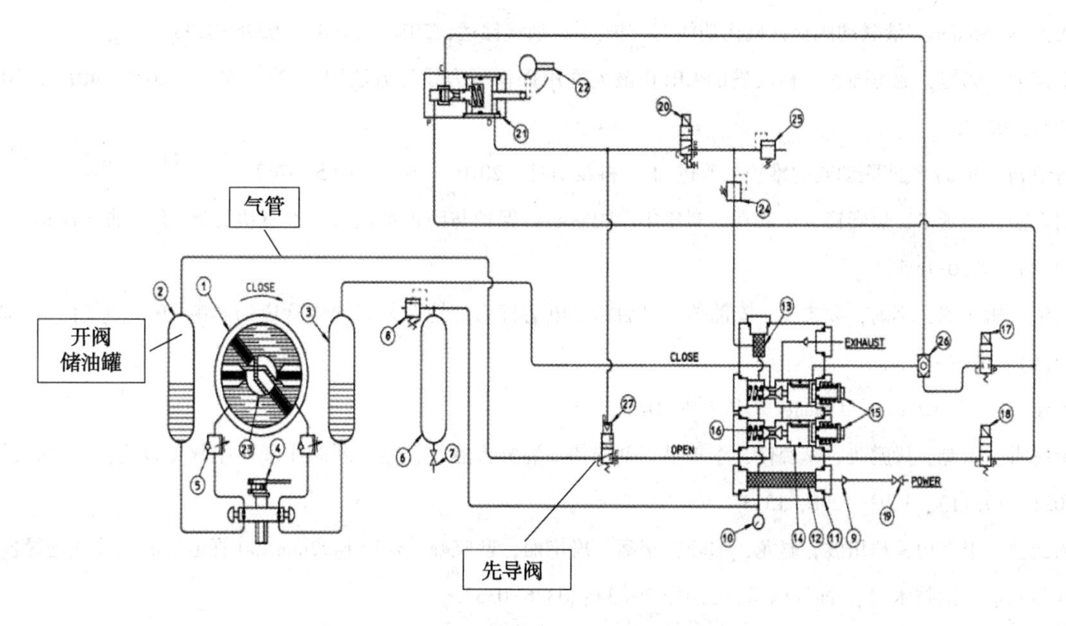

图 4　10726-S 型气液联动阀控制原理图

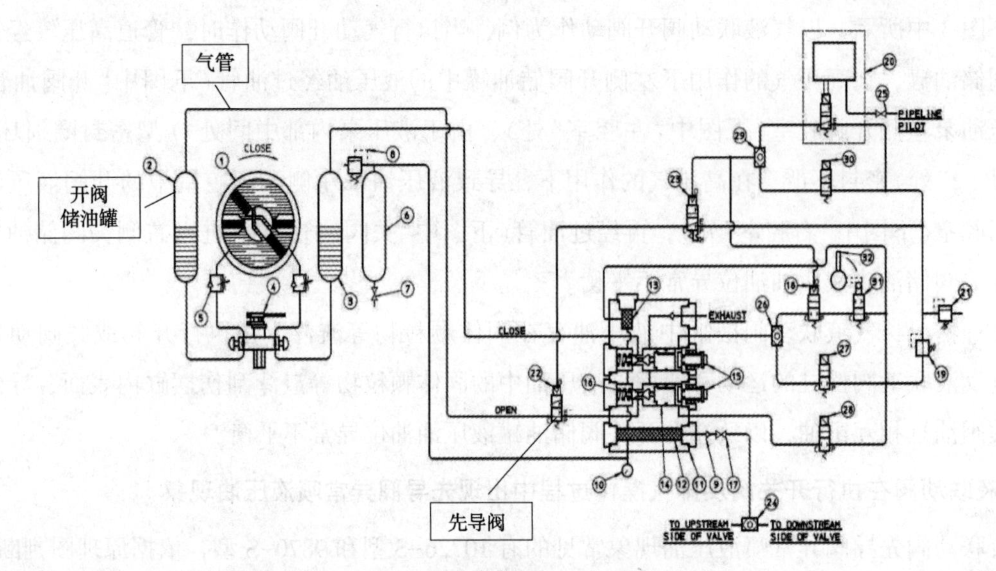

图5 9870-S型气液联动阀控制原理图

3 结束语

气液联动阀作为关系着输气干线安全的关键设备，一旦发生输气管道断裂、天然气泄漏和ESD联锁等情况可迅速有效地截断管道，达到保护管道安全、防止事故扩大和减少经济损失的作用。在天然气长输管线正常供气过程中，气液联动阀出现异常故障情况时，只有快速准确地判断出故障原因，才能及时有效地排除故障，确保天然气长输管线安全平稳供气，为管线输气工、检修维护人员及设备管理人员提供思考及实践借鉴。

参考文献

[1] 汪世军．Shafer气液联动阀执行机构功能与维护[J]．油气储运，2010，29(4)：0296-0298.

[2] 王言聿，郭旭，成志强．一种改进的CRLP最大许用操作压力设计方法[J]．油气储运，2021，40(2)：0215-0221，0227.

[3] 谢荣勃．Shafer气液联动阀的维护与改进[J]．科技信息，2010，(16)：0765-0767.

[4] 刘文会，滕延平，焦春锋，毕武喜，刘建华．阀室阴极保护与防雷接地兼容性解决方案[J]．油气储运，2021，40(8)：0950-0954.

[5] 刘乐，胡元潮，李勋，姜志鹏，安韵竹，吕启深．电力杆塔接地对邻近油气管道的影响[J]．油气储运，2021，40(6)：0708-0714.

[6] 福建LNG输气站线项目Shafer产品手册[DB].

[7] 崔兆雪，田磊，段鹏飞，李璐伶，李玉星，刘翠伟．混氢天然气管道截断阀压降速率阈值设定[J]．油气储运，2021，40(11)：1293-1298，1313.

[8] 杨云兰，李文勇，丛川波，赵龙，邹峰，李猛，冯艳丽，邸晓峰．外径1422mmX80管道低温整体式绝缘接头设计与制造关键技术[J]．油气储运，2020，39(3)：0326-0333.

[9] 崔伟．管道穿越段防腐层质量和阴极保护效果评估[J]．油气储运，2020，39(11)：1304-1309.

[10] 梁昌晶，管恩东．基于RBF模型的埋地管道外腐蚀速率预测[J]．油气储运，2022，41(2)：0233-0240.

[11] 赵书华，黎少飞，王树立，饶永超，段云飞，李天亮．高压直流输电接地流对油气管道干扰及腐蚀规律数值模

拟[J]. 油气储运，2022，41(4)：0458-0465.

[12] 廖臻，李洪福，罗小武，时彦杰，李宁，王晨，刘艳明，吕祥鸿．特殊条件下长输管道外加电流联合牺牲阳极阴极保护措施[J]. 油气储运，2023，42(3)：320-327.

[13] 刘文会，滕延平，焦春锋，毕武喜，刘建华．阀室阴极保护与防雷接地兼容性解决方案[J]. 油气储运，2021，40(8)：0950-0954.

[14] 王绍杰，胡元潮，赵文龙，李勋，井栋．短路故障下输电线路接地网对埋地管道的影响[J]. 油气储运，2021，40(1)：0039-0043.

[15] 王馨艺，王淼，冯瑶，张宗杰．基于事故工况下的天然气干线管道供气可靠性评价[J]. 油气储运，2019，38(4)：0392-0397.

[16] 顾清林，姜永涛，曹国飞，葛彩刚，丁疆强，高荣钊，修林冉，宋莹莹．高压直流接地极对埋地管道的干扰监测及影响规律[J]. 油气储运，2021，40(1)：0026-0032.

[17] 梁昌晶，谢波，刘延庆，刘志娟，郭自强，任春燕，陈琼陶，刘钇池．基于 KPCA-GWO-SVM 的埋地管道土壤腐蚀速率预测[J]. 油气储运，2021，40(8)：0938-0944.

[18] 吕勃蓬，何凯云，钟利军，胡子秋，艾纯喜，夏庆春，周仁冲，雷安．输气站场仪表管道泄漏自动截断阀的研制[J]. 油气储运，2021，40(8)：0919-0924.

[19] Shafer 旋转叶片执行器安装、使用说明[DB].

[20] Shafer 手动泵维修及使用手册[DB].

[21] 闫广涛，杨永超，韩治广．Shafer 气液联动执行机构开路先导阀喷油故障处理[J]. 油气储运，2021，40(8)：0903-0908，0924.

[22] 姜昌亮．石油天然气管网资产完整性管理思考与对策[J]. 油气储运，2021，40(5)：0481-0491.

[23] 杨宏伟，付子航，刘方．中国海油广东地区天然气保供方案实践与优化[J]. 油气储运，2021，40(8)：0932-0937.

LNG 高压泵振动异常分析及解决措施

刘龙海　杨林春　雷凡帅　陈　猛　郝　飞

（中石油江苏液化天然气有限公司）

摘　要　LNG 高压泵是接收站增压外输的核心设备，而在使用过程中未达到规定大修周期时，泵组出现异常振动，是影响高压泵运行稳定性主要因素。本文主要介绍了江苏 LNG 接收站通过高压泵解体维修，找出了泵组振动原因，并提出相应解决方案，消除了设备故障，确保了高压泵安全平稳运行；同时对本行业已投产的 LNG 低温泵的维修具有重要指导意义。

关键词　高压泵；振动；原因分析；解决措施

Vibration analysis and solution of LNG high-pressure pump

Liu Longhai　Yang Linchun　Lei Fanshuai　Chen Meng　Hao Fei

（PetroChina Jiangsu LNG Co.，Ltd）

Abstract　The LNG high-pressure pump is the core equipment of the terminal for pressurization and export. However，when the specified overhaul period is not reached in the use process，the abnormal vibration of the pump set is the main factor affecting the operation stability of the high-pressure pump. This paper mainly introduces the reason for the vibration of the pump set through the disassembly and maintenance of the high-pressure pump in Jiangsu LNG Terminal，and puts forward the corresponding solutions to eliminate the equipment fault and ensure the safe and stable operation of the high-pressure pump；At the same time，it has important guiding significance for the maintenance of LNG cryogenic pumps that have been put into operation in the industry.

Keywords　high-pressure pump；Vibration；Cause analysis；Solutions

高压外输泵（高压泵）是 LNG 接收站的核心设备，它具有许多传统泵（分体式离心泵）无法比拟的优势，优势主要体现在：泵完全浸没在 LNG 中，工作噪声小，不含转动轴封，泵内有密封系统使电机和电缆与液体隔绝，电机不受潮湿腐蚀的影响，其绝缘不会因为温度变化而恶化，消除了可燃气体与空气接触的可能，保证了安全性；平衡机构的设计使轴承的使用寿命和大修周期延长；叶轮和轴承通过液体自润滑，不需要附加的润滑油系统；无需使用防爆电机等诸多优点。由于结构特殊，被视为终身免维护设备。只有在发生可疑的、紧急的或实际的故障时才需要进行不定期维护。

但在使用过程中仍然可能出现异常运转噪声、过度振动、过大电流消耗、液压性能退化等故障。江苏 LNG 接收站共有 7 台美国进口 EBARA 高压泵，其中 P-1401D 高压泵采用国产电机端盖后在使用 900 小时后，泵组振动呈上升趋势，严重影响设备运行稳定性。因此，解决 LNG 高压泵泵组振动是接收站安全平稳运行的关键。

1 高压泵结构组成及工作原理

1.1 结构组成

高压泵主要由电机、主轴、轴承、叶轮、扩压导流器、推力自平衡机构、电气贯穿件、壳体、基座、管束等组成，如下图 1 所示。

1.2 工作原理

高压泵启动后，叶轮在驱动电机的带动下高速旋转，在叶片之间的液体受到叶片的推力，产生旋转运动，动能和压能增加，液体旋转产生离心力，在离心力的作用下，液体不断从叶轮中心流向四周，通过扩压管收集排出高压液体。用于将来自于低压输出总管的 LNG 加压并输送至高压输出总管，再通过 ORV 或 SCV 气化外输的增压设备，其运行的好坏直接影响外输供气量。

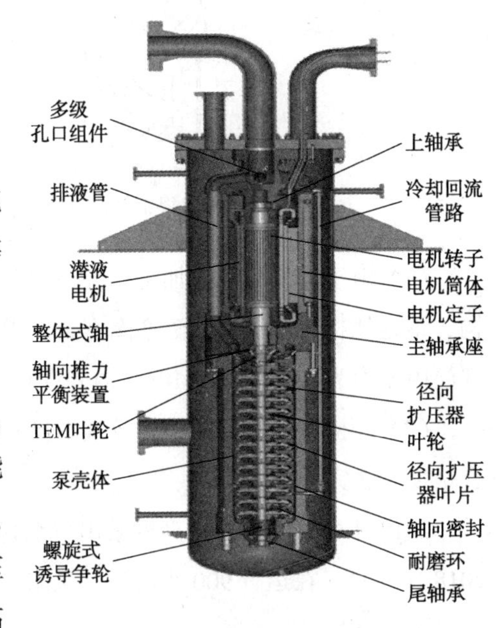

图 1 高压泵结构组成图

表 1 高压泵技术参数表

泵型号	8ECC-1515	额定转速	3000rpm
比重	0.427/0.465	电机额定功率	2096Kw
泵的介质	液化天然气	电源	6000V
介质温度	-161.2℃	满载电流	242.5A
额定水头	2275 米	起动电流	1506A
额定容量	450m³/h		

2 振动现象产生

2017 年 12 月在 P-1401B 高压泵解体大修过程中，泵出口汇管端盖发现有较长贯穿裂纹，须整体更换。该泵出口汇管端盖为进口部件，价格高昂，供货周期长。为及时保障设备完好性，江苏 LNG 接收站对高压泵出口汇管端盖进行了国产化改造，考虑该部件结构特点及承压等重要作用，采用锻造铝合金 6061-T6 替代原有铸件 A356.0-T6，消除了金属在冶炼过程中产生的铸态疏松缺陷，优化了微观组织结构，避免后期再出现裂纹，具体结构如下：

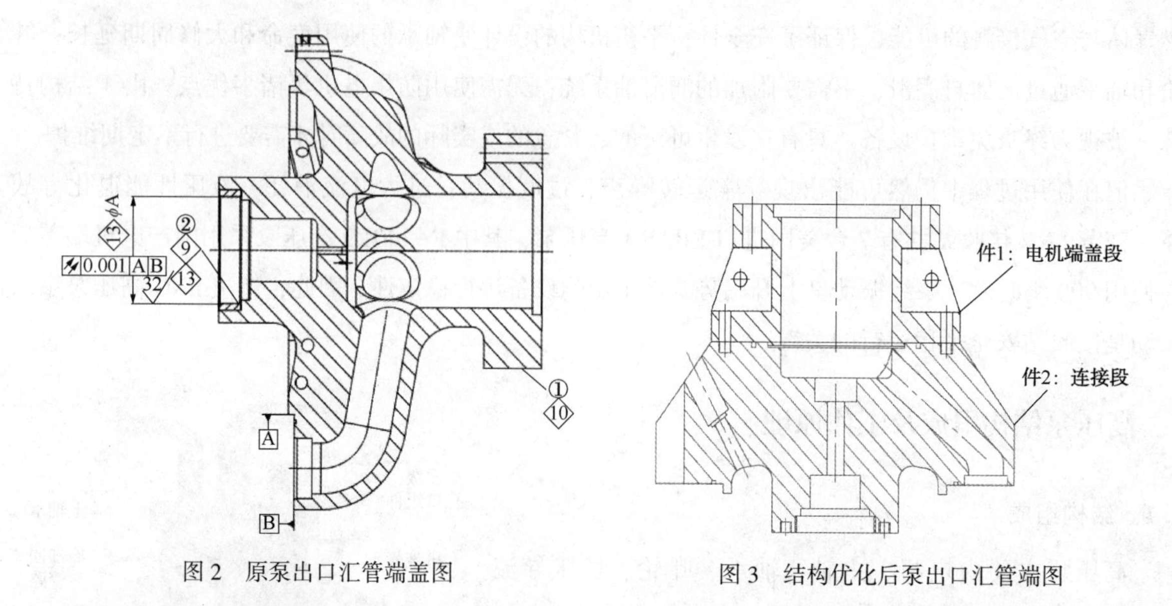

图 2　原泵出口汇管端盖图　　　　图 3　结构优化后泵出口汇管端图

（1）由于部件为锻造加工，考虑加工工艺问题，将原有一个整体部件结构改为两个部件配合结构，结合处相增加了一道泛塞圈密封，用螺栓连接，在额定工况下，出口流道处压力约 13MPa，外部筒内压力为 0.67-1.79MPa，内外存在较大压差，设置端面泛塞圈可确保密封效果。

（2）经检查，零部件结构及基本尺寸满足使用要求，但是设计后泵出口汇管端盖和原泵部件配合精度无法完全有效检查。

2018 年 5 月，采用国产的泵出口汇管端盖的 P-1401D 高压泵投入使用，初始振动值 0.9mm/s。2018 年 9 月，在运行 900 小时后，泵组振动逐渐上升，最大达到 3.2mm/s，现场震感明显。

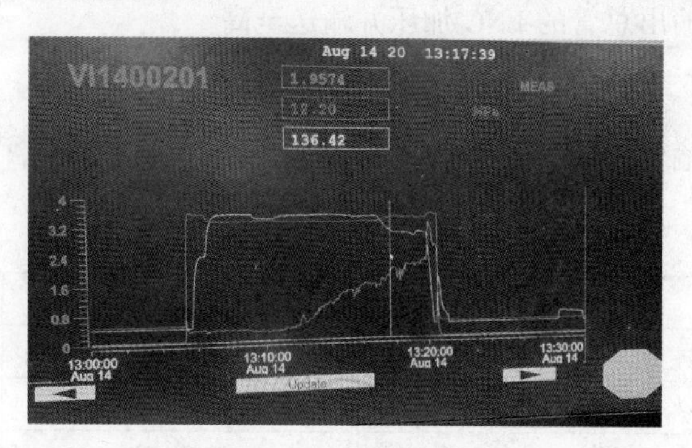

图 4　泵振动趋势图

3　故障原因分析

高压泵电机与叶轮在同一轴上，高速旋转部件多，动、静耐磨环间配合间隙小；与流体作用的部件受液流状况影响较大；流体运动本身的复杂性，也是限制泵动态性能稳定性的一个因素，振动产生原因较复杂。江苏 LNG 接收站在高压泵自主解体大修过程中，通过详细检查动静配合零件尺寸、三坐标检查扩散管部件、入口壳体部件、电机壳体部件等关键部件同轴度、转子动平衡检测等手段，找出了高压泵振动原因。

3.1　出口段

以与电机壳体配合止口为基准，检查其他部位尺寸及跳动值。

(1) 零件尺寸及形位公差均满足设计使用要求;

表 2 出口段检查记录表

位置	基本尺寸/mm		形位公差/mm		
			径跳	端跳	
电机壳体配合处止口	L1	660.45	0.02	0.01	基准
与末级中段配合处止口	L5	593.36	0.01(h2)	0.01(h3)	
口环处	L4	292.37	0.05(h2)	0.01(h6)	
轴承衬套处	L3	215.44	0.02(h4)	0.01(h5)	
节流衬套	L2	126.72	0.01(h8)	—	
与筒体配合端面		—	—	0.02(h7)	

(2) 经检查，中间轴承定位端面有磨损，如下图。由于工况变化引起轴向力变化，导致轴承与定位面发生相对摩擦，造成端面磨损(约 1mm 台阶)。

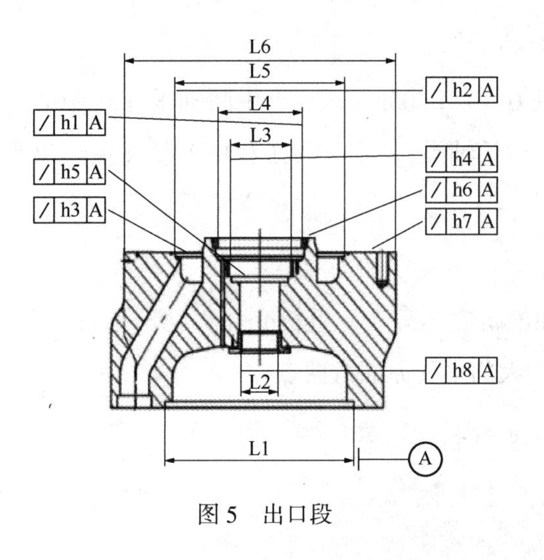

图 5 出口段

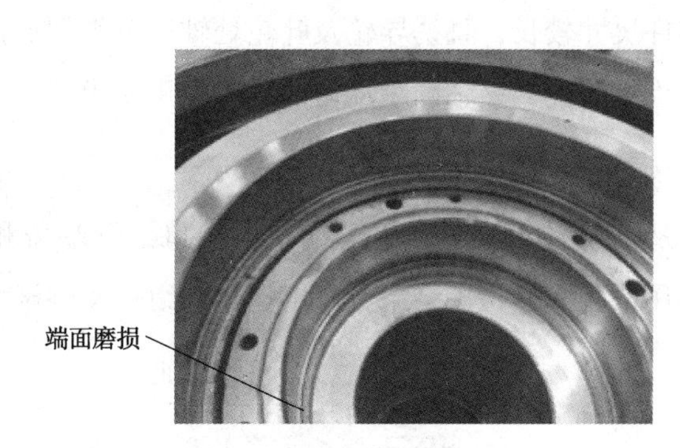

图 6 出口段轴承定位端面磨损

3.2 泵出口汇管端盖

检查说明：以与电机壳体配合止口找正，检查其他部位尺寸及跳动值.

表 3 电机端盖检查记录表

位置	基本尺寸/mm		形位公差/mm		
			径跳	端跳	
泵出口汇管止口	L1	660.25	0.02	0.04	基准
轴承衬套处	L2	215.42	0.03(h1)	0.01(h2)	
轴承压盖配合端面	—		—	0.02(h3)	
与电机壳体配合处止口 660.45					

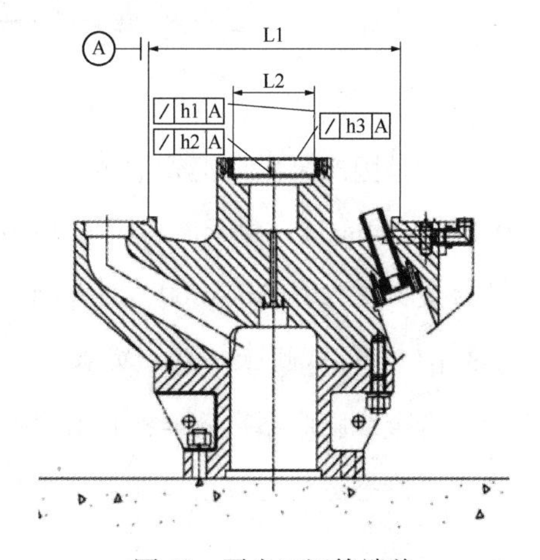

图 10 泵出口汇管端盖

通过上述结果可以看出该泵出口汇管端盖与出口段止口尺寸存在0.20mm尺寸差，完全不满足使用要求。

3.3　轴

以上轴承和中间轴承为支撑，检查泵轴跳动.

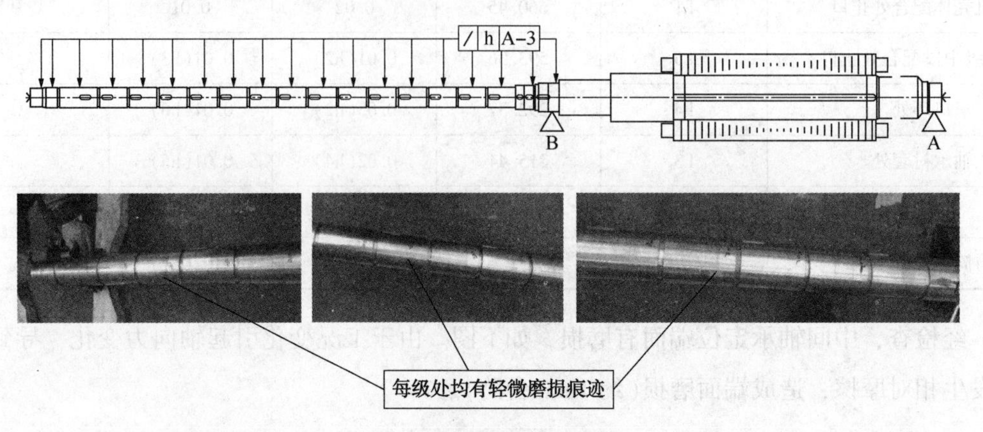

图11　泵轴检查记录图

经检查靠近诱导轮侧跳动0.13mm，中间叶轮处0.10~0.05mm，靠近中间轴承处0.03mm；由于零件尺寸较长，且诱导轮及叶轮处轴径较细(属于细长轴类)，在运转过程中容易发生轻微变形，根据检查情况，该轴圆跳动可以满足使用要求。

3.4　振动原因分析

从高压泵安装图12可以看出泵出口汇管端盖和电机壳体配合，电机壳体再与出口段配合。根据高压泵各零件检测结果分析，造成泵组振动逐渐增大的主要原因有两点：

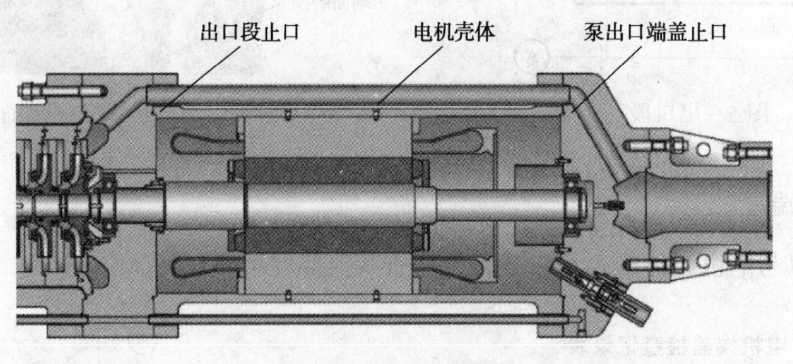

图12　高压泵安装图

一是国产泵出口汇管端盖止口ϕ660.25与出口段止口ϕ660.45存在0.20mm尺寸差(标准值为0.02-0.04mm)。由于该高压泵在-160℃工况下运行，泵出口汇管端盖为铝合金，中间轴承衬套耐蚀合金材质为NiTroNiC60，对应国内牌号0cr17ni9mn8si4n。不同材质的材料线膨胀系数也不同。查《常用材料的线膨胀系数一览表》，-150℃时，铝合金线膨胀系数$\alpha_1=17.83\times10^{-6}\times℃^{-1}$，轴承衬套耐蚀合金线膨胀系数$\alpha_2=8.1\times10^{-6}\times℃^{-1}$。

泵冷态运行时泵出口端盖轴承衬套处冷缩量，按下式进行计算：

$$\Delta L=(\alpha_1-\alpha_2)(t_1-t_2)L$$

式中：ΔL为泵出口汇管端盖轴承衬套处冷缩量，m；α为泵出口汇管端盖不同部位线膨胀系数

(1/K)或(1/℃)；t_2 为泵运行时的介质温度,℃；t_1 为泵安装时的温度,℃，室内安装时取 $t_1=20$℃；L 为计算泵出口汇管端盖轴承衬套的直径，m。

经计算得 $\Delta L=(\alpha_1-\alpha_2)(t_1-t_2)L=(17.83-8.1)\times10^{-6}\times(20+160)\times0.215\text{m}=0.376\text{mm}$。高压泵出口汇管端盖轴承衬套内径 ϕ215.42 与 6320 轴承径向间隙为 0.42mm。当泵运行过程中出口汇管端盖止口通过电机壳体连接后与出口段配合止口靠向同一侧时，轴承与轴承衬套径向间隙减少 0.20mm，加上轴承衬套处冷缩量为 0.376mm，两者之和为 0.576mm，大于设计总径向间隙 0.42mm，极容易造成出泵出口端盖处上轴承与衬套偏磨及出口段中间轴承与泵出口端盖上轴承不同心问题，从而引起泵组振动异常。

二是出口段中间轴承与定位面发生相对摩擦，造成端面磨损达 1mm，轴向窜量超差。高压泵的平衡盘在工作时自动改变平衡盘与 TEM 叶轮之间的轴向间隙，从而改变平衡盘前后两侧的压差，产生一个与轴向力方向相反的作用力来平衡轴向力。由于使用时转子窜动的惯性作用和瞬态泵工况的波动，运转的转子不会静止在某一轴向平衡位置。平衡盘始终处在上下窜动的状态。实际使用时，往往由于泵的轴向力平衡机构设计不合理，轴向力没有被平衡掉，或是泵初始安装时轴向窜量未控制在允许范围内。在这种情况下运行，会加剧平衡盘与 TEM 叶轮的摩擦磨损，致使转子窜动量进一步加大。

4 解决措施

(1) 出口段：泵在运转的过程中，过大的轴向移动是不允许的，否则，会使平衡盘发生磨损，转子发生共振，转子失去稳定性。轴承定位端面有磨损，车除原轴承衬套及定位端面，镶装定位环及新轴承衬套，定位环采用 F304 材质，根据实际尺寸配作，保证中间轴承轴向定位，轴向窜量在 1.68mm−2.11mm 之间。具体如下图 13 所示。

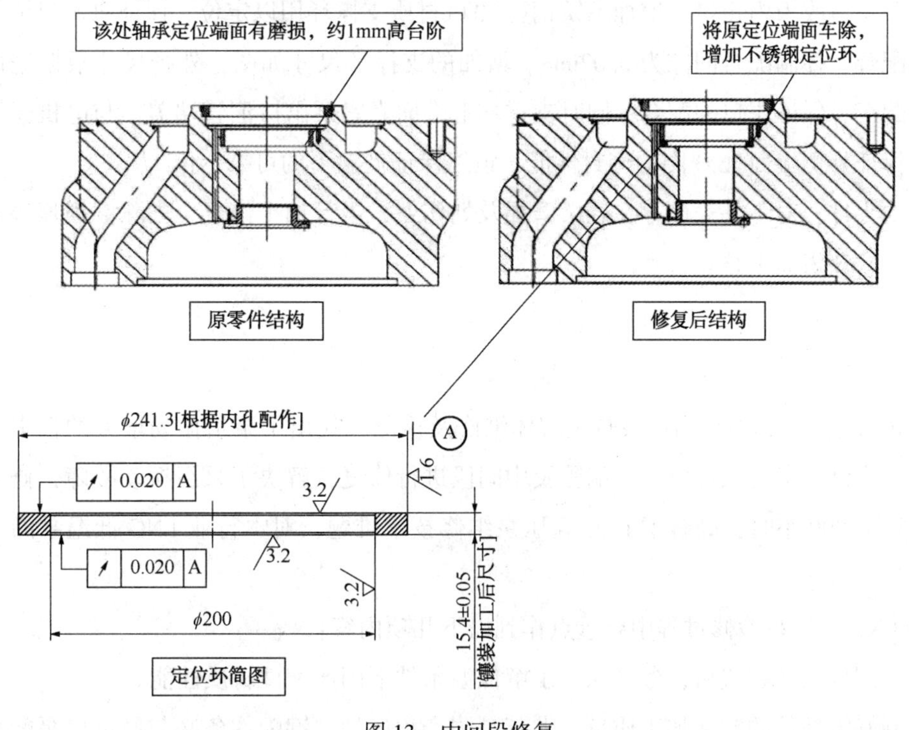

图 13 中间段修复

（2）泵出口汇管端盖：由于泵出口汇管端盖与出口段止口配合存在超差间隙，需增加支撑环保证止口配合，具体如下图。

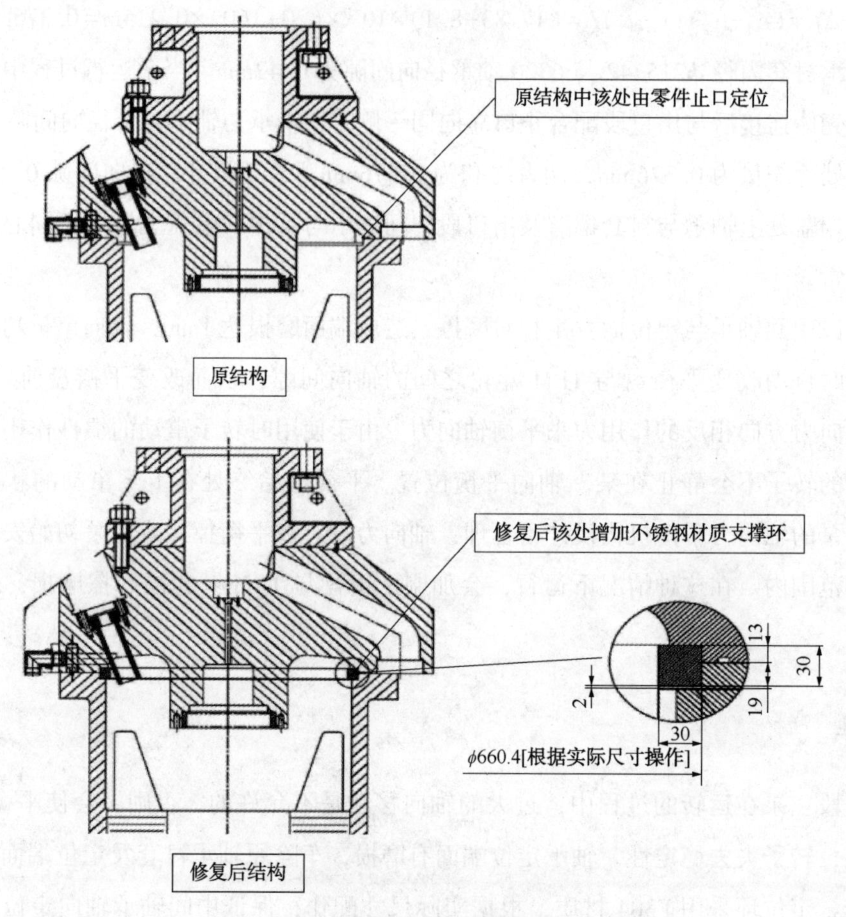

图 14 泵出口汇管端盖修复

电机端盖止口改为内止口，增加不锈钢(F304)材质支撑环用以定位，保证泵出口汇管端盖与电机壳体止口配合，控制配合间隙为 0. 02mm。增加的支撑环尺寸如图，外径尺寸根据进口泵电机壳体止口尺寸配车，保证止口的配合；同时支撑环上端面靠紧泵出口汇管端盖，与电机壳体止口端面留有间隙，保证外侧端面处 O 圈的密封性能，最终保证低温下的可靠定位。

（3）其他零件：对零件表面存在轻微磨损及划伤处，进行加工修复，去除磨损痕迹及高点，保证零件配合尺寸及表面平整。

5 结语

江苏 LNG 通过 P-1401D 高压泵自主解体维修及检测，找出了泵组振动增大的根本原因。然后通过制定科学维修方案对泵出口汇管端盖及中间段进行修复，解决了泵组振动故障，修复后的高压泵已平稳运行 17000 小时，破解了 LNG 高压泵维修技术难题，对本行业 LNG 低温泵的维修具有重要借鉴意义。

在进口 LNG 高压泵检修过程中要重点作到以下几项内容：

（1）进口配件国产替代后，务必深入了解低温条件下国产配件材质性能。

（2）控制好零部件的制造加工质量，尤其是国产化后的关键配件务必与原进口泵配合精度进行有效检查。

(3) 泵组装时，严格控制各部件安装尺寸在允许范围内。

(4) 充分考虑泵运行中各零件之间的影响，严格控制好转子的轴向窜量。

参 考 文 献

[1] 梅伟伟，杨林春，刘龙海 . LNG 接收站关键设备低压泵的自主性检修[J]. 天然气技术与经济，2017，(01).

[2] 胡超 . LNG 接收站高压外输泵异响故障分析[J]. 炼油技术与工程，2017，(5)：84-87.

[3] 尹瞳 . LNG 接收站低温泵常见故障分析与处理[J]. 设备管理与维修，2017，(06).

[4] 顾安忠 . 液化天然气技术手册[M]. 北京：机械工业出版社，2004：503-519.

[5] 江海斌，万学丽，景宏亮 . 我国 LNG 低温潜液泵现状及国产化情况分析[J]. 通用机械，2014(11)：54-60.

LNG 低压泵安装开启底阀技术

雷凡帅　杨林春　陈　猛　刘龙海　边海军　郭海涛　郝　飞　姜钧宇

（中石油江苏液化天然气有限公司）

摘　要　低压泵是LNG接收站用于将储罐LNG加压输送至低压输出总管的关键设备。在罐顶低压泵现场回装过程中，如何将低压泵准确、可靠地放入泵罐底部并且确保底阀全开，使低压泵和底阀阀板处于正常工作位置，是低压泵安装过程中的难点。以往采用经验定性分析的方式容易出现安装偏差，需经反复多次测试，效率较低且无法100%识别低压泵是否可靠安装就位。通过离线测试和分析低压泵吊装示值和底阀开度的数值关系，结合现场回装环节吊秤示值与相对位移进行数值验证，总结了可供参照的参数趋势线分析和验证方法，实现了LNG低压泵的准确、可靠、高效的现场安装，在LNG低温泵现场安装和检修领域有广泛的借鉴意义。（图6，表2，参5）

关键词　LNG低压泵；现场回装；离线测试；数值关系分析

The technology of open the suction valve during the installation of LNG in-tank pumps

Lei Fanshuai　Yang Linchun　Chen Meng　Liu Longhai
Bian Haijun　Guo Haitao　Hao Fei　Jiang Junyu

(PetroChina Jiangsu LNG Co., Ltd)

Abstract　In-tank pump is the key equipment used in LNG terminal to pressurize the LNG in the storage tank to the low-pressure output main pipe. In the process of on-site installation of in-tank pump on LNG storage tank, how to accurately put the in-tank pump into the bottom of the pump tank and ensure that the bottom valve is fully open, so that the in-tank pump and the bottom valve plate are in the normal working position is the difficult point during the installation of low-pressure pump. The previous qualitative analysis method is prone to installation deviation, which requires repeated testing, low efficiency and can not 100% identify whether the low-pressure pump is reliably installed in place. Through off-line test and analysis of the numerical relationship between the lifting value and the opening of the bottom valve of the pump in the tank, combined with the numerical verification of the lifting scale value and relative displacement in the field installation process, the paper summarizes the trend line analysis and verification method of parameters for reference. The accurate and efficient on-site installation of the pump in the LNG tank is realized, which has a wide range of reference significance in the field of on-site installation and maintenance of the LNG cryogenic in-tank pump.

Keywords LNG in-tank pump; on-site installation of equipment; off-line testing; numerical relationship analysis

LNG 罐内低压潜液泵是安装在 LNG 储罐内部，通常称为 LNG 低压泵，是 LNG 接收站用于将储罐内 LNG 加压输送至低压输出总管的关键设备。以美国 Ebara 公司的 8ECR-152 型低压泵为例，LNG 低压泵从储罐顶部的泵井法兰安装，泵井底部设计专用底阀。底阀的设计实现了即便储罐内存在 LNG 也能从低压泵井安装或吊出低压泵，在不移除泵井盖的前提下，通过泵的提升或下降实现底阀关闭或打开，从而便于注入泵井氮气进行置换和检修。在泵吊出维修时，底阀相应关闭，实现泵井与储罐的隔离密封，防止储罐内 LNG 从泵井内大量逸出，保证维修的安全性。由于受到底阀独特的防转挡块设计、阀板两侧因存在压差开启困难、异常机械卡滞等因素影响，低压在罐顶现场安装过程中，如何将泵从罐顶准确、可靠的放到泵井底部，并实现底阀的完全开启(图 1)，是低压泵现场安装的关键环节。

通常建设期可以在泵安装完成后进入储罐底部对底阀的打开情况进行核查，防止底阀因卡死而没有完全打开；但储罐投用后就无法对其进行直接监测，有效掌握底阀的开度。行业通常做法是吊起低压泵离开底阀，并重新坐落在底阀上，使用吊秤测量 3 次低压泵坐落在底阀时缆绳的拉力，以及每次下落的深度，如果 3 次数据一致，可基本保证底阀完全打开，低压泵完全坐落在底阀上。这种方式现场作业效率低，过分依赖作业经验，难以实现放泵和打开底阀这一关键流程的准确、可靠的作业。曾出现进口低压泵工程师在现场安装完成后，经运行测试验证低压泵未完全放到位的情况，对 LNG 低压泵的正常运行造成严重影响。

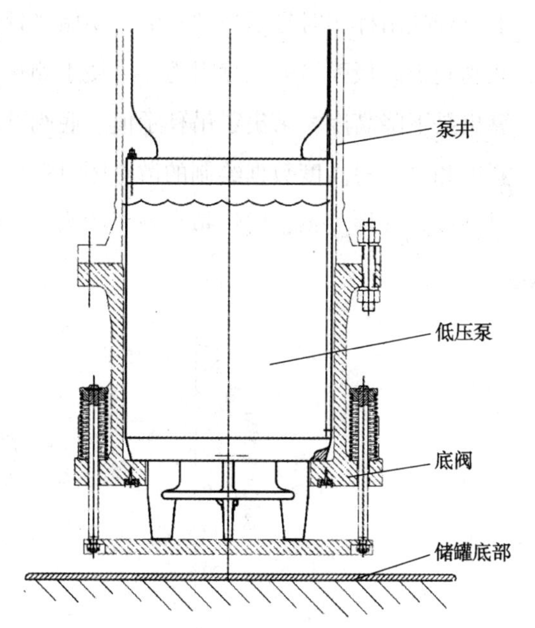

图 1 低压泵在储罐泵井内的典型安装位置

为彻底解决该类问题，定量掌握低压泵的放泵特性，通过开展低压泵和底阀的离线吊装质量-底阀阀板位移试验，以及罐顶在线低压泵线缆组件吊装质量-吊杆相对位移试验，绘制数据趋势线，分析数据变化特性，总结出准确、可靠的低压泵安装验证方法。

1 离线吊装质量-底阀阀板位移试验

由于低压泵泵井安装在 LNG 储罐内，储罐投用后，将无法直接获得低压泵吊装质量和底阀打开位移关系的数据。通过在维修车间采用低压泵离线测试的方式采集数据并进行分析可获取到可靠的吊装质量-位移数值关系(图2)。

图2 离线吊装质量-底阀阀板位移试验场地布置

受场地位置和设施限制，对离线试验条件进行了相应简化：离线试验取消吊装钢丝绳、线缆、定位板等附件，将底阀采用钢凳支撑上法兰使其悬空放置，并预留250mm阀板移动余量，低压泵上方悬挂吊秤实时显示吊秤示值，初始吊秤示值等于泵净重，底阀开启阶段吊秤示值等于泵重减去底阀阀板阀板弹簧的压缩阻力。为便于测量，低压泵的位移通过底阀阀板开度间接测量，并相应计算出泵下降高度，采集了吊秤示值、底阀开度和泵下降高度测量数据(表1)，根据吊秤示值、底阀开度和泵相对高度数据绘制的散点图(图3)，可直观识别，在底阀开启全过程中，吊装质量与泵相对高度呈线性关系，线性拟合斜率约为0.22。

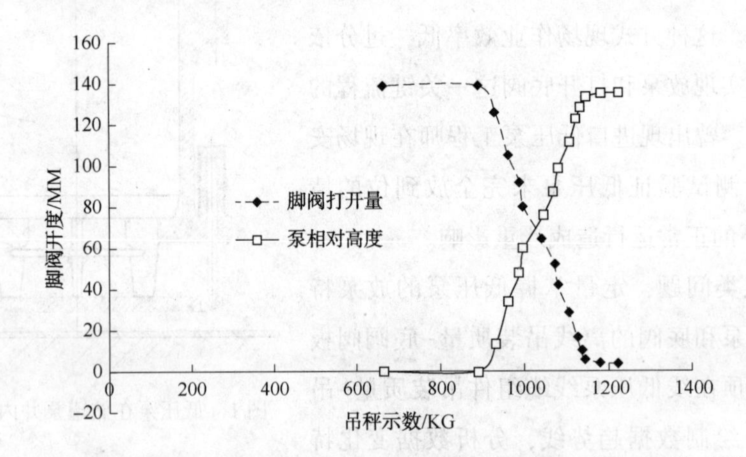

图3 离线试验吊秤示值与底阀阀板打开量(虚线)和泵相对高度(实线)趋势图

表1 离线测试吊秤质量、底阀开度和泵下降高度数据表

吊秤示值/kg	1225	1179	1143	1134	1125	1107	1080	1070	1043	998	989	962	934	889	662
底阀开量/mm	3.5	4	6	10	16	28	41	52	64	80	92	105	125	139	139
泵相对高度/mm	135.5	135	133	129	123	111	98	87	75	59	47	34	14	0	0

注：离线测试数据采集涉及的低压泵牌号：EBARA 8ECR-152，底阀牌号：EBARA 6000298-03。

2 LNG 罐顶低压泵回装打开底阀试验

LNG 罐顶回装低压泵打开底阀过程中吊秤示值和吊杆位移关系的影响因素增多，吊秤示值等于钢缆线缆附件质量加上泵重减去底阀阀板弹簧的压缩阻力、吊杆阻力和 LNG 浮力波动，但是基于离线测试的数据有助于准确分析和验证现场放泵操作的准确性和位置关系。现场实测时，根据低压泵 P-1202A 现场放泵打开底阀过程中的吊秤示值和吊杆高度数据表(表 2)，其中吊杆高度为吊杆顶部吊耳下方平面至已松动的锁紧环上端面的垂直距离(图 4)，吊杆高度的变化量对应的是顶端钢丝绳下降的相对距离，对数据进行分析后绘制罐顶在线吊秤示值与吊杆高度趋势图(图 5)。

表 2 吊秤示值和吊杆高度数据表

吊秤示值/kg	1370	1361	1361	1347	1284	1270	1261
吊杆高度/mm	380	375	370	365	360	355	345
吊秤示值/kg	1225	1216	1197	1188	1170	1152	1134
吊杆高度/mm	335	330	320	310	300	287	277
吊秤示值/kg	1116	1089	1070	1025	998	726	626
吊杆高度/mm	267	258	247	236	225	210	205
吊秤示值/kg	508	417	336	299	281	272	272
吊杆高度/mm	200	195	188	186	183	180	160

注：现场数据采集涉及的 LNG 储罐工作容积 $16*10^4m^3$，储罐高 50m，低压泵牌号：EBARA 8ECR-152，底阀牌号：EBARA 6000298-03。

分析趋势图可显而易见，随着泵逐步下降打开底阀，按吊秤示值与吊杆高度关系按先后顺序分别主要历经阶段 A、阶段 B 和阶段 C 三个主要环节，并在图上用不同色块进行区分，在阶段 A 时：受到初始放泵时浮力、阻力等不稳定因素影响，造成的吊秤示值从 1361kg 波动至 1284kg，该阶段吊秤示值与吊杆高度无显著关系；在阶段 B 时：经历了低压泵继续下降同时底阀打开的过程，的吊秤示值从 1284kg 降至 998kg，吊杆总体线性下降约 138mm，即底阀开度约 138mm，底阀阀板达到全开，该阶段吊秤示值与吊杆位移呈线性关系，斜率约为 0.22；在阶段 C 时：底阀全开后，继续释放吊钩，钢缆因仍承受吊泵所受的部分张紧力逐步释放，吊秤示值同步线性下降，吊秤示值从 998kg 快速下降至 272kg，吊杆高度线性下降了约 45mm，该阶段吊秤示值与吊杆位移趋势线呈线性关系，斜率约为 0.025。阶段 C 之后，吊秤示值仅残余约 272kg 的线缆和钢缆等部件自重，继续放泵轴吊秤示值基本不再变化。

图 4 罐顶现场测量吊杆高度方法示意

3 趋势图的现场应用

通过分析离线吊装质量与底阀阀板开度和泵相对高度趋势图，结合罐顶在线将低压泵放入泵井底部并打开底阀全过程的吊秤示值与吊杆高度趋势图，显而易见底阀打开阶段的吊秤示值与吊杆高度和泵位移量呈一致地线性相关，即图 5 所示阶段 B 吊秤示值与吊杆位移数据趋势线具有斜率

0.22、两端点吊杆位置差值约为138mm的显著识别特征。通过校核趋势线斜率特征和两端点吊杆位置差值，可用于准确可靠地验证低压泵下降阶段底阀已从完全闭合打开至完全开启，这对于LNG储罐现场正确回装低压泵至关重要，结合图6可以看出，在低压泵底阀内壁侧面布置了多个防转挡块，用于防止泵在启停及运行过程中泵体转动，在低压泵下降的过程中，泵脚如果从两个挡块之间穿过(图6左图)，则下一步通常可以正常打开底阀；但是一旦泵脚卡在防转挡块的顶端(图6右图)，则意味着泵将无法继续下降，底阀则无法正常开启，造成低压泵无法正常使用。通过分析放泵阶段的趋势线，对照识别特征可以准确地发现和避免该类问题，因为一旦泵脚被防转挡块卡滞现象，趋势线中将不存在阶段B区间特征，然后相应准确识别并作出调整。

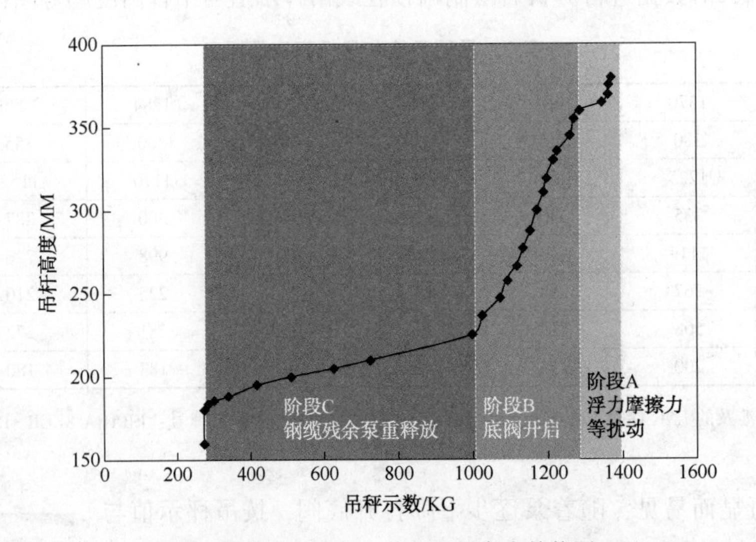

图5 罐顶在线吊秤示值与吊杆高度趋势图

(a)低压泵泵脚与防转挡块正确安装图

(b)低压泵泵脚与防转挡块错误安装图

图6 低压泵打开底阀阀板前泵脚与防转挡块的位置关系

在低压泵放入泵井底底阀打开过程后期，即底阀的阀板从全关闭逐步开启至完全打开阀板的一瞬间，此时钢丝绳因弹性变形仍承载线缆等附件自身质量和部分泵重，此时进入图4趋势图中阶段C，该阶段随着吊杆继续下降，钢丝绳吊装低压泵的部分拉力逐步释放，阶段C吊杆位移数据趋势线具有斜率约为0.025、两端点吊杆位置差值约45mm的显著识别特征。该通过校核趋势线斜率特征和两端点吊杆位置差值，可用于准确可靠地验证低压泵下降阶段钢缆承受的泵重拉力是否已可靠地完全释放，通常在泵重完全释放后继续放置约30mm以预留适当低温收缩余量达到最终位置，固定吊杆后，完成低压泵放置和底阀打开流程。该项检测和特征识别技术经LNG接收站低压泵现场回装应用的多轮验证，在提高检修效率和作业精度方面取得显著成效。

4 结论

通过开展离线测试分析低压泵吊秤示值和底阀开度的对应数值关系，对 LNG 储罐罐顶现场回装低压泵打开底阀环节吊秤示值与吊杆相对位移的数据和趋势线进行对比和验证，总结了低压泵放泵过程的三个主要阶段，通过现场数据收集和趋势线数据分析，对比趋势线中的斜率和位移差值两大显著识别特征，可以可靠地验证低压泵现场安装是否正确，排查低压泵泵脚是否卡在防转挡块上方、钢丝绳是否正常释放等是否存在安装故障，实现了 LNG 低压泵在罐顶的准确、可靠的标准化安装。基于该分析方法，对于其他接收站因低压泵品牌不同而泵重不同、底阀品牌不同、线缆长度不同等工况，可采用上述方法对应分析和总结相应的识别特征并针对性指导低压泵现场安装，在 LNG 低温泵现场检修方面有广泛的推广应用价值。

参考文献

[1] 王海 . LNG 接收站低温潜液泵应用[J]. 云南化工，2019，46(09)：158-159.

[2] Rush S，Hall L. Tutorial on cryogenic submerged electric motor pumps[C]. Texas：Proceedings of the 18th International Pump Users Symposium，2001：101-107.

[3] 陈杰，邰晓亮，盖小刚，刘海龙，张晓慧，李振林 . 中国首套大型 LNG 储罐内潜液泵开发与工业化测试[J]. 油气储运，2017，36(04)：435-442.

[4] 郭海涛，闫春颖 . LNG 低压输送泵的安装[J]. 石油工程建设，2013，39(01)：39-42+89-90.
GUO H T，YAN C Y. Installation of in-tank LNG pump[J]. Petroleum Engineering Construction，2013，39(01)：39-42+89-90.

[5] 郭祥，魏光华，刘红强，邵帅 . LNG 接收站扩建工程低压泵国产化应用管理[J]. 煤气与热力，2021，41(07)：16-19+45.

LNG接收站动火作业管控系统

周美波

[北京燃气集团(天津)液化天然气有限公司]

摘　要　为了系统解决LNG接收站内动火作业管控过程中存在的诸多问题，探讨建立了包含教育培训模块、人员定位模块、电子地图模块、气体检测模块、视频监控模块、作业方案模块、JSA模块、人脸识别模块、作业票管理模块和安全检查模块的动火作业管理系统。该系统的实施可确保所有参与作业人员都参加过入厂教育和属地教育，可确保作业票上的人员与实际作业人员一致，可有效限制作业人员和监护人员离开作业区域，可实现全过程的气体检测和视频监控，可实现现场审核审批工作，可确保动火作业票符合危险化学品企业特殊作业安全规范的强制要求。

关键词　GB30871；危险化学品；特殊作业；作业票

Control System of the LNG Terminal Hot Work

Zhou Meibo

(Beijing Gas Group (Tianjin) LNG Co., Ltd)

Abstract　In order to systematically solve many problems existing in the management and control of Hot work in the LNG receiving terminal, a Hot work management system including education and training module, personnel positioning module, electronic map module, gas detection module, video monitoring module, work scheme module, JSA module, face recognition module, work ticket management module and safety inspection module was discussed and established. The implementation of the system can ensure that all operators involved have participated in the factory entry education and territorial education, ensure that the personnel on the work ticket are consistent with the actual operators, effectively restrict the operators and supervisors from leaving the operation area, realize the gas detection and visual monitoring in the whole process, realize the on-site audit and approval, and ensure that the Hot work ticket meets the mandatory requirements of the special operation safety regulations of hazardous chemical enterprises.

Keywords　GB 30871; Hazardous chemicals; Special assignments; Job ticket

近年来，国家及各级政府不断出台相关政策鼓励危险化学品企业推行安全生产智能化管理，全面提升企业安全管理水平，并明确要求建立特殊作业许可与作业过程管理系统，将特殊作业审批条件条目化、电子化、流程化、通过信息化手段对作业全流程进行痕迹化管理，从而实现特殊作业申请、预约、审查、安全条件确认、许可、监护、验收全流程信息化、规范化、程序化管理。LNG 接收站因在储存、增压、气化、装车等环节均存在泄漏、火灾、爆炸的危险性，导致在接收站内从事动火等特殊作业时更要注重安全。

在特殊作业现场管控方面存在现场交底不完全，监护人未进行全程监护，现场安全措施落实有待提高的问题。作业单位作业人员因流动性较大，未能进行全员的入场教育和属地教育；作业现场安全条件落实不充分，如：未设置警戒线，未进行可燃气体分析，气瓶未设置防倾倒、防晒措施，气瓶与动火作业点间距不足等情况；作业票填写不规范，在作业票上少填漏填、涂改等问题；对标准、规范的理解存在偏差；作业不具备计划性，导致从作业人员到管理人员都处于疲于应对的现状，安全措施不到位，人员安排不到位等情况时有发生；在作业系统开发方面研究的公司较多，但大多只能简单实现作业票线上审核审批功能，还有诸多问题无法实现。如监督检查过程中无法确认作业人员对作业票上的信息进行过确认、无法确认作业人员是否曾参加过相关的教育培训、无法确认作业人员具有相关的上岗资质、作业过程中监护人是否全程在岗、是否有无关人员进入施工区域等。

某 LNG 应急储备项目是落实国家天然气产储销体系建设的重要举措，为规范做好投产后的特殊作业安全管控，通过调研相关危险化学品企业，并结合 LNG 企业的特点拟于投产之前将其进行流程化、系统化。本文所研究的 LNG 接收站动火作业管控系统通过将教育培训模块、人员定位模块、电子地图模块、气体检测模块、视频监控模块、作业方案模块、JSA 模块、人脸识别模块、作业票管理模块和安全检查模块的系统性开发，具有思路清晰严谨、逻辑性强的特点，可有效解决现有动火作业管理存在的问题。

1 系统组成

LNG 接收站动火作业管控系统包含教育培训、人脸识别、作业票、安全检查等 10 个模块，具体组成及相关功能见表 1。

1.1 教育培训模块

1.1.1 承包商教育

按照国家及相关政策要求对承包商进行相关教育培训，培训合格后才能进行相关工作

1.1.2 三级教育

危险化学品企业从业人员需要经过三级安全教育培训，并考核合格。

1.1.3 专项教育

监护人等需要经过专门的教育培训，并考核合格。

1.1.4 资格教育

电焊工、电工、起重指挥等作业工种需要进行资格教育培训，取得相应的资格证书才具备上岗资格。

表1 系统组成及相关功能

系统名称	模块组成	实现功能			
LNG 接收站动火作业管控系统	教育培训	入厂教育	属地教育	三级教育	专项教育
	气体检测	气体检测分析	检测结果录入		
	人员定位	人员定位	作业审核审批区域权限限值		
	电子地图	作业区域选择	活动范围限制	作业审核审批区域权限限值	
	视频监控	视频监控录入			
	人脸识别	人脸识别录入	人脸识别验证		
	作业方案	作业方案审批			
	JSA	JSA 分析	JSA 交底		
	安全检查	作业过程安全监督检查			
	作业票	作业票申请	作业票审核	作业票审批	作业票关闭

1.2 人员定位模块

通过对厂区内人员进行人员定位，可在电子地图上实时监控人员位置，可在三维地图上调看人员活动轨迹，不仅可以实现人员的监控也有利于应急状况下的人员调动、疏散。

1.3 电子地图模块

通过电子地图模块确定作业区域范围，划定场内危险区域，限制人员进出，与人员定位系统相结合。可强制实现现场气体检测、审核、审批。

1.4 气体检测模块

通过气体检测模块可实现对作业活动范围持续进行气体检测分析，并能够将检测结果进行记录，并具有提醒警示功能。

1.5 视频监控模块

通过视频监控系统对作业区域进行实时监控，可对作业过程进行全过程的视频录入，既可满足规范要求亦可进行远程巡航监控，提高作业效率、杜绝侥幸心理。

1.6 作业方案模块

通过作业方案模块完成对作业方案的审核审批工作，为后期进行作业方案的申请、审批提供依据，并能够现场调用提高流转效率。

1.7 JSA 模块

通过 JSA 模块进行工作前安全分析并对作业人员进行交底，确保所有参与人员均能了解作业现场的风险。

1.8 人脸识别模块

通过人脸识别系统对人员进行核实确保人证合一，培训人员与作业人员一致，可实现作业人员持证上岗、作业人员先教育再作业的要求。

1.9 作业票管理模块

通过作业票管理模块完成作业票的申请、审核、审批、关闭、统计功能。

2 作业前准备阶段

2.1 作业方案

作业单位领取作业任务单，经过现场调研及相关事项调查，编制作业计划及作业方案。将编制好的作业方案上传至作业方案系统，作业方案审核组织部门组织各专业部门对作业方案进行审核并提出相应的意见，作业单位修改完成后审核人员进行会签，审批人员批准后作业方案进入作业方案库。在作业票申请过程中直接在作业方案库中直接调取该项作业方案，既可确保方案进行过审批又方便现场进行查验，提高工作的便捷性。

2.2 JSA

作业前进行 JSA 分析，并将分析结果对作业人员进行交底，交底完成后将 JSA 的分析结果存入 JSA 库，在申请作业票时直接调用该 JSA 分析情况。

2.3 安全教育培训

2.3.1 承包商教育

（1）对参与作业的人员进行入厂安全教育培训，培训完成后通过教育模块对其进行考核，考核合格后，合格人员信息自动录入厂级教育合格人员信息库，包含姓名、身份证号、特种作业证编号、特种设备操作证编号、人脸识别信息等。

（2）对参与作业的人员进行属地安全教育培训，培训完成后通过教育模块对其进行考核，考核合格后，合格人员信息自动从厂级教育合格人员信息库转移至属地教育合格人员信息库。

（3）只有在属地教育合格人员信息库中的人员才能被系统抓取到进行现场作业。

2.3.2 三级教育

危险化学品企业从业人员需要经过公司级、部门级、班组(岗位)级教育，培训完成后通过教育模块对其进行考核，考核合格后，合格人员信息自动录入公司教育合格人员信息库。

2.3.3 专项教育

监护人等需要经过专门教育培训的工种，培训完成后通过教育模块对其进行考核，考核合格后，合格人员信息自动录入合格监护人人员信息库，作业时需在合格监护人人员信息库中选择监护人。

2.2 人员定位

人员定位通过两种形式去实现，第一种是给经教育培训考核合格的人员发放人员定位卡，适合于承包商；第二种是配备移动终端，适合于公司自有管理人员，便于作业过程中的审核、审批、安全检查工作。

2.3 电子地图

电子地图既可以确定作业范围，又能够对人员的活动范围进行显示。作业单位申请作业票时，在电子地图上确定好作业区域。审核审批人员的移动终端只有在确定的作业区域内才可进行审核审批操作。若监护人员在作业开始后离开作业区域，系统会进行警示提醒，并记录相关的信息。确需离开时，应通知作业单位停止作业，并在系统内进行登记暂停作业。

2.4 气体检测

可移动气体检测仪具备信息向外传输功能，能够将气体检测结果传输至作业票管理系统。作业申请提交后，启动气体检测仪开始进行气体检测，每隔 30 分钟进行一次结果记录。作业过程中若中止作业，则在重新开始作业过程中需要重新开启气体检测。作业票关闭后自动停止气体检测，保存气体检测数据。

2.5 视频监控

视频监控设备分为移动式摄像头和固定式摄像头。如果作业区域内有可使用的固定式摄像头则可直接通过视频监控系统进行调用，否则需安装移动式摄像头接入视频监控系统进行作业现场监控。作业申请提交后，开始进行视频监控，作业票关闭后自动停止视频监控，保存监控数据。

3 作业实施阶段

3.1 作业票流程

（1）作业申请单位在进行作业票申请时，在系统内填写完基本的作业相关信息，在电子地图上确定作业区域范围。在属地教育合格人员信息库中选择作业人员，在合格监护人人员信息库中选择监护人员。

（2）在 JSA 库中调取该项作业的风险分析记录，以确保对 JSA 进行过交底。作业票中的风险分析结果根据 JSA 的分析后果进行填写或选择。

（3）若该项作业还涉及其他相关的特殊作业，待作业票中的基础信息填写完成后，保存作业票并生成作业票编号存入临时作业票库中，并做好作业票的相互关联。

（4）将 1 个或多个可移动气体检测仪安放在作业区域内具有代表性的位置，并进行首次气体检测，将结果录入作业票管理系统。同时将气体检测信息接入到作业票管理系统，便于后期在作业票申请过程中直接启动检测仪器并调用气体检测数据。

（5）将可移动摄像头安放在作业区域具有代表性的位置，并将监控信息接入作业票管理系统。若作业区域附近安装有固定式摄像头，可将该视频监控信息直接接入作业票管理系统。

（6）现场人员到位、安全措施准备完成后，将作业票提交给作业监护人，同时自动开始进行监控录像和气体检测分析，生成气体检测记录图，并每隔 30 分钟在作业票系统内记录一次检测结果，监护人对检测记录进行确认。

（7）监护人接收作业信息并持移动终端进入作业区域进行检查，在移动终端上对作业安全措施落实情况进行逐条确认是否落实，未落实的需要其落实，若需要增加安全措施的做好记录并要求落实，并推送给现场管理人员。

（8）现场管理人员接收作业信息并持移动终端进入作业区域，对安全措施落实情况进行检查，对作业人员进行身份验证，并对作业人员进行安全教育、交底后，将信息推送给审核人员。

(9) 审核人员接收作业信息并持移动终端进入作业区域，对作业票填写的完整性、准确性及安全措施落实情况进行审核并在移动终端进行确认，并将信息推送给审批人员，系统自动记录审核时间。需要多人进行审核的待都审核通过后合并送至审批人员。

(10) 审批人员接收作业信息并持移动终端进入作业区域，核查作业票审批级别与公司管理制度中规定级别一致情况，检查各项审批环节符合公司管理要求，核查作业票中各项风险识别及管控措施落实情况，确认完成后进行审批，系统记录审批时间。若审批时间与最近一次的气体检测时间超过 30 分钟则系统限制审批，并将信息传递给作业申请人提醒再次进行气体检测，检测完成后即可继续进行审批工作。

(11) 安全监督人员对现场进行安全监督检查，将检查发现的问题做好记录并督促落实整改，确保作业过程持续具备安全作业条件。

3.2 注意事项

(1) 作业票管理系统中的作业开始时间可根据实际情况人工录入，但填写的开始时间不得早于审批时间。若审批结束后 30 分钟内未进行人工录入，系统自动向作业申请人员及审批人员发送填写作业开始时间的提醒信息。有效作业结束时间可人工录入或系统自动带入，但有效作业结束时间与作业审批时间相距不得大于 8 小时。作业开始时间填入后 30 分钟内未填写有效作业结束时间，则系统自动向作业申请人员、监护人员发送提醒填写作业结束的信息，系统按照已填写的作业审批时间向后推算 8 小时记做结束时间填入有效作业结束时间栏。

(2) 作业开始后，监护人或安全监督人员可将现场发现的隐患要求作业单位进行整改，并在安全检查系统中进行记录，隐患记录既可更新至公司隐患排查系统，又可与作业票进行关联，方便后期进行作业过程问题统计分析。

(3) 截止到有效作业结束时间前 30 分钟，若作业票未进行关闭，则系统向作业申请单位、监护人推送作业将在 30 分钟内结束的信息，提醒做好工作结束前的准备工作。作业票关闭时间在监护人现场检查无隐患后由人工填写，但不得晚于有效作业票结束时间。若无人工填写作业票关闭时间，则系统自动将有效作业结束时间带入作业票关闭时间，并将信息推送给监护人及审批人员。

(4) 作业票关闭时间填写完成后，监护人将作业完成的信息推送给当班班长。

(5) 当班班长接收作业结束信息并持移动终端进入作业区域，检查现场无隐患后进行确认，并将信息推送给属地单位负责人。

(6) 属地单位负责人接收作业结束信息并持移动终端进入作业区域，检查现场无隐患后进行确认关闭作业票。

(7) 作业票关闭后，气体检测系统停止检测并保存数据，视频监控系统停止录入并保存数据，作业票进行归档。

3.3 作业票统计分析

系统对关闭的作业票进行分类统计分析，形成作业问题统计分析报告，为规范作业票管理提供依据，有效杜绝生产安全事故发生。

4 结论

通过该系统可实现所有参与作业人员都参加过入厂教育和属地教育并考核合格；可实现作业票上的人员与实际作业人员一致；可有效限制作业人员和监护人员离开作业区域；可实现在现场进行审核审批工作的强制要求；可实现作业票符合 GB30871 的强制要求；有效限制无关人员进入作业区域；实现对作业全过程的气体检测；实现对作业全过程的视频监控。

参 考 文 献

[1] 危险化学品企业安全风险智能化管控平台建设指南(试行)

[2] 胡月亭．正确使用作业许可有效防范高危作业事故发生[J]．工业安全与环保，2014，40(1)，96-98.

[3] 危险化学品企业特殊作业安全规范 GB30871-2022[S].

[4] 施红勋，王秀香，牟善军，等(et al.)．石化企业作业票证移动定位签发系统的研究与应用[J]．中国安全生产科学技术，2014，10，增刊，124-128.

[5] 陈士达．基于人脸识别的石化施工作业许可管理系统研究[D]．华中科技大学，2020.

[6] 蒋海夫．基于实例的煤化工建设项目作业许可管理研究[J]．中国安全科学学报，2021，31(1)，49-55.

[7] 尚鸿志，刘玉东．国内外作业许可制度建立与实施的初步探讨[J]．中国安全生产科学技术，2012，8(增刊)，140-143.

[8] 田冲．浅谈基于风险的作业许可管理讨[J]．化工安全与环境，2022，4，13-15.

[9] 成少璞．钢铁企业设备检维修作业安全交底与作业许可研究[D]．天津理工大学，2021.

天然气提氦及联产工艺技术研究

吴佳伟　徐晓梦　段其照　苗　洁

（中石化中原石油工程设计有限公司天然气技术中心）

摘　要　氦气是一种不可或缺的战略稀有资源，对国家安全与高精尖技术产业的发展至关重要，但迄今为止氦气唯一来源只能是从含氦的天然气中提取生产。文中分析了我国氦气工业发展现状及国内外常用的天然气提氦工艺技术，通过对比优选确定深冷提氦工艺，以国内某气田天然气组分（He 含量 0.18%）为分析对象，研究并搭建了天然气深冷提氦联产乙烷及轻烃回收工艺模型，形成了两级制冷高效氦气提浓、粗氦钯催化脱氢及氦气精制提纯等工艺技术，最终实现氦气理论收率>95%、氦气纯度达 99.999%、单位产品能耗 45KW·h/Nm^3He（理论计算值），乙烷理论收率>95%、C_{3+}理论收率达到>99%，该研究为天然气提氦与联产工艺技术提供了新的思路。

关键词　天然气；提氦；深冷；联产工艺

Research on Helium Extraction and Co-production Technology from Natural Gas

Wu Jiawei　Xu Xiaomeng　Duan Qizhao　Miao Jie

（1. Sinopec Zhongyuan Petroleum Engineering Design Co., Ltd., Natural Gas Technology Center）

Abstract　Helium is an indispensable strategic rare resource that is crucial for national security and the development of high-tech industries. However, so far, the only source of helium can only be extracted and produced from natural gas containing helium. The article analyzes the current development status of China's helium industry and commonly used natural gas helium extraction technology both domestically and internationally. Through comparison and optimization, the cryogenic helium extraction process is determined. Taking the natural gas component (He content of 0.18%) from a certain gas field in China as the analysis object, a natural gas cryogenic helium extraction combined production of ethane and light hydrocarbon recovery process model is studied and built, forming two-stage refrigeration efficient helium concentration, crude helium palladium catalytic dehydrogenation, and helium refining and purification process technologies, The ultimate theoretical yield of helium is>95%, the purity of helium reaches 99.999%, the energy consumption per unit product is 45kW · h/Nm^3 He (theoretical calculation value), the theoretical yield of ethane is>95%, and the theoretical yield of C_{3+} is>99%. This study provides new ideas for natural gas helium extraction and co production process technology.

Keywords Natural gas; Extracting helium; Cryogenic; Co-production process

氦气是一种稀有气体资源，因其独特性质，广泛应用于高科技、国防工业及其他涉及国家战略的行业，不可替代。氦资源主要存在于天然气中，由于空气中氦含量极低(约 0.005%)，从空气中分离氦气的难度和能耗都非常大，因此，从天然气中提取氦气是国内外工业化生产的主要途径。中国氦气资源贫乏，目前我国年均氦气使用量占全球年产量的 14%左右，而且需求量更是以每年超过 10%(高于世界 6%)的速率增加，进口依存度常年维持在 95%以上。我国氦气市场求处于快速发展中，但氦气产能难有大的增长，市场货源紧张局面或将持续，资源安全形势十分严峻，因此发展我国氦工业极为迫切。

1 国内氦气工业发展现状及趋势

1.1 天然气提氦工业发展现状

目前，四川省荣县东兴场镇天然气提氦装置是我国唯一运行的天然气提氦装置，隶属中国石油集团西南油气分公司。近年国内出现部分从液化天然气 BOG 气中(间接)回收氦气的工厂，但普遍产量较低。国内天然气提氦技术始于上世纪六十年代，技术发展缓慢，且提氦装置生产规模较小，能耗较高。国内商用氦气资源匮乏，提取技术和提取能力更有待提高。

第一代：1961 年依托威远气田建设威远提氦试验 I 装置，采用氨预冷的高中压林德循环制冷+两段单塔精馏塔分离提氦工艺技术，天然气提氦单位产品能耗为 133kW · h/Nm^3He。

第二代：1989 年威远提氦试验 II 装置，采用膨胀机+高压氮循环+甲烷循环制冷工艺技术，经过技术改进，天然气提氦单位产品能耗降至 89kW · h/Nm^3He。

第三代：2012 年成都天然气化工总厂荣县提氦工厂，采用后膨胀制冷工艺+粗氦精制提纯工艺技术，通过制冷工艺升级，天然气提氦单位产品能耗降至 55kW · h/Nm^3He。

1.2 现有天然气提氦技术存在的问题

(1) 随着制冷温度的不断降低，单位制冷量的能量消耗急剧增加。

(2) 现有天然气提氦技术，氦气回收率较低，氦气资源利用率不高。

(3) 原料气中氦含量较低，天然气提氦产品单一，装置运行能耗较高，造成单位产品成本高，与国际氦生产竞争中处于劣势；另外，气田产能随着运行时间增加不断递减，造成天然气处理能力明显下降，进而引起天然气提氦的经济性恶化。

(4) 随着气田产能不断递减，油气田集输管网压力降低，现有天然气提氦技术中膨胀增压机组等关键设备对装置严重制约装置适用性。

1.3 天然气提氦技术发展趋势

(1) 开展高效制冷、冷量高效利用技术攻关，降低单位制冷量的能量消耗。

(2) 通过制冷方式、关键设备运行参数优化，提高氦气回收率，使得国内有限的氦气资源得到充分使用。

(3) 目前国内天然气提氦装置未涉及乙烷回收、天然气脱氮等，可扩展深冷技术范围走天然气综合提氦之路，有效提升低品位含氦天然气提氦的经济性，可探索建立天然气脱氮提氦、天然气提氦联产轻烃或LNG一体化装置，以降低产品能耗并提升产品产量，积极探究天然气提氦工艺新途径。

(4) 开发一种适用于由于产能递减造成的原料气压力衰减的天然气提氦新技术，保障装置长周期平稳运行。

2 天然气提氦工艺技术研究

2.1 天然气提氦工艺比选

天然气提氦主要方法有低温冷凝法、膜分离法、吸附法、吸收法等，各类提氦工艺对比情况见表1。

表1 提氦工艺对比表

方法	原理	应用情况
低温冷凝法	利用天然气中各组分的露点不同，将其他组分尽量液化，而将几乎不液化的氦气分离出来。一般需先将含氦气源中的 H_2S、CO_2、H_2O、Hg 等杂质脱除，然后冷凝后制得氦含量为60%左右的粗氦	低温冷凝法是目前世界各国从天然气中提取氦气广泛采用的方法。适用于大规模天然气提氦工艺。低温冷凝法技术较为成熟，但能耗、成本较高
膜分离法	以分离膜两边气体的分压差作为传质的推动力，利用不同气体穿过分离膜的渗透速率不同，而完成气体组分分离	目前在空气提氦工艺中应用，且应用规模较小，收率一般在15~45%之间
吸附法	根据天然气中甲烷、乙烷、氦气、氮气、氧气等组分在吸附剂表面的吸附能力不同从而分离出氦气	吸附法对于杂质含量不大于10%的粗氦提纯较为适用，不适于用对低氦的天然气提纯。目前全世界有4家提氦工程使用该技术
吸收法	用吸收溶剂将天然气中沸点高于氦气的组分吸收脱除进而回收氦气。常用的吸收溶剂有液态烷烃、氟烃等	吸收法对于较高氦气含量的组分比较适用，而且一般和吸附法联合使用
扩散法	根据氦气本身所具有的高热扩散性能，从天然气中氦气提浓。主要使用石英玻璃毛细管作为扩散元件	能从天然气中提取高纯度氦气，但石英玻璃毛细管制作不便，成本较高；另外，提氦工艺要求高温和相当高的压差环境，目前仅在实验室研究阶段，尚未在工业上取得应用

由于氦气的沸点最低，在-268.934℃(4.18K)时发生液化，接近绝对零度-273.15℃，采用低温冷凝或精馏就可以得到粗氦气。同时，考虑到天然气提氦可以联产轻烃、乙烷或LNG等产品，因此可通过开发低温冷凝技术进行天然气综合提氦，提高低含氦天然气提氦的经济性。

2.2 天然气深冷提氦工艺比选

低温提氦法主要利用氦气沸点低、难以液化的特点，通过深冷可使部分氮气和甲烷液化，而氦气仍保持气相状态。低温分馏分离出粗氦气体后，利用其他工艺进一步将粗氦精制。低温冷凝法主要有四种，克劳特循环制冷工艺、前膨胀+氮气循环制冷工艺、后膨胀+氮气循环制冷工艺和混合冷剂制冷工艺。克劳特循环制冷工艺，其主要在20世纪60、70年代应用较为广泛，因该工艺能耗大，投资费用高，克劳特循环制冷工艺已逐步被前膨胀+氮气循环制冷工艺、后膨胀+氮气循环制冷工艺所取代。前膨胀+氮气循环制冷工艺的粗氦最高浓度较低，如果人为提高粗氦产品的浓度，则装置能耗急剧的提升，同时低温位对塔体材质也影响较大。后膨胀+氮气循环制冷工艺采用双塔提氦工艺，可充分回收利用装置自身冷量来预冷原料天然气，无需其他外部冷源，使装置的能耗降低、投资费用降低，但需要满足天然气有足够的压力能可供利用。鉴于国内大多项目天然气压力较外输压力低，没有压力能可以利用，且深冷制冷工艺与目前较为成熟的天然气液化(LNG)或乙烷回收工艺较为接近，因此进一步开展混合冷剂制冷提氦工艺研究。

3 天然气深冷提氦工艺模拟研究

3.1 天然气提氦联产工艺比选

某气田拟建天然气提氦装置2列，每列装置设计规模300×$10^4 m^3/d$，天然气提氦工程临建在集中处理站附近，提氦装置以集中处理站集气分离装置天然气为原料。结合对低温冷凝法提氦工艺的研究，考虑到深冷工艺需要对烷烃进行冷凝，将其余未被液化的气体分馏出粗氦，与LNG/乙烷回收的生产流程很相似。因此，可将两种工艺联合使用以达到节能降耗、有效利用能源的目的。提氦工艺中天然气会被冷却至-109℃，可直接联产乙烷；如联产LNG，则需继续将天然气冷却至-162℃左右。通过对联产工艺、装置能耗、经济效益等方面分析，确定工程方案采用更为经济的乙烷联产提氦工艺，对比分析情况如表2所示。

表2 联产工艺对比表

联产方案	乙烷联产提氦	LNG联产提氦
规模	300×$10^4 m^3/d$	300×$10^4 m^3/d$
产品类型	氦气、天然气、乙烷、LPG、稳定轻烃	氦气、LNG、乙烷、LPG、稳定轻烃
工艺	采用混合冷剂制冷生产乙烷联产提氦	采用混合冷剂制冷工艺生产LNG联产提氦
制冷深度	-109℃	-162℃
氦气收率	高	高
装置能耗	约12600kW(低)	约44000kW(高)
优缺点	直接利用提氦冷凝温度，不需要额外增加制冷循环； 工艺流程相对简单，维护成本低	增加了天然气液化冷箱和制冷循环、LNG储罐等； 占地面积大，工艺流程复杂，维护成本高
经济效益	较高	高

3.2 天然气提氦联产乙烷工艺模拟

以国内某气田天然气组分(He含量0.18%)为分析对象，采用HYSYS软件对联合工艺进行过程模拟分析，主要包含天然气预处理装置、提氦装置、粗氦精制装置、轻烃回收装置等。天然气预处理采用“活化MDEA脱碳+4A分子筛脱水+浸硫活性炭脱汞工艺”，提氦装置采用“混合冷剂制冷的低温提氦工艺”，粗氦精制装置采用“粗氦催化脱氢工艺”。通过对天然气预处理、天然气液化、凝液分馏、粗氦提取、粗氦精制等单元进行模拟优化，形成天然气深冷提氦工艺模拟模型，如图1所示。

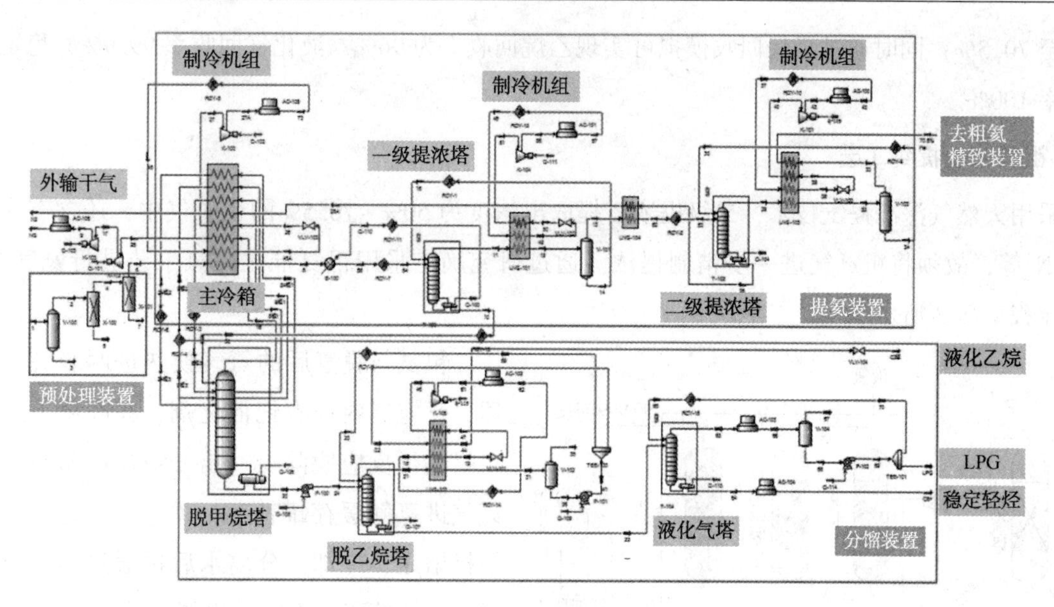

图 1 天然气深冷提氦工艺模拟

3.3 两级制冷氦气提浓工艺

采用HYSYS模拟软件建立两级制冷氦气提浓模型，一级提浓塔主要实现氦气与甲烷的分离，二级提浓塔实现氦气和大量氮气的分离。工艺流程如图2所示，经分子筛干燥器脱水后的含氦天然气经脱甲烷塔底重沸器部分预冷后进入主冷箱换冷后进入低温分离器，从低温分离器分离的气相与一级提浓塔塔底重沸器部分换冷后进入主冷箱冷却，然后进一级提浓塔；从低温分离器分离的液相则进入脱乙烷塔。一级提浓塔塔顶气相经塔顶冷凝器冷却，并与二级提浓塔塔底液相换热后进二级提浓塔；塔底液相进脱甲烷塔。二级提浓塔塔顶气相经塔顶冷凝器冷却后经塔顶分离器分离，气相返回塔顶冷凝器复温后进精制单元；塔底液相(氮气)经主冷箱复温后高点放空。脱甲烷塔塔顶气相在主冷箱中复温后进外输气压缩机增压后外输；液相则进轻烃回收装置生产乙烷、LPG及稳定轻烃。

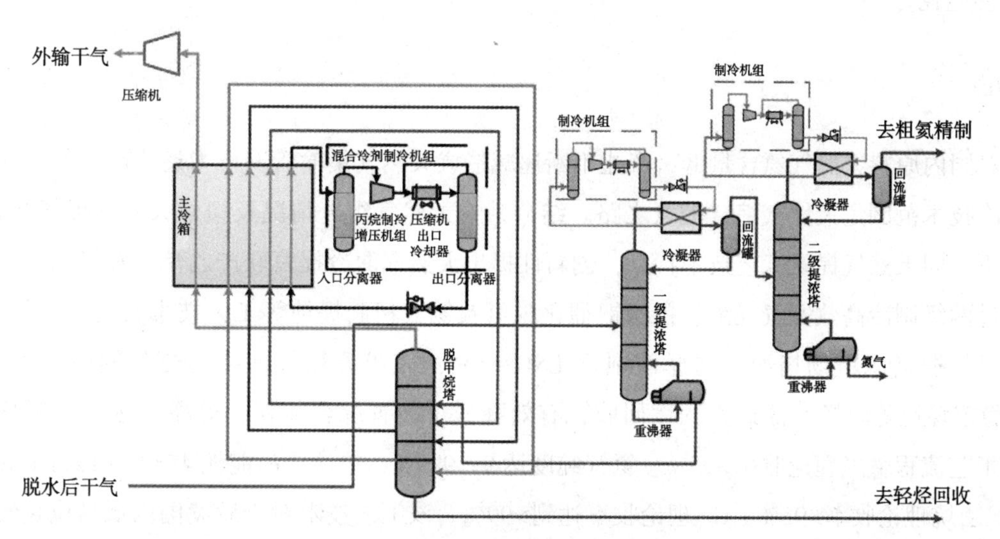

图 2 两级制冷氦气提浓工艺示意图

通过对提浓塔压力温度对能耗、粗氦浓度的影响分析，对两级提浓塔塔顶冷却负荷及塔底重沸器加热负荷进行优化，确定一级、二级提浓塔进料压力、温度等关键参数，根据提浓塔塔顶组分情况，优选冷剂配比及循环量，可实现原料氦气0.18%经一级提浓氦气浓缩至24%，经二级提浓氦气浓缩至70.5%；同时通过轻烃回收模拟可实现乙烷回收率为96%，液化气回收率99.9%，稳定轻烃回收率100%。

3.4 粗氦精制提纯工艺

采用天然气深冷提氦技术，二级提浓塔提取出浓度为50%~70.5%的粗氦气中，还含有大量的H_2和N_2等，故须将粗氦气进一步精制提浓。通过研究确定采用粗氦催化脱氢工艺进行氦气提浓，工艺流程如图3所示。

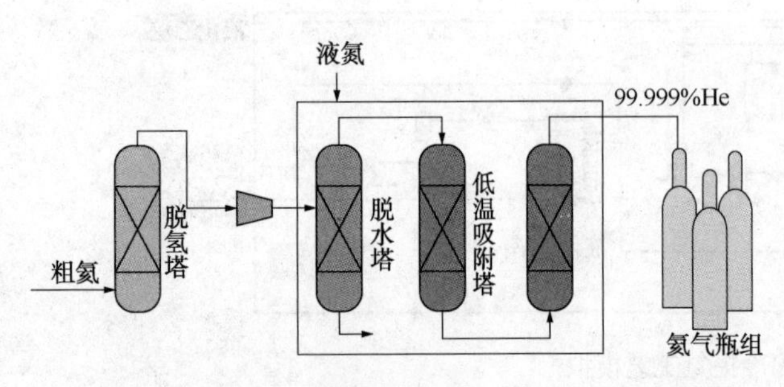

图3 粗氦精制提纯工艺示意图

粗氦与脱氢后的氦气换热进两级脱氢反应器，反应器内加有钯催化剂，在高温下氧气与粗氦进行反应脱除氢。出二级反应器后不含氢氦气进氦气缓存罐暂存，顶部气相进入氦气压缩机增压、冷却、分离水后再通过两塔分子筛脱水系统等压再生，将粗氦中的水分脱至1ppm以下。脱水后粗氦进氦气纯化撬。氦纯化器是通过高压、低温冷凝吸附分离纯化流程，采用低温吸附原理吸收氦气中的少量氮气成分。在高压低温下，当未经纯化的氦气进入分离筒，混在氦气中的杂质组分由于沸点高于液氮温度而过冷饱和析出，汇集在液态空气分离筒的底部，经过高压低温气动阀排放阀排入大气中。最后进入内装有活性炭和分子筛的低温吸附筒中，利用活性炭和分子筛在低温(液氮77K)环境下的吸附特性，吸附脱除剩余杂质组分，使得氦气纯度提升至99.999%后直接进入集装管束高压储存。

通过对脱氢塔、脱水塔及低温吸附塔的操作压力、温度、冷剂循环量对能耗、氦气浓度的影响分析，不断优化调整工艺模拟关键参数，可实现氦气理论收率>95%、氦气纯度达99.999%，提氦工艺能耗为45kW·h/Nm^3He(理论计算值)，低于国内现有成化总厂天然气提氦装置的55kW·h/Nm^3He的能耗。

4 结论

针对国内原料天然气氦含量低，产能不断递减造成天然气集输管网压力逐步降低的现状，通过扩展深冷技术范围走天然气综合提氦之路。结合某气天然气组分情况及拟建天然气提氦装置规模，对比分析不同天然气提氦工艺技术特点，创新性提出天然气深冷提氦联产乙烷、轻烃回收一体化技术，通过两级制冷高效氦气提浓、粗氦钯催化脱氢及氦气精制提纯等工艺技术实现高纯氦气提取。同时，可根据资源市场情况，选择性副产LNG产品，完成天然气深冷提氦的同时，实现乙烷、LPG、稳定轻烃等轻烃产品最大程度回收，有效降低了装置综合能耗、提高天然气资源整体利用率。该工艺流程氦气理论收率>95%、氦气纯度达99.999%、单位产品能耗45KW·h/m^3He(理论计算值)，乙烷理论收率>95%、C_{3+}理论收率达到>99%。该工艺技术对于后续国内低品位氦气天然气资源的有效利用具有参考借鉴意义。

参 考 文 献

[1] 范瑛琦，李明丰，李保军，李强．氦气提纯技术进展[J]．石油炼制与化工，2022，53(10)：127-134. DOI:

10. 3969/j. issn. 1005-2399. 2022. 10. 036.

[2] 李长俊，张财功，贾文龙，王博．天然气提氦技术开发进展[J]．天然气化工(C1 化学与化工)，2020，45(4)：108-116. DOI：10. 3969/j. issn. 1001-9219. 2020. 04. 021.

[3] 郑佩君，谢威，白菊，蔡治礼，王璨，彭楠，等．气体分离膜技术在天然气提氦中的研究进展[J]．膜科学与技术，2022，42(6)：168-177. DOI：10. 16159/j. cnki. issn1007-8924. 2022. 06. 021.

[4] 张亮亮，孙庆国，刘岩云，邱小林，陈杰．LNG 尾气中提取氦气的流程分析[J]．低温与超导，2015，43(2)：29-33.

[5] 马国光，杜双．天然气提氦与制 LNG 结合工艺分析[J]．化学工程，2019，47(1)：74-78. DOI：10. 3969/j. issn. 1005-9954. 2019. 01. 016.

[6] 陈兵，任金平，孟国亮，芦娅妮，于春柳，韩泽．LNG 蒸发气中氦气提取技术及应用[J]．石油化工设计，2023，40(1)：6-9. DOI：10. 3969/j. issn. 1005-8168. 2023. 01. 002.

[7] 赵安坤，王东，时志强，程锦翔，王启宇，何江林，等．四川盆地及周缘地区氦气资源调查研究进展与未来工作方向[J]．西北地质，2022，55(4)：74-84. DOI：10. 19751/j. cnki. 61-1149/p. 2022. 04. 006.

[8] 周军，陈玉麟，王璿清，梁光川．氦气资源产量及市场发展现状分析[J]．天然气化工，2022，47(5)：42-48. DOI：10. 3969/j. issn. 1001-9219. 2022. 05. 006.

[9] 李均方，何琳琳，柴露华．天然气提氦技术现状及建议[J]．石油与天然气化工，2018，47(4)：41-44. DOI：10. 3969/j. issn. 1007-3426. 2018. 04. 008.

[10] 罗尧丹，诸林．低含氦天然气提氦联产 LNG 工艺分析[J]．天然气与石油，2015，33(4)：21-24. DOI：10. 3969/j. issn. 1006-5539. 2015. 04. 005.

[11] 荣杨佳，王成雄，赵云昆，胡成星，饶冬，诸林．天然气轻烃回收与提氦联产工艺[J]．天然气工业，2021，41(5)：127-135. DOI：10. 3787/j. issn. 1000-0976. 2021. 05. 014.

[12] 邢国海．天然气提取氦气技术现状与发展[J]．天然气工业，2008，28(8)：114-116. DOI：10. 3787/j. issn. 1000-0976. 2008. 08. 035.

[13] 张丽萍，巨永林．天然气及液化天然气蒸发气提氦技术研究进展[J]．天然气化工，2022，47(5)：32-41. DOI：10. 3969/j. issn. 1001-9219. 2022. 05. 005.

[14] 汪澎，章学华，赵俊．工业废氦气提纯技术探讨[J]．低温与超导，2013，41(8)：83-88. DOI：10. 3969/j. issn. 1001-7100. 2013. 08. 019.

[15] 彭桂林，龚智，章学华．氦气提纯技术发展现状与应用分析[J]．低温与超导，2012，40(6)：4-7. DOI：10. 3969/j. issn. 1001-7100. 2012. 06. 002.

[16] 李均方，张瑞春，何伟．变压吸附在粗氦纯化工艺中的流程优化研究[J]．石油与天然气化工，2022，51(3)：47-55. DOI：10. 3969/j. issn. 1007-3426. 2022. 03. 008.

[17] 兰小平．水合物法的天然气提氦技术分析[J]．中国化工贸易，2016，8(1)：115. DOI：10. 3969/j. issn. 1674-5167. 2016. 01. 111.

[18] 郑志，吕艳丽．水合物法的天然气提氦技术研究[J]．资源开发与市场，2011，27(11)：978-980. DOI：10. 3969/j. issn. 1005-8141. 2011. 11. 006.

[19] 李元涛．天然气低温提氦工艺优化研究[J]．科技资讯，2021，19(23)：42-44. DOI：10. 16661/j. cnki. 1672-3791. 2109-5042-2201.

[20] 龙增兵，琚宜林，钟志良，蒲远洋．天然气提氦技术探讨与研究[J]．天然气与石油，2009，27(4)：28-31. DOI：10. 3969/j. issn. 1006-5539. 2009. 04. 009.

深水天然气生产平台绝热系统应用与分析

李祥民　崔峰瑞　辛培刚　许　东　齐国庆

（海洋石油工程（青岛）有限公司）

摘　要　深水天然气生产平台是我国走向深海的标志性装备，其中油田和气田的工艺管线绝热防火，是确保天然气生产平台生产工艺安全平稳运行的必要条件。本文以深水天然气生产平台的绝热防火设计施工为例，介绍和分析了该类型平台的绝热及防火复合设计，为后续同类型项目提供了参考。

关键词　深水；天然气；绝热；防火；泡沫玻璃

Application and Analysis of Deep Sea Natural Gas Platform Insulation System

Li Xiangmin　Cui Fengrui　Xin Peigang　Xu Dong　Qi Guoqing

[Offshore Oil Engineering(Qingdao) Co., Ltd.]

Abstract　The deep sea natural gas platform is the defining equipment of deep sea approach, both the insulation and passive fireproof protection of process lines are the important disciplines of natural gas platform. This paper takes the pipeline insulation and passive fireproof protection of the natural gas platform as an example, introduces the typical designation and application of insulation and passive fireproof protection, provide a reference of follow-up projects.

Keywords　Deep sea; Natural Gas; Insulation; Fireproof; Celluar Glass

对于深水天然气生产平台，由于其所处环境温差大、高湿高盐、工艺温度要求严格，其绝热系统的稳定性和耐久性显得尤为重要。同时为保证工艺管线在极端条件下的安全性，在绝热需求的同时，需要复合防火材料，其设计方案和施工工艺需要再确保复合规范的前提下确保可行性。

本论文以某大型天然气生产式平台为例，从绝热及防火设计方案、施工工艺、过程控制等方面对绝热和防火方案进行应用分析。

1 绝热类型分类

1.1 保热

为保证工艺管线介质的正常工作温度，一般使用保温材料对管线进行包裹，确保热损失在计算允许的范围内来保证介质温度。

通常来讲，介质温度高于环境温度，且需要保持该温度不变的情况下才需要保热。在特殊工况下需要靠加热来确保介质温度时，多通过管线表面的电伴热或者蒸汽伴热来实现，同时需要伴热的管线一定需要保温材料来减少热损失。在本天然气生产平台中，保热系统主要有工艺流体系统、凝析气系统、火炬放空系统、燃料气系统、加热介质系统、天然气系统、闭式排放系统，其中燃料气系统的一部分管线为电伴热保热。

1.2 保冷

如果管线内介质工艺温度低于环境温度，且需要保持介质的温度时，此时就需要保冷材料对管线进行包裹。当介质温度低于环境的露点和冰点温度时，也需要进行保冷，避免管道表面结露，结冰对平台结构或者装置的操作造成潜在的安全风险。在本天然气生产平台中，冷却水系统部分管线需要防冷凝，天然气系统和凝析气系统部分管线需要保冷。

1.3 人身防护

当管线的温度超过60℃时，但工艺上并没有要求保持介质温度时，人员接触裸露的管线时会被高温烫伤，一般对于此类管线位于通道、检修或操作区域等位置时，需要设置人身防护来避免烫伤。本天然气生产平台中，加热介质系统、大气放空系统、工艺油系统、三甘醇系统、乙二醇系统等需要人参防护。

1.4 防火复合

对于既需要保温保冷，又需要防火的管线，则需要在保温材料安装完毕后进行防火材料的敷设来确保防火复合保温的双重效果。工艺流体系统、天然气系统、火炬放空系统、凝析气系统部分管线需要防火复合。

2 绝热材料

天然气生产平台使用的绝热材料一般分为三大类，第一类为常见的软质绝热材料，代表性的产品有岩棉、玻璃棉、陶瓷棉、橡塑海绵等，此类材料多为柔软的毯状或成型的管状材料，预制和安装较为方便，辅助材料要求较少，施工效率比较高，多用于保热和防冷凝。

第二类为硬质的绝热材料，代表性的产品有聚异氰脲酸脂、泡沫玻璃、硅酸钙、膨胀珍珠岩等，此类材料多为硬质材料，需要提前将产品预制成与管线匹配的尺寸，然后才能安装到管线上，辅助材料要求较多，施工效率较低，多用于保冷或者防火复合。

第三类为新型绝热材料，代表性的产品如气凝胶等，由于其导热系数性能优异，一般用于空间受限的位置，由于新型绝热材料的成本较高，一般不会普遍应用在项目所有的绝热施工上。

3 绝热方案设计

3.1 保热方案设计

天然气生产平台中的保热系统的构成如图 1，一般岩棉或玻璃棉使用不锈钢绑带或不锈钢丝进行固定，来确保岩棉的对接缝保持紧密，绑带或铁丝的间距在 300～500mm，确保岩棉或玻璃棉对接缝的紧密。

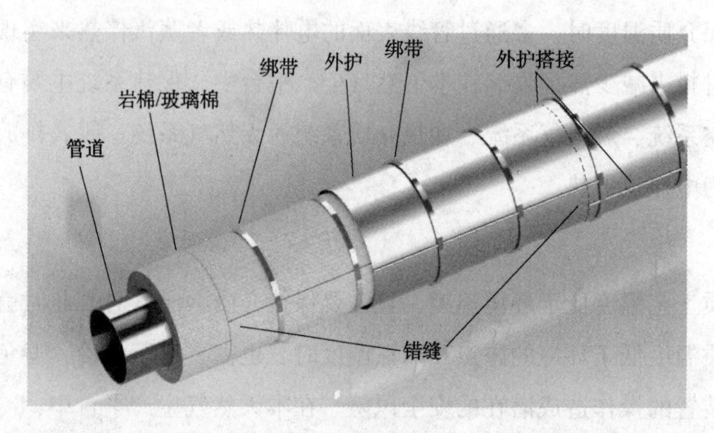

图 1 保热方案设计

一般岩棉管壳的长度为 1m，在两岩棉管壳的对接时，需要将纵缝错开至少 50mm，避免缝隙连续贯通整个保温系统。

由于天然气生产平台的恶劣的高湿高盐环境，一般外护材料选择不锈钢板耐腐蚀和机械冲击，厚度根据管径可以选择 0.4～0.6mm。不锈钢外护需要再纵缝和环缝都进行至少 50mm 的搭接来保证冷热交替环境下的水密性。同时，外护的所有接缝位置都需要使用金属密封胶进行密封，以防止海洋环境下的水汽进入，造成保温下腐蚀。

3.2 保冷方案设计

天然气生产平台中的保冷系统的构成如图 2，在保冷系统中，严防水汽进入系统内部是系统方案设计和施工工艺的关键环节。

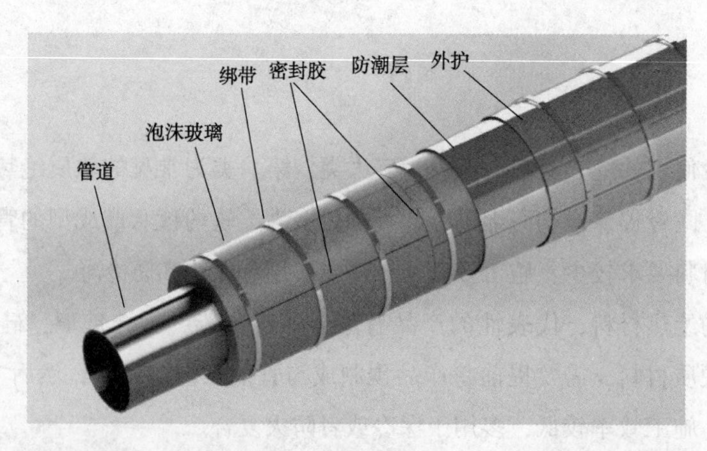

图 2 保冷方案设计

泡沫玻璃一般为二分管壳，或者等分弧板的形式，在进行泡沫玻璃安装时，需要在所有的泡沫玻璃对接缝位置涂抹低温密封胶，密封胶具有不固化，气密性好，性能稳定等多种特点，对于保冷方案来说是一种关键材料。同时泡沫玻璃在安装时，应对泡沫玻璃对接缝进行至少75mm的错缝处理，以避免对接连续缝贯通整个保冷系统。一般使用不锈钢绑带来对泡沫玻璃进行固定，间距300~400mm左右，确保泡沫玻璃紧固不留缝隙。

在泡沫玻璃安装完毕后，为避免热胀冷缩可能使泡沫玻璃产生缝隙，额外一层防潮层需要敷设在泡沫玻璃表面，作为保冷的第二道屏障。一般防潮层材料有两类，一类为自粘性防潮卷材，沥青基或者丁基橡胶复合铝箔；另一类为防潮胶泥配合加强网格布使用。该天然气生产平台使用的是防潮胶泥配合网格布方案，虽然施工效率偏低，但其固化之后的防水防潮效果要明显优于自粘性防潮卷材。

与保热系统相同，最外层仍需要安装不锈钢外护并进行固定，来防止机械冲击和水汽直接进入，是保冷系统防水的第一道屏障。

3.3 人身防护方案设计

人防设计一般有两种方案，常规设计为人防网形式，即在管线表面再敷设一层金属网笼，避免人员接触到高温表面，如图3。

另外一种形式与保热系统相同，通过保温材料将表面温度降低，本天然气生产平台中采用的就是与保热系统相同的方案。

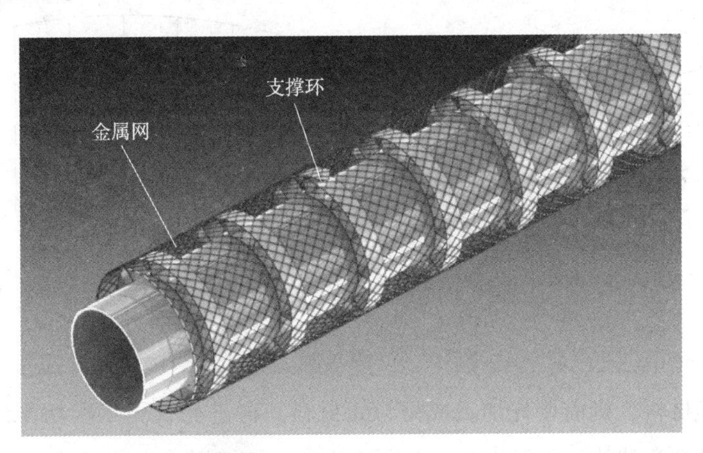

图3 人身防护方案设计

3.4 防火复合方案设计

防火复合方案的设计一般要结合防火涂料的证书进行设计，对于喷射火和池火等不同等级的火焰形式，一般防火产品都有对应的经过第三方耐火试验的方案，保热或保冷需要结合防火产品的试验方案进行设计，本天然气生产平台采用的是PPG的防火涂料，结合其方案，保热或保冷采用了泡沫玻璃和不锈钢绑带或玻璃纤维胶带固定，外层增加一层镀锌铁丝网用于防火涂料的敷设。

防火涂料在施工时会将镀锌网嵌入到材料中，在泡沫玻璃表面形成一层坚硬的密封层，因此对于防火复合的管线，不再需要防潮层和不锈钢外护材料，如图4。

4 绝热施工工艺

绝热方案的设计一般仅限于直管的材料安装、填充、固定等方案，对于施工阶段，往往要面对更为具体的和复杂曲面的安装，因此需要针对特殊形式位置进行施工工艺的确定。

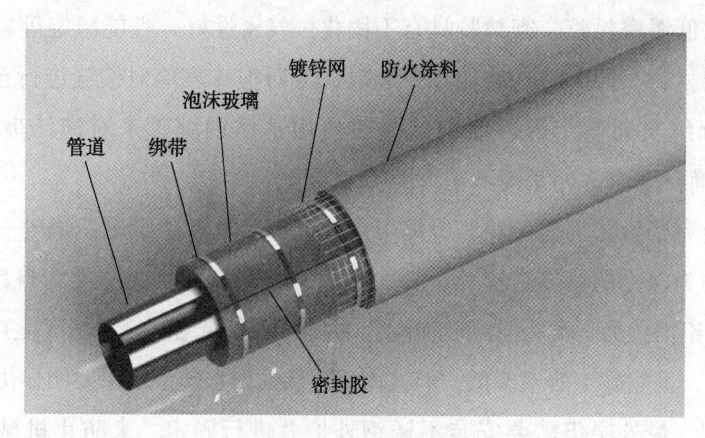

图4　防火复合方案设计

4.1　弯头工艺方案

由于绝热材料一般为毯类或圆柱状管壳材料，而弯头一般为曲率半径为1.5D的弯管，因此需要对绝热材料进行相应放样或二次切割处理，才能使绝热材料贴合弯管。

其中对于软质材料如保温毯类，需要进行放样切割处理，来匹配弯头曲面，如图5为一种弯头尺寸对应的放样方案，可以根据弯头尺寸进行每节的放样。

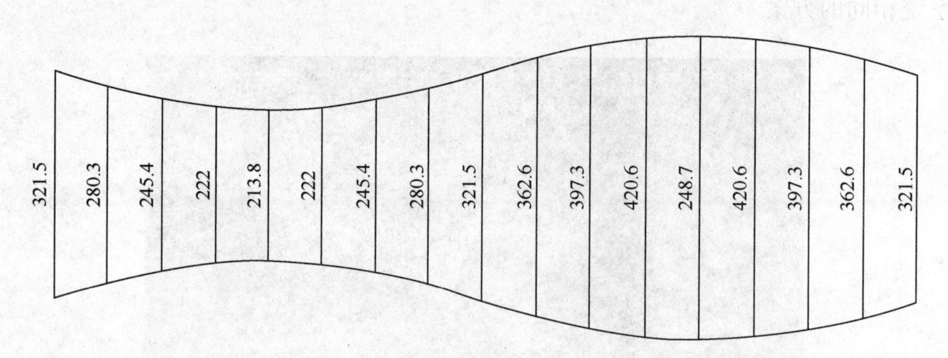

图5　弯头放样施工方案

而对于硬质绝热材料，则需要先加工成型管壳材料，再进行管壳二次切割形成弯头节，然后可以将多片弯头节安装到管线表面，如图6，弯头的节数一般根据弯头的尺寸变大而增加数量。

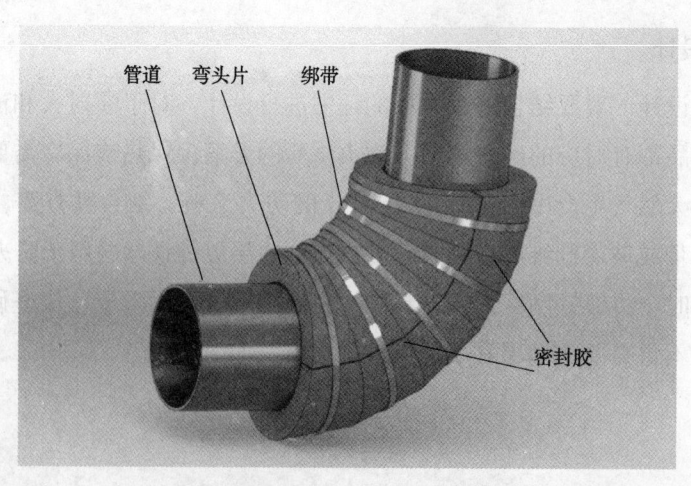

图6　硬质绝热材料弯头施工方案

4.2 三通工艺方案

三通一般分为等径或缩径三通，对于三通的施工工艺方案关键在于三通的相贯线位置，对于保温毯类相贯线的处理一般采用放样方案，如图7。

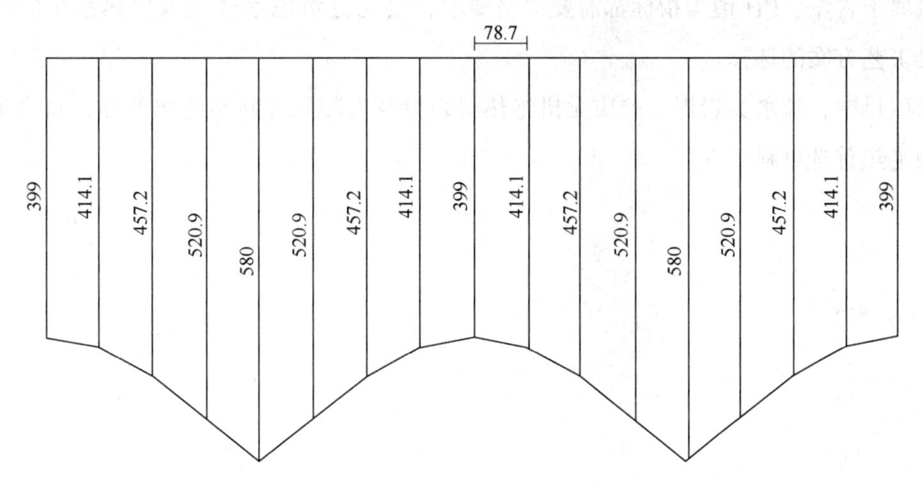

图7 三通放样施工方案

对于硬质绝热材料，需要再相贯线位置分别处理水平位置的管壳和竖直位置的管壳，使其对接并使用密封胶或粘接胶进行密封或粘接，使用绑带进行泡沫玻璃的固定即可，安装方案如图8。

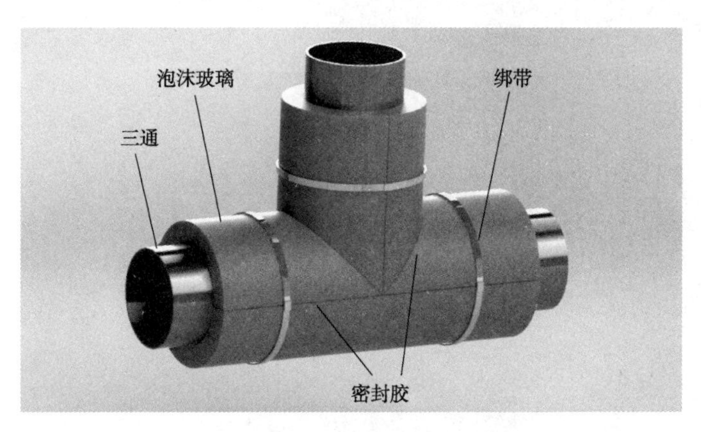

图8 硬质绝热材料三通施工方案

4.3 其他工艺方案

除了典型的弯头和三通之外，还有例如法兰、阀门、变径、管帽等其他的特殊类型管件，需要根据实际的测量尺寸进行外形和放样的设计，配合粘接剂施工匹配外形。

5 天然气生产平台绝热方案分析和展望

由于天然气生产平台服务周期长，30年不进坞，因此在进行绝热方案设计时，应充分考虑管线介质的操作温度，尤其在低温管线上，应尽量将稳定性好的闭孔硬质绝热材料作为首选，因为闭孔硬质保温材料在吸水率、蒸汽渗透率、导热系数、抗压强度和防火性能等指标上都有着十分优异的表现。本天然气生产平台选择的泡沫玻璃是一种无机材料，可靠性远远高于其他高分子绝热材料。

而海洋环境下带来的腐蚀风险也会变得非常高，外护材料的首选为不锈钢，同时外护密封胶的使用也应该更加严格，抗紫外线老化性能、防水密封性能、稳定后的柔韧性等都要进行严格要求，避免外护密封胶的老化、脱落、开裂等引起的雨水进入。

对于保热系统，由于温度较高，是保温下腐蚀的高发系统，因此对于岩棉、矿物棉等材料的疏水性能、氯离子含量、PH 值等指标都需要严格要求，要充分考虑水分进入保热系统后的排水设计和外护施工工艺方案的选择。

在未来项目中，疏水类岩棉、硬质无机绝热材料以及气凝胶等新型绝热产品，将会成为天然气生产平台的绝热首选材料。

“第三方准入”在中石油 LNG 接收站的应用

姜　勇

（中国石油天然气销售分公司）

摘　要　我国正在进行天然气市场的经济体制改革，将在全产业链各环节放宽准入。LNG 是天然气市场的一个重要组成部分，为了推进 LNG 接收站设施公平开放，提高 LNG 接收站使用效率，中石油在 LNG 接收站引入第三方准入机制，为天然气市场改革开了个好头。然而天然气市场引入第三方准入机制还存在着法律基础不完整、缺少有效监管及长期垄断经营等问题。文中介绍了“第三方准入”在欧美天然气市场的发展历程，美、英等国家引入第三方准入机制，使得其天然气市场成为完全竞争的市场。我国应当借鉴欧美等国家成功的实践经验，促使我国建立一个自由平等、公平竞争的天然气市场：完善天然气市场法律体系，完善天然气市场的监管政策；设立专门的天然气市场监管机构，引入竞争；成立独立、专业化的管道运输公司，按照公开、非歧视原则提供访问服务，

关键词　天然气市场；LNG 接收站第三方准入

Third-party Access to LNG Terminals of PetroChina

Jiang Yong

(PetroChina Natural Gas Marketing Company)

Abstract　China is now carrying out reform of gas market, which will finally introduce third-party access mechanism in the whole gas industry where LNG plays an important role. This paper introduces the application of third-party access in LNG terminals of PetroChina. The practice of unloading LNG from other companies can develop the efficiency of LNG terminals and develop a fair market. However, there is a lack of relativelawsfor third-party access and there is no supervision institutionto assure the fairness of the gas market. What' s more, monopolization has been formed in the gas market. In order to create a fair gas market, we should learn from foreign countries as the paper shows. We should publish the third-party access law system, establish aindependentsupervision institutionfor gas market and establish a specialized pipeline company to provide access services. Third-party access mechanism will have a major impact on LNG terminals and gas market. a

Keywords Gas Market; LNG Terminal; Third-party Access

我国油气管网建设正在处于飞速发展的阶段，管道网络化体系正在形成，中石油和中石化的管道也做到了互联互通。同时，我国正在进行天然气市场的经济体制改革，终极目标是构建以三大石油公司为主体、不同所有制和不同规模的众多天然气产供销企业并存的“统一开放、竞争有序、诚信守法、监管有力”的现代市场体系。

LNG 业务作为现代天然气市场的一个重要组成部分，也进入了快速发展阶段，预计到 2020 年，LNG 国际贸易量将占天然气贸易总量的 40%。未来数年，我国进口 LNG 将维持快速增长态势。预计到 2020 年，中国年 LNG 进口量将有望达到 8100 万吨，占全球年 LNG 需求量的 20%。截至 2014 年底，全国共有 11 座 LNG 接收站投入运行，总接转能力达 4080 万吨/年，另有近 2000 万吨/年的产能在建。LNG 产业在快速发展的同时仍然面临着 LNG 建设战略布局、防范投资风险、提高市场竞争力、确保应急调峰保供等挑战。

表 1 我国已投产 LNG 接收站项目

投资方	项目地点	规模/(万吨/年)		投产时间	储罐数目/个	存储能力/m^3
		一期	二期			
中海油	广东大鹏	370	700	2006 年	3	480000
	福建莆田	260	500	2008 年	2	320000
	上海洋山	300	600	2009 年	3	495000
	浙江宁波	300	600	2012 年	3	480000
	珠海金湾	350	700	2013 年	2	480000
	天津(浮式)	220	600	2013 年	2	60000
	海南杨浦	300	—	2014 年	1	160000
中石油	江苏如东	350	650	2011 年	2	320000
	辽宁大连	300	600	2011 年	3	480000
	唐山曹妃甸	350	650	2013 年	3	480000
中石化	山东青岛	300	500	2014 年	1	160000

2014 年 2 月，国家能源局印发了《油气管网设施公平开放监管办法(试行)》，标志着我国油气市场第三方准入的萌芽。2015 年 5 月，国务院批转发改委《关于 2015 年深化经济体制改革重点工作意见》，提出要研究提出石油天然气体制改革总体方案，在全产业链各环节放宽准入。为实现这一战略目标，有必要借鉴欧美天然气市场的成功经验，引入“第三方准入”机制。

1 第三方准入在欧美天然气市场的应用

上个世纪 80 年代开始，北美、欧盟国家开始了天然气市场的自由化改革，引入公开准入的管理模式，天然气市场成为了完全竞争的市场。

1.1 北美市场

以美国为代表的北美市场实现了独立监管、独立运营、公开准入，是目前较为成熟的现代天然气管道市场。实行管道公开准入，建立了生产者与消费者的直接联系，建立了完全开放的市场。

美国是天然气市场自由化程度最高的国家。美国自上世纪 70 年代开始实行市场化改革，放松对天然气市场的管制，联邦能源监管委员会(FERC)制定了一系列监管措施。1985 年 FERC 发布了 436 号令，鼓励管道公司对输气服务提供公开准入，允许消费者向生产商购气，解除了管道公司的贸易和运输业务的捆绑，开放了天然气管道的使用权，被视为美国管网的"第三方准入"法案。436 号令要求管道公司提供开放、无歧视的运输服务；当地分销公司将"合同需求"转变为运输服务需求；在运输需求超过运输能力的情形下，将按照"先到先得"的原则为客户提供运输服务。1992 年 FERC 发布 636 号令，强制性地要求管道公司提供公开准入输气服务，禁止管道公司销售天然气，解除了管输和销售业务的捆绑，进一步促进公平竞争。436 号令和 636 号令消除了天然气管道的自然垄断地位，促进形成竞争性天然气大市场。终端用户既可以从地方配气公司购气，又可以从营销商购气，还可以从生产商那里直接购气，提高了天然气市场的流动性。

美国天然气市场经历了"管制时期"(20 世纪 70 年代之前)、"结构调整、解除管制"(1978 年-1992 年)和"成熟期"(20 世纪 90 年代之后)，建立了完整的监管法律体系，实现了管道公司的剥离与开放。然而，美国天然气市场完全竞争，众多城市配气商涉足天然气勘探开发、批发、管输、储存等业务，对国家能源安全提出更高的要求。

1.2 欧洲市场

欧盟天然气管道的管理模式为向独立运营、公开准入过渡的管理模式，天然气市场的放开是逐步渐进的过程。

欧盟天然气市场改革始于上世纪 90 年代。1998 年，欧盟发布第一号天然气指令 98/30/EC，要求成员国在运输网络、储气库以及 LNG 接收站等推行第三方准入，旨在欧盟内部建立统一、开放的天然气市场。2003 年欧盟发布第二号欧盟天然气指令 2003/55/EC，要求成员国进一步提高第三方准入要求，规定天然气市场于 2007 年 7 月完全开放，目标是任何消费者可自由选择供气商。2009 年发布了第三号欧盟天然气指令 2009/73/EC，要求成员国将该指令纳入国家法律，进一步推行第三方准入，深化欧盟天然气市场自由化改革。EC 715/2009 要求大力加强天然气市场信息的透明化，要求各国管网设施运营商公布输气管网、储气库和 LNG 接收站的剩余能力等信息。

英国在建立竞争性市场方面较为成功。1986 年《天然气法案》使用气量大户有了自主选择供应商的权利，初步形成了第三方准入的思想。1995 年《天然气法案》确定了以许可证为基础的准入制度，削弱了国家天然气公司 BG 的垄断地位。之后，英国天然气行业法案不断完善，英国天然气管网准入制度已趋于成熟，英国天然气行业实现了批发价格、市场合同和零售收费市场的全面竞争。许可证制度是英国天然气准入制度的基石，确保天然气市场的竞争；附加的 LNG 设施准入制度等，进一步使得整个天然气市场协调高效发展。

下图为英国输气管道系统许可证申请流程。

荷兰天然气起步较早，天然气市场较为成熟，在管网运输环节中引入公开准入机制，允许用户利用管网利用管网的运输能力依照公平合理的价格输送天然气；分阶段实现用户的自由选择，最终目标是实现天然气用户对供气商的自由选择。由于各国天然气行业发展水平不一，欧盟的天然气市场化改革在其他国家成效较差。法国从 2003 年 8 月才在天然气管道实行第三方准入，开放天然气市场。德国的天然气市场改革亦相对缓慢。

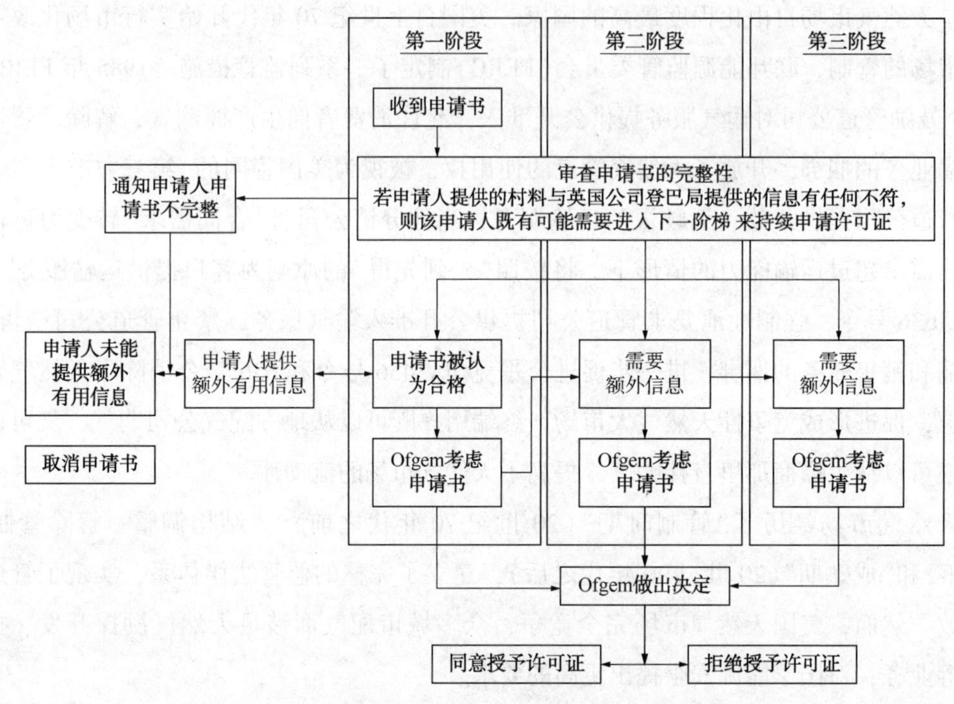

图1 英国输气管道系统许可证申请流程图

英国政府推动了天然气市场的竞争，欧盟借鉴英国的经验，颁布法令推动了成员国天然气市场的开放。但各个国家天然气行业发展水平不一，且管网设施具有投资成本高、规模经济效应等特点，英国模式不可照搬硬套。

2 中石油 LNG 接收站引入第三方准入

天然气价格上涨和国际油价的下跌对天然气市场起到了抑制作用。为推进天然气基础设施公平开放，提高天然气基础设施使用效率，2014 年 2 月，国家发改委正式颁布了《天然气基础设施建设与运营管理办法》，明确提出“允许第三方借用天然气基础设施(包括 LNG 接收站)”。2014 年 7 月中石油审议通过《中国石油天然气集团公司油气管网设施公平开放实施办法(试行)》。到目前为止，中石油投产的 3 个 LNG 接收站中，已有江苏 LNG、大连 LNG 两个接收站接卸了装载第三方进口 LNG 的船舶，合计 36. 8 万吨。

2.1 江苏 LNG 率先向第三方开放

江苏 LNG 项目是中石油第一个 LNG 项目，主要接收来自卡塔尔的 LNG 资源，通过输气干线与冀宁联络线和西气东输一线联网，为下游用户供气。自 2011 年 5 月投产截至 2014 年底，江苏 LNG 接收站已累计安全生产 1315 天，共接卸 94 船、880 万吨 LNG，外输天然气 121 亿方，其中向西气东输一线管网输气 112. 5 亿方，通过槽车外运天然气 8. 5 亿方。

2014 年国家和中石油关于油气管网设施公平开放政策及相关管理办法发布后，江苏 LNG 主动与上海申能、广汇能源、新奥能源等十余家大型能源企业沟通，表达利用江苏 LNG 接收站富余生产能力开展第三方 LNG 代储转运意愿。江苏 LNG 是国内唯一一个向国企、民企、外企开放使用 LNG 剩余能力的 LNG 接收站。目前，江苏 LNG 接收站已接卸转运第三方用户 30. 3 万吨 LNG 现货。

2014 年 8 月 25 日，江苏 LNG 完成了上海申能集团 5.8 万吨现货的接卸，完成国内首单“液来液走”合同。标志着中石油 LNG 接收站在国内率先引入第三方准入取得重要成果，为国内 LNG 接收站向第三方用户公平开放使用 LNG 接收站积累了宝贵的实践经验。

2014 年 12 月 23 日，江苏 LNG 接卸了新奥集团装载 6 万吨进口 LNG 的 SONANGOL BENGUELA 号船舶，意味着我国 LNG 的进口正式对民企开放。打破了先建站后进口的传统 LNG 国际贸易模式。

2015 年 3 月 6 日，江苏 LNG 接卸了外资企业南京太平洋天然气贸易有限公司装载 6.8 万吨现货的“贝尔哈夫”号 LNG 船，江苏 LNG 接收站向第三方公平开放更进一步，成为国内首个向外企公平开放使用的接收站，为中石油向第三方公平开放使用接收站富余能力、探索 LNG 发展新模式积累了宝贵经验。

江苏 LNG 认真总结第三方准入成功经验，加强与北京油气调控中心沟通协调，密切跟踪供气计划，调整生产优化运行，努力创造卸船窗口期，为积极推进接收站向第三方公平开放做深入探索。

2.2 大连 LNG 逐步引入第三方准入

中石油大连 LNG 接收站是国内首个具有装船能力的 LNG 接收站，资源主要来自卡塔尔、澳大利亚等国家。气化后的天然气，通过大连至沈阳输气管道与东北、华北输气管网相连，供气范围可以覆盖整个东北和部分华北地区。

2015 年 3 月 31 日，大连 LNG 接卸了由大连因泰联合广汇、华港三家公司共同进口的 Celestine River 承运 6.5 万吨 LNG 现货，为大连 LNG 接收站自 2014 年开放以来接收的第一船第三方货源，开创了国内企业联合进行 LNG 进口的新模式。

2.3 中石油 LNG 接收站公开开放流程

按照中国石油天然气集团公司油气管网设施公平开放实施办法(试行)，中国石油天然气股份有限公司具体管理油气管网设施公平开放业务，负责组织油气管网设施公平开放用户接入审批，组织油气管网设施剩余能力的测算，协调解决油气管网设施公平开放的相关事宜等。

LNG 接收站公开开放流程见图 2。首先，用户申请接入 LNG 接收站应当向所属企业(设施公平开放单位)提出申请。提交申请材料包括《油气管网设施用户接入申请表》、法人营业执照复印件、组织机构代码证复印件、银行开户证明复印件、相关油气购销合同等。申请接入 LNG 接收站的用户申请经过 LNG 接收站所属企业(设施公平开放单位)、地区销售公司、天然气与管道分公司等审批后，所属企业应与用户开展合同谈判，签订服务合同，并将合同报天然气与管道分公司备案。

3 第三方准入面临的机遇与挑战

中石油在 LNG 接收站引入第三方准入机制，增加了企业经济效益，提高了其在 LNG 产业中的地位，同时推进了天然气市场的改革。

对中石油企业本身而言，此次在 LNG 接收站引入第三方准入机制，利用卸船窗口期向第三方用户公平开放使用 LNG 接收站的富余能力，解决了淡季接收站装车欠量、罐容富余和设备设施闲置问题，在提高了 LNG 接收站利用率和 LNG 储罐周转率的同时，保证了接收站安全平稳运行。

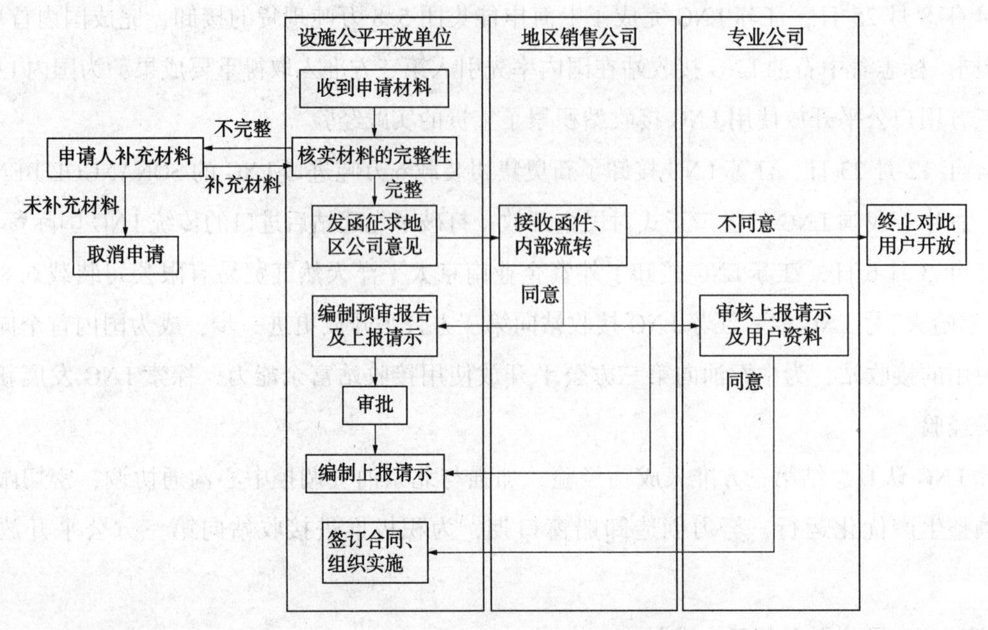

图2 中石油 LNG 接收站公开开放流程

LNG 接收站向第三方开放不仅增创了所属企业经济效益，还提高了第三方用户参与高效利用接收站的积极性，为探索 LNG 接收站业务发展闯出了新的道路。

在国家政策层面，中石油 LNG 接收站引入第三方准入机制，改变了由一家公司独立进行上中下游操作的运作模式，开创了国内国外相结合、国企民企相联合的市场经济行为 LNG 进口新模式。为天然气市场改革提供借鉴价值，促进油气管网设施公平开放，进而建立公平、公正、有序的市场秩序，为能源领域的深化改革开了个好头。

然而，我国在天然气市场引入第三方准入机制还面临着很多挑战。

第一，缺乏完整的法律基础。输气管网及 LNG 接收站等经营行为的法律缺失，管道建设、市场准入、监管等方面没有相应的法律法规进行详细规范。

第二，缺少一个职能相对集中的专门监管机构，监管措施及监管机制不够完善，难以对第三方准入主体的活动和 LNG 接收站的秩序进行有效监管。天然气配送管道等属于自然垄断领域，需要有效的监管以防止垄断势力的滥用。《油气管网设施公平开放监管办法(试行)》明确了国家能源局及其派出机构负责天然气基础设施公平开放监管工作，但相关合同、信息公开制度、具体监管措施等配套文件还有待于完善。

第三，垄断经营长期存在，难以实现真正的公平竞争。我国输气管道及 LNG 接收站等为高度垄断经营，形成了三大国有石油公司垄断的局面，构成了生产、运输、销售纵向一体化的经营。民企能否与三大石油公司合作或者如何与之合作，要根据实际情况而定。《油气管网设施公平开放监管办法(试行)》中规定油气管网设施的剩余输送能力由石油公司测算并上报至国家能源局的信息平台，就造成了油气设施运营企业和第三方公司信息的不对称、信息不够完全透明，阻碍了真正公平竞争的实现。

4 结论与建议

中国天然气产业已经步入快速发展时期，天然气市场必然要进行市场化改革。中石油 LNG 接收站对外企、民企开放，为能源领域的深化改革开路。然而，我国天然气市场引入第三方准入机制将会是一个逐渐探索的过程，目前天然气市场引入第三方准入机制还存在着法律基础不完整、缺少有效监管及垄断经营长期存在等问题。

为进一步鼓励竞争，实现资源的合理利用，保护下游用户的权益，在保证能源安全的前提下，考虑我国国情及天然气市场现状，充分引入第三方准入机制，实现天然气市场的健康发展。第一，吸收欧美等国家的天然气市场第三方准入实践经验，完善天然气市场法律体系，完善天然气的监管政策，健全第三方准入法律法规，做到有法可依。第二，设立专门的天然气市场监管机构，构建完善的天然气监管体制，尽最大可能在天然气市场引入竞争，加强对垄断环节的监管。第三，成立独立、专业化的管道运输公司，管道运输公司实现中立，按照公开、非歧视性原则提供访问接入服务。

合理引入第三方准入机制，做到有法可依、有效监管，进而构建一个自由平等、高效、开放的天然气市场，提高天然气市场的资源配置效率和经济效率。

参 考 文 献

[1] 王兆强．我国天然气输配管网准入制度研究[D]．北京：中国地质大学，2010.

[2] 郭焦峰．“十三五”中国天然气发展与改革展望[C]．2015 年油气市场形势研讨会文集，2014.

[3] 吴勇军，陈洋洋．国际 LNG 市场分析及我国 LNG 产业发展建议[J]．当代石油石化，2014，22(10)：26-35.

[4] 陈银泉，唐振宇，张晓锋．关于推动我国 LNG 产业发展的思考．中国海上油气，2015，27(1)：125-130.

[5] 李玉龙，刘佳，赵高庆．我国液化天然气行业发展现状及建议[J]．中国石油和化工经济分析，2014，(6)：48-51.

[6] 赵学明，王轶君，徐博．国外天然气管道管理体制演进及对我国的启示[J]．中国能源，2014，36(5)：15-21.

[7] 吴建雄，吴力波，徐婧等．天然气市场结构演化的国际路径比较[J]．国际石油经济，2013，21(7)：26-32.

[8] 杨凤玲，杨庆泉，金东琦．英国天然气行业政府管制及立法[J]．上海煤气，2004(1)：39-43.

[9] 马宝玲．中国天然气市场化改革的理论与实证研究[D]．对外经济贸易大学，2014.

[10] 谢青青，周淑慧．英国天然气管网第三方准入制度研究[J]．石油工业技术监督，2015，31(2)：15-19.

标准的数字化检索体系在LNG接收站建设、运营管理中构建的研究

周　炜　邓　冬

（中国石化天然气分公司）

摘　要　本文通过分析LNG接收站建设的趋势，提出在当前工程建设领域“五化”建造的理念下，在工业数字化的大背景下，需要对接收站建设期间的设计、制造、采购、施工标准等重新进行梳理，并构建起具有国内特点的数字化检索体，以便指导工程实施。

关键词　LNG接收站；构建；标准体系；数字化检索体系

Research on the Construction of a Standard Digital Retrieval System in the Construction and Operation Management of LNG Receiving Stations

Zhou Wei　Deng Dong

(SINOPEC TIANRANQI COMPANY)

Abstract　Based on the analysis of the trend of LNG terminal construction, this paper proposes that under the concept of "five modernization" construction in the current engineering construction field, under the background of industrial digitization, it is necessary to reorganize the design, manufacturing, procurement and construction standards during the construction of the terminal, and construct a digital retrieval body with domestic characteristics, so as to guide the implementation of the project.

Keywords　LNG receiving station; Construct; Standard system; Digital retrieval system

LNG接收站是接收进口LNG资源的重要储运设施，其建设情况将直接影响国内LNG的供应能力。国内LNG业务已经蓬勃发展了20多年，尤其是近年来国内LNG接收站数量呈现上涨趋势，并且未来仍有一批LNG接收站规划落地，以强化我国LNG接收能力、储备能力、内陆调峰能力。据统计，截至2020年末，国内投用LNG接收站数量为21座，以陆上、沿海为主，而有规划的新建或扩建接收站多达20余个，并且沿江LNG接收站也在2021年获得了发展的突破，开始规划、实施转

运站。与此同时，各省级 LNG 调峰站在近些年迅速发展，也成为 LNG 储运基础设施的重要组成部分，而国内石化行业对于 LNG 作为原材料也存在潜在的市场需求。

我们认为，结合这些年来 LNG 接收站的建设经验，在当前工程建设领域设计标准化、采购标准化、建造模块化的趋势下，在工业数字化应用的大背景下，需要对接收站建设期间的设计、制造、采购、施工标准重新进行梳理，规划出体系构架，构建具有国内特点的标准体系，补充完善国内空白领域，并有意识、有规划地进行编制运用，同时构建起信息化科学检索的方法，形成标准动态管理的工作方法，是当下的必要工作。本文针对科学的检索体系构建方法进行探讨。

1 检索体系构建核心

在以往的标准管理中，一般做法就是分专业收集，然后形成表格化的目录，按照一定的周期进行目录更新，即形成有效版本控制清单。2007 年，石油工业出版社出版的《中国石油液化天然气（LNG）接收站工程建设技术标准目录》，是一本非常实用的 LNG 接收站建设技术目录，但已经过去了 15 年，亟待更新。另外，简单的分专业收集形成的目录，当涉及到专业人员跨专业查询时，由于专业上的约束，就相对要困难一些。目前，应当结合当下标准的更新和时代的进步，建立一个比较简单易懂的查询体系，并对其进行数字化的改造，实现可以在信息系统里进行快速检索。

构建一个科学的数字化标准检索体系，需要充分了解所涉及的各专业的标准以及其基本的分类。以中石化《炼化工程建设标准执行表（2016 版）》为例，其核心就是识别、分类、汇总。那么针对石油工程中比较专业的 LNG 储运工程，其检索体系也应可以按照识别、分类来设计，当然要以简为原则，不宜过繁，要在充分考虑可以进行快速数字化检索的要求下实施。

2 检索体系构架过程

本文设计了这样一个 LNG 工程建设标准数字化检索体系构架。需要首先考虑按照标准的专业类别进行分层以便于快速分类，其次在分层的基础上充分考虑内部排列顺序的原则，基本上按照国标（G）、行标（H）、地标（D）、企标（Q）、国外标准（W）分类后排列，最后针对标准的法律层级强弱来定义其分级原则。可以从图 1 来理解这个构架，每个原则内对应预设定的编码规则，最终可以形成一组数字化的编码，按照这个思路再开展各原则的底层延伸设计。当然这组码也不宜过长，需要合理控制。

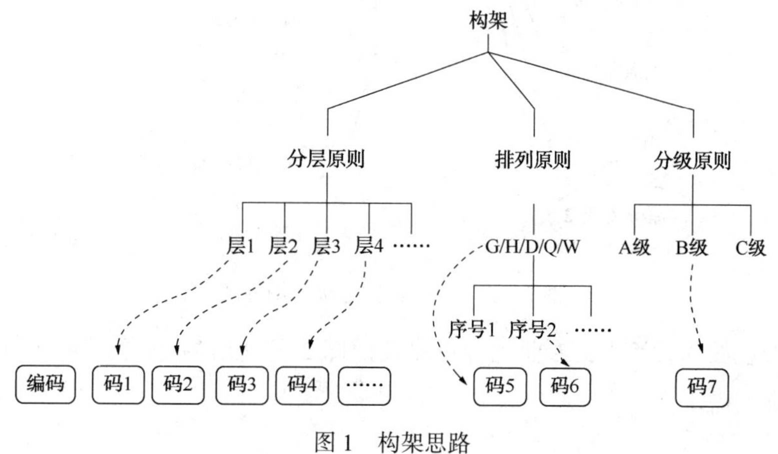

图 1 构架思路

针对标准的专业类别进行分层的底层延伸设计。我们分析了 LNG 接收站所涉及到的储运各专业各因素，将层级设计成四个层级。第一层级，按照法律、法规部门规章文件[1]（右上角这个数字“1”代表在本层级的数字化编号，文内以下类同）、基础标准[2]（术语、图例等）、专用标准[3]、中石化总部相关文件[4]、中石化天然气分公司相关文件[5]（如“五化”、“标准化设计文件”等）、项目部级的项目管理手册[6]（手册关于五大控制的约定），形成码 1。第二层级，按照单项工程类别划分大类，区分为接收站工程[1]、码头工程[2]，可以根据项目的实际特点和需要调整增加更专业的诸如储罐工程[3]、外部输电工程[4]、外部市政工程[5]、温排水取海水工程[6]、冷能利用制冰工程[7]、冷能利用发电工程[7]等等，形成码 2。第三层级，按照实施的主体来划分，按照工程实施的主体单位分类为合同类[1]、造价类[2]（含指标、定额管理）、质量监督类[3]、监理类[4]、勘察测量类[5]、设计类[6]、制造类[7]、采购类[8]、施工类[9]、试验检（监）测类[10]等等，形成码 3。第四层级，细化第三层级的各个项，按照应用的专业，比如设计类别里划分有 23 个细项（图 2），有比如总图运输专业[4]、配管专业[11]、暖通专业[14]、环境保护专业[23]等等，比如施工类别划分若干细项，有比如焊接专业（/无损检测专业）、吊装专业等等来进行规划设计，形成码 4。基本上来说，专业类别可以通过这四个层级完成清晰地分解，并形成 4 个数字编码。

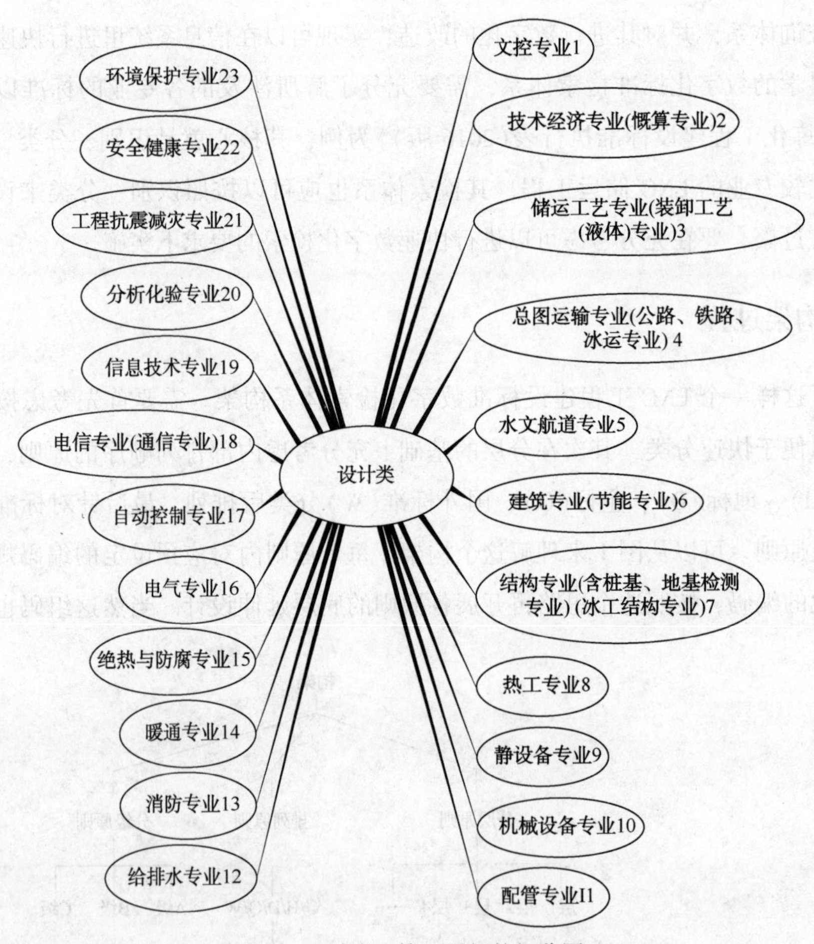

图 2　设计类在第四层级的细分图

对于第三层级里面的设计类，专业细分可以按照图 2 所列出的 23 个子项执行，完全可以满足并覆盖各设计专业的需求。

针对标准层级分类后的内部排列顺序的底层延伸设计。分成两级排列顺序。第一级顺序，按照国标(G)、行标(H)、地标(D)、企标(Q)、国外标准(W)分类，形成码5。第二级顺序，在解决第一级顺序的基础上，国内发布的标准按照笔顺的排列顺序为原则排定，国外标准按照原标准的英译名称的字母顺序为原则排定，中文翻译名"括号"在译名后，形成码6。基本上来说，内部排列顺序可以通过这两个排列顺序完成清晰地分解，并形成2个数字编码。

针对标准的法律层级强弱来定义其分级的底层延伸设计。国内的标准体系比较繁杂，近年来有向精简、全文强制性条款发展的趋势。为此，有必要对项目所执行的标准按照法律级的强弱进行区分，在确保设施建设过程质量可控、生产运行安全的前提下，对必须执行的标准类(A)、推荐执行的标准类(B)、参考执行的标准类(C)进行区别，用以指导五大控制目标与标准体系相互融合和落地。形成字母编码码7。

按照上述的三个原则来数字化定义一个标准的检索编码，可以用一组最多7位的编码来说清楚这个标准的整个逻辑分类脉络，应该说比较合理、简单。

3 实际应用

举一个实际例子，按照以上的规则得到一组7位编码的字符串"3. 1. 9. 3. G. 2. A"，按照规则查询的检索说明为：专用标准→接收站工程→施工类→储运工艺专业→国标→排列序号第2个→强制标准。

在实际操作中，基本的数字化检索体系的构建需要对各标准进行一一入库识别，这个环节容易遗漏，需要各执行部门(或相关专业人员)认真核定，并且标准的数字化检索体系建立后必须定期进行维护，更新相应的标准，以跟进项目的动态管理。这一过程可以按照图3示流程来控制，并形成表1所示标准统计入库表。

表1 标准统计入库表示例

工程名称	——						填报单位	——		
	查询编码							标准规范名		备注
序号	第一层	第二层	第三层	第四层	排列原则	排序号	分级原则	标准规范名称	标准代号	
1	—	—	—	—	—	—	—	—	—	—
2	—	—	—	—	—	—	—	—	—	—
……	—	—	—	—	—	—	—	—	—	—

当然这种检索体系的细分方式合理性大家还可以探讨，比如内部排列顺序的底层延伸设计这一环节，目前只涉及到了国内标准、欧美标准，这种情况应该会有所变化。由于我国LNG储运行业起步时间远远晚于国外，目前在运行的LNG接收站在设计、建造阶段参考了不少的欧美标准，据国内某大型设计院统计，在LNG接收站设计阶段，国内法律法规使用27项，国内标准、规范使用149项，国际通用LNG专用标准(欧、美标准)46项，这个比例还是比较高的。按照目前LNG的资源来源趋势、国际态势，我国与俄罗斯在能源上的合作会逐渐加大，必然在设施的合资合作上的机会越来越多，我们也会接触到对方的LNG相关标准。这样在可以看见的一段时间内，应该是有所吸收。这样的情况下，只简单地设置一个国外标准(W)分类可能不太合理，是否要进行细分有待考

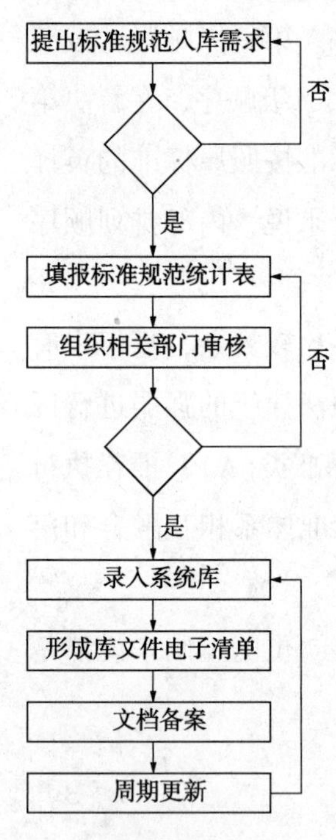

图3 控制流程

虑。此外，针对标准的法律级强弱来定义其分级的底层延伸设计，由于涉及到不少的国外标准，这样来划分，存在法律上的风险。但不论怎样，目前设计的这个构架在现阶段还是相对简单、易行，可以满足实施的基本需求以及将来的延展。同时随着国内标准体系的发展，国内 LNG 标准在不断完善和突破。受国际形势的影响，LNG 接收站在自主设计、自主采购、自主建造的基础上，设计标准国内化、采购国产化显得尤为重要。经过多年发展，我国已从直接采标国外 LNG 重点标准逐步转为根据国内 LNG 产业建设运营实际情况自主制定相关标准。科学化建立并不断完善我国 LNG 标准体系是支持 LNG 产业发展的当务之急，以便进一步发挥 LNG 技术标准对工程建设和生产运行的规范指导作用，增强我国在国际 LNG 市场的地位和话语权。

4 总结

本文所探讨的标准的数字化检索体系在 LNG 接收站建设、运营管理中构建的研究，不仅适用于 LNG 接收站(LNG 调峰站、储备站、转运站)，对于储气库工程、长输管道工程的建设也有现实的指导意义，可以参照这个理念进行各自的标准体系数字化改造。此体系的构建不仅有利于快速检索适用于 LNG 接收站建设的相关标准，更多的目的在于促进 LNG 接收站工程建设标准体系的更新和优化，使我国的液化天然气工程建设逐步地发展，具有适用于我国的独有标准体系，逐步地具有国际竞争力，达到可持续性发展的建设原则，同时我们也将开展 LNG 接收站运营过程中相关标准的收集、分类和整理，重点关注 LNG 产业链新领域的标准制修订工作，及时跟踪国际标准的更新使 LNG 标准体系分门类、成序列，层次分明，覆盖各个领域的各个阶段，真正发挥其指导生产和运营的实际作用。

参 考 文 献

[1]《炼化工程建设标准执行表(2016 版)》，中国石油化工集团公司工程部.

第三篇

LNG船建造技术

LNG运输船集中了目前世界最先进的造船技术，我国LNG船正向着高运输量、低成本、高效率的方向发展，亟需在船舶推动系统、低温液货舱结构等关键技术方面的创新。本篇《LNG造船技术》结合我国薄膜型LNG船、LNG加注船、FLNG在推动系统、低温液货舱结构设计、投产运行等方面的研究成果进行了总结和提炼，对我国大型LNG运输船和加注船研发和安全运行具有引领和实践指导作用。

LNG ship construction technology Part 3

LNG ships have gathered the most advanced shipbuilding technologies in the world. In China, the LNG ships are developing in the direction of high transportation capacity, low costs and high efficiency, and there is an urgent need for innovation in key technologies such as on-board propulsion systems and low-temperature liquid cargo tank structures. This Chapter LNG Ship Building Technologies summarizes and refines the research results related to the design, production and operation of propulsion systems and low-temperature liquid cargo tanks of membrane-type LNG transporting ships, LNG filling ships and FLNGs in China, providing the practical guidance for research, development and safe operation of large LNG transporting ships and LNG filling ships in China.

LNG 加注船与码头泊位兼容性研究

冯志明

（深圳华安液化石油气有限公司）

摘　要　LNG 加注船由于其体积较小、船体两侧平板长度短，与目前国内主流 LNG 码头的蝶形泊位兼容性差，导致码头可用的 LNG 加注船少。本文以华安 LNG 码头加注泊位与市场上不同型号的 LNG 加注船兼容性研究分析，通过 OPTIMOOR 计算软件模拟靠泊，再进行船岸设备设施兼容研究，分析影响 LNG 加注船与码头靠泊安全与工艺设备设施兼容的关键要素，针对 LNG 加注船平板长度较短与受注中心偏移等特点，提出其他接收站码头新建或改建时的优化建议，使接收站增加可匹配的 LNG 加注船舶数量。

关键词　LNG 加注；船舶；靠泊；兼容

Compatibility Study between LNG Bunkering Vessels and Terminals

Feng Zhiming

(SHENZHEN SINO-BENNY LPG., LTD)

Abstract　Due to LNG bunkering vessels small size and short length of parallel body, LNG Bunkering vessels are normally not compatible with the butterfly-type berths of the current mainstream LNG terminals in China, few LNG bunkering vessels are available for the LNG terminals. In this paper, based on the research and analysis of the compatibility between the loading berths of Sino-Benny LNG terminal and different types of LNG bunkering vessels on the market, through OPTIMOOR calculation software, and the compatibility study of ship shore equipment and facilities to analyze the key factors affecting the safety and compatibility of LNG terminal and vessel. For the situation that the short length of parallel body of bunkering vessels and the offset of the connection center, optimizations are given in this article for the construction or reconstruction of other LNG terminals, to increase number of LNG bunkering vessels that can be matched for the LNG terminals.

Keywords　LNG bunkering; Vessel; Berth; Compatibility

1 前言

船舶尾气排放已经成为长三角、大湾区地区主要气体污染物来源，使用LNG代替重油作为海运船舶的燃料，可显著降低NO_x与SO_X排放，近年我国沿海地区积极发展海上LNG加注业务。海上LNG加注技术分别有槽车加注、岸基加注、趸船加注、加注船加注方式，国际上主流的海上加注中心都采用加注船加注的方式，加注船在加注母港装货后，转运到采用天然气动力的受注船，提高加注灵活性。目前长三角地区与大湾区已完成海上加注母港的建设，深圳燃气华安LNG调峰库码头成为国内首个取得LNG反输资质的港口。

LNG加注船相对普通LNG运输船体积较小，船厂为确保船舶航速与设备布置，其船体线性与大型LNG运输船有较大差异，LNG加注母港大多数由大型LNG接收站泊位改建，泊位往往可以兼容LNG加注船与LNG运输船，在进行靠泊与兼容性分析时存在差异，由于目前全球市场只有30艘LNG加注船，加注母港应尽可能采取优化措施以匹配到更多加注船。

2 LNG加注船靠泊安全分析

靠泊安全是LNG加注船靠泊码头前进行的研究重点。通过靠泊安全分析，确定加注船在极端气象条件下，是否能够安全地靠泊在泊位上。可采用《港口工程荷载规范》各类载荷的计算方法，通过船舶横向与纵向受风面积，计算船舶风载荷与流载荷，计算缆绳角度与受力，护舷接触与受力情况。目前行业内主要通过专用的模拟计算软件OPTIMOOR，模拟LNG船靠泊后遇到极端气象环境情况，从两个维度进行分析，分别是船舶平板中体与码头护舷接触情况和缆绳数量、角度与拉力。

根据《系泊设备指南》船舶极端环境条件设定，首先完成OPTIMOOR靠泊模拟环境参数输入：①船首与船尾的水流，最大流速3kn；②与轴向中心线10°水流，最大流速2kn；③船横向的水流，0.75kn；④任意风向及最大的风速60kn。

另外，OPTIMOOR靠泊模拟还要进行船舶与靠泊设备坐标数据输入：①码头泊位设计最高水位与最低水位；②船舶满仓吃水与空仓吃水；③快速脱缆钩数量、最大载荷、与泊位中心点(气相臂接口界面)相对的坐标与高程；④护舷板形状与面积、坐标与高程、护舷橡胶体压缩量与反推力；⑤泊位水深；⑥船舶最大位移量；⑦船舶平板区域数据。

完成参数输入，即可进行靠泊模拟分析，图1为3万立方船型的LNG加注船与华安码头加注泊位模拟分析后输出内容，对该船输出结果进行重点分析。

OPTIMOOR输出结果：在LNG加注船空仓叠加潮位最高时与满仓叠加潮位最低时，遇到极端天气，缆绳拉力与码头护舷板接触、挤压是否在规定范围内。

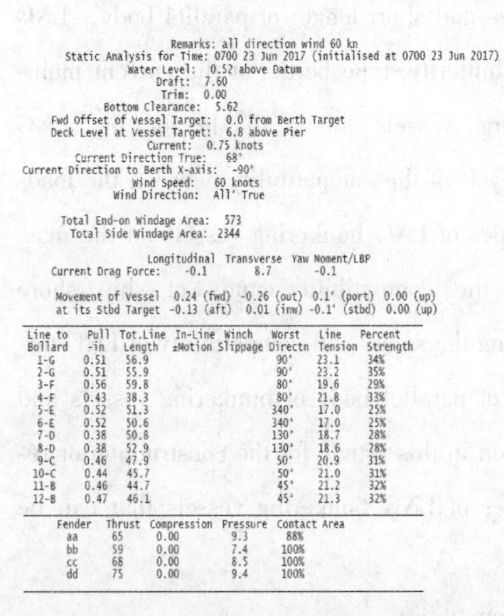

Remarks: all direction wind 60 kn
Static Analysis for Time: 0700 23 Jun 2017 (initialised at 0700 23 Jun 2017)
Water Level: 0.52 above Datum
Draft: 7.60
Trim: 0.00
Bottom Clearance: 5.62
Fwd Offset of Vessel Target: 0.0 from Berth Target
Deck Level at Vessel Target: 6.8 above Pier
Current: 0.75 knots
Current Direction True: 68°
Current Direction to Berth X-axis: -90°
Wind Speed: 60 knots
Wind Direction: All° True

Total End-on Windage Area: 573
Total Side Windage Area: 2344

	Longitudinal	Transverse	Yaw Moment/LBP
Current Drag Force:	-0.1	8.7	-0.1

Movement of Vessel	0.24 (fwd)	-0.26 (out)	0.1° (port)	0.00 (up)
at its Stbd Target	-0.13 (aft)	0.01 (inw)	-0.1° (stbd)	0.00 (up)

Line to Bollard	Pull -in	Tot.Line Length	In-Line ±Motion	Winch Slippage	Worst Directn	Line Tension	Percent Strength
1-G	0.51	56.9			90°	23.1	34%
2-G	0.51	55.9			90°	23.2	35%
3-F	0.56	59.8			80°	19.6	29%
4-F	0.43	38.3			80°	21.8	33%
5-E	0.52	51.3			340°	17.0	25%
6-E	0.52	50.6			340°	17.0	25%
7-D	0.38	50.8			130°	18.7	28%
8-D	0.38	52.9			130°	18.6	28%
9-C	0.46	47.9			50°	20.9	31%
10-C	0.44	45.7			50°	21.0	31%
11-B	0.46	44.7			45°	21.2	32%
12-B	0.47	46.1			45°	21.3	32%

Fender	Thrust	Compression	Pressure	Contact Area
aa	65	0.00	9.3	88%
bb	59	0.00	7.4	100%
cc	68	0.00	8.5	100%
dd	75	0.00	9.4	100%

图1 OPTIMOOR分析结果

2.1 缆绳的分析

按照石油公司国际海事论坛的相关要求，钢丝缆绳拉力不应超过破断力的 55%，合成缆拉力不应超过破断力的 50%，高分子尼龙缆拉力不应该超过破断力的 45%。该 3 万立方船采用尼龙缆，最大拉力出现在 2-G 号缆绳，强度为破断力的 35%，缆绳最大拉力为 23.3t，未超过脱缆钩的许可载荷 75t，在满仓最低潮位与极端气象环境下，缆绳均满足靠泊要求。

2.2 护舷板接触与推力分析

船舶平板中体与护舷的接触受力分析，华安 LNG 加注泊位共有四个护舷，内侧护舷相距 55m，外侧护舷相距 80m，护舷最大允许变形为 55%，单个护舷产生最大反推力为 1368KN。同时也要考虑面板接触压力是否在船侧平板外壳许用应力，避免出现超压导致船体变形破裂受损，LNG 加注船船壳许用应力不超过 $20t/m^2$。从输出结果可以看到 3 万立方加注船四个护舷都可以接触，其中船头外侧护舷只能接触 88%，但面板压力与橡胶变形量均在许可范围，最大压力位 750KN，护舷最大变形量 16%，船外壳最大受力 $9.4t/m^2$，在满仓最低潮位与极端气象环境下，船舶与护舷接触情况符合要求。

表 1 部分船型与华安码头匹配情况

船型/m^3	舱型	空载艏艉平板长度/m	OPTIMOOR 结果
7500	C 型舱	22.3(艏)/28.9(艉))	空载高水位时，平板区前侧未接触到码头护舷；总长度不满足码头护舷要求
10000	C 型舱	27.6(艏)/37.5(艉)	可安全靠泊
18600	GTT MARK Ⅲ FLEX（薄膜舱型）	25(艏)/42.5(艉)	空载高水位时，平板区前侧只是接触到护舷板 14%，未满足 50%的要求
30000	C 型舱	27.2(艏)/38.8(艉)	可安全靠泊

目前市场上主流的 LNG 加注船船型与华安 LNG 加注泊位匹配，经过 OPTIMPOOR 软件模拟分析后，可以总结各类船型与码头匹配的主要限制因素。

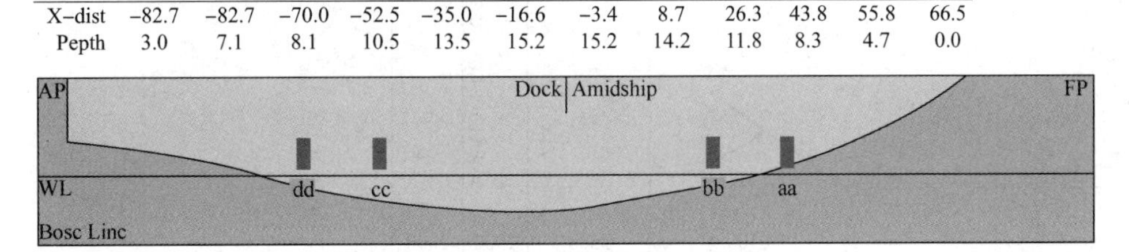

图 2 模拟靠泊护舷接触情况

2.3 限制因素

对不同船型匹配分析，导致船岸未能匹配成功的主要限制：

（1）目前新造船舶追求平滑船舶线性与较高航速，能降低航行能耗，但在空仓状态与高水位时，小型加注船普遍存在平板长度不足，前后两侧无法接触码头护舷，接触位置为船体带弧度区域，靠泊时船壳应力过大、护舷推力方向不垂直的问题。

（2）部分 LNG 加注船在空仓与高水位时，平板长度可满足靠泊要求，但由于受注口偏离平板中心(多数靠前)，导致船岸双方对准接口时，船舶平板前侧或后侧将无法接触护舷。

（3）部分 LNG 加注船平板长度满足要求，由于华安码头护舷高程较低，需要根据潮位情况，合理安排靠泊计划，乘潮靠泊，避免同时出现高水位与船舶空仓状态。

3 设备设施兼容研究

完成 LNG 加注船靠泊安全分析后，还需要进一步研究船岸与接收站工艺设备设施兼容情况，才能决定船舶是否与码头匹配。

3.1 装货臂包络

经过流量设计核算，目前华安公司可使用两条臂(气相臂与液相臂)进行 LNG 加注船装货，即可满足最大装货流量要求。使用气相臂与加注船对中，加上船舶靠泊移动范围，计算装货臂在各个方向最大位移必须在包络范围内。装货臂的包络边界包括预报警、连锁报警、ERC 紧急脱离报警三道限位。影响装货臂是否在包络范围内的关键因素包括：加注船吃水、受注口高程、气态液态受注口间距、受注口船边距离、受注口与平板中心偏离，另外需考虑受注口区域顶部是否存在障碍物，妨碍装货臂自由浮动。

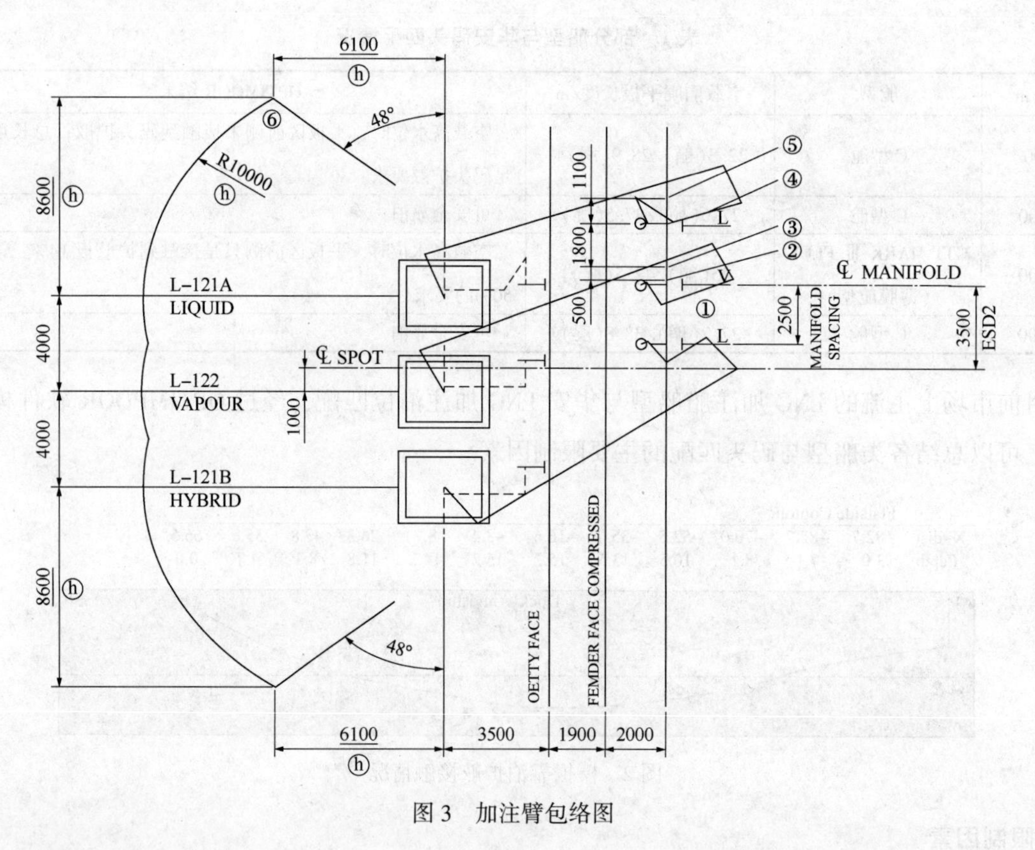

图 3 加注臂包络图

3.2 接口法兰

LNG 码头用臂接口连接主要采用快速连接方式(QCDC)，连接速度快且安全性高，法兰整体受力均匀，但对法兰厚度和法兰平面要求高，船岸双方必须采用一致的法兰标准，华安码头的 LNG 装船臂采用 ANSI B16.5 法兰标准。对于部分船舶在海上运行时间长，法兰锈蚀厚度减薄，或采用不同标准的法兰进行强行组对连接，会导致 QCDC 接口发生泄漏。另外部分加注船接口法兰平面带水纹，而 QCDC 法兰通常采用密封圈(两圈或三圈)结构，与波纹平面配合时，密封不严，容易导致法兰泄漏。

3.3 船岸连接与登船梯

LNG 船岸连接系统有光纤、电缆、气动三种连接方式，主要交换船岸双方 ESD1、通讯、辅助靠泊数据，优先选择使用光纤连接，其次选择电缆。目前市场上主流采用英国 SeaTechik 公司的船岸连接设备，船舶靠泊前必须审查船岸连接接头和系统是否匹配，或配备相应的信号转接设备。LNG 船应留有足够空间允许登船梯摆放，避免周边有异物阻挡，保证船舶位移与潮位吃水变化时，登船梯自由摆放。

3.4 BOG 处置

加注船货舱温度受下游加注业务影响大，如 LNG 受注船为薄膜燃料舱时，要求货温低，LNG 饱和蒸汽压不能超过 15kPa，导致加注船装船产生大量的 BOG 需要处置；另外货舱温度较高的船舶，装船也会产生大量的 BOG，通过返回岸方储罐才能维持船舱压力稳定。目前市场上小部分 LNG 加注船已配备再液化装置，可以完全消纳装船产生的 BOG。部分加注船采用 C 型舱结构，通过提升舱内压力，可减少 BOG 返回量。国内大多数已建接收站在设计时并未考虑装船工况下的 BOG 回收，船舶装船时产生的 BOG，接收站无法全部回收，需充分考虑该部分 BOG 的处置方式。

4 优化建议

(1) 根据 OPTIMOOR 模拟结果与设备设施兼容研究，新造和改扩建码头应尽量缩短护舷间距或提高护舷的高程、增大护舷面板面积，提高 LNG 加注船舶匹配成功率。

(2) 新建或改建码头可增加气液相装货臂相互切换的选择，例如由 L-V-L/V 的模式，改为 L/V-L/V-L/V 模式，通过装货臂气液相切换船岸接口对中线，使受注口偏离平板中心线船舶靠泊时前移或后移，增加码头可靠泊的船型。

(3) 接收站应根据自身 BOG 处理能力，选择合适的加注船。对于部分加注船自身不能处置装船时产生的 BOG，接收站应考虑能够处置该部分的 BOG，如提前降低岸上储罐货物的饱和蒸汽压，未能回收的 BOG 只能通过火炬燃烧掉。

5 结论

国际 LNG 燃料动力船爆发时增长，目前我国海上 LNG 加注业务处于起步阶段，沿海地区应加快 LNG 加注业务的发展，对于新建与改建的 LNG 加注码头，应尽可能匹配更多的 LNG 加注船船型，增加操作灵活性。对于 LNG 加注船的匹配研究，先通过 OPTIMOOR 模拟确定 LNG 加注船靠泊安全性，再进行设备设施兼容研究，最终才能确定船舶是否与接收站码头匹配。

参 考 文 献

[1] 周玉良. 船舶 LNG 加注的市场前景及发展建议[J]. 中外企业家，2020(12)：109-110.
[2] 孙英广，朱利翔，谷文强. 码头结构系缆力标准值计算方法研究[J]. 港工技术，2017，54(4)：39-45.
[3] 叶银苗. 码头设计中船舶风荷载中英规范标准研究[J]. 水运工程，2014(7)：46-50.
[4] 于军民，王立昕，肖礼军，等. 液化天然气码头操作规程：SYT 6929—2012[S]. 北京：石油工业出版社，2012：7-20.

某大型LNG加注船氮气系统多元化技术研究

关海波　于　朋　刘　琳

[沪东中华(造船)集团有限公司]

摘　要　LNG加注船是运输-163℃液化天然气并给客户船进行LNG加注的专用船舶。当前，全球有200多艘双燃料LNG动力船在建，随着2020年全球运行船舶硫化物排放标准的实施，双燃料LNG动力船的需求还将不断增长。LNG加注船性能也将随之不断优化升级，例如：更高的LNG加注速率，对客户船LNG燃料舱的兼容性更强，对客户船的船型覆盖更广等等。LNG加注船装配了氮气发生装置，可以完成LNG加注船液货舱和客户船LNG燃料舱的干空气置换、惰化、驱气等全流程操作。另外，氮气发生装置还为LNG加注船液货围护系统绝缘层、低温设备和甲板日用提供所需的氮气。本文重点对大型薄膜型LNG加注船氮气系统多元化技术进行研究，项目所涉及到的创新设计合理并且成效明显，已经完成实船应用，产生了良好的经济效益，填补了国内相关船型在该领域的空白，提高了在国际船舶行业的竞争力。

关键词　大型薄膜型；LNG加注船；氮气系统多元化设计研究

Multifunction study of N_2 generation plant for large LBV

Guan Haibo　Yu Peng　Liu Lin

(Hudong-Zhonghua Shipbuilding (Group) Co., Ltd.)

Abstract　LNG bunker vessel (LBV) is one special ship which can transfer LNG to Client vessels. At present, there are about 200 vessels with LNG power under construction. LNG power ships will increase more and more in future in order to meet the requirement of IMO. LBV will be updated accordingly, such as higher bunker rate, better compatibility for client vessels and etc. There equipped with N_2 generation plant for LBV which can finish the various operations for LBV cargo tanks and LNG fuelled ships fuel tank. Such as drying and inerting. In addition, N_2 generation plant also supplies high pressure nitrogen gas to cargo tank insulation space, cargo equipment and daily use on deck. This paper focus on studying of multifunction design of N_2 generation plant. The innovations involved in the project are well designed and effective. Now the application of real ships has been completed which has produced good economic benefits, filled the gap of domestic related ship types in this field, and improved the competitiveness of the international ship industry.

Keywords large membrane type CCS; LBV; Multifunction study for N_2 generation plant

1 概述

对于一般大型 LNG 运输船上的惰气系统需配备 2 套不同的设备：一套是惰气发生器，主要用于在出坞后在天然气注入前干燥和惰化货舱及管系、入坞前惰化货舱和管系以及为管弄、隔离空舱、压载舱通风提供干空气的应急操作等。一套是氮气系统：用于薄膜型液货围护系统的初级/次级绝缘层增压、低温货物设备密封和吹洗杂用等。

LNG 加注船采用了全新设计，只用一套多元化氮气系统代替大型 LNG 运输船上的惰气系统和氮气系统两套设备，节约了空间和建造成本。本文重点研究 LNG 加注船氮气系统的多模式和多功能的应用设计和氮气系统选型研究。

2 LNG 加注船氮气系统多元化技术研究

2.1 LNG 加注船氮气系统设计

2.1.1 LNG 加注船氮气系统设计理念

设计初期，对氮气系统成本，选型和布置等多维度考虑。分析如下：

对于成本来说，大型 LNG 运输船用的 1 套惰气系统和 1 套氮气系统，2 套设备的价格相比加注船的一套氮气系统贵很多。经询价大型 LNG 运输船惰气系统约 50 万美元，氮气系统约 23 万美元。而 LNG 加注船氮气系统仅约为 50 万美元。价格优势明显，所以仅采用 1 套多元化多功能氮气系统降本增益效果显著。

对于设备选型来说，惰气系统的排量比较大，在 8000m^3/h 以上，而加注船的惰气所需排量仅为 2200m^3/h，所以设备选型很难匹配，即使选择了 8000m^3/h，既提高了成本，又需配置相关装置进行降排量运行。

从操作流程来考虑，在货舱干燥惰化时，如选择惰气系统加氮气系统，那么对于 LNG 加注船对货舱先做干燥流程，再做惰化流程，干燥惰化时间约为 12+12h，既干燥 12h，惰化 12h，主要因为惰气系统产生的惰气纯度和露点不如氮气系统，尤其惰气中含有的氮氧化物和硫氧化物，一旦遇到水蒸气，则产生的酸性水汽会对货舱的殷瓦造成腐蚀，还有一点是惰气的大流量如得不到良好控制，将产生活塞效应，不仅不能缩小干燥惰化时间，反而会加大各流程时间，效果反而更差。加注船利用单套氮气系统，氮气纯度和露点都优于惰气，所以干燥惰化流程可以合并，流程可以缩减至 18h 左右，大大缩小了干燥惰化流程时间。

对于惰气系统的成分纯度问题，当给受注船进行惰化、驱气置换的时候，如果采用惰气系统给受加注船惰化驱气，由于 CO_2 残留，当冷却到 217. 15K 左右时，就会冻结成雪花状的固态为二氧化碳，固态二氧化碳的汽化热量很大。在213.15K时为364.5J/g，在常压下汽化时可使周围温度降到195.15K左右，并且不会产生液体，也称“干冰”。这样对受注船的管路和燃料舱有很大危害。

综上，LNG加注船将惰气系统与氮气系统合二为一，不仅采购成本有优势，而且采用纯度更高露点更低的氮气对于加注船和受注船的货舱和管路有益，还大大缩短干燥惰化流程时间，所以加注船采用多元化多功能氮气系统具备很大优势。

2.1.2 LNG加注船氮气系统设计

对于LNG加注船的氮气系统，不仅LNG加注船的惰化、驱气置换及日用惰气还有受加注船的惰化、驱气置换都由加注船氮气系统实现的。当受注船需要干燥、惰化、驱气置换等需求时，加注船本身用于LNG运输船围护系统的初级和次级绝缘层和用于低温设备的日常气密、调整负荷、管路吹扫等功能的氮气系统也需要正常提供氮气。加注船采用的多元化多功能氮气系统，兼具了常规LNG运输船的惰气系统和氮气系统大致功能。

通则要求：阀和管路的布置要保证当氧气含量超过设定允许值(取决于所选的氮气纯度)，氮气可自动排到大气中；氧气分析仪将检测氮气的质量，控制系统也会连接氧气分析仪，如果氧气含量超过允许值，将自动停止氮气流入氮气储存罐，不合格的氮气将通过三通球阀自动排到大气；氮气设备应可以就地起停，并配备必要的仪表报警，如氧气含量高、露点高等。详见图1：

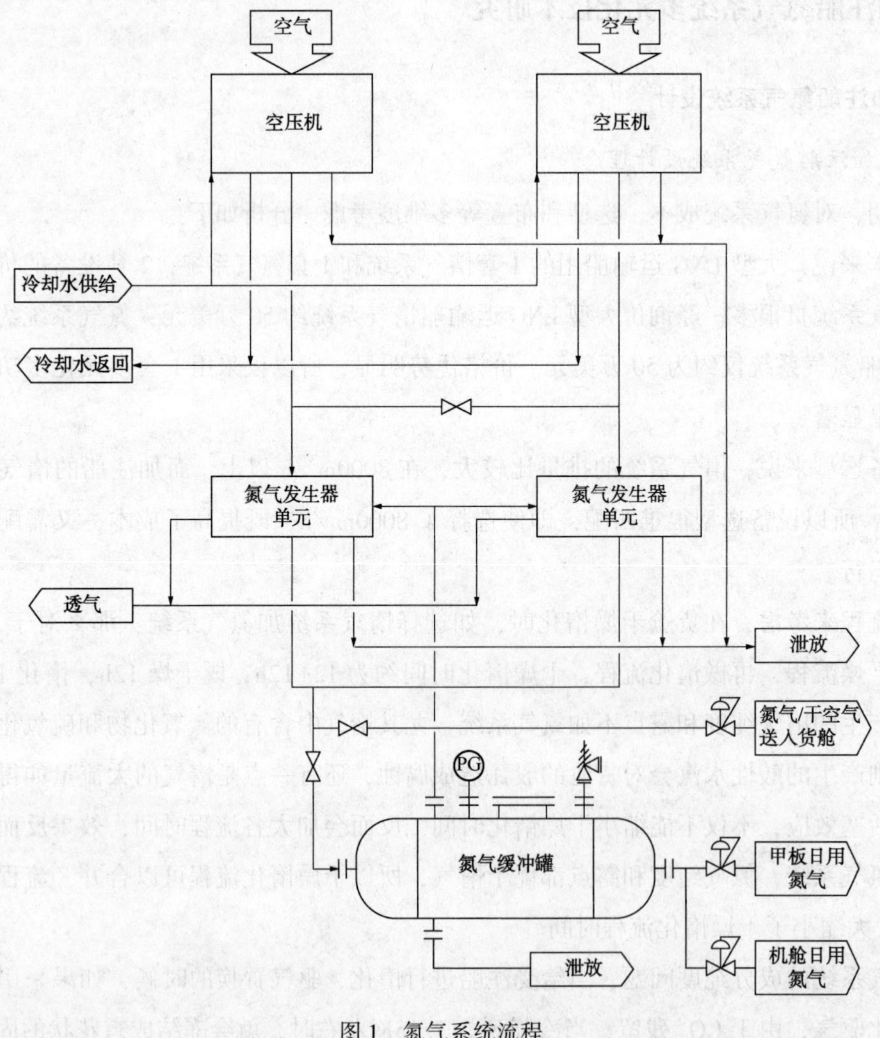

图1 氮气系统流程

2.1.3 LNG 加注船氮气设计压力和试验压力

对于 LNG 加注船氮气设计压力，一般根据设备需求，比如：BOG 燃气压缩机采用往复活塞式压缩机，要求一定量的氮气来调节负荷。当给受注船惰化、驱气等操作时，加注船的制氮设备用于产生大排量的干空气或者氮气，此时只能用加注船的氮气储罐来维持加注船的自用。给受加注船操作的时间大约为 20h，根据加注船各个设备及绝缘层日常维护的氮气需求，可以计算出氮气储罐的容积。由于需要一定的设计冗余，避免有以外发生，所以 LNG 加注船氮气压力调整为 0.7MPa，设定氮气发生器根据储罐的压力自动启停：启动压力设定为 0.45MPa，停止压力设定为 0.7MPa。相应的，氮气系统管路设计压力选择为 1MPaG。

2.1.4 氮气管路材质设计

与货舱围护系统绝缘层相关的氮气管路，采用低温不锈钢 316L 材质，设计温度在 110.15K，连接方式对接焊，管材和附件需要提供船级社认证。对于低温管，通径 75 以上的对接焊焊缝需要做 100%拍片，通径 40-75 需要做 10%拍片+渗透试验，通径 40 以下仅做渗透试验。对于常温管，如氮气设备室内的管路，压缩机与吸干机之间的管路选用碳钢管，法兰连接。从吸干机到缓存罐，缓存罐到氮气发生器单元，氮气发生器单元到氮气储罐的管路选用 304 不锈钢，连接方式为对接焊。但在露天区域的排气管需选用不锈钢 316L 材质。相应的阀附件选用低温或常温不锈钢材质，垫片选用常温或低温不锈钢石墨缠绕垫片。

2.1.5 氮气储罐容积设计

氮气储罐容积设计主要从以下几点考虑：

1）物维护系统和液货设备等所需的氮气消耗量

2）货舱冷却初始化和货舱装载时，绝缘层由于温度降低时需要消耗的氮气消耗量

3）货物维护系统，考虑气压变化，次级绝缘层极小泄气等情况所需的氮气消耗量

4）给受加注船驱气时(20h)，加注船所需的氮气消耗量

综上，计算结果如下，最终选择氮气储罐容积为 45m^3，压力为 0.7MPaG，详见表 1：

表 1 氮气罐容积计算

氮气消耗	消耗量/(Nm^3/h)	注释	氮气消耗	消耗量/(Nm^3/h)	注释
绝缘层氮气增压	28.1	—	理论氮气总消耗	45.1	—
低温压缩机氮气密封	2x7	—	设计余量	0%	—
重组分分离器泄放罐吹洗	3	—	总计	45.1	—

2.1.6 氮气消耗设计

氮气用于货舱惰化：

- 出坞后给液货舱加气之前，用纯度为 99%的氮气进行货舱惰化。通过气体集管注入液货舱的顶部，以便推动先前包含在液货舱中的大气(较重)；
- 入坞前(液货舱预热后)，用纯度为 97%的氮气进行货舱惰化。通过液体集管注入到液货舱底部，以便通过气体集管推动先前包含在液货舱中的天然气；
- 给管弄，压载舱和隔离空舱提供干空气；
- 给液货管和机械室提供氮气。

综上，LNG 加注船总的氮气消耗计算见表 2：

表 2　氮气和干空气消耗量

氮气消耗项目	氮气耗量/(Nm³/h)	干空气消耗项目	干空气耗量/(Nm³/h)
货舱惰化	2173	货舱通风	2957
大气压力升高	1(*)		
通过次级绝缘层的流量	4.3	干空气总耗量	2957
氮气总耗量	2178.3	设计余量	0%
设计余量	0%		
氮气总耗量(含余量)	2178.3	干空气总耗量(含余量)	2957

(*)大气压力升高速度按 0.2kpa/h。

2.1.7　氮气发生器的功能模式设计

由于各个功能干空气需求的流量、露点的不同，氮气需求的流量、纯度、露点的不同，所以设计了不同工况，氮气设备的运行也会有不同的选择，这就是之前提到的，本项目作为全球最大的薄膜式 LNG 加注船的配套氮气设备，对氮气系统的性能与模式多样性要求完全区别于常规的船用氮气系统，不仅需要考虑本船自己的用气状态，还需要考虑不同受注船的状态。整套设备需要涉及在多纯度、多流量、多压力模式的不同交叉工况下的稳定工作与便捷切换能力，以满足加注船在工作时对自己与加注对象的加注过程中涉及到的隔绝、惰化、吹扫等多种用气状态下，都能提供稳定的合适的惰性气体。

设计选用 2 台大流量压缩机，2 台小流量压缩机，可根据需求流量选择开启哪些压缩机。

设计选用 2 台吸干机，用与对压缩空气的干燥，降低其露点，满足在货舱所需的低于 233.15K 露点要求。流量 9.2-46m³/h，露点为 233.15K。

对于 PSA 型式的制氮设备，流量、纯度和压力，应满足制氮的流量纯度压力要求。详见表 3：

表 3　PSA 功能模式

模式	生产气体	纯度	流量	压力	露点
低压制氮模式	氮气	98%	2200Nm³/h	25KPa	208.15K
	氮气	97%	2500Nm³/h	25KPa	208.15K
	氮气	99%	2000Nm³/h	25KPa	208.15K
高压制氮模式	氮气	98%	200Nm³/h	0.7MPa	208.15K
干空气模式	干空气	—	3200Nm³/h	25KPa	233.15K

2.1.8　氮气系统设计要点

氮气系统设计过程中有些需要特别注意的要点，尤其不同项目规格书不同厂家不同，设计理念的方法也不一样，故在氮气系统设计时需考虑的关键要素如下：

- 根据规格书要求，确定系统中阀件和管路的材质。
- 氮气发生器设备中压缩机一般需要水冷，干燥器不同厂家不同，注意有的厂家提供的是干燥器与冷干机组合撬，即冷干机也需要淡水冷却系统。
- 氮气发生器设备中压缩机和干燥器有泄放系统，由于水汽排量比较大，一般设计将排水管直接排到舱底水舱。端部用漏斗接泄放水以便于观察泄放水情况。并且此泄放管需安装水封弯，用于氮气室与机舱隔绝。

- 根据规格书要求，氮气设备需安装露点仪。氧气含量，露点，流量，压力和温度都被记录在货控室，一旦氧气含量体积比超过3%，氮气会被自动排入大气，并且在就地和货控室发出声光报警。可以在货控室停止该设备。
- 氮气发生器可在就地自动控制启动/停止，并可在就地和货控室监测。
- 根据规格书要求，在氮气室布置可燃气体探头，用于探测可燃气体的含量，如果超过设定值，系统会相应的报警，在自动化系统(IAS)会有相应的显示，提醒操作人员及时消除隐患。
- 根据规范要求，在干燥单元出口的管路上，需要布置两个止回阀。止回阀安装在货舱区域。
- 注意和压载系统连接需要有可拆短管，正常状态下用盲板法兰连接。
- 氮气发生器设备基座需要进行结构反面加强。
- 注意干燥器和制氮单元(PSA)排气需要排放到敞开甲板安全区域，以免造成氮气积聚。
- 氮气储罐上装有就地压力表和压力传感器，以控制氮气发生器的工作状态。同时，配有安全阀和氮气吹洗泄放管路。需要注意的是，安全阀排出管路和吹洗泄放管路均应排出至舱室外部露天甲板的安全区域。
- 氮气泄露有窒息的风险，注意在可能泄露地点布置警告牌。
- 日用氮气消耗需确认所有设备的氮气需求。

2.2 加注船氮气设备选型

2.2.1 制氮原理的介绍和选型

制氮原理通常有三种制氮方法，即深冷空分法、分子筛空分法(PSA)和膜空分法。

深冷空分制氮是一种传统的制氮方法，已有近几十年的历史。它是以空气为原料，经过压缩、净化，再利用热交换器使空气液化成为液空。液空主要是液氧和液氮的混合物，利用液氧和液氮的沸点不同，通过精馏，使它们分离来获得氮气。但深冷空分制氮设备复杂、占地面积大，基建费用高，投资高，运行成本高，产气慢，安装要求高、周期长。综合设备安装和基建诸因素，相同规格的PSA装置的投资规模要比深冷空分装置低20%-50%。所以对于船舶氮气不会考虑应用。

膜空分法制氮是以空气为原料，在一定压力下，利用氧和氮等不同性质的气体在膜中具有不同的渗透速率来使氧和氮分离。和其他制氮设备相比它具有结构简单、体积更小、无切换阀门、维护量少、产气块、增容方便等优点，它特别适宜氮气纯度≤98%的中、小型氮气用户。而氮气纯度在98%以上时，它与相同规格的PSA制氮设备相比加个要高出15%以上。详见图2：

分子筛空分制氮是以空气为原料，以碳分子筛作为吸附剂，运用变压吸附原理，利用碳分子筛对氧和氮的选择性吸附而使氮和氧分离的方法，通称PSA制氮。此法是七十年代迅速发展起来的一种新的制氮技术。与传统制氮相比，它具有工艺流程简单、自动化程度高、产气快、能耗低，产品纯度可在较大范围内根据用户需要进行调节，操作维护方便、运行成本低、装置适应性较强等特点。综合，LNG加注船氮气的多功能，多模式流量调节和高纯度的需求，而且相比膜式，PSA成本会降低15%左右。所以最终确定加注船选择PSA变压吸附式制氮设备。详见图3：

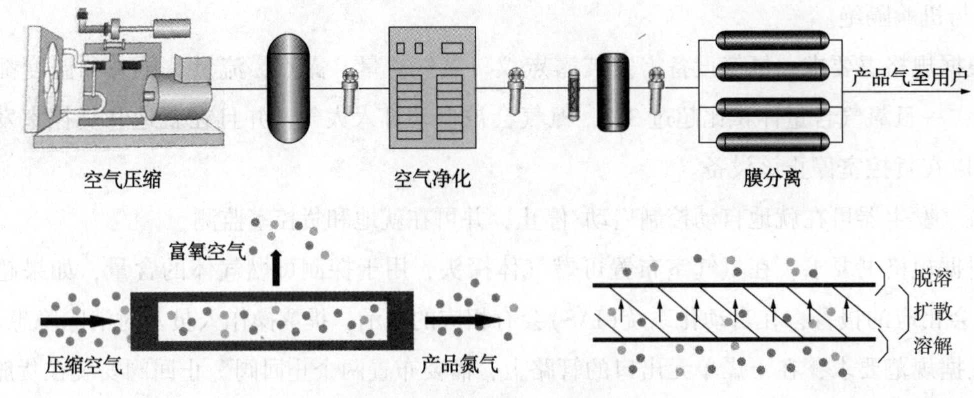

图 2　膜空分法制氮原理流程

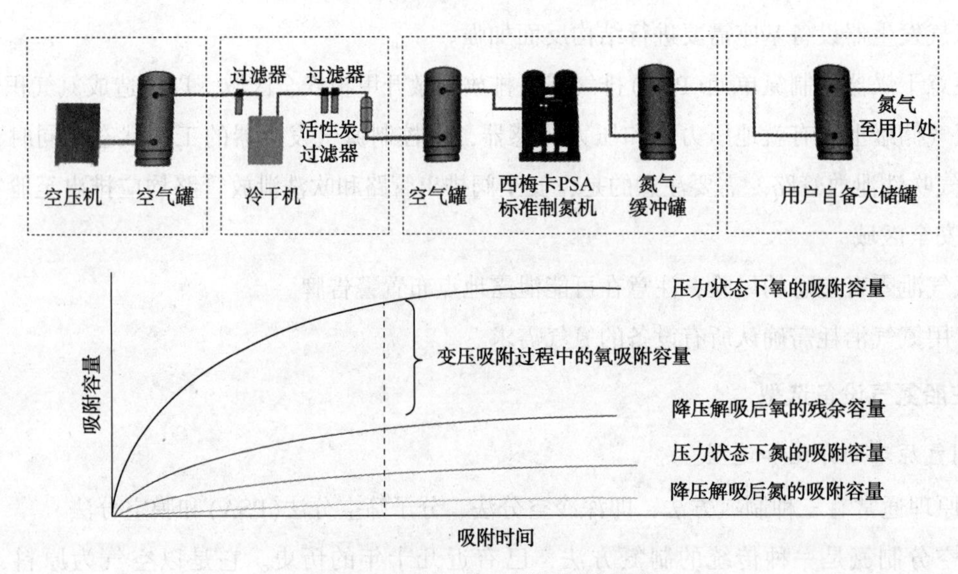

图 3　分子筛空分法制氮原理流程

2.2.2　氮气发生器设备选型与应用

氮气发生器的主要作用是在产生氮气或干空气，根据上面氮气系统详细设计，我们选择的氮气发生器的氮气模式的流量为 2000-2500m^3/h；干空气模式下的流量为 3200m^3/h(露点为 233.15K)，供气压力为 300-700KPaG。

由于不同的厂家设计方法不同，下面分别对以下两个加注船项目的氮气发生器做选型研究。A 项目加注船项目氮气发生器功能模式详见表 4：

表 4　A 项目氮气发生器功能模式

序号	模式	输出气体	纯度	排量	标准大气压下露点	所需空压机数量/规格		所需氮气发生器单元数量
1	低压	氮气	99%	950Nm^3/h	208.15K	TMC280	1 套	2 套
2		氮气	99%	1900Nm^3/h	208.15K	TMC280	2 套	4 套
3		氮气	99%	200Nm^3/h	208.15K	TMC44	2 套	1 套
4		氮气	98%	1100Nm^3/h	208.15K	TMC280	1 套	2 套
5		氮气	98%	2200Nm^3/h	208.15K	TMC44	2 套	4 套
6		氮气	97%	2500Nm^3/h	208.15K	TMC44	2 套	4 套
7	高压	氮气	98%	200Nm^3/h	208.15K	TMC280	2 套	1 套
8	低压	干空气	—	3200Nm^3/h	233.15K	TMC280	2 套	—

可以看出，厂家配备 4 台压缩机，2 大 2 小。2 台干燥器，1 台干燥空气旁通滤器，1 台空气缓存罐，4 台 PSA 氮气发生器，1 台氮气滤器模块等。

B 项目加注船项目氮气发生器功能模式详见表 5：

表 5 B 项目氮气发生器功能模式

序号	输出气体	模式	纯度	排量	输出压力	标准大气压下露点	氮气单元	所需空压机数量/规格		空气干燥单元		
1	氮气	Ⅰ	98%	225Nm³/h	0.7MPaG	≤208.15K	301 或 302	TMC54-10	1 套	LNLS-50	1 套	模式Ⅰ
2	氮气	Ⅱ	98%	450Nm³/h	0.7MPaG	≤208.15K	301 和 302	TMC54-10	2 套	LNLS-50	1 套	模式Ⅱ
3	氮气	Ⅲ	98%	2200Nm³/h	25KPaG	≤208.15K	所有	TMC54-10	2 套	LNLS-50	2 套	模式Ⅲ
								TMC245-9	2 套			
4	氮气	Ⅳ	97%	2500Nm³/h	25KPaG	≤208.15K	所有	TMC54-10	2 套	LNLS-50	2 套	模式Ⅲ
								TMC245-9	2 套			
5	氮气	Ⅴ	99%	2000Nm³/h	25KPaG	≤208.15K	所有	TMC54-10	2 套	LNLS-45	2 套	模式Ⅲ
								TMC245-9	2 套			
6	干空气	Ⅵ	Air	3200Nm³/h	25KPaG	≤228.15K	—	TMC54-10	—	LNLS-50	2 套	模式Ⅲ
								TMC245-9	2 套			

可以看出，厂家配备 4 台压缩机，2 大 2 小。2 台干燥器(冷干机)，1 台空气氮气组合缓存罐，3 台 PSA 氮气发生器，2 大 1 小。

从上面 2 个项目的模式可以看出。整套设备涉及在多纯度、多流量、多压力模式的不同交叉工况下的稳定工作与便捷切换能力。这是我们对设备厂家工况流量等要求，厂家再针对不同需求和模式来对设备组成和 PLC 控制等进行进一步的拓展。

3 小结

本文对 LNG 加注船的氮气系统进行多元化技术研究，阐明与大型 LNG 运输船差异，并从以下几点说明选择多功能氮气系统代替传统惰气+氮气设备模式的优势，比如设备成本、各工况工艺流程、纯度、布置等。结合加注船的多功能多元化工况，对加注船氮气系统做详细设计。其中，包括氮气设计压力和试验压力、氮气管路材质设计、氮气储存罐容积设计、氮气发生器的功能模式设计。结合项目实际情况，对比说明 A 项目与 B 项目两个船型氮气设备的不同设计。LNG 加注船氮气系统多元化技术进行研究，项目所涉及到的创新设计成效明显，具有重要的经济效益，可以供其他类似船型作为参考，有效的推动了造船技术水平发展，提高了公司在国际船舶行业该船型的竞争力。

参考文献

[1] INTERNATIONAL CODE FOR THE CONSTRUCTION AND EQUIPMENT OF SHIPS CARRYING LIQUEFIED GASES IN BULK (IGC CODE)

[2] BV rules：NR467-Rules for steel ships-Chapter 9 Liquefied Gas Carriers

[3] BV rules：NR620-LNG bunkering ship

基于负反馈机制的冷舱辅助决策算法

何　弦　叶冬青　吴　军

[沪东中华(造船)集团有限公司]

摘　要　LNG船在交付前必须对液货舱进行货舱冷却试验，目前的货舱冷却试验主要参考GTT冷舱曲线。在实际操作中，冷舱过程所需记录的数据量过于庞大，以至于能难挤出时间进行精确决策，这导致最终的冷舱效果既有一定的运气成分，也与操作人员的经验是否足够丰富有关。在全球制造业都在数字化转型的阶段，将这些操作经验转化为智能算法的时机已然成熟。本文重点对大型薄膜型LNG船的冷舱经验进行了总结，并尝试通过启发式算法实现，在某实船试验中取得了显著的成效。

关键词　大型薄膜型；LNGC；冷却工艺过程研究；负反馈；数字化转型

An Algorithm of Tank Cooling Down Decision Support Based on Degenerative Feedback

He Xuan　Ye Dongqing　Wu Jun

[Hudong-Zhonghua Shipbuilding (Group) Co., Ltd]

Abstract　The LNGC needs to pass the tank cooling down test before delivery, and the GTT cooling down curve has been taken as the main basis. However, huge volumes of data needs to be recorded, ending up with few time for decision-making, contributes to undesirable real cooling down curve if the operator is not experienced. Fortunately, the trend of industrial digitization has brought a chance to turn the experiences of decision-making during cooling down test into a heuristic algorithm, which has been verified very helpful.

Keywords　Membrane type LNG tank; LNGC; tank cooling down technology study; degenerative feedback; industrial digitization

1　问题背景

在进行LNG装载和卸货等一系列低温操作时，需要基于GTT提供的温度曲线进行降温速度控制。而降温速度的控制是通过控制几个阀的开度实现的。例如，如图1所示，在气体试航大纲中，冷却3舱时，主要是通过调节1V、2V、3V的开度来控制冷舱速率。

其原理是：

1）增大/减小阀的开度时，由于阀的开度与其单位时间通过的流量之间存在正相关性，因此单位时间进入气穹进行换热的LNG的量也会随之增大/减小；

2）增大/减小单位时间进入气穹进行换热的LNG的量，当LNG发生相变吸热时能够吸收的热量也会随之增大/减小；

3）增大/减小LNG发生相变吸热时能够吸收的热量，舱内的整体温度变化速率也会随之增大/减小。

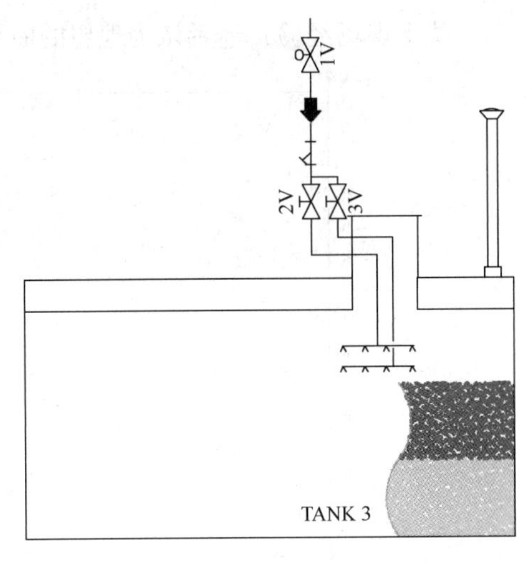

图1　气体试航大纲-冷舱

2　存在的问题

2.1　人工决策的局限性

在实际冷舱过程中，工作人员需要同时记录5~9个表格，有些表需要5分钟记录一次，有些表需要半小时记录一次，有些表需要1小时记录一次，虽然单个表格的工作压力不大，但累积起来后，这些表格的数据量就变得非常大，在最忙的时候，工作人员甚至需要在5分钟之内记录80个数据。

记录数据只是工作的一部分，更重要的是，工作人员还要基于刚刚获得的数据，分析是否需要调节阀门开度，以及调节多大的幅度。在这样的背景下，想要按时记录完整的数据已经很困难了，更别提还要基于数据进行决策。

冷舱涉及的几个阀的开度控制分为2种：液压遥控阀和手动控制阀。此处仅讨论液压遥控阀。目前对于阀开度的调节完全基于经验判断，根据当前的温度下降速率 V_R 与GTT曲线的下降速率 V_G 进行比较，如果 $V_R<V_G$，说明实际下降速率偏慢，则需要增大阀的开度，反之则需要减小阀的开度。但阀的开度到底调多少，则全凭个人经验。这将会导致在不同的船、让不同的人进行操作，有的人会控制得很好，而有些人则会控制得很糟糕，甚至让一个曾经控制得很好的人去复现他的温度曲线操作都很难。且由于5分钟就要记录5个温度数据和一些其他数据并计算速率关系，在短时间内想要判断得到可靠的结果是很困难的。

基于上述问题背景，笔者认为，将经验丰富的工作人员对于阀门调节策略的理解融入到辅助决策程序中，能够帮助操作人员在短时间内得到一个更科学合理的阀开度决策，从而得到更贴近GTT建议的曲线，实现更好的冷舱效果，最终达到节省人力，提高效率的预期。

2.2　理想曲线的定义

在实际冷舱时，有以下几点要求：

1）冷舱时间≥10h；

2）不应与GTT曲线偏差过大。

基于现场经验，笔者认为理想的曲线应当如图 2 所示：

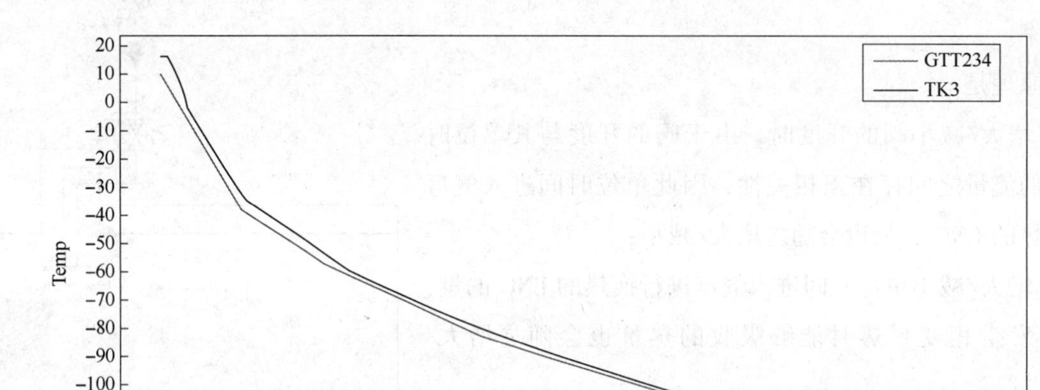

图 2　气体试航大纲-冷舱

该曲线有 3 个阶段：

1）在冷舱初期会有一个较大的滑坡，这是由于冷舱初期阀的开度较大，但由于温度传感器与气穹之间存在距离，低温传导过去需要时间，因此，在察觉到温度下降过快而作出决策后，也需要 10 分钟才能将其控制住。但无论如何应在触线(GTT 温度曲线)前调控到与 GTT 曲线下降率接近，同时留有 0~3℃的余量(余量的意义：1 避免触线、2 保证按照之后的决策可以使冷舱的时间略大于 10h)；

2）在稳定后，一直保持与 GTT 曲线的下降率接近；

3）在冷舱的最后阶段，由于余量的存在，需要继续冷舱一段时间，大约在 5~50 分钟。

但在实际冷舱中，往往在 1 阶段由于对阀的控制决策不够果断，选择每 15 分钟减少 10%的开度并继续监视，导致控制住滑坡时实际曲线已经低于 GTT 曲线。

因此当出现这一情况时，应当思考如何弥补。笔者认为，此时仍应尽快将下降速率调至与 GTT 曲线一致或稍低一些(最多低 20%)，使两者之间的速度差慢慢将滑坡带来的温差缩小，直到曲线回到理想状态下的情况，其大致效果如图 3 所示。

总结以上内容，决策可概括如下：

1）尽量不要让曲线在 GTT 曲线之下；

2）尽量保证温度曲线的下降速率与 GTT 曲线的下降速率一致。

3　输入

3.1　GTT 曲线数据

在冷 1 舱时，笔者手里只有 1 舱的 GTT 曲线图，笔者从图上抄了 121 个值，在 Python 中重现了 GTT 曲线，如图 4 所示，由于估点的精度有限，实际得到的曲线与 GTT 标准温度曲线之间存在一定的误差。

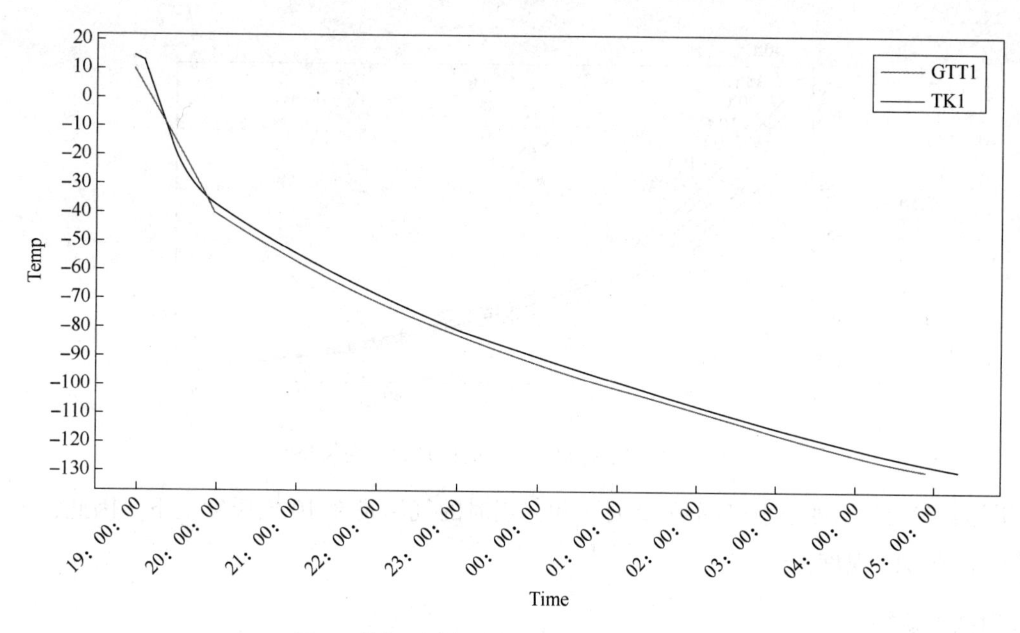

图 3　前期下降幅度过大时的理论应对策略

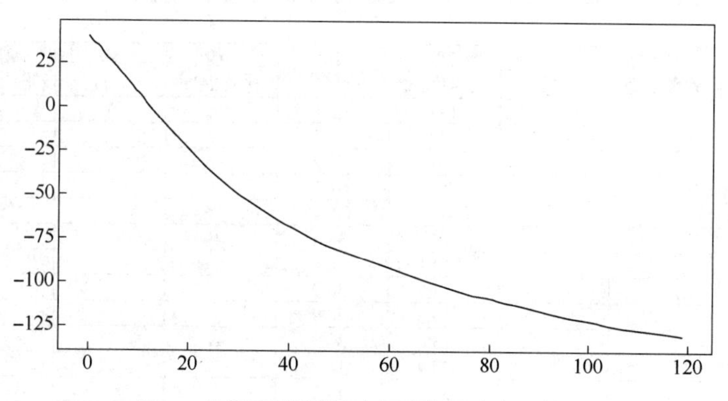

图 4　前期下降幅度过大时的理论应对策略

但是由于液货舱的初始温度为 10~20℃，且 GTT 提供了 40/30/20/10/0/-10/-20℃下的 GTT 标准温度曲线，它们的趋势基本一致，故笔者首先利用多项式拟合 GTT 曲线，得到降低误差后的点的坐标，如图 5 所示。

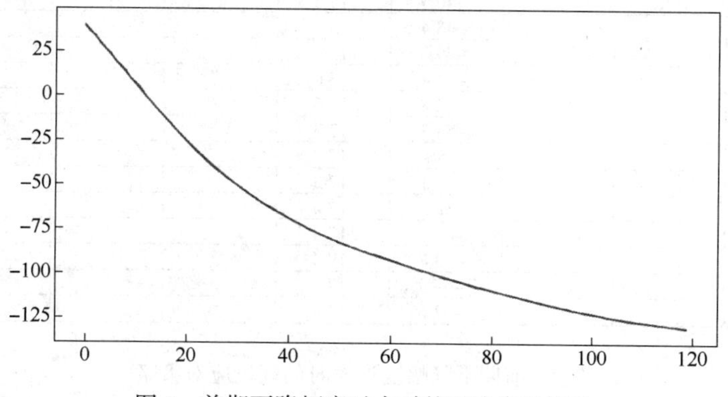

图 5　前期下降幅度过大时的理论应对策略

然后将每个点按照其目标曲线温度与 40℃的温差，对其进行压缩，得到不同温度下的 GTT 曲线如图 6 所示：

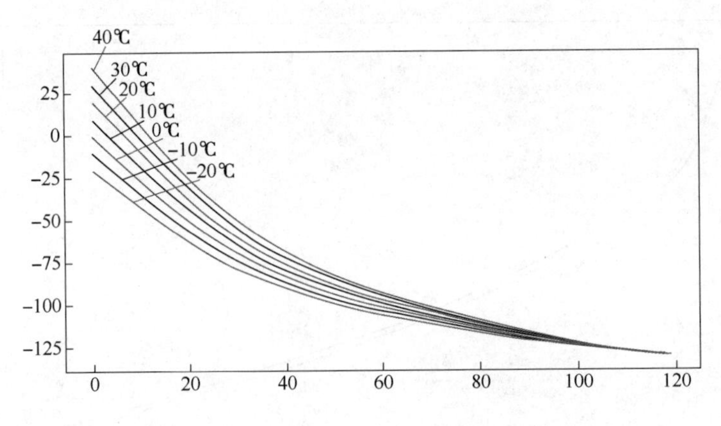

图 6　前期下降幅度过大时的理论应对策略

由于笔者参与的某船试航时间是 12 月下旬，当时的气温是在 10 摄氏度上下，因此，下文将全程采用 10℃的 GTT 温度曲线。

3.2　实时数据表格

有了标准曲线，接下来还需要基于实时温度进行分析计算，如图 7 所示：

TIME	GTT 曲线	1舱 平均温度	1V 开度	2舱 平均温度	2V 开度	3舱 平均温度	3V 开度	4舱 平均温度	4V 开度
18：20	10.2938			13.6	62.1				
18：25	7.63442			13.6	51.2				
18：30	4.92689			10.6	51.2				
18：35	2.18125			2.9	51.2				
18：40	−0.5931			−1.5	38.4				
18：45	−3.3873			−4	38.4				
18：50	−6.1931			−10.1	38.4				
18：55	−9.0031			−14.8	30.9				
19：00	−11.81			−19.3	30.9				
19：05	−14.607			−23.6	30.9				
19：10	−17.389			−27.4	18.2				
19：15	−20.149			−30.3	18.2				
19：20	−22.884			−33	18.2				
19：25	−25.587			−35.4	13.6				
19：30	−58.256			−37.5	13.6				
19：35	−30.886			−39.2	13.6				
19：40	−33.474			−40.8	13.6				
19：45	−36.016			−42.5	13.6				
19：50	−38.512			−43.9	13.6				
19：55	−40.957			−45.4	13.6				
20：00	−25.587			−46.9	13.6				
20：05	−45.69			−48.4	13.6				
20：10	−47.975			−49.8	13.6				
20：15	−50.204			−51.4	13.6				
20：20	−53.376			−52.8	13.6				
20：25	−54.492			−54.3	17.3				
20：30	−56.549			−56	17.3				
20：35	−58.549			−58.1	17.3				
20：10	−60.492			−59.8	17.4				
20：45	−62.378			−61.7	17.4				
20：50	−64.206			−63.8	17.4				
20：55	−65.979			−65.9	17.4				
21：00	−67.696			−67.6	17.4				

图 7　前期下降幅度过大时的理论应对策略

GTT 曲线列是 GTT 曲线的多项式拟合后的温度值，1 舱平均温度 ~4 舱平均温度是实际测量得到的温度值，1V 开度 ~4V 开度是在实际工作中记录的阀门开度值。

4 逻辑与计算

4.1 对输入数据的预处理

如表1所示，在决策前，首先要对记录得到的数据进行预处理：

表1 数据预处理

TIME	GTT 曲线	delta	2舱平均温度	R. T. delat	2V 开度	dPR
18 : 20	10. 2938	0	13. 6	0	62. 1	0
18 : 25	7. 63442	2. 7	13. 6	0	51. 2	-2. 7
18 : 30	4. 95689	2. 7	10. 6	3	51. 2	0. 3
18 : 35	2. 18125	2. 7	5. 9	4. 7	51. 2	2
18 : 40	-0. 5931	2. 7	1. 5	4. 4	38. 4	1. 7

其中，delta 列表示 GTT 曲线列相邻两行数据的差值，R. T. delta 列表示某舱平均温度列相邻两行数据的差值(表中以2舱为例)，dPR 表示 R. T. delta 列与 delta 列同一行数据的差值。

4.2 阀门开度控制逻辑

首先定义下降速率过大、较大、较小、过小的含义：

1）下降速率过大，是指 R. T. delta≥2 * delta；

2）下降速率较大，是指 delta<R. T. delta<2 * delta；

3）下降速率较小，是指 0. 5 * delta<R. T. delta<delta；

4）下降速率过小，是指 R. T. delta≤0. 5 * delta。

4.2.1 下降速率过大时的阀门开度控制逻辑

笔者认为，过大的下降速率，不论实际温度低于还是高于 GTT 温度，都需要立刻减速。因为过大的下降速率会带来较大的温度应力变化，继而损坏相关设备(潜液泵等)，如图8所示。

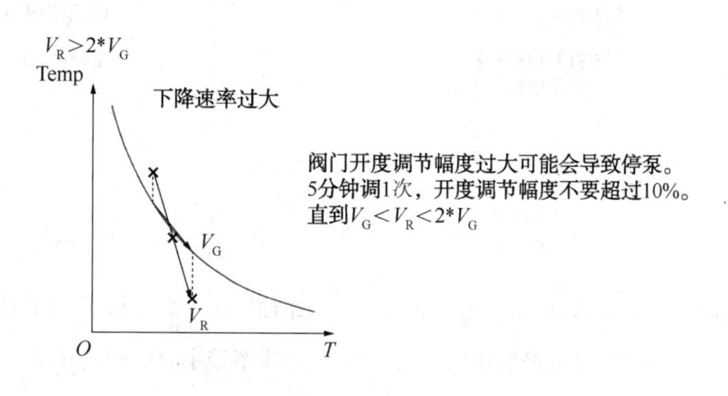

图8 下降速率过大时的阀门开度控制逻辑

4.2.2 下降速率较大时的阀门开度控制逻辑

1）dPR<0：

即实际温度低于 GTT 温度，且 $V_{R.T.}>V_{GTT}$。此时实际温度曲线会距离 GTT 曲线越来越远，因此应当降低下降速率，至少要降低到 $V_{R.T.}=V_{GTT}$，即应当降低阀的开度。

2）dPR>0：

即实际温度高于 GTT 温度，且 $V_{R.T.}>V_{GTT}$。此时实际温度曲线会距离 GTT 曲线越来越近，若在 10 分钟之内温度曲线不会与 GTT 曲线相交，则无需调节阀的开度；反之则应当降低下降速率，至少要降低到 $V_{R.T.}=V_{GTT}$，即应当降低阀的开度。

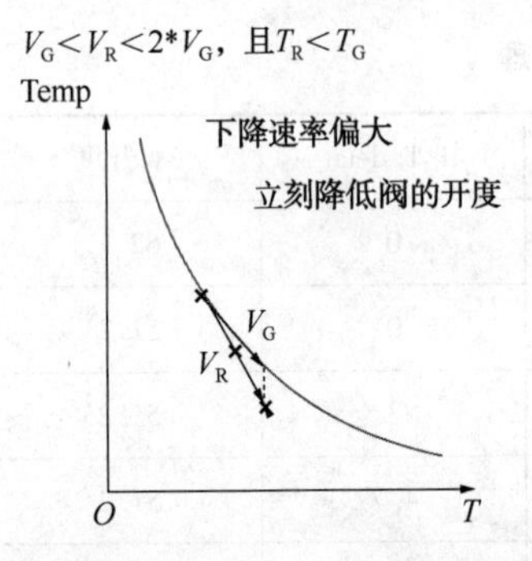

图 9　实际温度低于 GTT 温度且下降速率较大时的阀门开度控制逻辑

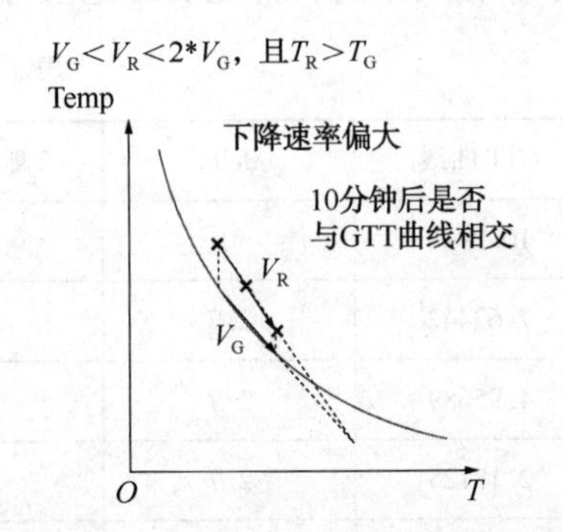

图 10　实际温度高于 GTT 温度且下降速率较大时的阀门开度控制逻辑

4.2.3　下降速率较小时的阀门开度控制逻辑

1）dPR<0：

即实际温度低于 GTT 温度，且 $V_{R.T.}<V_{GTT}$。此时实际温度曲线会距离 GTT 曲线越来越近，故应当在温度曲线与 GTT 曲线相交后，立刻增大下降速率，至少要增大到 $V_{R.T.}=V_{GTT}$，即应当增大阀的开度。

2）dPR>0：

即实际温度高于 GTT 温度，且 $V_{R.T.}<V_{GTT}$。此时实际温度曲线会距离 GTT 曲线越来越远，因此应当增大下降速率，至少要增大到 $V_{R.T.}=V_{GTT}$，即应当增大阀的开度。

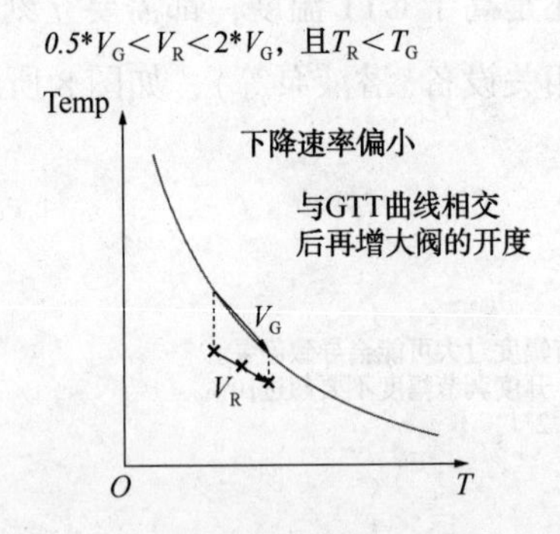

图 11　实际温度低于 GTT 温度且下降速率较小时的阀门开度控制逻辑

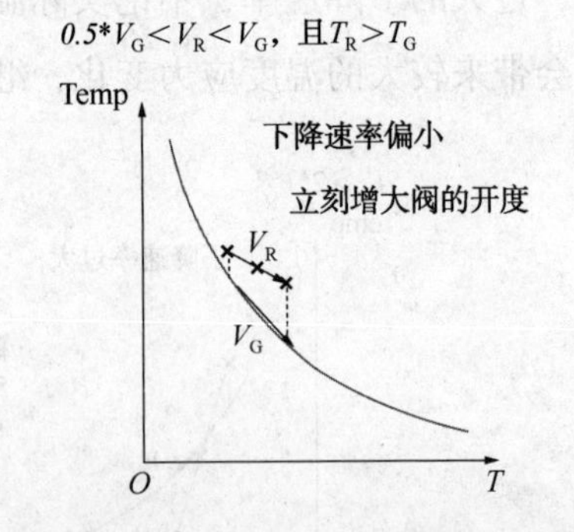

图 12　实际温度高于 GTT 温度且下降速率较小时的阀门开度控制逻辑

4.2.4　下降速率过小时的阀门开度控制逻辑

笔者认为，过小的下降速率，不论实际温度低于还是高于 GTT 温度，都需要立刻提速。因为冷舱需要占用码头等相关设备设施，还需要大量的工作人员相互配合。下降速率过慢不但占用公共设施，浪费时间和金钱，而且会导致冷舱过程中出现风险的可能性变大。

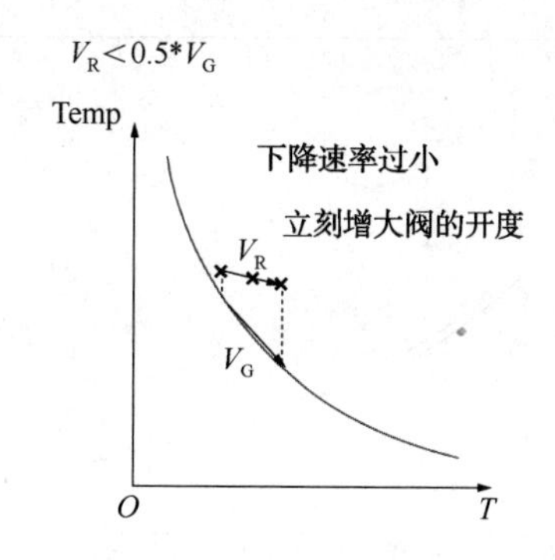

图 13　下降速率过小时的阀门开度控制逻辑

5　实战效果

图 14 为对照组，即 1 舱的冷舱曲线：

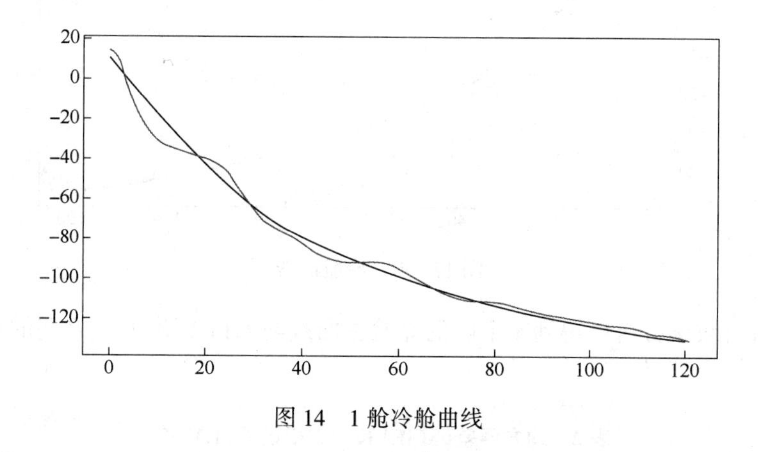

图 14　1 舱冷舱曲线

可以看到对照组的曲线波动很大，原因是多方面的，除了操作者个人经验的局限以及在短时间无法计算出最合适的阀门调节决策外，选择用槽罐车冷舱也是一个重要原因。槽罐车冷舱的原理是利用气化的天然气产生压差，将 LNG 压入集管，但实际流入集管是气液混合体，气液混合体中只有液体部分会相变吸热，因此冷舱的效果也最差，且在车中剩余 LNG 含量不多时换热效率会急剧下降，表现为降温速率出现停滞。

图 15~17 为对照组，即 2 舱~4 舱的冷舱曲线：

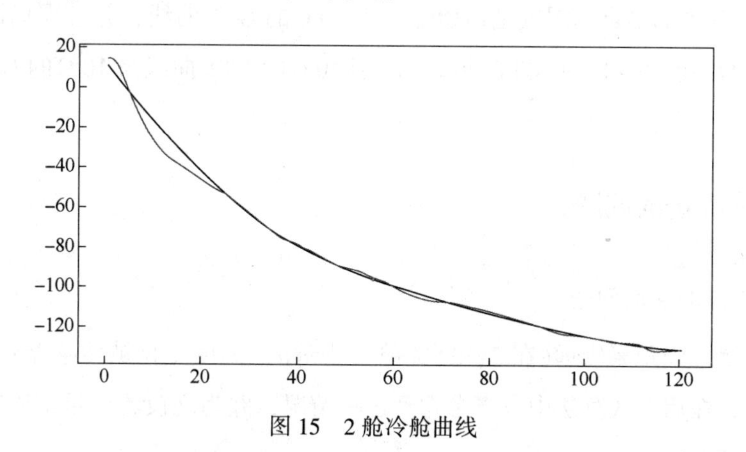

图 15　2 舱冷舱曲线

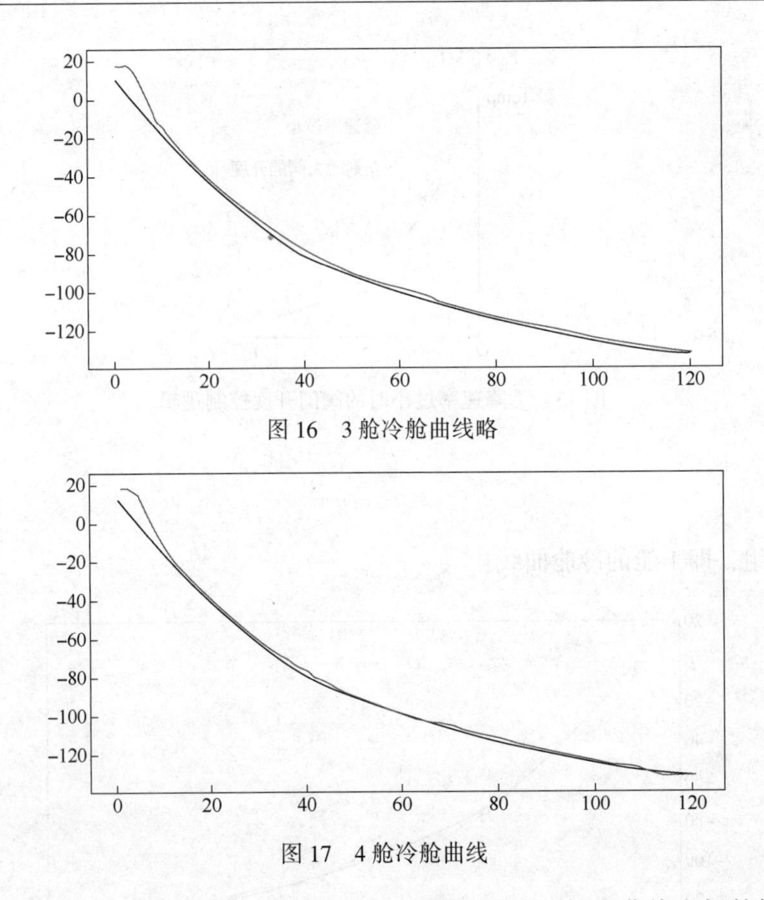

图 16　3 舱冷舱曲线略

图 17　4 舱冷舱曲线

对上述结果进行数学分析可得到 4 个舱的冷舱去曲线与 GTT 标准曲线之间的均方误差和均方根误差如表 2 所示：

表 2　均方误差(MSE)和均方根误差(RMSE)

	TK1	TK2	TK3	TK4
MSE	19. 337102	8. 829635	11. 140765	9. 129033
RMSE	4. 397397	2. 971470	3. 337778	3. 021429

可以看到，实验组的效果明显比对照组好，但还有很大的上升空间，这主要是由以下几个原因导致的：

1）实验组都是海上冷舱和岸站冷舱，其基础条件比槽罐车冷舱的对照组要好；

2）实验组现场拿到的描点的图纸是初始温度为 40℃的 GTT 曲线，并且现场调节的目的是让描的点尽可能贴着初始温度为 40℃的 GTT 曲线，由于 40℃的 GTT 曲线与 10℃的 GTT 曲线差别较大，导致算法是实际效果仍有待提高。

6　未来可以继续改进的问题

6.1　温度传感器响应的滞后问题

由于气穹与液穹之间距离较远(在 2、3、4 舱尤为远)，温度变化被传感器感知往往存在 5~10 分钟的滞后。因此，在启发式算法中应当考虑到这一情况，并为之设置余量，以减少由于温度传感器响应滞后带来的偏差。

6.2 不同类型冷舱的效果不同

冷舱有三种类型：槽罐车冷舱、海上冷舱和岸站冷舱。其中车冷的原理是利用气化的天然气将LNG送入管系，因此其实际上是气液混合态的，冷舱的效果也最差，且在换车时其冷舱速率会出现停滞，导致误判，进而带来不必要的阀的开度调节。

6.3 不同地区的LNG成分与品质存在差异

液化天然气的主要成分除了甲烷外，还含有较多的乙烷、丙烷和丁烷等。甲烷、乙烷、丙烷、丁烷的沸点分别为-161.5℃、-88.6℃、-42.1℃和-0.5℃。而不同地区的液化天然气的品质参差不齐，这就导致，在不同地区装载的天然气，其在相变时的换热效果可能有所不同。这也就意味着在一个地区的冷舱经验，可能到了另一个地区，就不一定适用了。这在冷舱过程中主要表现在初始阀门开度的设置上。

薄膜型 LNG 船用深冷装置运行效能分析

邱　斌　杨　轶　武晓磊　邵孟飞

[沪东中华造船(集团)有限公司]

摘　要　在 LNG 船上，现有的围护系统可以将 LNG 保持在极低的挥发率，但针对大型 LNG 船，远距离运输仍然会产生较多的挥发气。深冷装置作为近两年新兴的挥发气处理装置，具有更好的安全性、可靠性等。本研究以某船厂建造的配备深冷式再液化装置和双燃料电力推进装置某 17.4 万立方米 LNG 运输船为研究载体，对其深冷装置的运行效能进行研究。

关键词　LNG 运输船；深冷装置；布雷顿循环

Operational Efficiency Analysis of Sub-cooling System in Membrane LNG Carrier

Qiu Bin　Yang Yi　Wu Xiaolei　Shao Mengfei

[Hudong-Zhonghua Shipbuilding (Group) Co., Ltd]

Abstract　In LNG carrier, existing containment system can maintain an extremely low volatilization rate of LNG, but for large LNG carrier, long-distance transportation will still produce a lot of BOG. As a new BOG treatment device in recent years, sub-cooling system has better security and reliability, etc. This subject takes a 174, 000 cubic meters LNG carrier with sub-cooling system and dual fuel electric propulsion system as the research carrier, and analyzes sub-cooling system's operation efficiency.

Keywords　LNG carrier; sub-cooling system; Brayton cycle

自 2011 年全球 LNG 运输船船成交量反弹之后，大型 LNG 运输船已经成为了目前船舶领域最热门、最具有技术含量的船型之一。2022 年，随着欧洲“能源危机”问题和我国 LNG 船产业的飞速发展，我国 LNG 船订单量在全球市场占比激增，同比增长 5.2%左右。

LNG 船是将 LNG(液化天然气)在-163℃左右，接近大气压的环境下进行远距离运输。而运输过程中必然会与外界产生热量交换，从而产生天然气挥发气(Boil Off Gas，简称 BOG)。随着 LNG 船围护系统的性能提升，以目前最热门的 NO.96 和 MARK Ⅲ围护系统为例，其可以将挥发率降低至 0.085%/Day-0.15%/Day。但对于大型 LNG 运输船，即使是如此低的挥发率，其每天仍会产生大量的挥发气。目前，大部分 LNG 运输船都是利用再液化装置处理 BOG，深冷装置作为近几年新兴的一种再液化装置，具有良好的安全性、可靠性等。

本文以某船厂建造的配备深冷式再液化装置和双燃料电力推进装置某 17.4 万立方米薄膜型 LNG 运输船为研究载体，对深冷装置的运行效能进行研究分析。

1 深冷装置制冷原理

深冷装置以法国 Cryostar 和 AirLiquide 所开发产品为代表，系统采用全封闭设计，无泄漏，无污染。相比于氮膨胀再液化装置和混合制冷再液化装置，深冷装置拥有更好的安全性和可靠性，维修方便，设备尺寸较小，功率回收性好。目前在大型薄膜型 LNG 船用再液化装置的应用市场上占有极大份额。

在 LNG 船上，深冷装置的运行流程包括：液货舱底部的-163℃左右的 LNG 通过扫舱泵以 $60m^3/h$ 的流量抽入深冷装置，将其深冷至-178℃左右，再引回液货舱内，过冷的 LNG 再与液货舱内的 LNG 进行热量交换，从而降低液货舱内 LNG 的温度，达到降低其挥发率的目的。而在回舱路径上，根据其工作性质的不同主要有两种，一种是将过冷的 LNG 通过回舱管路重新注入液货舱底部(一般为 3/4 号舱)；另一种是通过液货舱顶部的喷头将其喷淋至液货舱的液相表面。而由于喷淋过程会对液货舱的舱压造成影响，因此实际的运行过程通常是以前者为主。

设备原理上，深冷装置主要采用涡轮布雷顿循环制冷机原理，其设备工艺流程如图 1 所示。

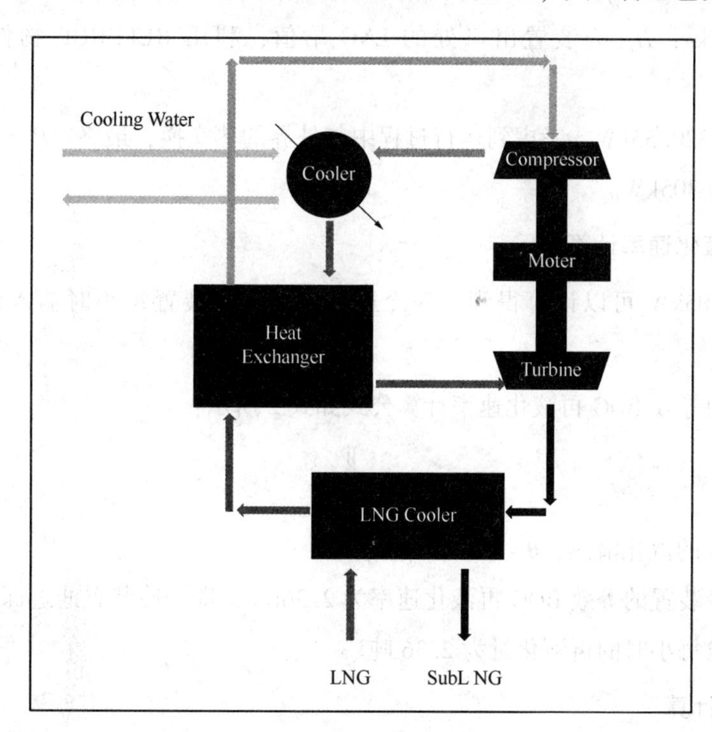

图 1 深冷装置工艺流程图

深冷装置的主要设备包括：运行于磁力轴承上的离心式压缩机、板翅式换热器、水冷却器、高速电机及膨胀机等。

装置工艺流程上，制冷剂首先在压缩机内进行压缩，压缩后的温度较高的制冷剂再引入冷却器进行冷却，其温度和压力达到一定值后，再进入换热器中，与 LNG 深冷过程结束后的制冷剂进行热量交换，然后被送至膨胀机进行等熵膨胀，得到的低温制冷剂最后被送至换热器中用于 LNG 的深冷。

2 深冷装置运行效能分析

2.1 深冷功率计算

深冷装置的主要设备参数如表 1 所示。

表 1 再液化装置设备参数

序 号	名 称	指 标
1	LNG 入口温度	-163℃
2	LNG 出口温度	-178℃
3	压力	1.06bar
4	流量	$60m^3/h$
5	电机功率	1950kW

由热力学原理可知，通过计算 LNG 焓变与质量流量的乘积即可得到深冷过程的冷能，因此得到深冷装置冷能计算公式如式(1)所示：

$$P_c = q_m \times \Delta H = q_m \times (H_{in} - H_{out}) \tag{1}$$

其中，q_m 为 LNG 流量，$q_m = 60m^3/h$；H_{in} 为装置进口处的 LNG 焓值，利用 REFPROP 物性软件查得 $H_{in} = -7.098kJ/kg$；H_{out} 为装置出口处的 LNG 焓值，利用 REFPROP 物性软件查得 $H_{out} = -49.835kJ/kg$；

计算得到，$P_c = 320.53kW$，考虑到运行过程中与外界的热交换，最终取 $P_c = 305kW$，即 LNG 深冷过程的变化功率为 305kW。

2.2 等效 BOG 再液化速率计算

由深冷功率为 305kW 可以计算得到：深冷过程中，深冷装置每小时输入液货舱的冷能 $W_c = 1.098 \times 10^6 kJ$。

得到深冷过程的等效 BOG 再液化速率计算公式如式 2 所示：

$$\gamma = \frac{W_c}{\theta} \tag{2}$$

其中，θ 为 LNG 的汽化潜热，$\theta = 465kJ/kg$。

计算得到，深冷装置的等效 BOG 再液化速率为 2.36t/h，即深冷装置通过深冷 LNG 向液货舱输入冷能，达到液货舱每小时的再液化量为 2.36 吨。

2.3 深冷装置耗气计算

已知双燃料发电机以 NBOG 作为燃料时，NBOG 理论计算热值为 38167kJ/kg，双燃料发电机效率为 0.454，可以得到深冷装置的耗气计算公式如下：

$$\delta = \frac{P}{\eta \times \varphi} \tag{3}$$

其中，δ 为 NBOG 作发电机燃料为深冷装置提供电能的耗气速率；P 为深冷装置的耗电功率，为 1950kW；η 为发电机效率；φ 为 LNG 的热值。

计算得到，δ=0.113kg/s=405kg/h=0.405t/h，可知当双燃料发电机以 NBOG 作为燃料时，再液化装置满工况运行下，每小时需消耗 0.405 吨的 NBOG 为其提供电能。由此可得到深冷装置净再液化效率为 82.84%，净再液化速率 δ=1.955t/h=46.92t/day。

3 深冷装置运行需求分析

本研究载体的配备双燃料发电机 LNG 船在海上航行时，其 NBOG 处理方式主要包括三种：

（1）将 NBOG 输送至发电机和主机进行燃烧，产生热能从而为船舶提供动力和电能（主要方式）；

（2）通过 BOG 处理装置直接进行再液化处理；

（3）前两种方式处理后剩余的 NBOG，输送至 GCU 作废气燃烧，再排入大气。

3.1 挥发气计算

本研究载体为 17.4 万立方米 LNG 船，其采用新型的 NO.96 围护系统，挥发率为 0.085%/Day，由此可以得到其日挥发量计算公式如式 3-1 所示：

$$V_d = V_t \times a \times \rho \tag{3}$$

其中，V_t 为液货舱的总容积，为 174000m^3；a 为挥发率，a=0.085%/Day；ρ 为 LNG 的密度，为 450kg/m^3；

计算得到其日挥发量为 66.555t/Day。

3.2 深冷装置运行需求分析

如前文所述，LNG 船在海上航行时会将 NBOG 输送至主机和发电机进行供能，已知不同航速下主机及双燃料发电机的 NBOG 总耗量曲线如图 2 所示：

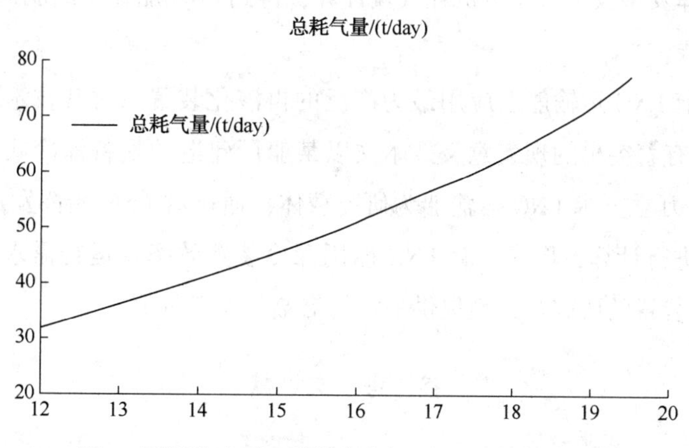

图 2 不同航速下双燃料发电机+主机总耗气量曲线

根据上述计算得到的日挥发量为 66.555t/Day，结合图 3-1 数据可知，当 LNG 船航速在 18.5 节以下时，液货舱的日常挥发量在满足双燃料发电机与主机的总耗气量时，还会有剩余，即深冷装置处于工作状态；而当航速不低于 18.5 节时，液货舱的日挥发量是无法满足船舶的总耗气量的，还需要将货舱的 LNG 通过强制汽化器汽化从而为船舶供能。

结合前文，得到不同航速下液货舱再液化需求量及深冷装置耗气量计算公式如下：

$$\vartheta=\frac{V_d-V_m}{\delta}=\frac{V_R}{\delta} \tag{4}$$

其中，V_d为液货舱日挥发量，为66.555t/Day；V_m为主机及发电机总耗气量，如图3曲线所示；V_R为液货舱再液化需求量，$V_R=V_d-V_m$；δ为深冷装置耗气速率，如前文计算，δ=0.405t/h。

因此，得到LNG船不同航速下再液化需求量和深冷装置耗气量如图3曲线所示。

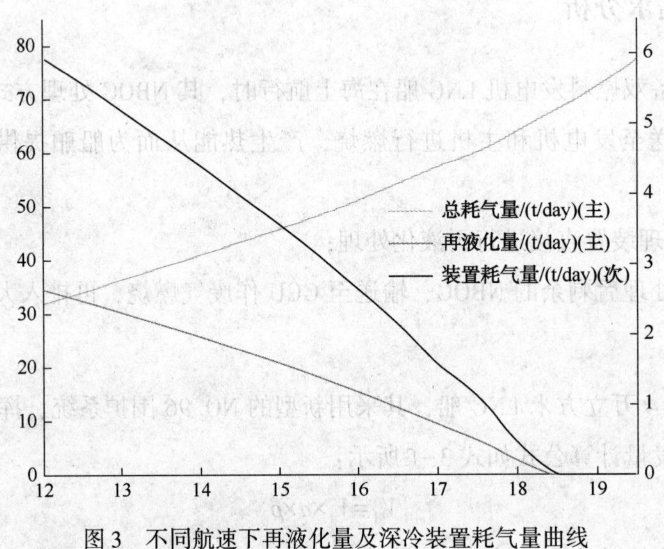

图3 不同航速下再液化量及深冷装置耗气量曲线

4 结语

（1）本文通过对深冷装置深冷功率、等效BOG再液化速率及装置耗气量计算，得到深冷装置理论等效BOG再液化速率为2.36t/h，净等效BOG再液化速率为1.955t/h，装置运行实际效率为82.84%；

（2）通过对货舱挥发率及主机发电机耗气量计算，得到LNG船在不同航速下的再液化需求量及装置耗气量如图3曲线。

深冷装置作为目前LNG运输船上应用最为广泛的再液化装置，对其技术研究和选型分析对我国的LNG运输船领域有着突出的现实意义。本文以某船厂建造的配备深冷式再液化装置和双燃料电力推进装置某17.4万立方米LNG运输船为研究载体，通过对LNG船挥发量、等效BOG再液化速率、装置耗气量等进行计算，形成一套LNG船用深冷装置效率及运行需求分析计算方法，希望能为LNG船舶再液化装置的研究与选型提供一定的借鉴与参考价值。

参 考 文 献

[1] 宋歌，张森．LNG运输船市场及发展趋势预测[J]．中国远洋海运，2018(9)：30-33.

[2] 张海涛．LNG船再液化技术对比分析[J]．机电产品开发与创新，2019(2)：87-89.

薄膜型LNG船液货舱冷却工艺研究

李红波　叶冬青　崔　貌

[沪东中华造船(集团)有限公司]

摘　要　薄膜型液化天然气(Liquefied Natural Gas，LNG)船在交付业主前通常需要对其进行液化天然气气体试验，通过装卸LNG来验证液货舱及舱内设备在-163℃低温性能，在装载LNG前必不可少先对液货舱进行冷却。若直接向薄膜型LNG船液货舱内装载LNG，会产生大量挥发气(Boil off Gas，BOG)，从而造成液货舱内压力急剧升高，给LNG船带来安全隐患。针对薄膜型LNG船液货舱冷却过程进行了介绍和讨论，并对沪东中华造船厂已交付某薄膜型LNG船冷却试验数据进行分析，试验结果显示：管路内压力将影响喷淋塔喷淋效果，从而影响液货舱冷却时间。讨论和分析内容为LNG船建造和运营提供重要参考价值。

关键词　薄膜型LNG船；液货舱冷却；挥发气

The Cooling Down Research for Membrane LNG Carrier Cargo Tank

Li Hongbo　Ye Dongqing　Cui Mao

[HUDONG-ZHONGHUA SHIPBUILDING (GROUP) CO. LTD.]

Abstract　Before the vessel delivery to the Owner for the Membrane Liquefied Natural Gas (LNG) Carrier, the gas trail is needed. To check the cargo tank and the attached equipment in tank running function on -163℃ low temperature condition through loading and unloading LNG cargo. Before loading LNG, it is necessary to cooling down the tank first. There will be a mount of Boil off Gas (BOG), if loading the LNG to cargo tank directly, which will be dangerous for the vessel. To introduce and discuss the procedure of cooling down for Membrane LNG Carrier, and analysis the cooling down data for the delivered vessel by Hudong-Zhonghua Shipyard. According to the data: The pressure will influence the spray function, and the cooling down time of cargo tank. The discussion and collusion can be used for reference for shipbuilding and ship business.

Keywords　Membrane LNG Carrier; Cargo tank cooling down; Boil off Gas

液化天然气(Liquefied Natural Gas，LNG)船是世界公认的高技术、高附加值、高可靠性三高船舶，是全球最顶尖民用船舶，因而被称为“皇冠上明珠”、“超级工程”，全球仅少数国家能建造。沪东中华造船厂作为国内唯一一家已交付大型薄膜型LNG船建造单位，具有大量的LNG船液货系统操作和气体试航数据以及丰富的建造经验。

LNG船在交付前通常需要对其进行气体试验，以通过对LNG船液货舱装卸LNG来验证液货舱、舱内设备以及液货操作系统设备低温运行性能。LNG船在进行液货装载前必不可少需要对液货舱进行冷却试验，该建造节点同LNG接收站建造的储罐，LNG储罐在正式投产前需将储罐冷却到一定温度(通常在-160℃以下)。由于LNG船不同于LNG储罐，其液货舱在冷却目的、冷却方法以及目标温度都不同于LNG储罐。以沪东中华造船厂建造的某薄膜型LNG船为例，对薄膜型LNG船液货舱冷却技术进行讨论和分析。

1 LNG船液货舱冷却技术概述

1.1 LNG船及液货舱结构形式

沪东中华造船厂建造某薄膜型LNG船采用GTT设计的NO. 96 L03+型货舱围护系统设计，货舱满载日蒸发率低至0. 10%。该系列船有4个独立的液货舱，相邻液货舱之间是由平面舱壁构成的隔离空舱，液货舱用于储存温度为-163℃的LNG，结构形式如图1所示，由主、次(也称初级绝缘层和次级绝缘层)两层绝缘层和相应的保护膜构成。绝缘层是由很多绝缘箱按照一定技术要求堆积而成。保护薄膜选用被称为“不变钢”的殷瓦(Invar)材料，厚度为0. 7mm。主、次绝缘层起有效的隔热作用，以在运输途中保持舱内货物的温度，在正常装载时充入氮气以确保安全。针对薄膜型LNG船液货舱围护系统(NO. 96)结构形式，文献[5]中也有介绍，两液货舱围护系统主要区别在于绝缘层内的绝缘箱结构及材质。

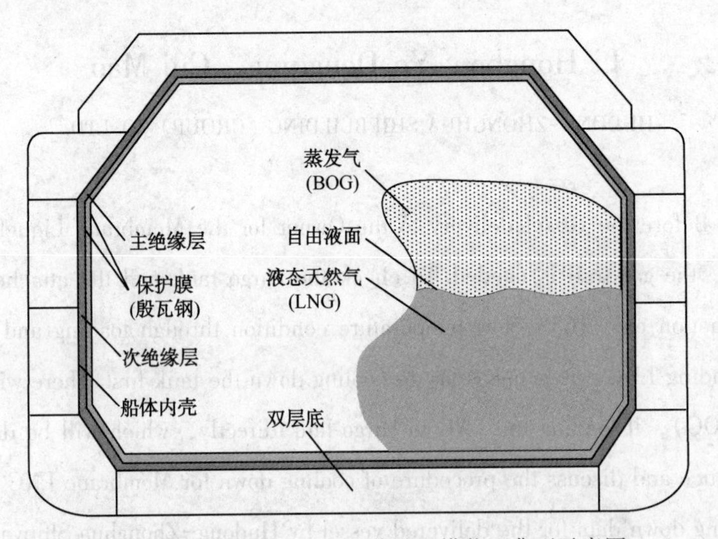

图1 为某薄膜型LNG船液货舱室横截面典型示意图

1.2 液货舱冷却技术

1.2.1 液货舱冷却目的

LNG船在结构建造完成交付船东前，需要对其进行气体试验，包括LNG液货舱干燥、惰化、气体置换、液货舱冷却、装载、货舱间相互驳运、设备调试、液货舱卸载、惰化、空气化等流程。由于装载前，LNG液货舱、绝缘层空间等都处于常温状态，若直接进行LNG装载，将产生大量挥发气(Boil Off Gas，BOG)，致使液货舱内压力急剧升高，若不能及时排出，将引起液货舱安全阀起跳，甚至造成保护膜的破坏，给船舶带来安全隐患；另外直接向液货舱内装载LNG，-163℃的低温液体虽然保护膜殷瓦钢产生不了大的影响，但对液货舱内泵塔、舱内设备、绝缘层保护箱及其附属结构可能会造成损伤，徐敬等人在储罐预冷的文献中也有所提及。综上在LNG船液货舱装载之前必须对其进行液货舱冷却，以保证液货舱及后续工作的安全操作。考虑到LNG船停靠LNG接收站时间等因素，不需要将液货舱冷却到-160℃以下，其目标温度是安装在液货舱内泵塔上最低的四个温度传感器的平均温度低于-130℃，如图2所示。

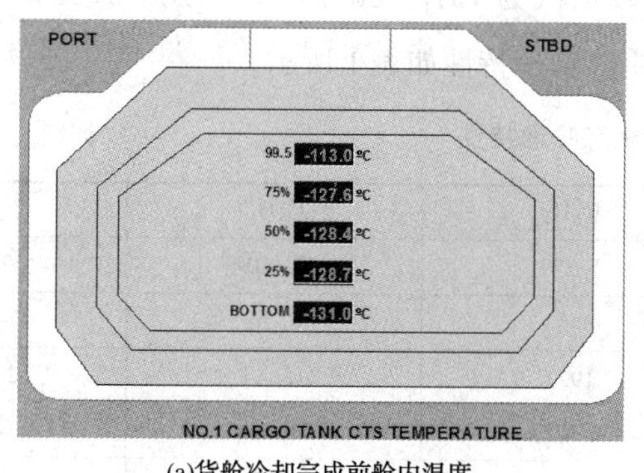

(a)货舱冷却完成前舱内温度

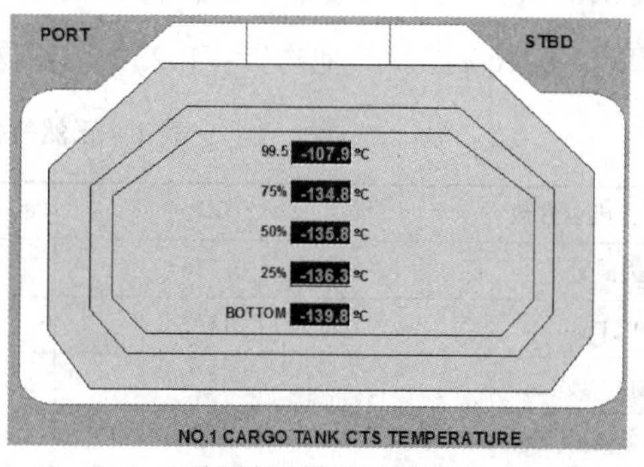

(b)货舱冷却完成后舱内温度

图2 某LNG船1号液货舱冷却完成前后舱内温度

1.2.2 液货舱冷却前准备

液货舱冷却前如下工作应完成：

1）液货舱置换工作已完成：

文中介绍了液氮加LNG和LNG(含BOG)两种预冷储罐的方法，而文中提及冷却储罐之前需要利用BOG气体将N_2置换出储罐。其实在实际LNG船液货舱或者LNG储罐冷却前，液货舱或储罐内的氮气含量不影响其冷却过程，需要考虑方法的可行性和经济性等指标，但一定要注意液货舱或储罐内氧气和二氧化碳的含量一定要达标。氧含量不达标与天然气混合时，容易产生爆炸危险，氧气存在的原因是前面惰化不彻底，部分氧气残留在舱内或罐内。二氧化碳含量不达标将引起二氧化碳预冷形成干冰，堵塞管路，并对阀件或设备产生损伤威胁，二氧化碳存在原因在于惰化阶段使用惰性气体，后面置换过程未能完全排出。

2）辅助系统正常运行

隔离空舱和液体穹顶顶部空舱加热系统运行正常，防止在液货舱冷却和装载过程中持续低温影响船体内壳安全。在液货舱冷却会导致绝缘层空间内氮气遇冷收缩致使压力下降，故应确保绝缘层氮气注入系统运行良好。液货舱冷却时存在天然气泄漏风险，故应再次确保可燃气体探测系统运行正常。确保两台BOG压缩机处于备车状态，随时可以启动运行；确保相关管路所有阀件打开或关闭状态已按照气体试航大纲要求设定。

2 实例分析

2.1 LNG 液货舱几何参数

以沪东中华造船厂建造的某薄膜型 LNG 船为例，对 LNG 船液货舱冷却技术进行分析和讨论。该型号 LNG 船也是国际上现行流行的主流产品，包含四个液货舱，各舱结构形式如图 1 所示。

2.2 冷却介质物理特性

液货舱冷却介质 LNG 是由 LNG 接收站提供，由于 LNG 从天然气田开采出来，不是百分之百的甲烷(CH_4)气体，通常还含有乙烷(C_2H_6)、丙烷(C_3H_8)等重烷以及氮气等非烃类物质。根据 LNG 接收站提供的天然气气质报告，其各物质质量分数依次为 CH_4：88.78%、C_2H_6：7.13%、C_3H_8：2.70%、N_2：0.16%以及其他物资：1.23%，各物质热物理特性如表 1 所示。

表 1 天然气各相热物理特性

热力参数	CH_4	C_2H_6	C_3H_8	N_2
密度/(kg/m^3)	0.7167	1.357	2.005	1.251
粘度(×10^{-6}Pa·s)	11.2	8.53	8.26	17.9
热导率×10^{-3}W/(m·K)	34.4	19.7	18.44	26
比定压热容 kJ/(kg·K)	2.237	1.7027	1.68	1.039
比定容热容 kJ/(kg·K)	1.714	1.4144	1.49	0.742
沸点/℃	−161.6	−88.7	−42.2	−195.9
比气化潜热/(kJ/kg)	510.42	491.11	427.8	198.38

注：表中气体密度为标准状态下，温度为 0℃，压力为 101325Pa。

2.3 液货舱冷却技术的热力学计算

由于 LNG 船液货舱冷却目标温度为-130℃，其真实冷却过程为非定常过程，为简化计算模型，在研究中采用集总参数法，即忽略绝缘层空间的温度分布，而集中研究温度随冷却变化的时间规律。基于此假设，可列出液货舱冷却过程的热力学方程式。

2.3.1 液货舱内壁与船体内壳系统的热流方程

$$Q_1=\frac{t_{内壳}-t_{内壁}}{\frac{1}{\alpha_{内壳}\cdot A_{内壳}}+\frac{\delta}{\gamma\cdot A_{内壁}}} \tag{1}$$

式中：Q_1为热流，W；$t_{内壳}$为船体内壳处环境温度,℃；$t_{内壁}$为货舱内壁保护膜温度,℃；$A_{内壳}$为船体内壳面积，m^2；$t_{内壁}$为货舱内壁保护膜面积，m^2；δ为货舱内壁至船体内壳距离，m；$\alpha_{内壳}$为船体内壳与其表面环境的传热系数，W/(m^2·K)；λ为各层材料的热导率，W/(m·K)。

2.3.2 液货舱内构件内能的变化方程

$$E_1=\sum m_i\cdot c_i\Delta t_i \tag{2}$$

式中：E_1为液货舱内设备、结构内能的变化，kJ；m_i为液货舱内设备或结构质量，kg；c_i为液货舱内设备或结构的比热容，kJ/(kg·K)；Δt_i为液货舱内设备或结构冷却前后的温度差值，K。

2.3.3　绝缘层空间构件内能的变化方程

$$E_2 = \sum m_j \cdot c_j \Delta t_j \tag{3}$$

式中：E_2为绝缘层空间(应包括保护膜、结构件、绝缘箱、结构内壳以及绝缘空间内气体，由于绝缘层空间较小，我们将绝缘层空间传质带来的内能变化忽略)各结构内能的变化，kJ；m_j为绝缘层空间各结构质量，kg；c_j为绝缘层空间各结构比热容，kJ/(kg·K)；Δt_j为绝缘层空间各结构冷却前后的温度差值，K。

2.3.4　液货舱内介质内能的变化方程

在液货舱冷却过程中，舱内压力基本一致，但通过将 LNG 喷淋到舱内，温度降到-130℃，故其介质内能变化包括传质和传热。

$$E_3 = \sum m_{k前} \Delta h_k + \sum \Delta m_k h_{k后} + \iint f(t_i,\ h) \cdot f(\tau,\ m) \mathrm{d}t_i \mathrm{d}\tau \tag{4}$$

式中：E_3为液货舱内介质内能的变化，kJ；$m_{k前}$为液货舱内介质各组分冷却前质量，kg；Δh_j为液货舱内介质各组分冷却前后比焓差值，kJ/kg；Δm_k为液货舱内介质各组分冷却前后质量差值，kg；$h_{k后}$为液液货舱内介质各组分冷却后比焓，kJ/kg；$f(t_i,\ h)$为冷却介质焓值随温度变化量，kJ/(kg·K)；t_i为冷却某时刻排出冷却介质温度，K；$f(\tau,\ m)$为冷却介质质量随事件变化的当量，kg/s；τ为冷却时间，s。

2.3.5　冷却介质相变引起的热传递

将 LNG 喷淋到液货舱内，LNG 与到相对高温气体蒸发成气态的 BOG，转变过程存在相变。故在计算冷却介质用量时应充分考虑相变因素带来的影响。

$$Q_2 = \sum m_k r_k \tag{5}$$

式中：Q_2为冷却液货舱介质由于相变而带走的能量，kJ；m_k为冷却液货舱介质各组分质量，kg；r_k为冷却液货舱介质各组分比气化潜热，kJ/kg。

综合上述 5 个公式，可以计算出 LNG 船液货舱冷却介质所需要的量。

2.4　液货舱冷却

2.4.1　液货舱冷却前舱内状态

所分析案例，在惰化阶段采用的介质是氮气，并且执行了气体置换过程，故置换工作完成的技术指标是液货舱内气体的碳氢(CH)含量大于99%。在每个液货舱顶部、中部以及底部布置取样点，并通过管路引出至舱外，以便施工技术人员取样测量，舱内 CH 含量如表 2 所示。

表 2　某 LNG 船液货舱内 CH 含量　　%

	1 号液货舱	2 号液货舱	3 号液货舱	4 号液货舱
顶部	100VOL	100VOL	100VOL	100VOL
中部	100VOL	100VOL	100VOL	100VOL
底部	100VOL	100VOL	100VOL	100VOL

2.4.2　液货舱内压力控制

液货舱冷却是通过布置在每个货舱顶部的气体穹顶喷淋装置将 LNG 接收站输送过来的 LNG 喷

淋到货舱内，液货舱内压力会有波动和变化，确保舱内压力保持在一定范围内。若液货舱内压力超多该范围最大值，应启动一台 BOG 压缩机，通过挥发气总管送回 LNG 接收站；若持续上升，启动另一台 BOG 压缩机，将多余的 BOG 输送回 LNG 接收站；如若液货舱内压力继续上升，应要求 LNG 接收站减少 LNG 供应；如若液货舱内压力还在继续上升，应立即停止 LNG 供应，密切关注舱内压力，舱压恢复至该范围之间继续冷却。若启动 BOG 后舱内压力下降低于该范围，应关闭 BOG 压缩机，确保整个过程舱内压力都要大于主绝缘内压力。

2.4.3 *液货舱冷却*

在液货舱冷却过程中应密切关注液货舱内压力，一旦发现舱内压力异常，应尽快按照 3.4.2 节中提到的对舱压进行干预控制。另外还应关注液货舱内布置在不同位置的温度传感器温度变化情况，尽量保证四个最低点温度传感器的平均温度的温降速率与法国 GTT 公司计算速率参考值相当，若发现温降速率高于参考值时，减少喷淋管路上阀件的开度，以控制冷却速度；若发现温降速率远小于参考值时，可和 LNG 接收站联系相应提高输送 LNG 的压力或流量。

LNG 船液货舱冷却目标温度为-130℃，达到目标后若确认没有问题即可对液货舱进行装载 LNG 了，图 3 为某 LNG 船液货舱冷却曲线。

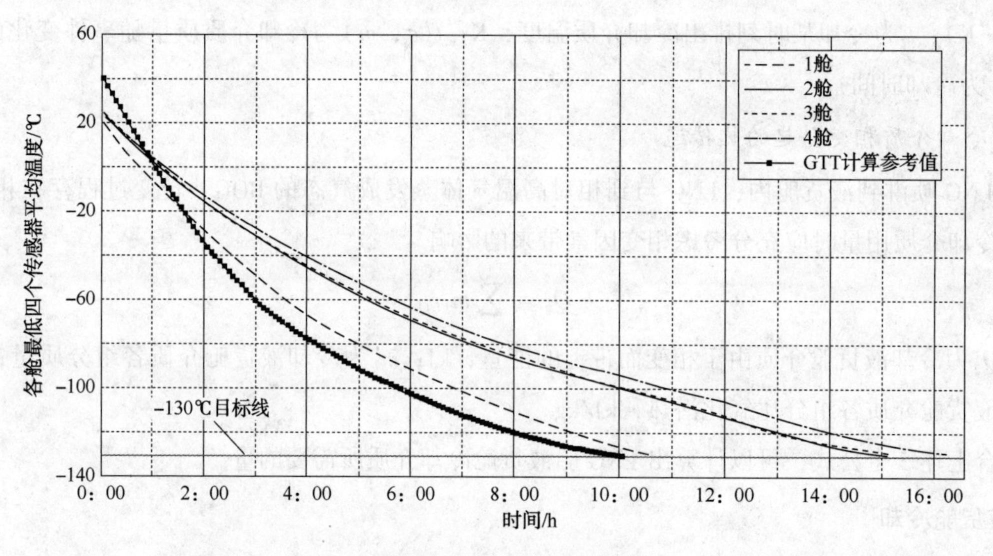

图 3 某 LNG 船液货舱冷却曲线图

由图 3 可知，1 号液货舱冷却时间最短，接近 GTT 计算参考值，其原因在于 1 号液货舱布置在 LNG 船首部位置，船体有线型内收，故该液货舱容积较小，相当于其他液货舱的一半，故冷却时间最短。2 号液货舱和 3 号液货舱更靠近集管区域(集管布置在船中位置)，且距集管区域的距离位置相当，故在向两舱内喷淋相同的条件下，两个液货舱冷却所需时间也基本相同。4 号液货舱，容积和 2 号、3 号液货舱相同，但其布置位置相对 2 号、3 号液货舱较集管更远一些，由于 LNG 经过扫舱总管会有一定的压降，故其冷却时间相对 2 号、3 号液货舱较长。

3 结语

LNG 船建造完成交付业主前的气体试验可以有效检验船舶管路低温性能、液货舱在低温状态下的性能、液货舱内设备低温运行性能、管路绝缘及绝缘层保温材料隔热性能以及货物操作系统功能和设备运行性能。而液货舱冷却又是气体试验中重要项目之一，试验人员在液货舱冷却过程中应给与足够的关注，尤其是舱内压力和温度。所提及的液货舱冷却技术热力学计算可为 LNG 船建造方提供冷却介质需求量计算提供依据。另提供了 LNG 船液货舱冷却的实船数据，可为学者意见船厂提供参考。实船数据显示，管路内压力将影响 LNG 通过喷淋塔进入液货舱的喷淋效果，从而影响液货舱的冷却时间。

参 考 文 献

[1] 张晨，陈峰，王亚群等．大型 LNG 储罐预冷分析模型与工程应用研究[J]．化工管理，2020(07)：161-164.

[2] 牛斌，童文龙，陶克．LNG 储罐与管道的冷却方法研究[J]．天然气与石油，2020，38(01)：54-60.

[3] 张强强．LNG 储罐预冷常见问题与解决途径[J]．煤气与热力，2020，40(02)：16-19+45.

[4] 徐敬，张朝阳，刘发安等．浅谈 LNG 储罐的预冷[J]．山东化工，2019，48(23)：150-151.

[5] 徐松，卢金树．LNG 船液舱预冷时货物维护系统温度场数值预报模型[J]．船舶与海洋工程，2016，32(03)：27-33.

[6] 薛峰，张国中，姜永胜，陈瑞．LNG 低温储罐预冷技术研究[J]．天津科技，2018，45(05)：30-33.

[7] 张震，佟奕凡，章妍等．大型全包容式 LNG 储罐冷却投用技术[J]．油气储运，2016，35(2)：183-188.

[8] 顾安忠．液化天然气运行和操作[M]．北京：机械工业出版社，2014.

LNG 船液货舱惰化过程仿真研究及优化

罗文华　张　浩　郭　晋　董建平

［沪东中华造船(集团)有限公司］

摘　要　LNG 作为一种清洁能源，其消费量近年来大幅上涨。海上运输作为 LNG 贸易的主要运输方式，LNG 船的建造规模也迅速扩大。LNG 船液货舱的惰化过程是船舶投入使用前的一个关键环节，为了防止液货舱在装入 LNG 时，由于 LNG 与舱内空气混合而发生爆炸，需要在装载前先用氮气或者惰气将液货舱内的空气置换。本文通过利用 COMSOL 软件建立液货舱模型，以研究不同的温度、压力和流速的氮气置换舱内干空气时所需的惰化时间和氮气消耗量。结果表明：增加氮气的流速可有效减少惰化所需时间；氮气温度和压力增加，惰化时间均先减少后增加。当以压力为 0.21MPa，温度为 45℃，流速为 10m/s 的氮气置换货舱内 20℃ 的干空气时，惰化效果最好，完成惰化耗时 20 小时，消耗氮气 105.64 吨。

关键词　LNG 运输船；液货舱惰化；COMSOL；氮气惰化

Simulation research and optimization of LNG carrier ship cargo tankinerting

Luo Wenhua　Zhang Hao　Guo Jin　Dong Jianping

［Hudong-Zhonghua Shipbuilding(group)Co.， ltd］

Abstract　LNG as a kind of clean energy， it is consumption has risen sharply in recent years. LNG carrier ship as the main transportation mode of LNG trade， the construction scale of LNG carrier ships is also expanding rapidly. The inert process of LNG cargo tank is a key point before the ship is put into service. In order to prevent the explosion due to the mixing of LNG with the air in cargo tank when loading LNG， it is necessary to replace the air with nitrogen or inert gas. In this paper， COMSOL software is used to establish a cargo tank model to study the process of inert. The relation of inert process time continuing and nitrogen required with the inlet nitrogen speed， temperature and pressure of cargo tank was researched. The results show that increasing the flow speed of nitrogen can reduce the inert time effectively. With the increase of nitrogen temperature and pressure， the inerting time decreases first and then increases. When nitrogen at pressure of 0. 21MPa temperature of 45℃ and flow speed of 10m/s is used to replace dry air at 20℃ in cargo tank, the inerting effect is the best. It takes 20 hours to complete inerting and the process need nitrogen 105. 64 tons.

Keywords LNG carrier ship; cargo tank inert; COMSOL; inert with nitrogen

随着世界人口和经济的发展，社会对于能源的需求量日益增加。煤炭和石油储量的下降以及人们环保意识的的增强，天然气逐渐进入视野。根据 2021 年度《中国天然气发展报告》统计显示，2020 年，我国 LNG 进口量 6713 万吨，同比增加 11. 5%。海上运输作为 LNG 贸易的主要运输方式，天然气的需求量增加，扩大了大型 LNG 船的建造规模。目前，通过船舶进行天然气的运输时，主要是以液态的型式进行运输。由于 LNG 具有易燃易爆的特点，所以在进行与 LNG 有关的操作时，需特别注意不能将 LNG 与空气混合，避免发生爆炸事故。因此，在 LNG 船建造完成首次装货之前，需要使用氮气或者惰气，将货舱内的空气置换，这一置换过程称为液货舱的惰化过程。

目前常见的限制空间内气体置换的方式主要有活塞推移法、恒压置换法、增压置换法和真空置换法 4 种，这四种方法分别适用于不同的场合。由于大型薄膜型 LNG 船液货舱具有舱室容积大、承压低，舱室内部结构简单等特点，通常选用活塞推移法对液货舱进行气体置换。为了提高气体置换的效率，很多学者针对有限空间的气体置换过程进行了研究。KURLE 等建立了飞机燃油箱的气体置换模型，指出增加置换气体的流量大小，完成燃油箱气体置换所需时间减少。郑震宇等基于 CFD 数值仿真，对限制空间内氮气置换过程进行研究，分析了不同的进口面积、形状和流速对置换过程的影响后指出，进口直径增大有利于实现活塞式置换；入口形状推荐使用矩形嵌套式。宋洋等通过对船舶液货舱气体置换时置换气体的流速进行研究，指出入口气体的流速越快，完成惰化所需的时间越短。贾保印等建立了氧体积分数及水露点随置换时间变化的微积分方程，对天然气储罐的置换过程进行研究，形成了置换时间及相应氮气用量的理论计算方法。段威等利用 Fluent 软件模拟了天然气管道的气体置换过程，并与实验结果进行对比，研究在不同的管径、气体速度条件下置换气体与被置换气体之间的混合情况。陈云以 LNG 船液货舱为原型建立仿真模型，通过分析监测面的对流项和扩散项变化率，分阶段描述了液货舱内气体运动情况，指出当进气速率为 2. 59m/s、温度为 282. 11K 时，可减少氮气耗量 8. 17%。黄光容等研究发现，完成惰化的时间与置换气体的流量和其中氮气的浓度有关，置换气体的流量越大，其中氮气的含量越高，完成惰化所需要时间越短。

通过对现有研究的分析可知，目前针对气体置换过程的研究主要集中在岸上的天然气储罐或者其他限制空间。针对大型 LNG 船液货舱的气体置换过程研究较少，故选择本课题进行研究，结合实船项目操作数据进行对比研究，以期为优化大型薄膜型 LNG 船液货舱惰化及其他气体置换过程提供参考。

1 仿真模型

在 LNG 船液货舱实际惰化过程中，影响惰化效果的因素很多，如：初始液货舱内气体的状态、注入氮气的热力学参数、进出口的相对位置、进口氮气的流速等等。本文基于气体运动机理，建立三维模型，充分考虑惰化时注入氮气的流速、压力和温度对惰化过程的影响。考虑到实际惰化过程涉及到不同物质之间的组分输运和湍流问题，所以研究过程中，保证进气过程中舱内流场满足连续性方程、动量方程及组分输运方程，进气口附近区域扰动满足湍流模型。

1.1 数学模型

在实际的置换过程中，各种气体的流动状态十分复杂，若要充分考虑所有参数的影响，计算量将大幅增加。因此，本文根据参考文献对系统做出如下假设：

(1) 液货舱热绝缘，除物质进出所带来的热量交换，舱内气体通过围护结构与外界环境之间无热交换；

(2) 使用平均温度作为计算时气体热力学参数的定性温度；

(3) 液货舱无泄漏，气体仅通过进出口进行物质交换；并将货舱内空气简化成体积分数79%的氮气和21%的氧气混合物，所有气体满足理想气体状态方程；

(4) 忽略气体与货舱避免之间的粘滞力。简化不同气体的扩散界面上对流换热，已第一类边界条件来表达；

在惰化过程中，考虑的控制方程主要包括质量守恒方程、动量守恒方程、能量守恒方程以及组分控制方程。

质量守恒方程：

$$\frac{\partial\rho}{\partial t}+\frac{\partial}{\partial x_i}(\rho u_i)=S_{\mathrm{m}}$$

式中：ρ 为流体密度，kg/m^3；t 为时间，s；u_i为速度，m/s；S_{m}为源项，本文研究中为0。

动量守恒方程：

$$\frac{\partial(\rho u_i)}{\partial t}+\frac{\partial}{\partial x_j}(\rho u_i u_j)=-\frac{\partial p}{\partial x_i}+\frac{\partial\tau_{ij}}{\partial x_j}+\rho g_i+F_i$$

式中：P 为静压，Pa；τ_{ij}为应力张量；ρg_i为质点单位体积所受的重力，N；F_i为质点 i 所受的外部力，N。

能量守恒方程：

$$\frac{\partial(\rho E)}{\partial t}+\frac{\partial}{\partial x_j}(u_i(\rho E+\rho))=\frac{\partial}{\partial x_i}\left(k_{\mathrm{eff}}\frac{\partial T}{\partial x_j}-\sum_{j'}h_{j'}J_{j'}+u_j(\tau_{ij})_{\mathrm{eff}}\right)+S_{\mathrm{h}}$$

式中：E 表示流体微团所具有的总能量，J/kg，其中包含动能、势能和内能之和；h 为气体的焓值，J/kg；$h_{j'}$为组分 j 的扩散流量；k_{eff}为有效热传导系数；S_{h}为体积热源项。

组分输运方程：

$$\frac{\partial}{\partial t}(\rho_{\mathrm{m}}Y_i)+\nabla\cdot(\rho_{\mathrm{m}}vY_i)=S_i+\nabla(D_i\nabla\rho_{\mathrm{m}}Y_i)$$

式中：Y_i表示气相组分 i 的体积分数；D_i表示气体组分 i 的扩散系数，m^2/s；S_i为液货舱内氮气自然对流产生的质量源项，kg/(m^3/s)。

Boussinesq 方程：

$$(\rho-\rho_0)g=-\rho_0\beta(T-T_0)g$$

式中：ρ 表示流体密度，kg/m^3；ρ_0表示流体温度为T_0时的密度，β 为体积膨胀系数，g 为重力加速度，m/s^2。

此外，由于在货舱惰化时，进口管径通常较小，且氮气进口流速较大，所以通常情况下，气体的运动状态都属于明显的湍流。本文针对液货舱内湍流区域的计算模型选择使用高雷诺数的 k-ε 模型，满足方程：

$$\frac{\partial \rho k}{\partial t}+\frac{\partial \rho u_j k}{\partial x_j}=\frac{\partial}{\partial x_j}\left[\left(\mu+\frac{\mu_t}{\sigma_k}\right)\frac{\partial k}{\partial x_j}\right]+\mu_t\frac{\partial u_i}{\partial x_j}\left(\frac{\partial u_j}{\partial x_i}+\frac{\partial u_i}{\partial x_j}\right)-\rho\varepsilon$$

其中：第一项为非稳态项、第二项为对流项、第三项为扩散项、第四项为产生项以及第五项为耗散项；μ_t表示流体的涡粘系数。

1.2 物理模型

本文以某型号 LNG 运输船的一个液货舱为原型，并结合已有数据对模型结果进行验证，建立了全尺度的液货舱模型，其结构如所示。惰化时气体流动方向为：氮气从液货舱左上角直径为 0.4m 的入口流入液货舱，氮气与液货舱内空气的混合气体从右下角的出口流出。

在进行数值模拟时，需要将计算区域进行网格化，然后再对每个网格上的控制方程进行积分求解。在本文研究过程中，为了提高兼顾计算过程的精度和速度，选择使用 COMSOL 软件的细化网格，网格的划分结果如图 1 所示。

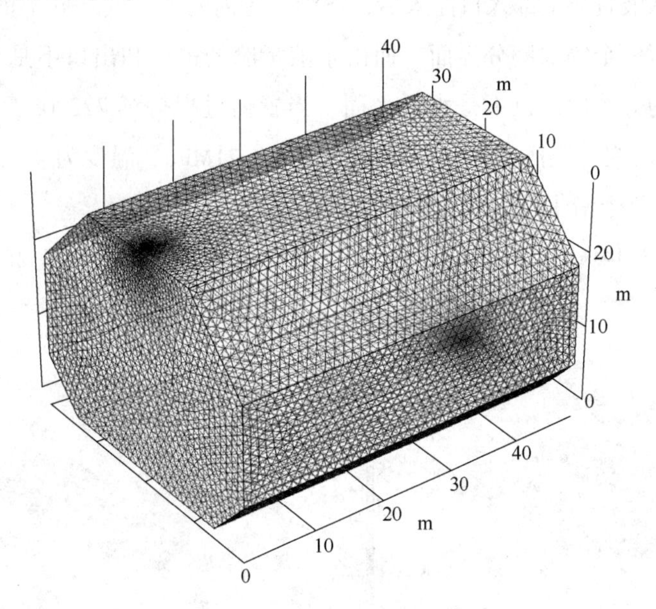

图 1 LNG 液货舱物理模型网格划分

1.3 模型条件

本文研究使用 COMSOL 软件为平台，对 LNG 船液货舱惰化过程进行仿真模拟。对于模型的边界条件设定：由于在实际惰化过程中，氮气的流速主要取决于泵的转速，其通常为一个变化不大的值。因此，在计算时将进口设定为速度进口；而液货舱的出口通常无明显压力变化，因此将出口设定为压力出口；其他边界均为无滑移固壁边界。

关于模型初始条件的设定，由于本文分别研究了不同的进气速度、温度和压力对惰化过程的影响，对于不同研究情况下，模型的初始条件也有所不同，具体的如表 1 所示。当研究氮气进口温度对惰化过程的影响时，进口温度作为自变量，氮气进口速度和压力分别为 10m/s 和 0.21MPa；而当研究氮气进口速度对惰化过程的影响时，进口速度为自变量，氮气进口温度和压力分别为 298.15K

和0.21MPa；当研究氮气进口压力对惰化过程的影响时，进口压力为自变量，此时进口温度和速度分别为298.15K和10m/s。

在惰化过程中，判断液货舱是否完成惰化的标准是液货舱所有位置的氧气的体积分数低于2%同时舱内露点温度满足要求，以完成惰化所需时间和消耗的氮气量作为评价标准，对该过程进行参数优化，从而减少所需时间和氮气消耗量。

表1 液货舱惰化初始条件

参　数	单位	值	参　数	单位	值
液货舱初始温度	K	293.15	环境压力	MPa	0.101
氮气进气温度	K	—	环境温度	K	298.15
氮气进口速度	m/s	—	初始氮气体积分数/%	—	79
氮气进口压力	MPa	—	初始氧气体积分数/%	—	21

2 模型验证

利用模型计算氮气进口流速10m/s、温度45℃及压力0.21MPa时，其仿真结果如图2所示，从图中可以看出，氮气从液货舱上部入口注入后，将液货舱内的干空气从底部的出口排除，并且在氮气和干空气之间形成了一个等浓度分界面。而由于液货舱的进口和出口不是均匀分布于上下表面，所以置换过程中形成的等浓度面也不是水平平面。当置换过程持续72200s后液货舱内氧气体积分数降低至2%以下，此时视为置换过程完成。在压力为0.21MPa、温度为45℃的状态下，氮气的密度为1.16kg/m^3，所以整个惰化过程所消耗的氮气质量为：

$$3.14*(0.2m)^2*10m/s*72200s*1.16kg/m^3=105.2t$$

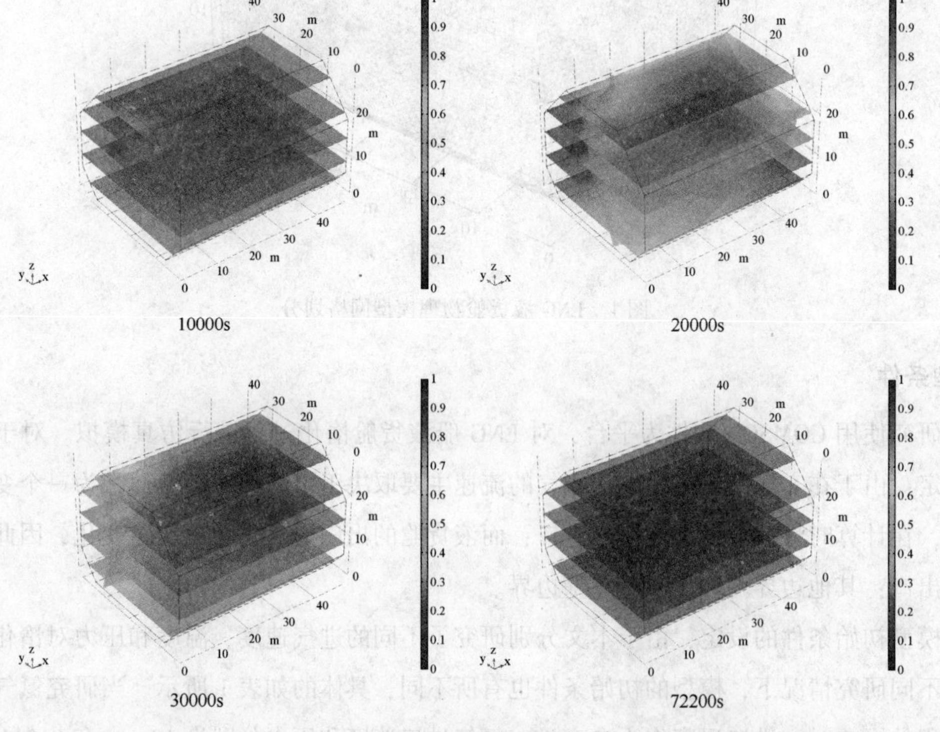

图2 仿真结果云图

根据某 17.4 万方 LNG 运输船的气体试航实船操作经验和 GTT 的计算文件可知，完成一次惰化过程所需消耗氮气量约为所需惰化容积的 1.7 倍。本文所研究的液货舱容积约为 $50159m^3$；而氮气在温度为 20℃，压力为 1bar 的状态下，其密度为：$1.219kg/m^3$，从而计算出完成惰化所需消耗的氮气质量为：

$$50159m^3 * 1.7 * 1.219kg/m^3 = 104t$$

对比上述结果可知，仿真结果与实际操作数据相差 1.15%，结果贴合情况较好。仿真模型可靠性较好。

3 结果分析

3.1 氮气进口温度对惰化过程的影响

基于上述模型，研究不同的氮气进气温度、进气流速和进气压力对惰化过程的影响。优化惰化过程，减少置换时间和氮气消耗量。

当以不同温度，压力为 0.21MPa、流速为 10m/s 的氮气置换液货舱内 293.15K 的干空气时，其仿真结果如图 3 所示。从图中结果可知，在一定范围内，进口氮气温度的增加对惰化过程有利，随着氮气温度升高，惰化所需时间和氮气消耗量均减少；但是当温度超过 45℃之后，氮气温度继续上升会导致惰化时间和氮气消耗量再次上升。从曲线的曲率可以判断出，惰化所需时间的变化曲率大于氮气消耗量的变化曲率，这是因为对于同一压力的氮气，当温度升高时，其密度会逐渐降低。此外当进口氮气温度在 30℃至 40℃之间变化时，对惰化过程影响较小；而在 40℃至 45℃之间温度变化对惰化过程影响较大。所以在对液货舱进行惰化操作时，可适当提高进口处氮气的温度。根据研究数据可知，进口氮气温度为 45℃时，惰化效果最优，此时完成液货舱惰化过程所需时间为 20.1 小时，所需消耗的氮气质量为 105.64 吨。

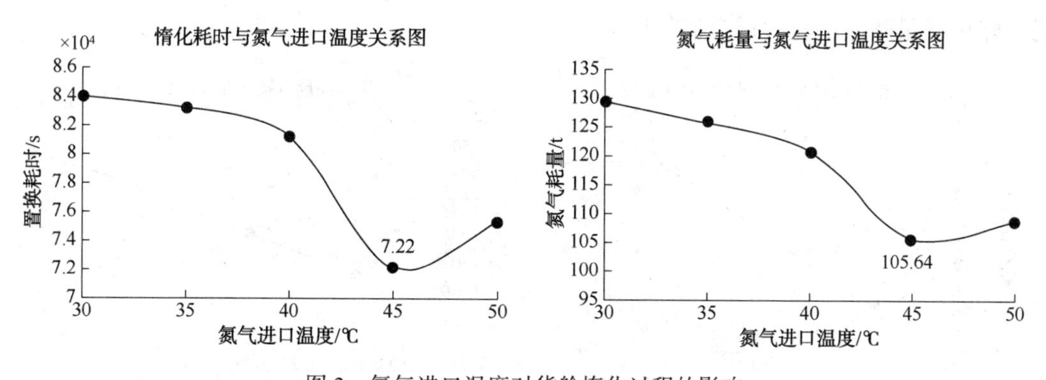

图 3 氮气进口温度对货舱惰化过程的影响

3.2 氮气进口流速对惰化过程的影响

当温度为 45℃，压力为 0.21MPa 的氮气以不同流速注入液货舱内进行货舱惰化时，其惰化所需时间和氮气消耗量变化如图 4 所示。从图 4 左图可知，随着进口氮气流速的增加，完成惰化过程所需的时间逐渐减少；且从曲线斜率可知，随着进口氮气流速的增加，其对于缩短惰化时间的效果逐渐减弱。因此，需考虑氮气流速增加所带来的泵功消耗增加与惰化时间缩短的综合效益。从图 4 右图可知，随着进口氮气流速的增加，完成惰化过程的氮气耗量先增加后减少；这是因为虽然随着进口氮气流速增加，完成液货舱惰化过程所需的时间减少，但是随着氮气进口流速增加，惰化时间的缩短幅度逐渐降低；而氮气消耗量与进口氮气流速成正比，所以，当速度增大到一定数值时，惰化时间的减少对氮气消耗量的影响将小于流速增加对氮气消耗的影响，从而导致氮气耗量随着氮气进口速度增加而增加。氮气进口流速 10m/s 最优。

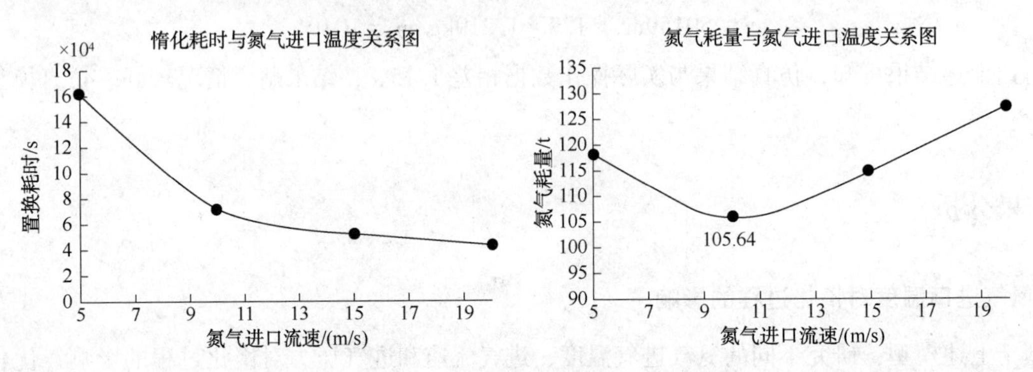

图 4 氮气进口流速对货舱惰化过程的影响

3.3 氮气进口压力对惰化过程的影响

从上述结果可知，氮气进口速度和温度分别为 10m/s 和 45℃时惰化效果较优，所以在此基础上，分析在不同氮气进口压力条件下液货舱的惰化过程。

结果如图 5 所示，从左图结果可以看出，随着氮气进口压力升高，惰化完成所需时间先少量减少后增加。当进气压力为 0.26MPa，惰化耗时最少，为 66500s。然后因为氮气压力增加，导致惰化过程的分层效果变差，从而使得消耗时间延长。从右图结果可知，随着进口氮气压力升高，完成液货舱惰化过程所需消耗的氮气量逐渐增加，由此可知，压力升高对于氮气密度的影响，在一定程度上决定了整个过程所需要的氮气总量多少。且当氮气进口压力从 0.21MPa 增加至 0.25MPa 时，虽然惰化耗时减少了，但是氮气耗量明显增加了，从 102t 增加值 132t。所以，为了减少惰化过程的氮气消耗，建议尽量降低惰化时进口氮气压力。

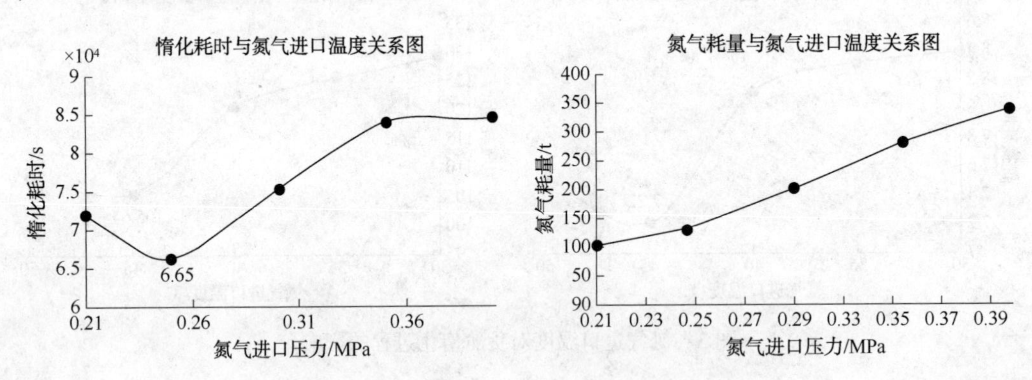

图 5 氮气进口压力对货舱惰化过程的影响

4 结论

利用氮气置换 LNG 船的液货舱中的空气，以防止在船舶装载 LNG 时由于天然气与氧气混合发生爆炸。研究过程中以完成选定 LNG 船的液货舱的气体置换过程所需消耗的时间和氮气总量为评价指标，对比不同进口温度、流速和压力对惰化过程的影响，主要可得出如下结论：

（1）在一定范围内，提高惰化时进入液货舱的氮气的温度，可以有效缩短惰化过程消耗的时间，最优的进口氮气温度为45℃，此时完成一个液货舱的惰化的惰化过程耗时 20.1 小时，消耗氮气 105.64 吨。

（2）进口氮气流速增加，完成液货舱惰化过程耗时减少，氮气耗量先减少后增加，综合考虑惰化过程耗时和氮气耗量的影响，氮气进口流速 10m/s 最优。

（3）氮气进口压力升高不利于液货舱完成惰化过程，应选择以较低压力的氮气置换液货舱内的干空气，减少惰化过程的耗时和氮气消耗。

参 考 文 献

[1] 何志伟，王维，汪超．LPG 运输船惰性气体置换方法应用分析[J]．船海工程．2013，42(5)：37-39.

[2] KURLE Y M，WANG S J，XU Q. Dynamic simulation of LNG loading，BOG generation，and BOG recovery at LNG exporting terminals[J]. Computers and Chemical Engineering，2017，97：47-58.

[3] 郑震宇，邓佳佳，谭金元等．限制空间氮气置换过程分析与优化[J]．造船技术．2019(5)：14-19，30. DOI：10.3969/J. ISSN. 1000-3878. 2019. 05. 003

[4] 宋洋．LNG 运输船液货舱惰化方案仿真优化研究[D]．大连海事大学，2017.

[5] 贾保印，宋媛玲，李婵．液化天然气全容罐干燥置换氮气用量计算[J]．煤气与热力．Vol. 35 No. 8

[6] 段威，张健，张硕等．天然气管道投产置换混气段长度的研究[J]．天然气与石油，2012. 30(3)：2-74.

[7] 陈云．LNG 船夜舱气体置换过程仿真及优化[J]．浙江海洋大学．2018.

[8] 黄光容，何亚平，牛奕，汪箭．影响飞机燃油箱惰化系统参数的数值研究[J]．火灾科学．2011，20(2)：117-124.

LNG 船主机 ICER 系统设计研究

陈育喜　周青锋　孙书霄　李　珂

（沪东中华造船集团有限公司）

摘　要　本文以沪东中华第 5 代 17.4 万方 LNG 运输船配备的 5X72DF2.1 双燃料机(全球首制)的 ICER 系统为研究对象，对整套 ICER 的管路系统，包括废气循环和清洗系统、循环水冷却和喷淋系统、洗涤水处理和排放水处理系统、碱液系统、油渣系统、冷却海水系统、空冷器喷淋系统和泄放系统管系原理图的设计进行了详细的介绍，并对以上各系统设计注意事项和难点进行了详细的分析，并提出了设计改进的措施，对第 5 代 17.4 万方 LNG 船的设计完善成熟具有标志性意义。

关键词　5X72DF2.1；ICER 系统；管路系统；废气循环；难点

Design and Research of iCER System of Main Engine for LNG Ship

Chen Yuxi　Zhou Qingfeng　Sun Shuxiao　Li Ke

[Hudong-Zhonghua Shipbuilding (Group) Co., Ltd]

Abstract　This paper mainly studied the iCER (Intelligent Control by Exhaust Recycling) system installed onboard 5th generation 174K m3 LNG Carrier of HZ (Hu-Dong Zhong-Hua Shipyard). This paper, firstly introduced the iCER miscellaneous systems including Exhaust Gas Recirculation and Cleaning System, Cooling Water Circulation and Spray System, Wash Water and Effluent Treatment System, Alkali System, Sludge System, Sea Water Cooling System, SAC (Scavenge Air Cooler) Wetting Water System, and Drain System; secondly, analyzed the difficulty and precautions for the iCER systems design detailed; finally, proposed iCER systems design improvement measures, which is the landmark significance for the design maturity of 5th generation 174km^3 LNG Carrier of HZ.

Keywords　5X72DF2.1; iiCER system; Piping system; Exhaust-gas recirculation; Difficulty

1　引言

在 MEPC 76 次会议上，正式通过了 MARPOL 公约附则 VI 的修正案(MEPC.328(76)决议)，提出了现有船舶能效指数(EEXI)限制要求，引入营运碳强度指标(CII)评级机制。相对于前一版能效指数，指标提高，MAN 提出了 MAN-GI 技术，相应的 WIN GD 在 DF 机型中引用了 ICER 系统。由于 WIN GD DF 机型采用稀薄燃烧方式，燃气运行窗口较窄，ICER 系统很好解决了该问题。

为进一步实现绿色船舶，沪东中华不断的对所设计的船型进行优化。本文以沪东中华自主研发设计的第 5 代 LNG 运输船——中海油 17.4 万方 LNG 运输船为研究对象，对主机 ICER 系统进行设计研究。中海油 LNG 运输船安装 2 台 WIN GD 5X72DF2.1 双燃料主机，每台主机配备一套 ICER(智能废气再循环控制)系统，既可以在燃气模式运行，也可以在燃油模式下运行，是全球首台 ICER 模式在燃气和 MGO 模式下均能运行的主机。

配备 ICER 系统的优点如下：

1）燃油和燃气模式下均可以满足 TIER III 排放的要求，无需再配备 SCR 等排气后处理装置；

2）主机可以获得更高的压缩比，提高燃油效率。

3）将部分排气循环混入燃烧空气，降低了燃烧空气中的氧含量，降低了爆炸压力，解决了传统 DF 机型燃烧不稳定的问题，进一步优化了油耗和气耗。

4）有效降低主机燃气模式下的甲烷逃逸。ICER 系统将约 50%的废气作为燃烧空气注入气缸，逃逸的 CH4 再次燃烧，可以有效降低 CH4 的逃逸。根据金陵 7000PCTC(7000 汽车卡车运输船)项目 ICER 的运行数据，可以有效降低 20%-30%的甲烷逃逸。

2 ICER 系统简介

2.1 TIER III 介绍

根据 IMO MEPC.251(66)的要求，在 TIER III 氮排放控制区，对于额定转速 n<130rpm 的内燃机，氮排放量≤3.4g/kWh。

为了满足 TIER III 氮排放的要求，初期主机厂家采用 SCR 系统，后期 MAN 采用 EGR 系统，而 WIN GD 则采用了 ICER 系统。目前 ICER 系统没有专门的规范，适用于 ABS EGC(废气再循环系统)相关的规范。

2.2 ICER 系统概念图

ICER 系统是一种船舶低压废气冷却和循环系统，概念图中主要包括废气循环和清洗系统，循环水冷却和喷淋系统两部分，详见图 1 所示。

1）废气循环和清洗系统：配置有 BPV 背压阀，SOV 速关截止阀，FRV 流量调节阀，PSV 吹洗阀，EGC 废气冷却塔，Economizer(经济器)。废气系统增加的蝶阀用于调节进 ICER 系统废气再循环的废气量约为 50%左右，主机内部在增压器前和空冷器后各增加了 1 个 WMC 汽水分离器。EGC 用于将废气中的 NO_x 和油渣等洗涤净化，由于主机废气将近一半进入 EGC，而不进入原排气总管的废气经济器，因此根据规格书另外配备 ICER 经济器，且安装在冷却塔之前。

2）循环水冷却和喷淋系统：包括循环水柜，循环水泵，板冷和 EGC 组成。循环水柜收集 EGC 回流的循环水，水温较高，通过循环水泵将循环水泵入海水冷却的板式冷却器降温，然后通过喷嘴喷入冷却塔。

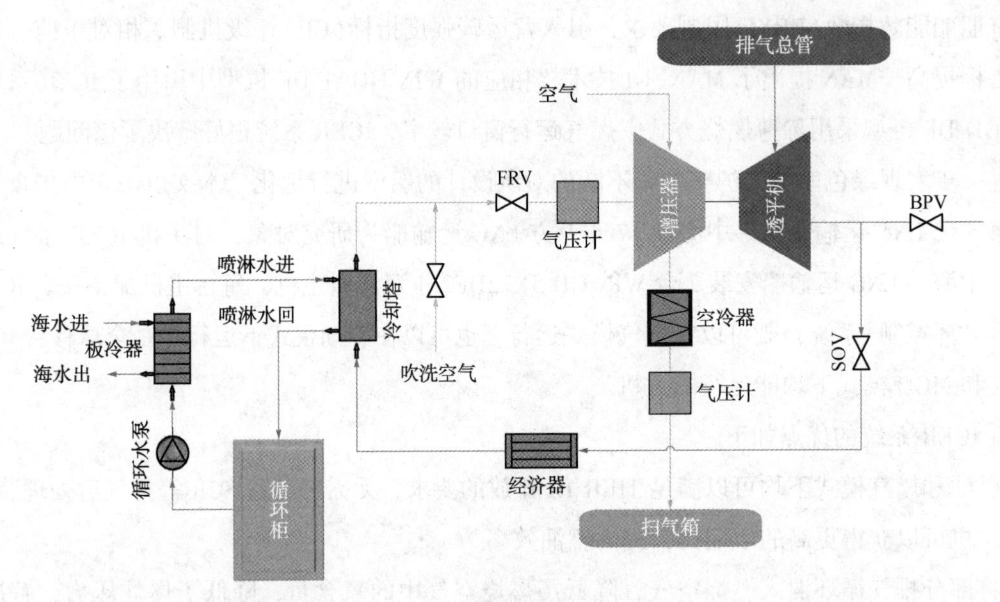

图1　ICER系统概念图(1个增压器)

以上概念简图较为简单，缺少循环水处理，包括循环水PH值中和，空冷器雾化喷淋，废水处理及清洁循环水排放等功能。

3　ICER系统的组成

一套完整ICER系统包括废气循环和清洗系统，循环水冷却和喷淋系统、洗涤水处理和排放水处理系统、碱液系统、油渣系统、冷却海水系统、空冷器喷淋系统和泄放系统。

3.1　废气循环和清洗(见图1)

该系统每台主机配套1台ICER冷却塔、1台ICER经济器，和1个BPV阀，SOV阀，FRV阀，PSV阀。

ICER系统工作时，通过调节排气管路上的BPV/SOV/FRV阀的开度，将接近50%的废气进入ICER系统循环，经过增压器和空冷器后作为燃烧空气喷射进气缸。由于燃烧空气混入了ICER循环的废气，氧气的浓度降低，能够有效降低排气温度，减少NOx的排放；同时双燃料机在燃气模式下，废气中含有逃逸的CH4，作为循环气再次进入主机气缸燃烧，从而减少燃气的消耗，有效降低甲烷逃逸(根据，实际项目试验可以减少20%-30%左右)。

另外在ICER系统不工作时，为了防止含有逃逸燃气的废气进入ICER系统管路，增加了吹扫风机(Purging Air Fan)，PSV阀及传感器等相关的设备。SOV阀关闭后，蝶阀的碟盘和阀体之间存在间隙，由于吹扫风机的吹扫风压力大于排气压力，保证在废气不会通过SOV阀进入ICER排气管路中。

管路材质：主机废气经过EGC之前，废气没有腐蚀性，使用Q235B普通碳钢管路，经过循环水清洗后的废气与NO_x发生反应，会产生硝酸或者亚硝酸，具有较强的腐蚀性，需要采用SUS 316L不锈钢材质。

3.2　循环水冷却和喷淋系统(见图1)

每台主机配套了一个循环水柜，2台循环水泵(1用1备)，1个板冷和1个EGC冷却塔；此外，还配备了 PDT 压差传感器板及水检测仪(内含 PH 传感器)。

ICER 系统的喷淋水储存在的循环柜中，通过循环水泵，经板冷冷却后，进入冷却塔，经喷嘴雾化后与主机废气中 CO_2，NO_x 等发生化学反应，并与废气中的油气发生物理反应，形成含有 H_2CO_3，H_2NO_3，H_2NO_4 和油渣等物质的废水，在重力作用下回到 ICER 循环水舱，此时在循环水舱的废水温度较高，为了保证塔内反应效果，进入冷却塔之前都需要通过板冷进行冷却。

ICER 系统的循环水柜首次使用时，通过淡水系统将淡水注入循环柜。根据 EGC 出口的温度传感器 TE102C 探测值控制和调节板冷海水进口流量调节阀 SV18 的开度，来控制循环水板冷出口温度。由于循环水与废气中的 NO_x 发生反应，循环柜中循环水呈酸性，需要注入碱液中和，使喷入 EGC 中的循环水为中性或者弱碱性。

另外，增加的 PDT 用于测量板冷循环水进出口的压差，作为是否需要维护清洗的依据；PH 传感器测量进入 EGC 循环水的 PH 值，作为循环舱加入碱液的依据。

燃油模式下，废气中 NO_x 的含量较高，循环水中需要加入较多的碱液中和循环柜中的循环水；燃气模式下，废气中 NO_x 的含量较低，需要加入的碱液的含量较少。

3.3 洗涤水处理和排放水处理系统

洗涤水处理和排放水处理系统包括 3 部分：第 1 部分，循环水的处理；第 2 部分：排放水的处理；第 3 部分：零排放舱和排放系统。

3.2.1 循环水的处理

循环柜中的循环水每喷入冷却塔后，回到循环舱，酸性增强，PH 值下降，杂质和油等含量不断增多。因此，循环柜根据水检测仪的 PH 值，通过碱液泵添加 NaOH 进行中和；此外还配备了薄膜式水处理单元 B，将循环水中的油分等杂质分离出来，排入油渣舱；而经过水处理单元以后的净水回循环舱。由于废气中的水分通过循环水喷淋后，会冷凝进入循环舱，导致循环舱中水位不断升高，最后溢流至中和柜处理。

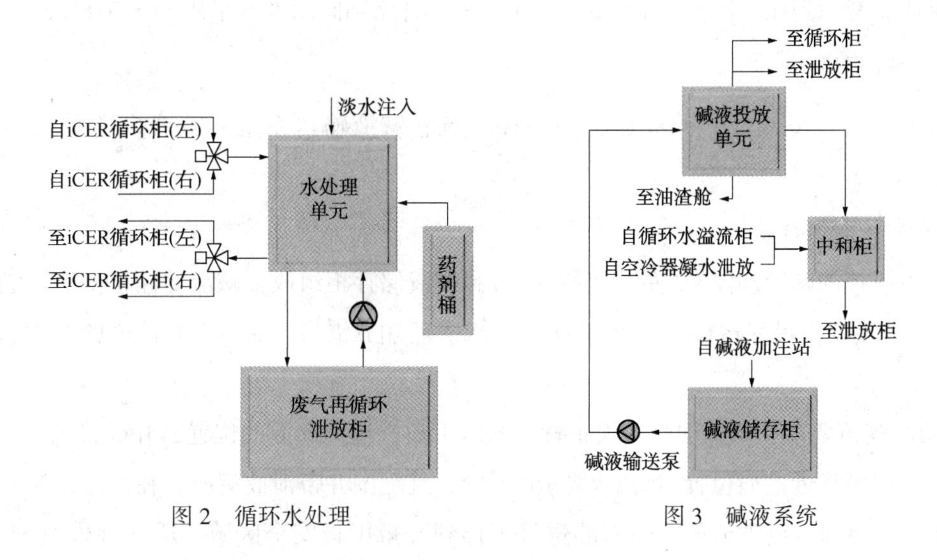

图 2 循环水处理　　图 3 碱液系统

3.3.2 排放水处理

主要的设备包括水处理 A(气浮式)，水处理单元供给泵组(2 台泵，1 用 1 备)，油份检测仪，三通控制阀等。

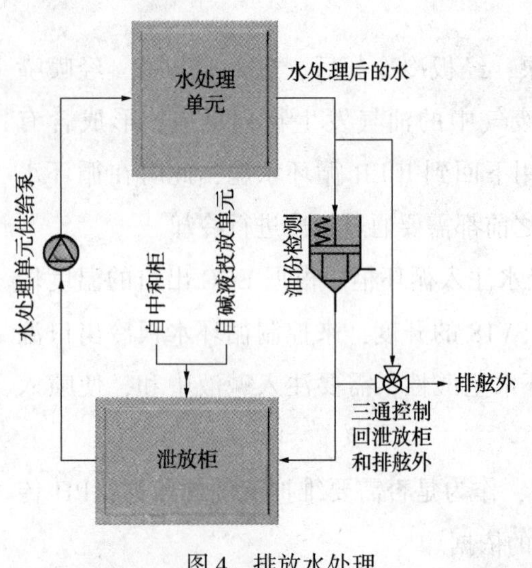

图4 排放水处理

ICER泄放柜作为废水排放前的储存箱柜，废水主要来自：

1）循环柜溢流后经过中和柜碱液中和以后的废水；

2）空冷器冷凝水经过中和柜碱液中和后的废水；

3）中和柜直接泄放的废水。泄放柜中的废水正常情况下接近于中性，但如果中和柜的PH传感器出现故障，经过中和柜的废水仍然是酸性的，泄放柜也预先布置了碱液注入口，保证泄放柜中废水近中性。

为了满足IMO MEPC 307废气再循环装置废水中油份含量不超过15ppm的要求，设置了气浮式水处理装置(水处理A)。经过水处理A处理后的废水，通过油份检测，如果油含量≤15ppm，则可以再非零排放控制区直接排舷外；如果油含量>15ppm，则通过回泄放柜；通过1个三通阀实现排舷外还是回泄放柜的选择。

3.3.3 零排放舱和排放系统

考虑到船舶会航行在零排放控制区，将清洁水泄放舱作为零排放舱使用，通过零排放控制区时，储存经过水处理A处理后的合格废水；通过排放控制区后，在非排放控制区，通过清洁水排放泵、清洁水油份监测装置监测后排舷外。

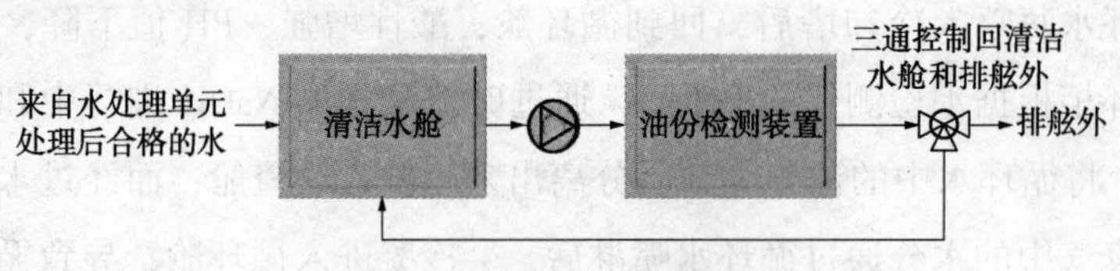

图5 零排放舱和排放系统

管路材质：考虑到循环水的PH值在4-10之间，管路和阀附件均采用SUS 316L材质。

3.4 碱液系统(见图3)

碱液系统由4部分组成：碱液加注和储存系统、碱液输送系统、碱液投送系统和碱液泄放系统。

3.4.1 碱液加注和储存系统

由位于主甲板的碱液加注站(左右舷各1个)和碱液储存柜组成，碱液的储存量应该满足能够主机ICER在燃油模式下尺寸运行不小于90天的要求。船舶靠港后，通过左右两舷的加注站将碱液储存舱加满。

根据ABS规范要求，碱液加注站须布置在开敞甲板，远离火源的位置，并设置围井。本船碱液加注站位于主甲板靠近进舱位置(远离火源)的位置，且配围井带泄放旋塞。在加注站左右舷都配有直角型截止阀，且泄放到油渣舱。舱柜的透气延伸到开敞甲板安全区域。透气管采用SUS 316L材质，舱柜设液位传感器、温度传感器和温度计，设置碱液舱的高地位报警，舱柜设液位计和手动测深头。

3.4.2 碱液输送系统

碱液储存舱的碱液，通过碱液输送泵单元(2 台泵，一用一备)输送到碱液投送柜。

3.4.3 碱液投送系统

碱液投送柜由 $1m^3$ 的柜子和 4 台碱液投送泵组成，4 台碱液投送泵分别向 2 个循环柜、ICER 泄放柜和中和柜投送碱液，用于循环水和废水的中和。

3.4.4 碱液泄放系统

碱液存储柜、碱液泵和碱液投送柜的泄放都含有碱液，与 ICER 系统其他管路的泄放独立开来，独立的管路泄放到经过特涂处理位于双层底的油渣柜。

管路材质：由于碱液为强碱，所有的管路和阀附件均采用 SUS 316L 材质。

3.5 油渣系统

油渣系统由油渣舱、2 台油渣输送泵和通岸系统组成。废水和循环水经过水处理 A 和水处理 B 处理后，油渣排入 ICER 油渣舱，在有条件的港口通过油渣泵排岸。根据设备厂家的介绍，油渣中油含量只占 10%左右，90%由水组成，为了延长油渣排岸的周期，在油渣柜的中部和底部设置吸口，可以将沉淀后箱柜中部和底部的废水重新泵入 ICER 泄放柜处理，水排舷外，油渣回油渣柜。

管路材质：考虑到油渣的 PH 值在 4-10 之间，所有的管路和阀附件均采用 SUS 316L 材质。

3.6 冷却海水系统

从冷却塔回循环舱的循环水，水温较高，需要通过板冷器冷却。

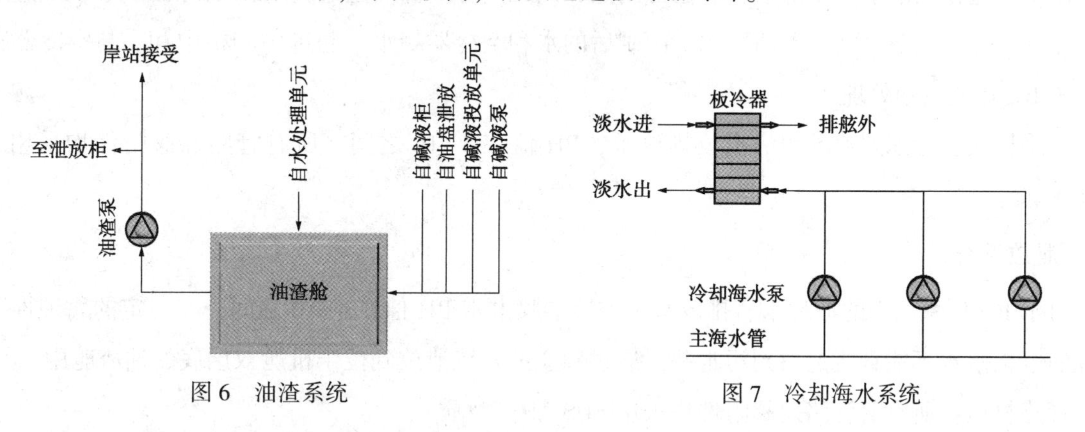

图 6 油渣系统　　图 7 冷却海水系统

该系统由冷却水泵和板冷组成。ICER 冷却水空冷器冷却海水公用 3 台海水变频泵(2 用 1 备)，进入 EGC 循环水冷却器的海水由两个 SV18(ICER 厂家打包提供)控制，而 SV 阀门的开度大小则取决于冷却塔出口废气的温度调节。

管路材质：所有的海水管路均采用碳钢材质，壁厚为 SCH80，DN≥50 的海水管内涂塑；DN≤40 的海水管镀锌。海水阀金属材质与海水接触的部分则采用内铝青铜材质或青铜材质。

3.7 空冷器喷淋系统

配备 ICER 系统的主机，经过 ICER 后的废气作废燃烧用的空气，经过增压器增压后，再进入空冷器冷却，经过已交付金陵 7000PCTC(汽车卡车运输船)项目 ICER 系统运行试验发现(如图 8、9、10 所示)，在运行 90 个小时后，开始看到油污的沉积，再继续运行，随着烟灰的进一步堆积，空冷器冷却性能下降，因此增加了空冷器喷淋系统。

图 8　ICER 运行 18 个小时

图 9　ICER 运行 50 个小时

图 10　ICER 运行 90 个小时

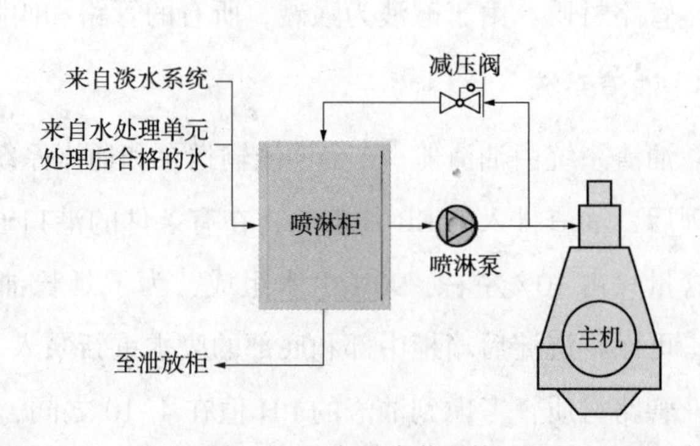

图 11　空冷器喷淋系统

该系统包括喷淋柜、喷淋泵、三通控制阀和调压阀等阀件。通过持续向空冷器喷水，经过水的持续冲刷，避免烟灰在空冷器的堆积。冲刷后的水和空冷器凝水一起进中和柜中和，与空冷器凝水一起进 ICER 泄放柜处理。

管路材质：考虑到喷淋用的水位排放水，PH 值在 4-10 之间，所有管路和阀附件均采用 SUS 316L 材质。

3.8　泄放系统

由于 ICER 系统中的循环水、排放水、空冷器喷淋水 PH 值在 4-10 之间，有一定的腐蚀性，该系统的甲板落水不能直接泄放到污水井，通过独立的系统泄放到位于机舱双层底的油渣舱中。

管路材质：所有的管路及阀附件均采用 SUS 316L 材质。

4　设计的注意事项和难点

4.1　废气循环和清洗系统

1）排气管选型：前期设计时，需要核算主机到 ICER 冷却塔，冷却塔回空冷器的背压，根据背压选定排气管的大小，通常比主机接口尺寸大一档。主机出口到经济器再到排大气的背压需要核算，不能超过主机允许的最大背压；通常管路尺寸比主机出口至少大 1 挡。

2）传感器类型及布置：ICER 系统在排气管上安装了很多传感器，设计和放样时需仔细核对，防止出现遗漏。

3）系统功能完善性：ICER 废气循环和清洗系统的蝶阀为了应急切断，后期还加装了速关空气系统，前期设计的时候需要预留相应的空间。ICER 排气吹扫风机主机上没有空间安装，前期设计需要提前考虑该风机的安装。

4.2 循环水冷却和喷淋系统

设备位置布置方案设计：

1）冷却塔需要布置在循环柜的上部，保证循环水通过重力作用能够顺畅的泄放到循环柜。

2）由于循环泵为较大排量的离心泵，没有自吸能力，因此循环柜的安装高度须高于循环泵；

3）板冷一般布置在和循环柜同一层甲板，且比冷却塔低的位置。

泵的选型：循环泵的排量在设计初期需要和厂家核实清楚排量，保证系统喷淋的需求。

4.3 洗涤水处理和排放系统

1）水处理能力核算：对于排放水的处理，确保排放水的油含量不超过 15ppm。该项目的水处理能力为 $7.5m^3/h$，需要厂家提供计算报告，确保处理能力大于 ICER 最大的废水产生能力（包括废气清洗和空冷器产生的凝水）。

2）ICER 水处理单元排放泵选型：由于 ICER 泄放柜布置在双层底，通过 ICER 水处理单元供给泵（离心泵）为水处理 A 供水，因此订货时要求水处理单元的供给泵需要有足够的自吸能力，根据目前的设备布置，我们要求自吸能力为 5m。

3）水处理 B 运行方式设定：该处理装置在燃油模式和燃气模式均需使用，保证循环水的清洁；为了保证两台机都能够处理，为每个循环舱提供了单独的接口，采用分时处理方式（每个循环柜的进水轮流处理 10min）。正常情况下，2 个柜子的水如果通过一台泵泵送入水处理单元，会由于管路长度不一致，处理水量不平衡，采用分时处理方式，通过控制 3 通遥控阀，很好的解决了该问题。

4）ICER 泄放柜设计：配备 PH 传感器，高低位报警（用于 ICER 水处理单元排放泵的起停），高位报警（液位报警），液位计；所有的附件均为 SUS 316L 材质。舱柜内部特涂处理，能够耐 PH4-10 的腐蚀。

5）零排放舱的设置：清洁水舱兼作零排放舱，考虑中和柜的 PH 万一失效，经过水处理 A 的排放水 PH 在 4-10 之间，因此零排放舱做了特涂处理，原来用于清洁水排放的油份检测，也改成耐腐蚀的型号。

4.4 碱液系统

1）碱液的选取：根据厂家的推荐，碱液有 30% 和 50% 浓度的碱液选择，由于 50% 的碱液在低于 12℃时开始结晶，需要增加加热盘管和电加热棒。而 30% 碱液在 0℃以上，均不会产生结晶，因此优选 30% 浓度碱液。储存装置系统简单，可靠。

2）舱内管路设计：根据船级社规范要求，舱内管路均采用 SUS 316L，壁厚等级为 SCH 80S，舱壁进出口与阀连接可以采用短管法兰形式。除了箱柜出口、阀和设备以外和透气管，所有的碱液管应使用对焊方式连接，使管子接头尽可能少。

3）舱柜出口阀选型：根据船级社规范要求，为了保证机舱出现火灾时，箱柜不会出现泄漏，该阀需要采用速关阀形式，且该速关阀可以在消防控制室远程切断。

4）箱柜涂装设计：由于 30% 的 NaOH 溶液碱性强，需要做特涂处理。

5）外部管路选型：箱柜的外部管路使用 SUS 316L 管路，管路壁厚 SCH 10S 就可以满足要求。

4.5 油渣系统

1）油渣管路的设计：

在舱总高 35%和 65%位置，各设置 1 个吸口。油渣在重力作用下，密度最大的颗粒杂质沉底，密度最小的油在漂浮在液面上部，而水密度在固体颗粒和油之间，因此中间层为水，通过设置以上两个吸口，根据舱内液位高度，选择不同的吸口，把油渣舱中的水泵入 ICER 泄放柜，能够有效降低油渣的容积，延长油渣排岸的周期。

2）油渣泵的选型：

泵防干抽：该泵采用单螺杆泵，启动前需要淡水注入引水，为了节水增加了压力开关，在压力接力后，压力开关给出信号，淡水注入的电磁阀关闭。

泵的排量：油渣舱总容积为 36m3，设计在 4 小时内能够将油渣排空，同时为了提高冗余度配 5m3/h 的泵 2 台。

3）ICER 油渣柜的设计：

配备温度计、液位传感器、低位开关(用于油渣泵的停止)、液位计和温度传感器；所有的附件均为 SUS 316L 材质。舱柜内部特涂处理，能够耐 PH 4-10 的腐蚀。

4.6 冷却海水系统

冷却海水量的估算：由于 ICER 板冷和空冷器板冷公用 3 台海水泵，每台海水泵为不小于最大冷却水量的 50%，因此前期订货时要核算好水量，一般留不小于 10%的余量。

5 总结

沪东中华第 5 代 17.4 万方 LNG 船所使用的 5X72DF2.1 主机，作为全球首制配套能够同时在油模式和气模式均能运行的 ICER 系统，船厂和主机设计公司 WIN GD，主机制造厂 CMD 和 ICER 设计方紧密合作，在协议签订和设计阶段，通力合作，对设备的能力，如循环泵的排量和压头，板冷的冷却能力，冷却海水的排量，水处理的能力等进行了验算。原理设计过程中，对于碱液投放、油渣系统、水喷淋系统、排气管吹扫系统和排气蝶阀的速关空气系统等不断增加、修改或者补充优化，形成了目前完善的 ICER 原理，标志了该系统设计的成熟，同时也标志着沪东中华第 5 代 17.4 万方 LNG 船不断完善成熟。

参 考 文 献

[1] 江军、苏祥文、戴乙滔、孙永元、王磊．双燃料主机智能废气再循环(ICER)技术的研究，上海市船舶与海洋工程协会 2022 年学术年会路文集．

[2] IMO MEPC. 251(66) Amendments to MARPOL Annex VI and the NOx Technical Code 2008.

[3] ABSGUIDE FOR EXHAUST EMISSION ABATEMENT Sec. 2/11.5.

[4] 黄恒祥等，船舶设计实用手册轮机分册 1999 年 10 月第 1 版，国防工业出版社．

[5] IMO MEPC 307 (73) 2018 Guidelines for the Discharge of Exhaust Gas Recirculation (EGR) Bleed-Off Water - (Adopted on 26 October 2018).

FLNG 海水提升系统设计和布置研究

井雷雷　薛昌奇　白海泉

（沪东中华造船集团有限公司）

摘　要　本文结合浮式天然气处理、储存、外输装置(FLNG)的海水提升系统需求特点，从系统设计和设备、管系布置两个大方面阐述海水提升系统设计的关键问题：管材选型、海水提升泵的特点以及布置、防海生物装置选型、海水取水管设计等。

关键词　海水提升系统；FLNG；系统设计；布置

Study of the FLNG Seawater Lifting System Design and Arrangement

Jing Leilei　Xue Changqi　Bai Haiquan

[Hudong-Zhonghua Shipbuilding (Group) Co., Ltd]

Abstract　This paper describes the seawater lifting system requirements of the characteristic of the floating nature gas treatment, storage, export device (FLNG). From two sides which are system design and equipment with piping arrangement to describe the seawater lifting design key issues are: Piping selection, seawater lifting pump characteristics, arrangements, marine growth preventing system (MGPS) selection, seawater sampling pipe design and so on.

Keywords　Seawater lifting system; FLNG design system arrangement

1　前言

据能源机构研究报告表明，天然气需求逐年激增，天然气资源开发趋势已经从陆地逐步走向海洋。浮式天然气处理、储存、外输装置(LNG-FPSO，或称作 FLNG)是一种投资相对较低、建造周期短，便于重复利用的开采装置，适用于海洋边际气田的开采。

近几年，FLNG 各项关键技术均取得重大突破，目前世界最长、最大的浮式开采装置荷兰皇家壳牌公司的 Prelude FLNG 已完成交付并于今年实现了首气，掀开了 FLNG 历史上重要的新篇章。在我国南海有着丰富的深水天然气资源，FLNG 已成为开发该资源的重要技术手段。

在 FLNG 上部模块天然气预处理、降温液化等工艺流程中，需要大量的冷却介质，海水提升系统已成为FLNG装置作业的关键辅助系统。本文主要阐述在海水提升系统设计和布置中的关键问题。

2 海水提升系统基本设计

海水提升系统的基本原理，同常规的船舶冷却水系统(如图1)类似，使用海水循环通过换热器同冷却淡水(或其他冷却介质)进行换热，将系统或工艺流程中的热量带至外部环境中。

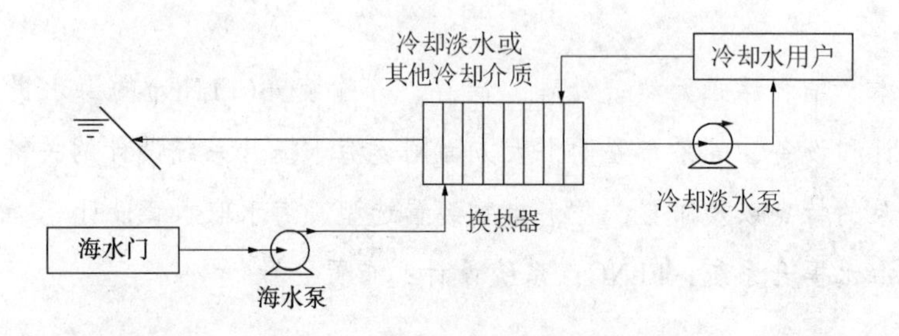

图1 海水系统基本原理

但是，海水提升系统相较于常规船舶冷却水系统仍然有很大不同。下文就几个方面进行阐述。

2.1 冷却海水量需求

常规船舶冷却水系统主要服务于推进系统、电力系统、加热系统、空调冷藏系统和部分货物机械冷却等，冷却海水量在几百至几千立方米每小时。而FLNG海水提升系统主要服务于装置上部工艺流程模块，冷却海水量高达上万立方米每小时，甚至更高。

某型FLNG海水提升系统和机舱海水系统需求量对比表格见下表：

表1 FLNG海水需求量

上部模块用户		船体机舱用户	
上部模块冷却水冷却器	44，206m³/h	淡水冷却器	1200m³/h
		惰气系统海水泵	800m³/h
		膜式造水机海水泵	40m³/h
		舱底总用泵	270m³/h
		消防补给水泵	110m³/h

2.2 海水提升泵配置及选型

在天然气开采过程中，上部工艺流程模块一般都持续工作，海水提升系统需要持续提供100%容量的冷却海水。由于所需冷却海水量极大，一般设计多台海水泵同时工作，另配置一台做备用泵。

例如对于44000m³/h冷却海水量，该项目选用9台排量为5500m³/h的大型电动离心泵，其中8台泵浦提供共100%的冷却海水需求量，另外1台做备用泵浦。该泵浦的外形参考图见下图2。

图2 大型电动离心式海水提升泵外形参考图

在进行设备布置时，每3台泵浦一组，共用同一个海水门取水，分别布置在机舱底层左舷、右舷和艉部；每组泵浦出口端汇合成一路海水总管。该海水提升系统在 FEED 阶段的布置设计如下图 3。

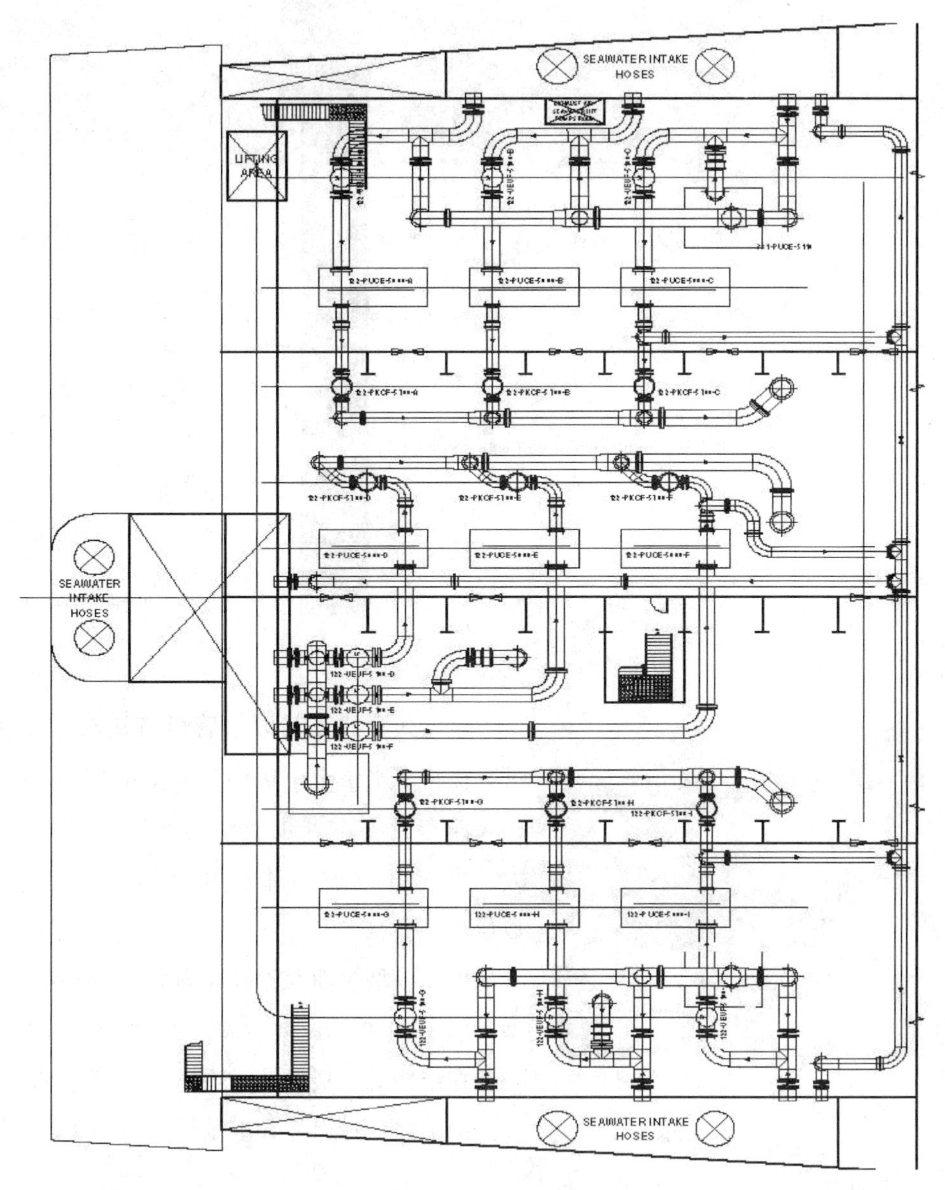

图 3　海水提升系统布置

在布置设备和主要管线时，需考虑以下问题：

(1) 泵浦的起吊维护空间和吊运路线。海洋工程项目对设备的起吊维护要求极其严格，故在布置设计之初就要充分考虑设备起吊维护空间和吊运路线，作为设备布置的基本原则。

(2) 海水泵吸入端和排除端管线布置。为确保泵浦附近管线内流体状态规律、稳定，大型离心式海水泵吸入端和排除端管线一般有直管段的要求，直管段长度需参考管线外径的若干倍，得以保证泵浦能够正常工作，防止汽蚀发生损坏泵浦。

由上述内容可知，该大型电动离心泵布置在机舱时，将占据非常大的空间。除此之外，系统管线也会穿过整个机舱到达甲板面甚至是上部模块，故在布置时需优先考虑该系统设备和管线走向布置。

另外，在海洋工程平台上常用一种浸没式深井泵(如图 4)作为海水提升泵。

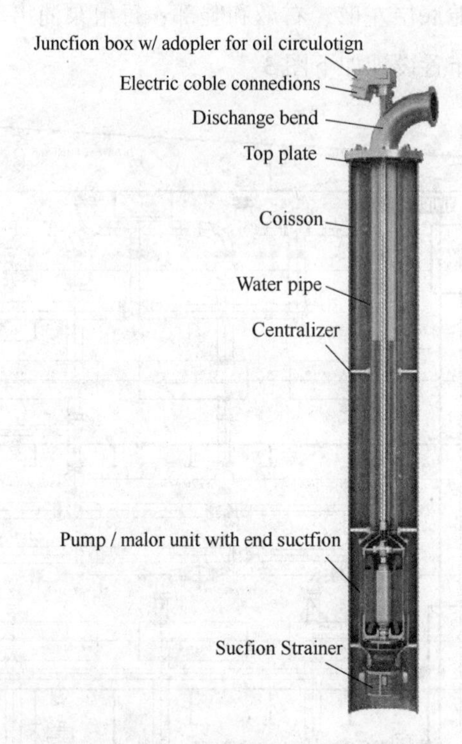

图4 浸没式深井泵

图5 浸没式深井泵典型布置

该型式泵浦及其取水管可直接布置在船体舷侧，可直接将海水泵至甲板面甚至上部模块(见图5)。这种泵浦布置不占据机舱空间，且泵浦排量选型范围大，可充分考虑船体舷侧环境情况，再选定泵浦数量。

由于该型泵浦及管线布置在外部环境中，材料选型及设备的可靠性要求高，故会提高采购成本。另外，在结构舷侧板设计时需额外考虑增加保护管支撑和反面加强；在甲板和上部模块区域的起吊维护平台需考虑结构支撑加强等。

该浸没式深井泵一般用于机舱空间无法布置电动离心泵海水提升系统的情况。

2.3 海水管管材选型

FLNG 海水提升系统海水管管材一般选用涂塑(聚乙烯)钢管或超级双相不锈钢管。

涂塑钢管，内部涂覆聚乙烯材料，具有优良的耐腐蚀性和比较小的摩擦阻力。在建造、安装阶段，为保护涂塑钢管涂层不被破坏，搬运、配管时需特别注意不能碰击、剐蹭、负重集中等；禁止在已涂覆管道上或周围进行加热或焊接工作。受涂塑工艺和设备限制，目前仅可制作最大通径为40英寸的涂塑(聚乙烯)管，40英寸以上可使用涂环氧树脂(EP)或使用其他管材。为防止管道内发生气穴现象致使涂层遭到破坏，涂塑管道流速限制在5m/s以内。在相同海水流量需求的情况下，限制流速较低，就意味着需要增大系统管道通径，除将占据较大空间外，还受可制作管径极限的制约。故在系统设计时需重点考量管道流速和尺寸，来决定是否可以选用涂塑钢管。

超级双相不锈钢管，具有良好的耐腐蚀性，无涂层限制流速要求，可靠性较高，广泛应用于石油天然气行业海水环境，但是价格昂贵。

除上述两种材料外，部分海洋工程项目的海水提升系统会使用多型海水管管材(见图6)，如在海水提升泵吸口端和出口端管线使用涂塑钢管，中间管段至甲板使用玻璃钢管管线，换热器进、出口管段使用涂塑钢管，局部区域可靠性要求高的位置使用超级双相不锈钢管。在建造安装过程中，要特别注意各种管材的特点和要求，避免损坏或返工。

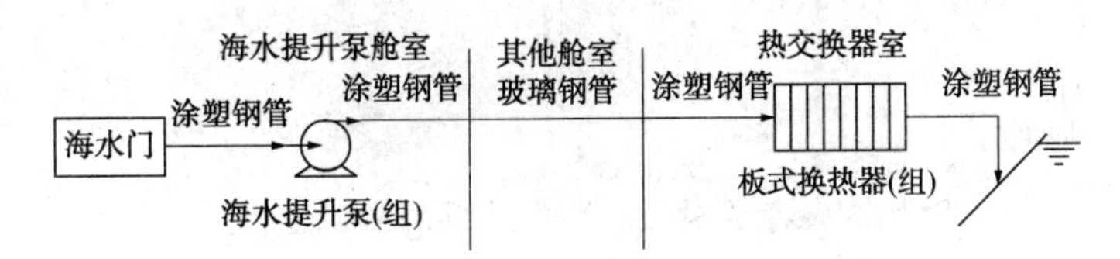

图6　多种海水管管材应用示意

2.4　海水取水管设计

在海水换热量计算时，冷却海水量是基于海水在特定温度和温差变化的基础上计算的。而浅层海水温度受环境影响较大，若要保证海水温度，需在一定深度以下的位置取水，供上部工艺流程模块使用。

下面介绍一种海水取水管的概念设计。海水取水管的设计要充分考虑安装方式、维护办法、以及海水门腔的设计。

如图7，深处海水通过取水管，进入船体海水腔中，再通过泵浦泵入系统中。在取水管端部设置滤器；在海水腔中安装取水管和海水腔连通装置，该装置兼做船体外板处的密封装置。

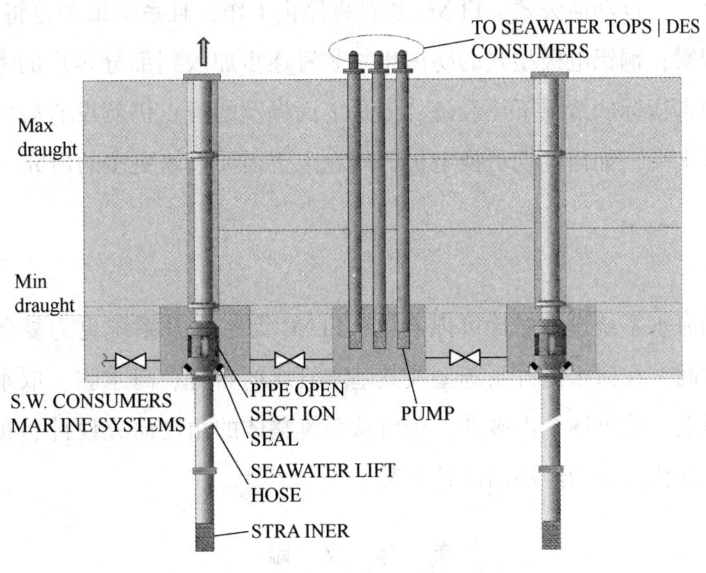

图7　海水取水管概念设计

图8主要示意了海水取水管的安装、拆卸的方法。在船体结构海水腔正上方设计一个取水管装卸的腔体，该腔体同海水腔连通，顶部在水线以上，一般在主甲板，可以利用甲板吊车逐段装卸取水管。

取水管设计的难点主要在于安装方式以及海水腔与外部的密封方式。另外，取水管安装需FLNG装置拖航至作业区后进行安装，故对船体结构精度、密封装置以及吊装方案可靠性有极高的要求。目前国内尚无此类海水取水管的设计和安装经验。

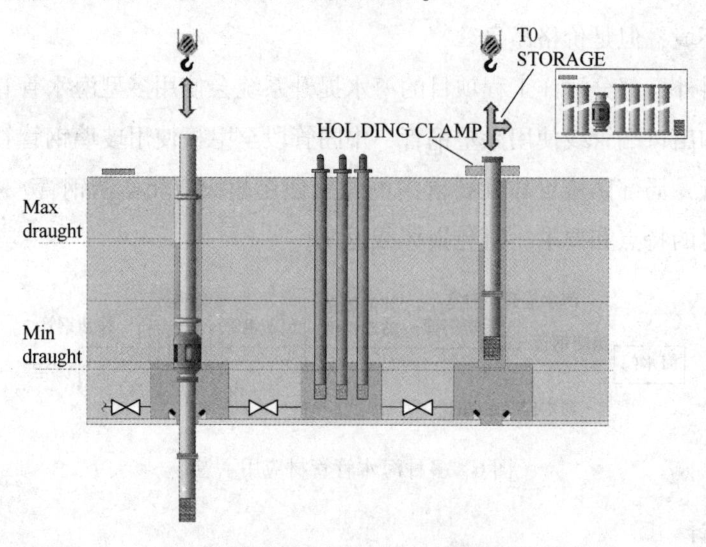

图 8 海水取水管安装、拆卸和储存

2.5 防海生物装置系统设计

海水提升系统同样需要配置防海生物装置，一般采用电解海水法产生次氯酸盐。相较于常规的机舱海水系统，海水提升系统的防海生物装置设计具有以下难点：

需处理的海水流量大，相应的，次氯酸发生器的外形尺寸也很大，布置位置要充分考虑；

因海水提升系统带有海水取水管，装置产生的次氯酸盐需喷射到取水管末端，才能保护整套海水提升系统。喷射管道需同海水取水管共同设计。

可靠性要求极高，一旦功能失效，FLNG 装置将停止工作，且系统维护也将产生巨额费用。

考虑到经济性因素，铜铝电极型式的防海生物装置逐步加入到部分客户的考虑范围中。虽然该型式的装置在同等技术指标的情况下更经济，但是上面提及的难点仍然没有解决，特别是电离金属离子如何通至取水管末端，如何定期更换电极等问题上仍需要投入更多的研究。

3 结束语

通过与常规船舶海水系统设计对比可以看出，FLNG 海水提升系统更为复杂，各类关键技术问题仍有研究开发的空间，在海水提升泵选型及其基本管线的布置、海水腔、取水管的设计、海水管管材选型等关键问题上，除可逐个击破外，仍可从系统整体的角度研究设计、布置方案。在保证可靠性的基础上，逐步优化为更为经济的设计方案。

参 考 文 献

[1] 杨亮. 浮式液化天然气生产储卸装置(LNG-FPSO)项目发展动态分析[J]. 化工管理，2018，(4)：189-191.
[2] 汪建平. 探讨利用 FLNG 开发中国南海边际气田[J]. 资源节约与环保，2017，(6)：19-22.

燃气双壁管的自主研发设计与应用
——依托大型LNG船推动双壁管设计的实践化与标准化

窦 旭 范中彪 施 政

（沪东中华造船集团有限公司）

摘 要 本文根据IMO（国际海事组织）相关规范要求，结合国内外燃气双壁管发展现状，针对双壁管的原理设计、管路布置、内外管尺寸和结构设计、支架结构设计、支架布置以及弯管选型等难点进行研究，实现了双壁管的自主化设计，突破了关键技术的壁垒，初步形成了标准化设计流程，积极响应LNG（液化天然气）船设备国产化的趋势，为后续国内LNG项目双壁管自主设计提供了理论经验和技术参考。

关键词 供气系统；双壁管；自主化；国产化；标准化

Independently Researched and Developed Design and Application of Gas Double Wall Pipes
——Promoting the Practice and Standardization of Double Wall Pipe Design Based on Large LNG Ships

Dou Xu Fan Zhongbiao Shi Zheng

[Hudong-Zhonghua Shipbuilding (Group) Co., Ltd]

Abstract Based on the relevant specifications of the International Maritime Organization (IMO) and the current development status of gas double wall pipes at home and abroad, this article conducts research on the difficulties of principle design, pipeline layout, internal and external pipe size and structure design, support structure design, support layout, and bend selection of double wall pipes. It achieves the independent design of double wall pipes, breaks through key technical barriers, and initially forms a standardized design process, Actively responding to the trend of localization of LNG (liquefied natural gas) ship's equipment, it provides theoretical experience and technical reference for the independent design of double wall pipes in subsequent domestic LNG projects.

Keywords Gas supply system; dual wall pipe; Autonomy; localization; standardization

1 研发应用背景

IMO 规范将全球海域燃油的含硫量上限设为 0.5%，对于部分特定排放控制区更加严格地定为 0.1%以内，因此 LNG 作为绿色能源迅速成为船东的首选项。然而在带来清洁排放效果的同时，LNG 也对供气系统的安全性带来了考验。LNG 常压沸点为-162.15℃，爆炸极限为 5%~15%，气化后体积膨胀 600 倍。因此，供气系统在管系设计方面要求更高。IMO 规范要求，须对本质安全型船舶机舱内的所有供气管路进行气密环围，从主甲板到机器处所的供气管路必须为双壁管。

双壁管是由内管和外管组成的同心管，主要由内管、外管、弯头、三通、观察孔、支架等元件组成。内管用于输送燃气，内管和外管之间夹套处理方式通常有三种：高压惰性气体密封、抽吸通风、真空绝热(需经设计院、船级社批准)。双壁管能够将意外泄露的燃气通过内管与外管之间的流动空气排放至安全区域，避免扩散到机舱内，减少其对机舱区域安全的影响。

1.1 国内外燃气双壁管发展现状

国外在双壁管研发中起步较早，技术较先进。例如亚达管道系统公司，已有 30 年研发生产经验，相关产品包括“燃气通风双壁管”、“真空双壁管”、“高压双壁管”等多个种类，可提供设计分析等技术服务和安装检验等生产服务，并获得船级社批准。此外，福派、海威斯特、天伦等公司也利用国外技术生产各种型号的双壁管。因此，目前来说，国外在双壁管的产业上主要是以技术壁垒获利。

而国内目前仅个别船厂有燃气双壁管的设计能力，且均未正式投入生产，缺少相关经验，更没有形成完全自主化的标准设计流程。目前多为船厂委外施工，由专业公司进行双壁管结构设计、预制、包裹防护、运输以及安装，船厂仅负责总体控制。这种模式生产周期长、建造成本高、施工进度不可控，严重影响船厂的建造成本和计划。

1.2 燃气双壁管设计难点

双壁管研发设计目前亟需突破的问题是自主化程度低、缺乏标准流程。主要存在以下技术难点。

1）双壁管布置：需规划管路走向、确定支架位置，避免与其余管路或舾装件出现干涉。此外，需满足如下要求：

规范要求：燃气管和透气管需距离舷侧外板 800mm 以上，燃气管不应直接穿过居住区、服务区、电气设备间和控制站等处所。

膨胀要求：直管长度不得超过 10m，否则需设置膨胀弯。水密舱壁、防火舱壁和甲板以外处所，应尽可能少地设置通舱管。

2）内外管尺寸的设计：内管需针对设备满负荷运行工况进行核算，满足在提供稳定流量的同时降低压力损失；外管需考虑内管支架安装空间和变形量的需求，控制成本的同时确保满足支架的允许变形量。

3）支架结构设计：外管与内管之间需组合使用柔性和固定支架。

4）支架布置：结合施工便利性、根据应力计算结果确定。

5）弯管选型：双壁管在装配时采用定型弯头而非机械弯管的形式。

1.3 自主研发应用拟定方案

基于以上难点，依托于我司自主研发的全球最新一代“长恒系列”双燃料推进LNG船，从双壁管初步原理设计、管路走向设计、支架型式研究、支架布置定位、管路应力及振频分析、零件图安装图制作以及双壁管生产质量把控等多个设计要点展开深入研究。初步拟定研究设计及应用方案如下图所示：

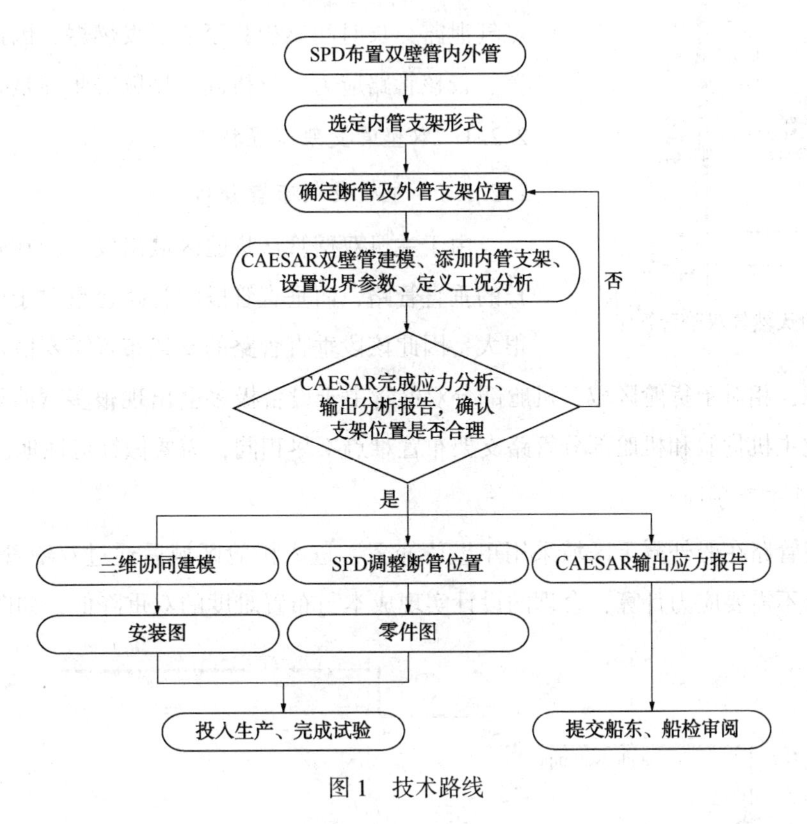

图1 技术路线

2 自主研发设计理论基础

本研究主要以内管柔性支架创新设计和管路应力自主化分析为理论基础。创新型的内管柔性支架主要借鉴于亚达公司的中心对称式支架设计，根据自身需求优化创新，通过有限元技术科学分析给出更加合理的内管支架方案；管路应力分析基于CAESAR软件结合实船资料完全自主化进行，为双壁管设计的可靠性提供理论依据。

2.1 创新型双壁管内管柔性支架型式

自主设计支架基于亚达的中心对称式内管支架设计出三段式内管支架，利用有限元软件对比分析这两种内管支架的受力数据，总结如下：

在支撑强度方面，三段式双壁管柔性支架在应力集中与应变方面表现出色，最大应力仅为中心对称式支架的三分之一，应变最大值仅为中心对称式支架的四分之一。对于双壁管而言，支架的支撑强度格外重要，直接影响支架的可靠性和燃气系统的安全性。

在支撑距离方面，三段式双壁管柔性支架达到常温下许用应力的极限长度约为中心对称式支架的1.43倍。面机舱内有限的空间，布置间距越大、节省空间就越多，同时也降低了管路支架成本。

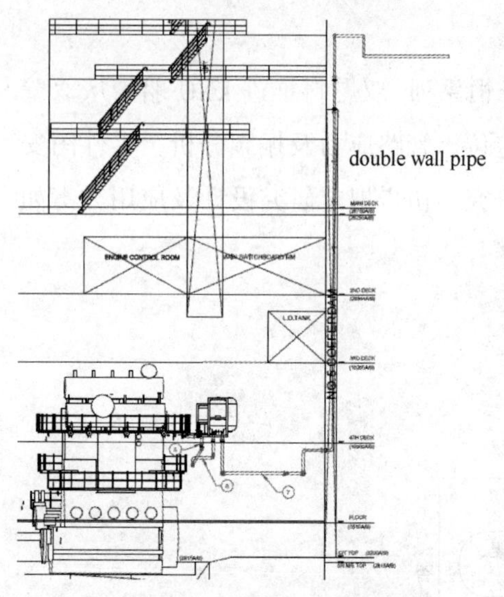

图2 主机天然气双壁管管路

因此，后续研发过程中，拟采用三段式支架作为内管柔性支架。

2.2 自主化双壁管应力分析

主机和发电机设备的燃气双壁管自货舱通往机舱，应力集中、振动过大、冷热交替等都有可能造成疲劳损伤，引起燃气泄露，长时间累积甚至会引发燃爆。因此，优化支架布置、校核管路应力、分析固有振频等步骤是必不可少的。

2.2.1 双壁管支架布置特点

2.2.1.1 主机支架布置分析

由于主机双壁管从货舱区域出发，会在隔离舱中出现极长的垂直管路，而垂直管段的管路自重对于应力分析的影响很大，因此该段垂直管路的支架布置需要格外注意，见图2。

由上图可见，相对于货舱区域，机舱部分双壁管由于设备极多会出现很多弯曲处，更容易出现应力集中。因此主机货舱和机舱部分管路支架布置难点不尽相同，需要做针对性地设计。

2.2.1.2 发电机布置分析

发电机供气管路在船外露天区域采用单壁管布置，进入机舱区域后通过双壁管输送到发电机，其中单壁管部分不需要应力计算，合理的设计实现成本与布置难度的双重降低，如图3所示。

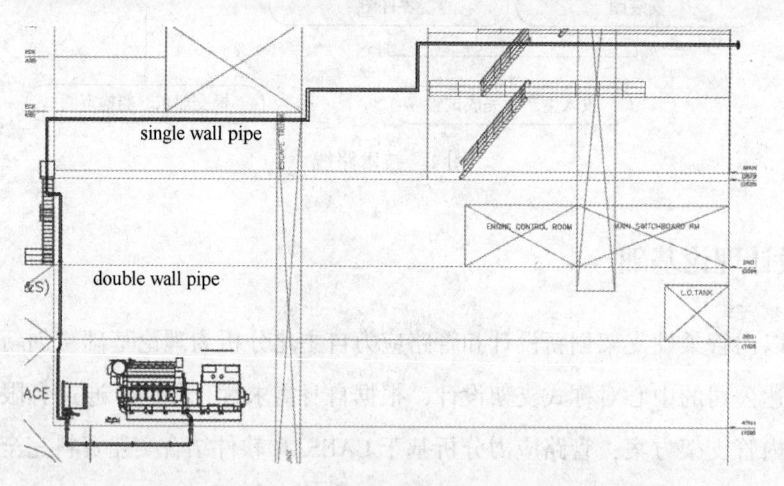

图3 发电机天然气管布置图

2.2.2 应力校核技术路线

双壁管应力计算前需准备模型、边界条件、工况类型等数据。

2.2.2.1 管路及支架布置初始设计

对于直管段，将默认布置间距设置如下：

1）水平内管支架：默认布置区间设置为2.5m，柔性支架；

2）竖直内管支架：默认布置区间设置为1.8m，垂直管路中点设置固定支架，其余滑动支架；

3）外管支架：根据断管位置初步设定，后续根据应力结果调整。

对于弯头及设备前后位置，支架布置方案如下：

1）弯头附近：初始位置定在距离弯头500mm的地方；

2）设备前后：GVU(燃气阀组)设备接口附近需要设置支架，初始定位距离接口1000mm。

2.2.2.2 双壁管应力校核拟定流程

初步拟定双壁管应力计算流程如下：

1）双壁管建模：建立CAESAR模型，输入环境条件，设置工况；

2）初步分析：输出初步计算结果，分析应力分布情况，初步计算结果往往存在应力超标现象；

3）第一阶段方案：对超出60%许用应力的支架进行调整，经过循环计算验证，最后将全部许用应力降低到许用应力的60%以下；

4）第二阶段方案：由于应力分析过程的调整未考虑实际断管位置，需要再次结合断管定位对支架位置进行微调。

5）最终方案：再次进行应力验算，确保同时满足设计和生产需求。

2.3 双壁管建模出图

双壁管生产需根据零件图生产、按安装图施工，因此需通过SPD软件生成零件图、通过三维建模软件制作安装图。

2.3.1 SPD软件生成零件图

在SPD软件中进行双壁管生产设计建模，根据船体结构和设备位置进行管路走向确定，根据现场安装要求及管路加工需求对管路进行合理取断，根据管路长度以及形式在弯头处以及长管段处进行观察孔定位及布置。此处需重点关注弯头选型和观察孔定位：

根据设计经验总结，通常外管选用1倍通径弯头，内管选用1.5倍通径弯头，避免内管与外管在弯头处会产生干涉。

根据现场检验需求，由于检查双壁管所用的内窥镜长度有限，需在弯头中心以及长管段中间处布置观察孔，保证观察范围的全面覆盖。

基于以上管路生产设计工作，通过SPD软件输出双壁管零件图，需包含内管或者外管零件的尺寸以及部件信息。后续现场根据零件图进行生产时可能会由于安装精度或人工失误产生误差，现场工作人员需要及时将误差数值反馈给设计人员，进而对管路设计进行调整，并重新校核应力分布情况。

2.3.2 三维平台建模生成安装图

目前SPD软件在进行生产设计建模时无法在同一位置处同时显示双壁管的内管与外管模型，因此需要在三维建模软件中进行内管以及外管零件模型搭建，并进行内外管组合的零件图和安装图制作。

3 燃气双壁管自主研发成果

在当前设计阶段中，完善原理设计、避免引起设计和生产返工是设计关键点；降低造船成本、缩短造船周期是设计突破点。

基于我司自主研发的全球最新一代“长恒系列”双燃料推进 LNG 船，其主机、发电机双燃料设备的供气系统均为双壁管设计，为减少外购双壁管的成本和周期，基于以上理论研究总结，对全船双壁管开展完全自主化设计。设计流程概览如下：

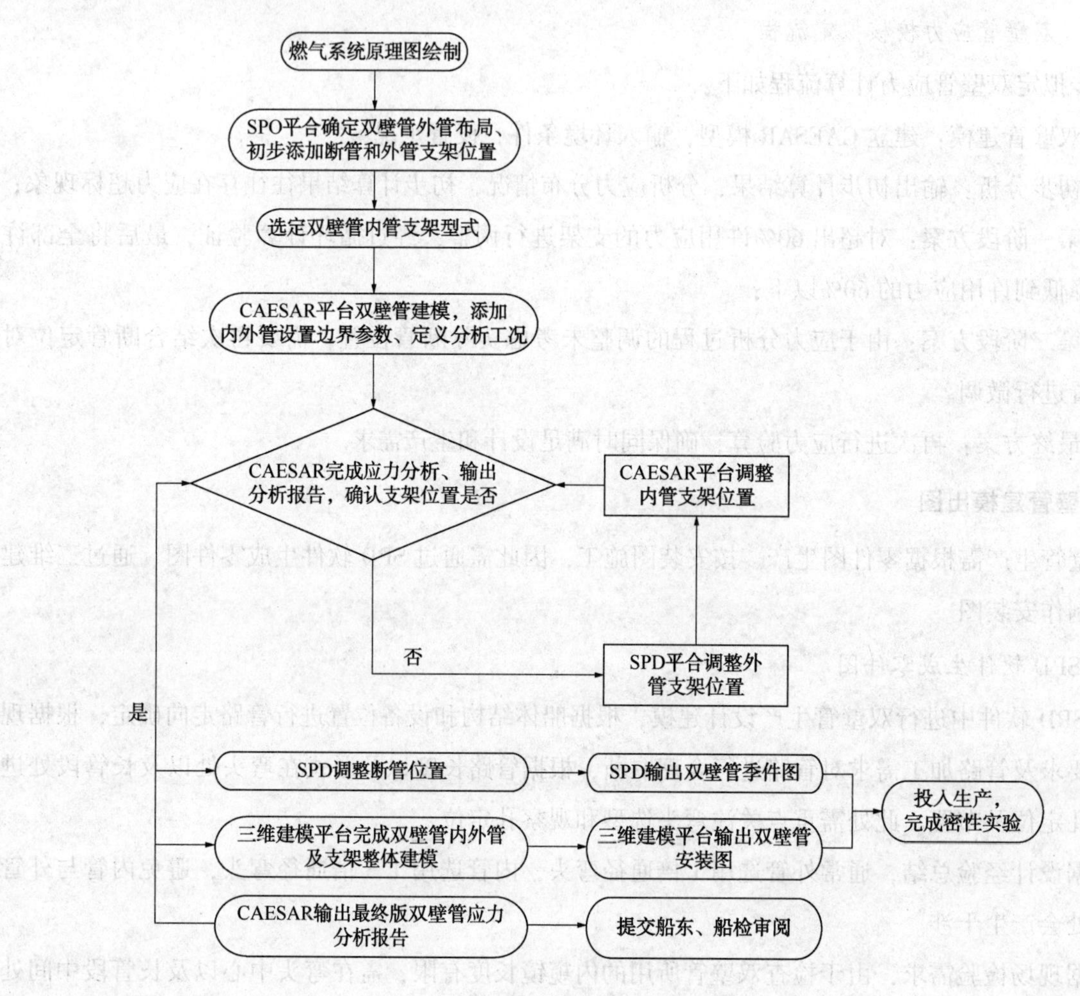

图 4　双壁管自主化设计流程

3.1　燃气原理图绘制

主机、发电机供气系统参考厂家推荐设计绘制，如图 5、图 6 所示。

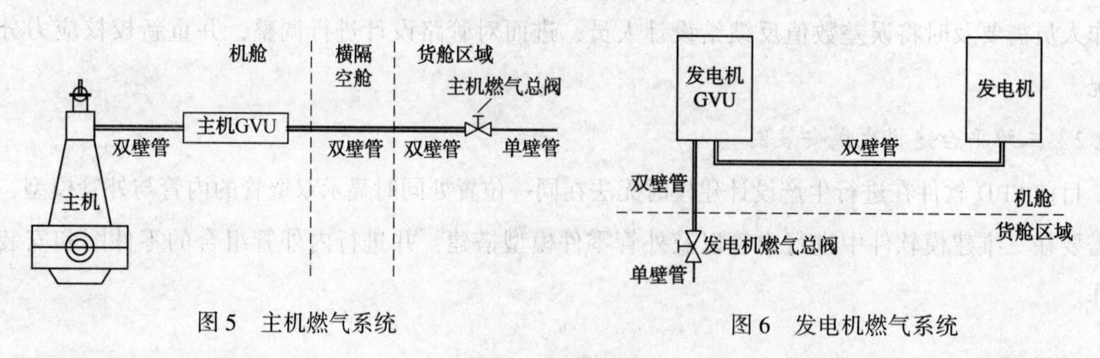

图 5　主机燃气系统　　　　图 6　发电机燃气系统

3.2　SPD 平台初步建模

结合以上原理设计，在 SPD 平台中建立双壁管外管模型，根据实际设备布置情况确定管路走向，初步添加外管支架、观察孔模型，增加断管位置信息。如图 7、图 8 所示。

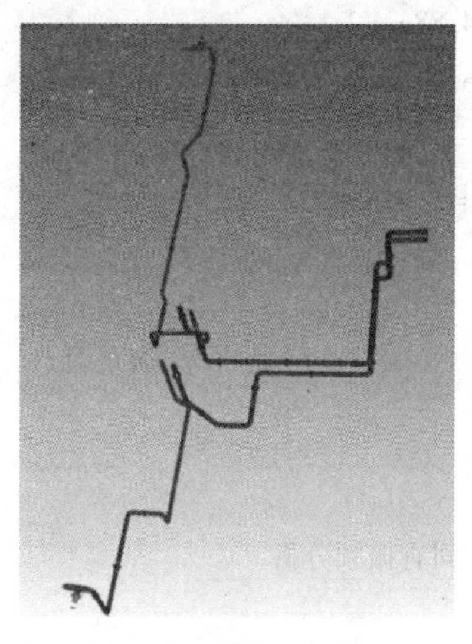

图 7　主机外管 SPD 模型

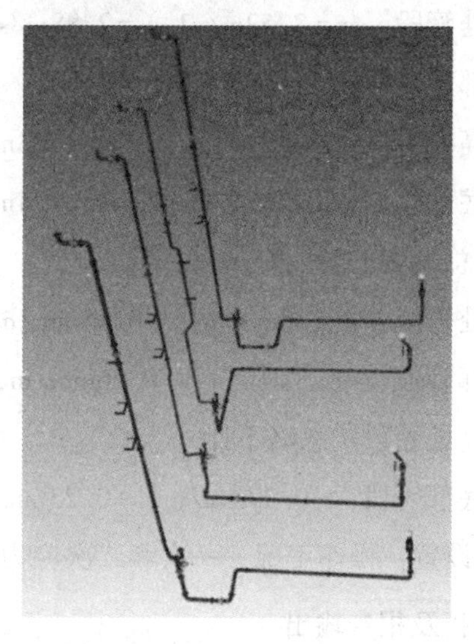

图 8　发电机机外管 SPD 模型

3.3 双壁管内管柔性支架型式选型

根据以上自主研发成果，决定采用应力释放更优化的三段式内管柔性支架，如图 9 所示。

3.4 CAESAR 平台建模与应力分析

3.4.1 建模

以实船 SPD 外管模型为基础，完成初步 CAESAR 平台双壁管模型，如图 10 所示。

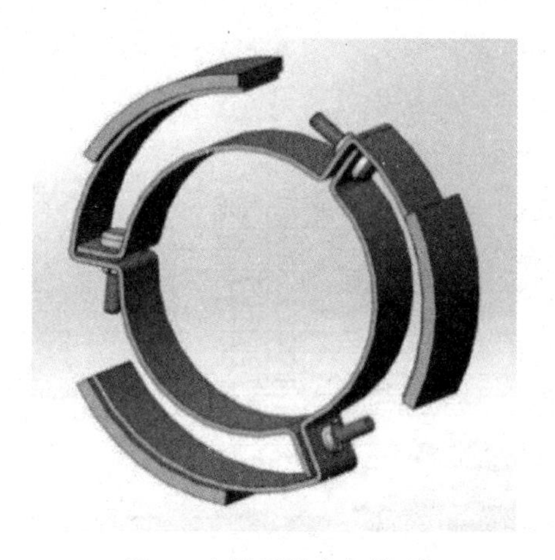

图 9　内管柔性支架模型

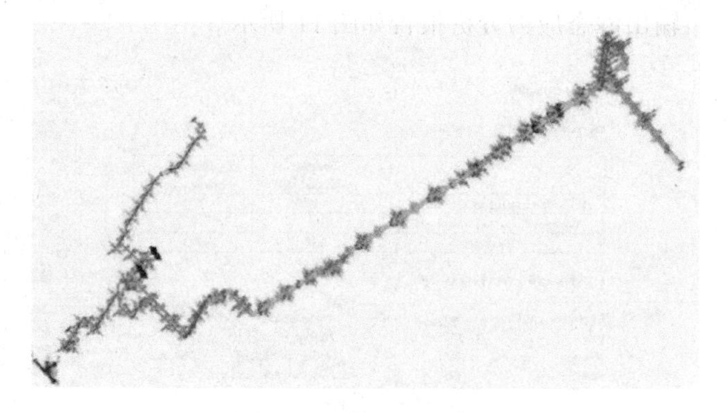

图 10　双壁管 CAESAR 模型

3.4.2 应力分析设置

根据实船数据，主要设置以下参数：

1）材质：不锈钢 316L；

2）流体介质及密度：天然气，0.717Kg/m3；

3）环境温度：21℃；

4）设计温度：内管 0~60℃，外管 0~45℃；

5）设计压力：主机内管 25bar，主机外管 10bar，发电机内管 10bar，发电机外管 10bar；

6）波浪加速度载荷：

主机高处管段：ax = 3. 52m/s2 ay = 2. 88m/s2 az = 4. 88m/s2，

主机底部管段：ax = 1. 17m/s2 ay = 0. 90m/s2 az = 5. 23m/s2，

发电机高处管段：ax = 2. 58m/s2 ay = 2. 23m/s2 az = 5. 87m/s2，

发电机底部管段：ax = 1. 17m/s2 ay = 0. 94m/s2 az = 5. 83m/s2；

7）船体总纵变形量：

主机高处管段：+0. 75mm/m、−0. 65mm/m，

主机底部管段：−0. 3mm/m、+0. 26mm/m，

发电机高处管段：忽略不计，

发电机底部管段：−0. 27mm/m、+0. 23mm/m；

8）工况设置：操作工况、一次和二次应力工况、固有振频分析

3.5 应力分析及报告输出

基于以上实船参数输入及前处理设置，完成初步静力计算和动态振频分析。结合初步计算结果中出现应力集中和位移量过大的位置，判断双壁管中需要调整位置的支架以及需要移动的弯头。经过分析-调整-再分析的反复工作，确定最终应力、位移量以及固有振频均达标的合理布置方案。

根据项目需求，需输出静态应力报告以便于参考更新 SPD 双壁管外管支架、添加 SPD 内管及支架模型、送审船东船检校对；需输出动态固有振频报告以便于确定双壁管及其附件布置是否会和运转部件产生共振。

3.5.1 静态应力分析报告

输出静态应力分析报告如图 11 所示。

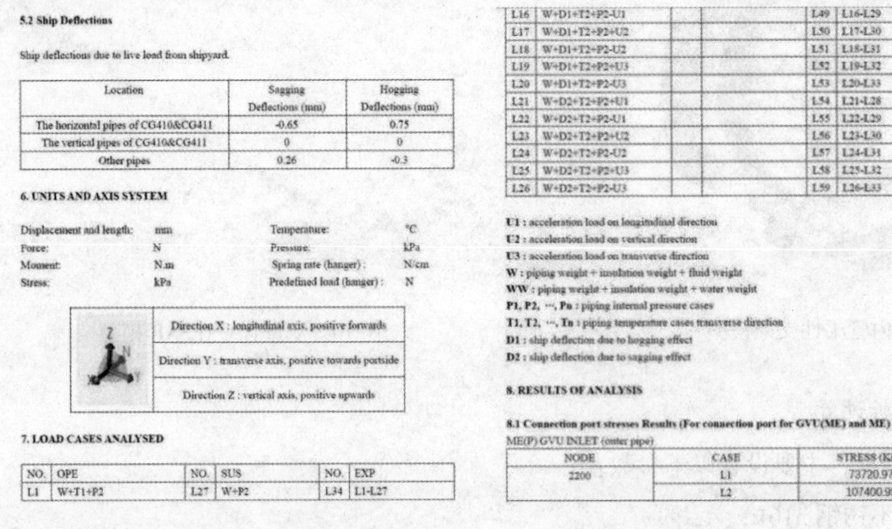

5.2 Ship Deflections

Ship deflections due to live load from shipyard.

Location	Sagging Deflections (mm)	Hogging Deflections (mm)
The horizontal pipes of CG410&CG411	-0.65	0.75
The vertical pipes of CG410&CG411	0	0
Other pipes	0.26	-0.3

6. UNITS AND AXIS SYSTEM

Displacement and length:	mm	Temperature:	°C
Force:	N	Pressure:	kPa
Moment:	N.m	Spring rate (hanger) :	N/cm
Stress:	kPa	Predefined load (hanger) :	N

Direction X : longitudinal axis, positive forwards
Direction Y : transverse axis, positive towards portside
Direction Z : vertical axis, positive upwards

7. LOAD CASES ANALYSED

NO.	OPE	NO.	SUS	NO.	EXP
L1	W+T1+P2	L27	W+P2	L34	L1-L27

L16	W+D1+T2+P2-U1			L49	L16-L29
L17	W+D1+T2+P2+U2			L50	L17-L30
L18	W+D1+T2+P2-U2			L51	L18-L31
L19	W+D1+T2+P2+U3			L52	L19-L32
L20	W+D1+T2+P2-U3			L53	L20-L33
L21	W+D2+T2+P2+U1			L54	L21-L28
L22	W+D2+T2+P2-U1			L55	L22-L29
L23	W+D2+T2+P2+U2			L56	L23-L30
L24	W+D2+T2+P2-U2			L57	L24-L31
L25	W+D2+T2+P2+U3			L58	L25-L32
L26	W+D2+T2+P2-U3			L59	L26-L33

U1 : acceleration load on longitudinal direction
U2 : acceleration load on vertical direction
U3 : acceleration load on transverse direction
W : piping weight + insulation weight + fluid weight
WW : piping weight + insulation weight + water weight
P1, P2, ···, Pn : piping internal pressure cases
T1, T2, ···, Tn : piping temperature cases transverse direction
D1 : ship deflection due to hogging effect
D2 : ship deflection due to sagging effect

8. RESULTS OF ANALYSIS

8.1 Connection port stresses Results (For connection port for GVU(ME) and ME)

ME(P) GVU INLET (outer pipe)

NODE	CASE	STRESS (KPa)
2200	L1	73720.97
	L2	107400.95

图 11 静态应力分析报告

以上图例截取自静力分析报告中的部分页面，主要包含以下信息：

1）CAESAR 模型及前处理设置信息；

2）一次应力、二次应力结果最大值仅占许用应力值的 60. 3%；

3）所有管段连接点的应力值和位移量，最大位移量不超过 0. 8mm；

4）所有弯头的位移量，最大值不超过 8mm；

5）包含所有支架信息的整体模型图。

基于以上信息，确保管路静态应力、管路节点位移量在可接受区间内，验证了支架布置的合理性。

3. 5. 2　动态固有振频报告

以主机双壁管为例，输出动态固有振频报告如图 12 所示。

NATURAL FREQUENCY REPORT

MODE	(Hz) FREQUENCY	(Radians/Sec) FREQUENCY	(Sec) PERIOD
1	12.989	81.612	0.077
2	13.114	82.396	0.076
3	17.353	109.034	0.058
4	20.202	126.931	0.050
5	23.913	150.249	0.042
6	24.357	153.039	0.041
7	24.486	153.847	0.041
8	25.476	160.068	0.039
9	26.332	165.448	0.038
10	27.009	169.703	0.037
11	29.037	182.443	0.034
12	29.115	182.938	0.034
13	29.918	187.982	0.033
14	31.746	199.467	0.031
15	34.306	215.550	0.029

图 12　动态固有振频报告(主机双壁管)

以上图例为主机双壁管的动态固有振频报告，可以看出报告中给出相应双壁管段的前十阶固有振频，最低固有振频为 12Hz，远高于主机的振频区间 7-8Hz，不存在产生共振的可能性。

3. 6　SPD 结合三维建模平台输出零件图与安装图

经过 CAESAR 软件分析调整，提供详细的支架布置方案。

3. 6. 1　SPD 与三维平台联合建模

根据该方案在 SPD 中更新支架位置、建立独立的内管和外管模型。

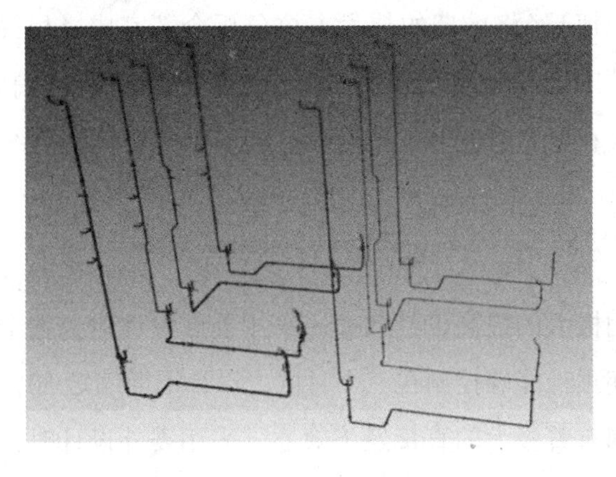

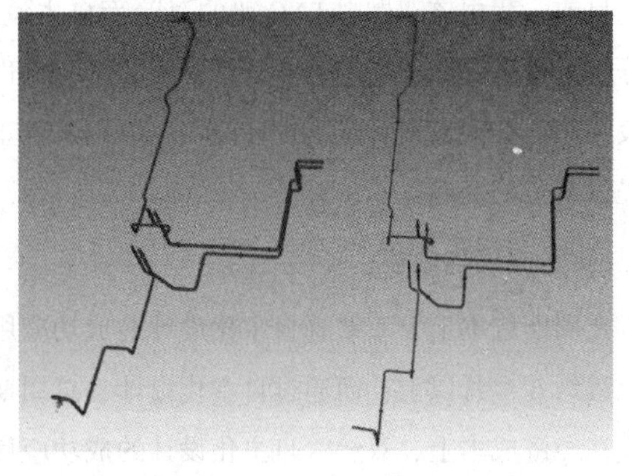

图 13　主机 & 发电机 SPD 内外管模型

根据该方案在三维建模平台中建立内、外管重叠型式的完整双壁管及其附件模型，如图 14 所示。

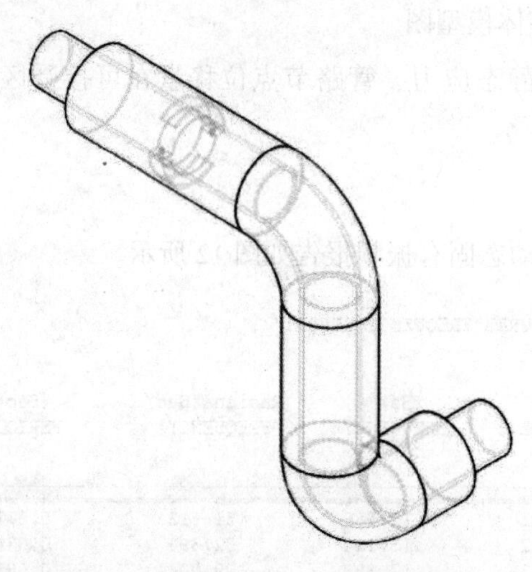

图 14　三维建模平台双壁管整体模型

3.6.2　制作零件图与安装图

基于 SPD 平台输出双壁管外管、内管零件图，包含管路尺寸、观察孔位置以及弯头尺寸等信息。

基于三维建模平台，整体输出双壁管外管、内管安装图如图 15 所示。安装图中包含管路基本尺寸信息、管段接口号、内外管附件相对位置、整体管段全部焊缝以及支架信息统计。

至此，零件图与安装图均输出完毕，管路号均一一对应，焊缝、支架、弯头以及观察孔等信息清晰明确，可以直观的供现场施工使用。

3.7　生产制造及后期检验

完成以上技术支撑分析，已经具备将双壁管投入生产制造的能力。制造流程分为以下步骤：

内场生产：主要包括支架制造、管段制造、装配以及内场检验；

外场安装：主要包括内外管焊接、X 射线检查以及系统压力试验。

以上内、外场检验和最终清洁状态均需要得到船检、船东的认可。

目前，我司该双燃料 LNG 船的双壁管自主设计已经将前期的技术支撑分析全部完成，相关应力分析报告已提交船东船检并认可，安装图、零件图已发送至施工部门参考，正处于内场生产制造阶段，作为首次双壁管自主设计的实船应用案例正在紧张且顺利的进行中，必将会后续船的延续应用提供宝贵的经验。

3.8　实践成果与效益

在周期成本上，双壁管自主化设计的成功应用极大的提高设计效率。采用委外设计时，整个周期流程约 6 个月以上；而通过自主化设计，总周期预计能够控制在三个月内，设计周期缩短 50%。

在经济成本上，双壁管自主化设计的成功应用有着极大的直接经济效益。采用委外设计时，单船成本约 135 万元；而通过自主化设计，单船成本预计仅需 30.52 万元，可以节约成本 104.48 万元，单船成本降低 77.4%。

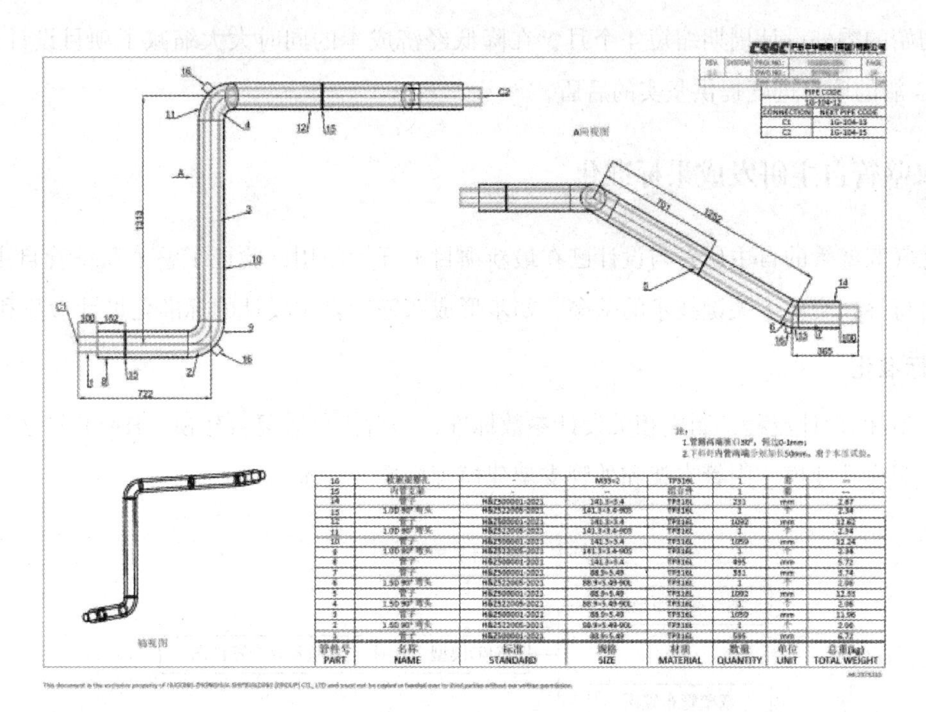

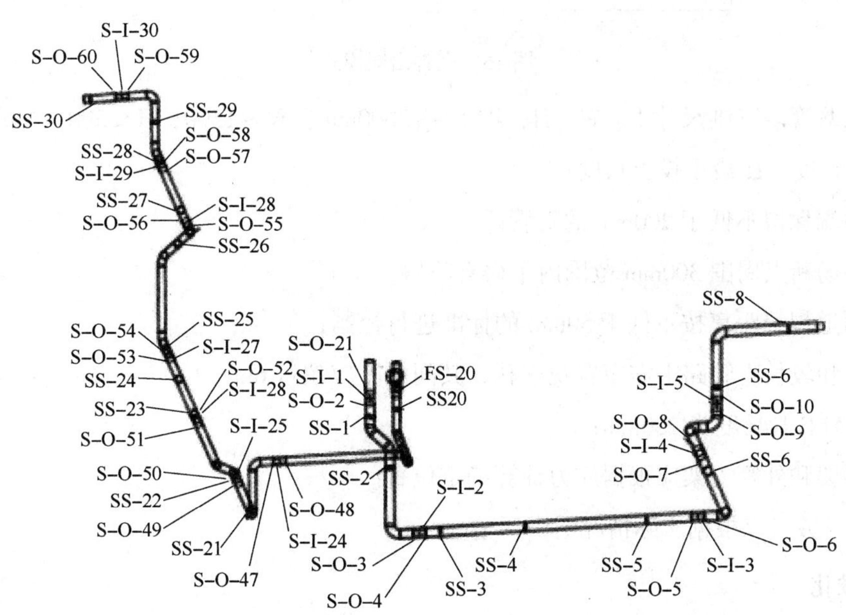

图 15　双壁管外管、内管安装图

表 1　双壁管自主化设计经济效益分析

项　　目	人工成本	材料成本(管附件 & 管路)	总额
委外设计费用(万元)	70	65	135
自主化设计费用(万元)	10	20.52	30.52
降本金额(万元)	60	44.48	104.48
降本百分比	85.7%	69%	77.4%

后续计划在目前沪东中华手持第五代 LNG 船项目(38 艘)上均采用自主设计的双壁管，总计可节约周期成本约 146 个月、经济成本约 3970.24 万元。

待 SPD 开发部门进一步完善 SPD 相关功能后，预计后续项目的周期最快可控制在两个月内，即相比于初始的委外设计周期缩短 4 个月，在降低经济成本的同时大大缩减了项目设计周期成本，为后续 LNG 船的项目进度提供坚实的后盾。

4　燃气双壁管自主研发成果标准化

本次燃气双壁管的自主研发与设计已在最新项目上开始使用，验证了整个双壁管自主设计及应用方案的可行性，突破了关键技术的壁垒，初步形成双壁管自主设计的标准化设计参数和流程。

4.1　参数标准化

基于图 16 的设计流程，制定相关设计参数标准，包含内外管复合建模、HALF 管建模、双壁管支管建模、观察孔建模、内管支架和外管支架建模等标准及要求。

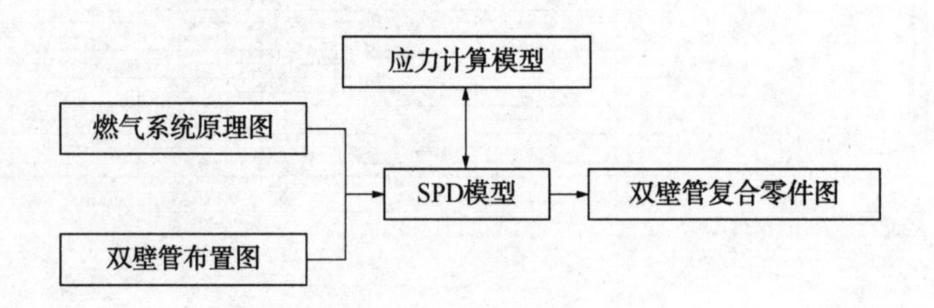

图 16　完善出图模式

a. 限定双壁管段三维尺寸 L、W、H，即 L≤12000mm，W≤1500，H≤500，L 最大投影长度，W 第二大投影长度，H 最小投影长度；

b. 弯头两端保留不低于 200mm 的直管段。

c. 管路外场断点周围 300mm 范围内不得有障碍。

d. 相邻两道焊缝距离按不低于 50mm 的标准进行控制；

e. 弯头处和较长直管路上需布置观察孔，其间距不应超过 6m；

f. 标准 HALF 管长度为 200mm；

g. 内管支架和外管支架应根据应力计算确定位置。

具体应用参数可以根据实际情况适当调整。

4.2　流程标准化

提炼出标准化的双壁管自主设计流程：

a. 原理图绘制；

b. SPD 建模生成零件图；

c. 双壁管应力模型建模：包含内管建模、外管建模；

d. 工况定义：基本工况、组合工况；

e. 输出报告：输出静态应力和动态振频计算结果；

f. 布置调整：根据以上应力分布情况调节内管支架位置；

g. 零件图更新、安装图生成；

h. 生产制造及检验。

5 总结与展望

5.1 成果总结

本次针对我司 LNG 船全船双壁管开展的完全自主化设计，结合燃气系统原理在 SPD 平台中确定管路走向、完成对内管支架的模拟仿真验证、分析出不同支架布置方案下的应力表现、优化得到应力表现良好的支架布置方案、实现内外管重叠式安装图制作，提高生产阶段施工便利性的同时也避免了投入应用后的管路应力集中，从根源上提升船舶安全性。

结合以上初步形成的标准化设计流程，在目前的设计过程中，自主化的支架选型和应力分析手段已非常成熟，但建模和出图过程较为繁琐。基于当前建模和出图流程，提出 SPD 开发升级意见、增加双壁管内外管重叠建模功能、纳入内管支架等附件模型，预计后续可实现进一步优化，如图所示。

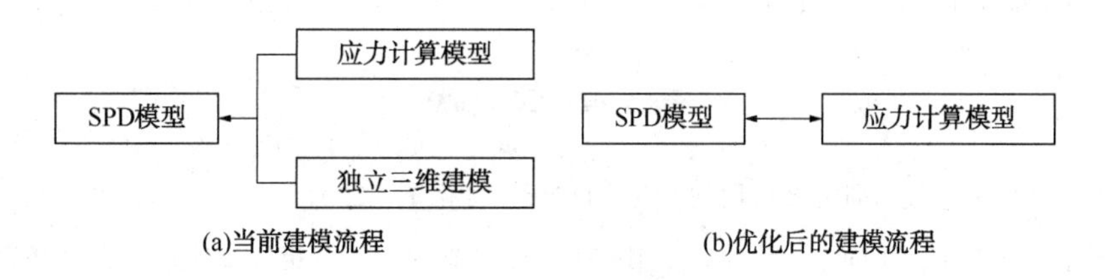

图 17 建模流程优化

当前建模流程过于繁琐，涉及到三个模型的信息核对，要保证三个模型信息一致，工作量非常大。实现 SPD 内外管重叠建模功能后，则仅需要在 SPD 模型和应力计算模式二者之间保持同步即可。

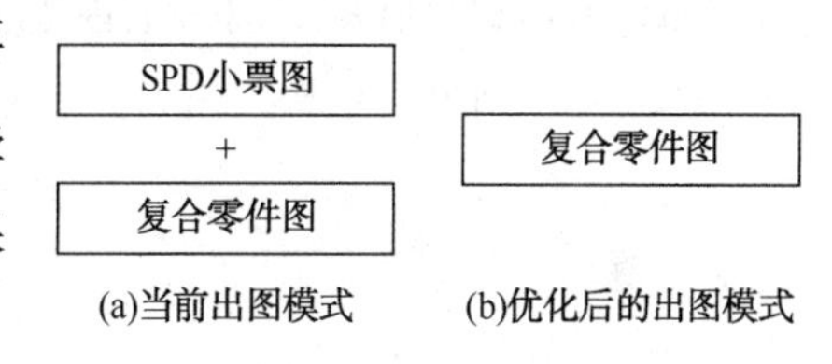

图 18 出图模式优化

当前出图模式包含 SPD 小票图和复合零件图。其中，小票图只能满足单壁管出图使用，不适用于双壁管出图；复合零件图同时体现出内管和外管信息，供施工现场直观使用。实现 SPD 内外管重叠建模功能后，则仅需要在 SPD 中输出复合零件图即可。

结合以上分析，SPD 建模能力是技术突破的关键点所在，目前 SPD 开发部门已采纳建议，提高该软件建模能力、增加双壁管内外管重叠建模功能、纳入内管支架等附件模型。经过近期努力，已实现双壁管重叠建模、内管支架模型参数化等功能，正在进一步细化进程中，如图 19 所示。

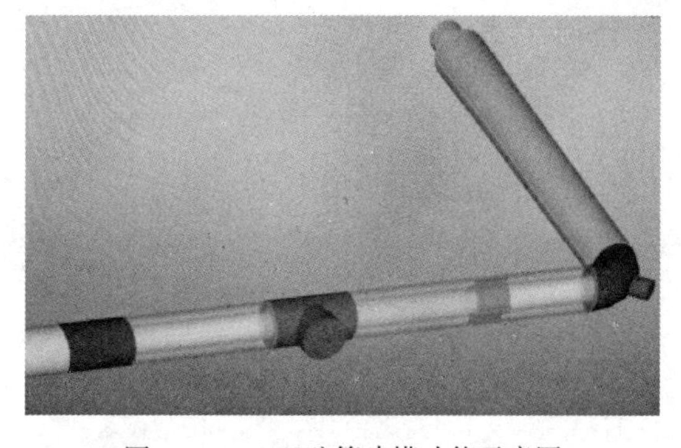

图 19 SPD 双壁管建模功能示意图

不久的将来，SPD 开发部门将实现以上全部功能和诉求。届时，原本需要花费至少 2 个月时间的重复建模和模型调整过程将得到极大的精简，直接在 SPD 中建模和调整最多只需要两周时间即可完成，再次缩短双壁管自主化设计的周期成本，大大提高双壁管的设计效率。同时，建模过程的简单化和建模软件的统一化可以避免反复建模过程可能出现的误差，进一步提高双壁管设计的精度和可靠性，提高双壁管设计的标准化程度。

5.2 未来规划

目前该自主化成果已在我司开发的第五代 LNG 船的第一系列船上进行了初步尝试，前期设计已全部完成，生产制造进度正在按计划顺利进行，未来在后续 30 余艘第五代 LNG 船上将继续应用。

随着我国 LNG 船建造能力的整体提升，LNG 船关键设备国产化愈演愈烈，应用市场逐步打开，双壁管自主化设计顺应时代的发展，应用前景广阔。双壁管自主化设计的成功应用，突破了国外双壁管技术的壁垒，提高我司高新技术船舶的设计水平，有力的推进了 LNG 船关键设备国产化进程，提高了我国在 LNG 船的国际市场上的竞争力，对带动我国 LNG 产业链发展有显著的作用。

参 考 文 献

[1] 王香增. 天然气液化工艺技术研究及应用[J]. 石油与天然气化工，2004.

[2] 曾小林，郭正华，李家乐，丁尚志，陈冲. 船用 LNG、CNG 输送双壁管组件设计[J]. 船舶工程，2020.

[3] 高振宇，于彩霞，佟国志. LNG 船舶燃气双壁管的制作、焊接、密性试验研究[J]. 船舶标准化工程师，2014.

[4] 施政. LNG 燃料船天然气双壁管内外壁管支架设计及优化[D]. 华中科技大学，2018.

[5] 刘琨然，纪小娟，卢磊，于洪涛. 天然气共轨管和双壁气管的可靠性设计[J]. 内燃机与配件，2022.